KB043146

번역과 동맹

초국적 이주의 행위자-네트워크와 사회공간적 전환

번역과 동맹

초국적 이주의 행위자-네트워크와 사회공간적 전환

초판 1쇄 발행 2017년 08월 31일
초판 2쇄 발행 2018년 10월 15일

지은이 최병두 · 김연희 · 이희영 · 이민경

펴낸이 김선기
펴낸곳 (주)푸른길
출판등록 1996년 4월 12일 제16-1292호
주소 (08377) 서울시 구로구 디지털로 33길 48 대륭포스트타워 7차 1008호
전화 02-523-2907, 6942-9570~2
팩스 02-523-2951
이메일 purungilbook@naver.com
홈페이지 www.purungil.co.kr

ISBN 978-89-6291-422-1 93980

* 이 저서는 한국연구재단이 2012년도 정부 재원(교육과학기술부 인문사회연구역량강화사업비)을 지원하여 수행되었습니다(NRF-2012S1A5A2A03033937).

* 이 도서의 국립중앙도서관 출판예정도서목록(CIP)은 서지정보유통지원시스템 홈페이지(http://seoji.nl.go.kr)와 국가자료공동목록시스템(http://www.nl.go.kr/kolisnet)에서 이용하실 수 있습니다. (CIP제어번호: CIP2017022220)

대구대학교 다문화사회정책연구소 총서 01

Translation and Alliance

번역과 동맹

초국적 이주의 행위자-네트워크와 사회공간적 전환

Actor-networks of Transnational Migration and Socio-Spatial Transformation

최병두 · 김연희 · 이희영 · 이민경 지음

푸른길

• 책을 펴내면서 •

1990년대 이후 우리 사회에서도 외국인 이주자들의 유입이 급속히 증가하게 되었고, 이제는 일상생활 공간 주변에서 이들과의 접촉은 별로 낯설지 않게 느껴지고 있다. 교통·통신기술의 가속적 발전과 더불어 지구화된 세계 속에서 국경을 가로지르는 초국적 이주는 응당 있을 수 있는 일처럼 받아들여지고 있다. 초국적 이주노동자들은 노동시장에서 이른바 3D업종에 필요한 저임금 노동의 부족 문제를 해결하고, 국제결혼이주여성은 우리 사회의 적령기 배우자 부족과 저출산 문제를 해소하기 위한 방안 정도로 인식되고 있다.

이제 한국 사회에서 이들의 존재와 위상은 상당히 안정된 것처럼 보인다. 행위자-네트워크이론(이하 ANT로 표기함)의 언어를 빌리면, 초국적 이주자들의 사회공간적 삶은 이제 상당히 안정된 '블랙박스'가 된 것처럼 보인다. 그러나 사실 이들이 한국 사회에서 다양한 네트워크를 형성하면서 살아가는 삶은 제대로 알려져 있지 않다. 안정된 것처럼 보이는 이들의 블랙박스화된 삶은 초국적 이주 과정에서 만난 많은 사람들과 사물들이 복잡하게 얽혀 만들어낸 네트워크들 속에서 끊임없이 지속되는 저항과 타협과 권력 관계를 숨기고 있다.

이러한 블랙박스를 풀어헤쳐서 그 속에 어떤 일이 일어나고 있는가를 살펴보는 작업은 아마도 세상의 사람들과 사물을 예리한 직관으로 관찰하는 시인의 역할일지 모른다. 예를 들면, 하종오 시인은 각각 다른 국가에서 들어온 외국인 남자와 여자가 염색공장 옆에 차린 이들의 '컨테이너 신혼방'에서 무슨 일이 일어나고 있는가를 시로 풀어헤치고 있다.

우즈베키스탄 남자와 스리랑카 여자가 눈 맞아 / 염색공장 옆 컨테이너에 살림을 차렸다 … 벌써 아이를 배었다 / 그들이 쓰는 공용어는 한국어 / 한국어로는 전할 수 없는 게 너무 많아서 … 남자는 우즈베키스탄 쪽 하늘을 같이 보려 하면서 / 한국의 겨울보다 함박눈이 더 내리는 / 고향을 몸짓으로 그려 보이고 / 여자는 스리랑카 쪽 하늘을 같이 보려 하면서 / 한국의 여름보다 해가 더 이글거리는 / 고향을 몸짓으로 그려 보였다 / 배불러 오는데도 여자가 매일 야근하다가 / 하혈을 하면서 드러눕고 … 염색공장 사장이 불법 체류자로 신고하였다 … 우즈베키스탄 남자는 우즈베키스탄으로 추방당했고 / 스리랑카 여자는 스리랑카로 추방당했다

– 하종오, 「컨테이너 신혼방」 부분, 『국경 없는 공장』(2007)

이주노동자의 컨테이너 신혼방은 분명 값싼 식기와 옷가지들 같은 살림도구들이 있을 것이고, 이들을 함께 묶어주는 아직 태어나지 않은 아기가 있고, 또한 이들을 이어주는 한국어가 있지만, 서로 소통되지 않는 언어를 대신하는 몸짓도 있다. 컨테이너 신혼방은 단지 좁은 물리적 공간이 아니라 이 부부와 이들의 살림도구, 그리고 이들의 언어와 몸짓으로 만들어진 공간이다. 뿐만 아니라 이 공간에는 이들의 몸짓을 통해 물리적으로는 부재하는 자신들의 고향 겨울의 함박눈과 여름의 이글거리는 해가 출현한다. 하지만, 임신에도 불구하고 야근으로 인해 하혈한 아내, 그리고 그 남편을 한국인 공장 사장은 단지 비자가 없다는 이유로 불법체류자로 고발하고, 이들은 각각 고국으로 귀환된다. 이들은 다시 만날 수 있을까? 어디서? 이들이 귀환하고 난 후에도 신혼방으로 사용되던 '컨테이너'는 그냥 아무 일이 없었던 것처럼 그 자리에 있을까? 이 시에 등장하는 사람과 사물들은 모두 상호 관계 속에서 행위자가 되어 서로 혼종적으로 연결되고, 그 연결의 효과로 이주노동자의 삶과 이들을 둘러싼 현실이 만들어 진다. 시인이 아닐지라도, 이러한 초국적 이주 현실에 접근할 수 있는 연구방법론은 없을까?

지난 20여 년간 초국적 이주에 관한 많은 논문과 단행본들이 쏟아져 나왔지만, 초국적 이주는 여전히 이해하기 결코 쉽지 않은 사회공간적 현상으로 남아 있다. 초국적 이주를 이해하기 어려운 점은 이들이 어디에서 왔으며, 무엇을 하면서 우리 주변에 머물러 있는가, 그리고 이들이 언제 본국으로 돌아가는가를 잘 모른다는 단지 호기심 어린 의문들에만 기인하는 것이 아니다. 특히 학술적 측면에서 어려움은 초국적 이주자들의 행동을 어떻게 이해할 것이며 이러한 초국적 이주를 유발하는 사회공간적 구조를 어떻게 분석할 것인가라는 의문과 더불어 초국적 이주의 원인과 과정 그리고 이에 따른 사회공간적 효과 등을 어떻게 설명해야 할 것인가라는 의문에 답하기 위해 필요한 마땅한 이론적 틀이 없다는 점에서 기인한다. 한국보다 상당히 일찍 이러한 문제들에 봉착했던 서구 학계에서도 사실 이러한 의문들에 답할 수 있는 정형화된 이론이나 연구방법론을 갖추지 못하고 있다.

이러한 점에서 ANT는 초국적 이주 관련 연구자들의 주목을 끌기에 충분한 것처럼 보인다. 이 이론은 수많은 인간들과 비인간 사물들로 혼종적으로 구성된 이 세계를 이해하기 위하여, 아주 '발칙한' 혼종적 사고를 제시한다. 인간은 이 세계를 구성하는 주체가 바로 자신들이라고 생각하지만, 사실 이 세계는 인간들뿐만 아니라 수많은 종류의 다양한 비인간 사물들로 구성되어 있다. 이들은 인간의 의지와 권력에 지배되는 피동적 객체가 아니라, 인간과 대등한 관계에서 네트워크들을 구성하고 상호 규정하면서 동시에 변화해 나간다. 횡단보도의 신호등이 사람들을 가거나 또는 가지 못하게 하는 것처럼, 초국적 이주에서 비자는 이주자들의 입국을 허가하거나 차단시키는 역할을 한다. 비자의 만료는 이주자를 본국으로 귀환하도록 하거나 '불법' 체류자로 전락시킨다. 이와 같이 결정적인 비자문제가 아니라고 할지라도, 초국적 이주자들은 입국 후 직장 생활이나 가정생활에서 직장 동료나 배우자 가족 등 다른 많은 사람들과 더불어 임금, 기계, 작업도구 또는 음식과 식사습관, 주거시설 등 다양한 사물 및 제도들과 맺는 혼종적 관계 속에서 생활을 영위하게 된다.

이처럼 초국적 이주 과정에서 작동하는 인간 행위자들뿐만 아니라 비인간 행위자들을 주목하면서 이들 간에 형성되고 재형성되는 행위자-네트워크들을 추적해 보면, 초국적 이주는 전혀 다르게 이해될 수 있을 것이다. 이러한 점에서, 최근 ANT를 활용한 초국적 이주 연구들이 일정한 성과를 거두고 있다. 이 책은 한국연구재단의 지원을 통해 수행된 이러한 연구 성과들을 엮은 것이다. 이 책은 ANT를 응용하여 초국적 이주 과정에서 형성·재형성되는 행위자-네트워크들을 주목하면서 이들이 세부 주제들을 통해 사회공간적으로 어떻게 전환하는가를 고찰하고자 한다. 이 책은 모두 5부, 10장으로 구성된다. 각 장에서 저자들은 ANT에서 얻은 새로운 관점과 통찰력으로 초국적 이주 및 정착 과정에서 나타나는 다양한 사회공간적 현상이나 제도들을 분석하고 있다.

제1부는 ANT가 초국적 이주 연구에 어떻게 응용될 수 있는가를 이론적으로 고찰하고자 한다. 제1장은 이 이론의 핵심을 구성하는 세 가지 개념적 특성으로 행위자-네트워크, 번역과 동맹, 그리고 위상학적 공간 개념을 제시하면서, 이들의 함의를 살펴보는 한편, 이들이 초국적 이주 연구에 어떻게 활용될 수 있는가를 논의하고 있다. 제2장은 ANT에 함의된 위상학적 공간 개념을 다양한 행위자-네트워크들로 구성된 다중적 공간들로 이해하면서, 공간 개념의 네 가지 유형들, 즉 지역적 공간, 네트워크 공간, 유동성의 공간, 화염의 공간을 소개하고, 그 외 ANT에 속하지 않는 학자들의 위상학적 사유들(들뢰즈의 리좀 위상학, 아감벤의 '예외공간' 등)과 접합시키고자 한다.

제2부에서 제5부까지 각 장들은 이러한 ANT를 경험적 연구주제들에 응용하여 초국적 이주에 관한 구체적 사례들을 고찰하고 있다. 제2부는 초국적 노동이주 및 결혼이주 과정에서 이주자들이 형성하는 행위자-네트워크들을 통해 직장과 가정의 사회공간이 어떻게 전환되고 있는지를 탐구하고 있다. 즉 제3장은 ANT를 원용하여 초국적 노동이주의 행위자-네트워크와 세 가지 유형(일자리, 가정, 국가)의 아상블라주의 특성과 상호 연계성을 고찰하고 있으며, 제4장에서는 이 이론을 활용하여 결혼이주가정의 음식-네트워크를 분석하면서 이를

통해 결혼이주여성이 어떻게 지리적 및 문화적 경계-넘기를 수행하고 있는가를 살펴보고 있다.

제3부는 ANT를 응용하여, 초국적 이주 여성의 삶이 어떻게 재구성되고 있는가, 그리고 이러한 재구성에서 어떤 인간 및 비인간 행위자들이 우선적으로 작동하는가를 탐구하고 있다. 제5장은 아시아 여성 이주자들을 사례로 국제결혼을 통해 한국 사회로 이주한 여성들의 삶을 행위자-네트워크의 (재)구성이라는 관점에서 추적하고, 이 과정에서 생산되는 신체-공간의 특성을 파악하고자 한다. 제6장은 ANT를 원용하여 결혼이주여성이 한국으로 이주하고 정착하는 과정에서 어떤 미디어테크놀로지(TV, 컴퓨터, 인터넷, 휴대폰 등)가 행위자로서 주요한 역할을 담당하는가를 고찰한다.

제4부는 초국적 이주자의 경험과 정체성의 전환에도 ANT가 유의미하게 응용될 수 있음을 보여준다. 제7장은 한 북한 여성에 대한 사례분석을 통해 북한-중국-남한 사이 국가 간 경계가 만들어내는 정치적, 문화적, 경제적 위계를 '거슬러' 이동하는 개인의 생애사적 노력과 혼종적 네트워크의 형성과정을 추적하고자 한다. 제8장은 몽골 이주노동자 가정의 한국으로의 이주, 정착과 본국으로의 귀환으로 이어지는 이주의 순환과정을 노동, 유학, 자녀교육을 둘러싼 행위자-네트워크의 형성과 재형성 과정으로 분석하고 있다.

끝으로 제5부에서는 초국적 이주와 관련된 지원조직들에서 형성되는 행위자-네트워크의 역할과 그 효과를 분석하고자 한다. 제9장은 ANT를 응용하여 한 다문화가족지원센터에서 형성되는 행위자-네트워크를 분석한 결과, 이 센터가 다양한 행위자-네트워크의 의무통과지점이 되면서 다른 네트워크들의 대변인적인 지위를 획득하는 한편, 서비스 지원의 주요 이해당사자인 결혼이주여성과 그 가족들은 주변화, 대상화됨을 보여주고 있다. 제10장은 ANT를 활용하여, B시의 이주민 선교센터를 사례로 미등록 이주노동자 공동체의 공간적 특성과 기능을 분석하고자 한다. 이 연구는 이주공동체를 구성하는 다양한 행위자들이 어떻게 상호작용하면서 공간이 재구성되는지, 그리고 이러한 공간적 관계적 특성이 이주노동자들의 이주–정착–귀환의 순환 과정에 어떻게 개입하는지를 분석하고자 한다.

이 책에 게재된 각 장의 집필자들은 지리학, 복지학, 사회학, 교육학 등 각각 다른 학문분야에 종사하는 연구자들로, 대구대학교 다문화사회정책연구소를 함께 꾸려나가고 있다. 연구자들은 이 연구가 공동으로 수행될 수 있도록 지원해 준 한국연구재단에 감사드리며, 또한 이 연구를 진행하는 과정에서 연구보조원으로 참여해 준 여러 분들, 특히 연구소의 이교일 연구원에게 감사한다. 이 책의 각 장들은 독립된 논문으로 발표되었기 때문에, 제1부에서 ANT에 관한 깊이 있는 이론적 논의가 제시되긴 하지만, 그 이후 각 장들도 이 이론에 기본적으로 바탕을 두고 있기 때문에, 각 장의 도입부에서 ANT에 관한 서술이 다소 중복되기도 했다.

물론 이 책에 편집된 이러한 연구 성과들이 ANT를 응용한 초국적 이주 연구에서 가능한 연구주제들을 총괄하거나 또는 각 세부주제들에 관한 연구를 완결시킨 것은 결코 아니다. 이 책은 단지 ANT를 응용한 초국적 이주 연구의 첫 시도라고 할 수 있다. 하지만 이 시도에서, 이 책은 시인의 눈이 초국적 이주과정에서 형성/해체/재형성되는 행위자–네트워크들과 이에 동반되는 사회공간을 묘사하는 것처럼, ANT가 초국적 이주 연구에 응용되어 그러한 효과를 가져올 수 있는가를 실험한 것이라고 할 수 있다. 이 책은 이러한 실험이 나름대로 의미 있는 성과를 거두기를 희망한다. 또한 시가 그러한 것처럼, 이 책은 ANT를 응용한 초국적 이주 연구도 이주과정에서 형성되는 사람과 사물 행위자들의 네트워크를 통해 어떻게 애정과 권력이 작동하는가를 살펴보고, 초국적 이주과정에서 생성/전환되는 초국적 사회공간을 풀어헤치고자 노력했다. 이러한 노력이 독자들로부터 의미 있는 평가를 받을 수 있기를 기대한다.

2017. 6.

최병두

• 차례 •

제1부

초국적 이주 연구를 위한 이론적 배경으로서 ANT

관계이론에서 행위자-네트워크이론으로

최병두

1 초국적 이주, 어떻게 연구할 것인가?

지난 10여 년 동안 초국적(또는 국제) 이주에 관한 연구들이 다양한 학문분야들에서 쏟아져 나왔지만 이 주제에 접근하기 위한 이론적 틀 또는 연구방법론은 아직 제대로 정립되지 않고 있다. 물론 초국적 이주에 관한 이론들은 개별 행위자의 의사결정과 이주 행태에 관심을 가지는 행태주의적 접근에서부터 이주자의 개인적 관계망을 강조하는 사회자본론, 지역이나 국가의 압출–흡인요인을 강조하는 신고전적 이론, 송출국이나 수용국의 노동시장에 초점을 둔 신경제학적 이론 또는 노동시장분절론, 그리고 역사–구조적 배경을 강조하는 세계체계이론, 또한 좀 더 최근에 이주네트워크나 이주체계를 주목하는 분석에 이르기까지 다양한 이론 또는 접근방법들이 동원되고 있다(Massey et al., 1998; 설동훈, 1999; 최병두, 2011). 그러나 기존의 어떤 이론이나 연구방법론으로도 현재 전개되고 있는 초국적 이주를 설명하기에는 상당한 한계가 있고, 또한 다소 진부한 것처럼 보인다.

행위자–네트워크이론(actor–network theory, 이하 ANT로 표기함)은 초국적 이주에 관한 기존 이론이나 방법론의 한계를 극복하고 새로운 연구방법론을 모색하는데 매우 유의미한 이론적 발판이 될 수 있다. 이 이론은 특히 사람과 사물들을 구분하지 않고 동등하게 취급하며, 이들 간에 사회공간적으로 형성·재형성되는 관계망, 즉 네트워크를 추적하고 그 효과로서 인간 및 비인간 행위자들의 특성을 밝히고자 한다. 1980년대 프랑스의 과학기술연구 분야에서 등장한 이 이론은 내적으로 철학적 이론체계를 정교하게 발전시켜왔을 뿐만 아니라 그 응용 범위를 지리학, 도시학, 환경학, 사회학, 정치학, 심리학, 인류학 등 많은 학문분야들로 확산시켜 왔다. 이에 따라 이 이론을 활용한 경험적 연구의 주제들도 기술발전, 조직관리, 환경계획, 보건관리, 도시공간, 교육과 문화 미디어, 페미니즘 등으로 매우 다양해졌다.

물론 ANT는 사회공간적 현상들과 이 현상들을 유발하는 메커니즘에 관한 실체적 이론이라기보다는 이들에 접근하기 위한 또는 이해하기 위한 연구방법이나 이론이라는 점이 지적되기도 한다. 다른 한편, 초국적 이주에 관한 국내외의 수많은 연구들 가운데 이 이론을 응용한 연구 사례가 거의 없었다는 점도 다소 의아스럽다. 그러나 이 이론이 실체적 이론은 아니라고 할지라도 초국적 이주를 포함하여 현실 세계에서 발생하는 다양한 현상이나 과정들을 분석하기 위한 새로운 관점 또는 통찰력을 함의하고 있는 것은 분명하다고 하겠다. 즉 ANT는 초국적 이주 연구에서 행위와 구조(미시와 거시, 사회와 자연 등)의 이분법에서 벗어나, 인간 및 비인간 행위자들 간에 어떤 사회공간적 연계가 형성되며, 이를 통해 구축된 네트워크는 어떠한 효과를 생성하는가에 대한 해답을 찾는데 기여한다. 또한 이 이론은 어떤 연구주제에 접근하기 위한 연구방법론에서 나아가 공간적 측면에서 사람과 사물들 간 관계로 구성된 현실 세계를 이해하는 인식론이나 존재론으로서 그 유의성을 가진다고 할 수 있다(최병두, 2015).

이러한 점에서 이 장은 초국적 이주 연구에서 행위이론과 구조이론의 이분법을 해소하기 위해 제시된 관계이론의 유의성과 한계를 검토한 후, 그 한계를 넘어서기 위한 대안적 연구방법론으로 ANT의 주요 개념적 특성들을 살펴보고, 초국적 이주 연구에 어떻게 적용될 수 있는가를 고찰하고자 한다. 이를 위해, 이 장은 먼저 초국적 이주에 관한 기존의 연구들에서 논의되고 있는 방법론이나 이론들의 유형화 및 관계이론의 유형에 속하는 여러 이론들을 재검토한 후,

ANT를 구성하는 주요한 개념적 특성으로 행위자-네트워크, 번역과 동맹, 위상학적 공간 개념 등을 고찰하면서 이들이 어떻게 초국적 이주 연구에 응용될 수 있는가를 탐구하고자 한다. 특히 이 장은 ANT 자체의 유의성과 한계에 관한 논의라기보다는 이 이론이 초국적 이주에 관한 연구에 어떻게 응용될 수 있는가를 고찰하는 데 주목하고자 한다.

2 관계이론에서 행위자-네트워크이론으로

1) 초국적 이주 연구방법론의 유형화

1990년대 이후 초국적 이주자들의 유입이 증가하기 시작하면서, 이에 관한 경험적 연구들이 누적되었고, 또한 이러한 연구를 위한 방법론에 관한 관심도 점차 증대하게 되었다. 국내에서 비교적 이른 시기에 초국적 이주에 관한 방법론적 검토를 제시한 연구자인 설동훈(1999)에 의하면, 국제 노동력의 이동에 관한 이론은 기본적으로 세 가지 유형으로 구분될 수 있다. 즉 초국적 이주에 관한 연구 방법론은 배출-흡인이론 및 비용-편익분석과 같이 초국적 이주자의 행위 차원을 고려한 이론, 노동시장 분절이론이나 세계체계론과 같이 초국적 이주의 구조적 배경에 관한 이론, 그리고 사회적 연결망 이론이나 사회적 자본 이론처럼 행위와 구조 차원을 매개하는 '사회적 관계'를 중시하는 관계이론 등으로 구분된다. 행위 차원과 구조 차원의 구분은 사회학 나아가 사회과학 일반에서 흔히 행위와 구조의 이분법 또는 미시적/거시적 접근으로 이원화된 이론체계를 반영한 것이고, 관계이론은 이들을 연결시키기 위한 대안적 접근방법이라고 할 수 있다(설동훈, 1999, 37~62; 최병두, 2011, 12~14).

이러한 유형 분류에서 관계이론은 기든스(Giddens)의 구조화(structuration) 이론 및 사회연결망(social network) 이론에 바탕을 두고, 초국적 이주의 행위적 차원과 구조적 차원(또는 미시적 차원과 거시적 차원)을 결합시키고자 한다. 구조화이론에 의하면, "구조는 행위의 매개체이며 그 결과라는 구조와 행위의 이중성 개념"이 강조된다. 즉 "사회구조는 행위자의 의도되었거나 의도되지 않은 행위의 결과이고, 행위자의 행위는 환원될 수 없는 구조적 맥락을 전제로 하고, 구조적 맥락에 의하여 매개된다"는 점이 강조된다. 즉 "행위자와 구조는 각각 서로의 결과"로 간주되며, 이러한 점에서 행위와 구조의 이중성(duality)이 강조된다(설동훈, 1999, 35; 또한 기든스, 1991 참조). 국제이주이론에 관한 연구에서 구조화이론에 바탕을 둔 이러한 관계성에 대한 관심은 최근까지 이어지고 있다. 예를 들어 새머스(2013, 65)는 구조화이론에서 강조되는 구조의 이중성으로 인해 '사회체계의 구조적 특성은 사회체계가 순환적으로 조직하는 실천의 매개체이자 결과물'이라고 주장한다." 또한 "행위주체는 구조, 제도, 다른 행위주체, 사회네트워크 등을 만들어 권력을 행사할 수 있고, 실제로 행사한다. 즉 행위주체로서 이주자와 이주 집단은 실제로 구조와 제도와 다른 행위주체들과 관계 속에서 이들에 따르거나 또는 이들에 반하는 다양한 행동을 할 수 있고, 권력을 행사할 수 있다"는 점이 강조된다.

초국적 이주에 관한 이러한 이론 또는 연구방법론의 분류는 그 이후에도 다소 변형된 방식으로 여러 연구자들에 의해 제시되었다. 예를 들어 김용찬(2006)은 사회과학의 여러 분야들에서 제시된 국제 이주에 관한 분석방법으로, 기존의 경제이론(신고전주의경제학, 이주의 신경제학, 노동시장분할론 등)과 역사구조적 접근(마르크스정치경제학, 세계체계론 등)을 검토하면서 그 한계를 지적하고, 국제이주에 관한 포괄적 분석을 위한 대안적 연구방법론으로 일반체계이론을 국제이주분석에 원용한 '이주체계 접근법'을 제시한다. 또한 전형권(2008)은 국제이주에 관한 여러 이론들을 재검토하면서 각 이론이 가지는 분석적 유용성과 한계를 고찰한 후 대안적 분석 모형으로 그가 지칭한 '초국가형 디아스포라'의 통합모형을 제시했다. 이러한 연구방법론에 관한 유형 분류와 대안의 모색은 설동훈(1999) 연구의 연장선상에 있는 것으로 이해된다. 전형권

(2008)은 "신고전경제학의 행위자 중심 시각이나 세계자본주의 체제나 일국의 노동시장분절 등 구조적 요인만으로는 충분한 설명이 될 수 없으며, 행위자와 구조를 통합하는 관계론적 시각이 보완되어야 할 것"이라고 주장한다.[1)]

초국적 이주에 관한 다양한 이론이나 방법론에 관한 유형 분류와 이에 바탕을 둔 각 이론들의 고찰은 사실 국내에서 누적된 연구 성과에 근거하기보다는 대체로 서구에서 제시된 유형 분류를 소개 또는 재검토한 것이라고 할 수 있다. 서구 사회는 초국적 이주의 역사가 우리나라에 비해 훨씬 길 뿐만 아니라 이에 관한 학문적 연구 성과도 많이 누적되어 있으며, 따라서 이에 관한 연구방법론의 고찰도 오래 전부터 이루어져 왔다. 포테스(Portes, 1981)는 1980년대 초에 국제이주에 관한 이론들을 재검토하면서 이주의 거시적 구조와 함께 행위자들의 사회연결망에 바탕을 둔 관계적 측면도 연구할 것을 주장했다. 또한 카슬과 밀러(Castles and Miller, 1993/2009)도 초국적 이주 이론들을 체계적으로 검토하였고, 매시 등(Massey et al., 1998, 제2장)도 본격적으로 국제이주에 관한 다양한 이론들을 유형화하여 검토·평가하고자 했다. 특히 매시 등(Massey et al., 1998)이 유형화한 국제이주이론에는 거시적 및 미시적 신고전경제학, 이주의 신경제학, 노동시장분절론, 역사-구조적 이론과 세계체계론 등과 국제이주의 지속성을 고찰하기 위한 이론으로 사회적 자본론, 이주네트워크이론 등이 고려되었다.

초국적 이주에 관한 이러한 유형구분은 서구 학계에서도 반복적으로 재론되고 있다. 예를 들면 쿠레코바(Kurekova, 2011, 14)는 이주의 결정요인에 관한 이론으로 신고전이론, 인적자본론, 신경제론, 세계체계론(역사구조적 접근), 이중노동시장론 등을 제시하고, 이주의 지속성 및/또는 흐름의 방향성에 관한 이

1) 그 외에도 초국적 이주에 관한 이론 또는 방법론들을 또 다른 유형으로 분류한 연구로 석현호(2000)를 들 수 있다. 그는 매시 등(Massey et al., 1998)이 제시한 분류방식, 즉 초국적 이주의 발생에 초점을 둔 연구와 영속화(또는 지속성) 과정에 관심을 둔 연구, 그리고 이들에 더하여 이주의 마지막 단계인 적응(정착)론을 추가하여 각 단계에 해당하는 이론들을 제시하였다.

론으로 네트워크이론, 이주체계이론, 초국적 이주 이론 등을 포함시켰다. 새머스(2013)는 국제이주이론을 분석의 수준에 따라 크게 결정론적 이론과 통합적 또는 혼합적 접근으로 구분하고, 전자 유형의 이론으로 배출흡인접근(라벤스타인), 신고전경제학, 행태주의, 신경제학, 이중노동시장과 노동시장 분절론, 구조주의적 접근, 그리고 후자 유형의 이론으로 사회네트워크 분석, 초국가주의 논의, 젠더중심적 분석, 그리고 구조화 이론 등 총 열 가지 유형으로 구분했다. 다른 한편 오렐리(O'Reilly, 2012)는 국제이주에 관한 이론들을 미시경제적 이론, 세계체계이론, 이주체계와 네트워크이론 등으로 구분하고 미시적 이론과 거시적 이론의 이분법을 극복하기 위한 접근방법을 모색하면서 학제적 연구의 필요성을 강조한다. 이와 같이 국제이주 이론의 유형화는 분류 기준에서 약간의 차이가 난다고 할지라도, 실제 내용은 크게 다르지 않다고 하겠다.

이와 같은 초국적 이주 이론에 관한 유형 분류와 이에 바탕을 둔 각 이론들에 관한 논의는 그동안 많이 이루어져 왔기 때문에 여기서는 이러한 유형 분류의 타당성이나 각 이론들의 유의성과 한계를 고찰하지는 않을 것이다. 그러나 이러한 유형 분류에서 관계이론이라고 할 수 있는 이론들, 즉 사회적 연결망 이론과 사회적 자본론, 그리고 네트워크이론 및 이주체계이론, 초국적 이주 이론 등을 좀 더 세밀하게 고찰하고자 한다. 왜냐하면 이러한 유형의 이론은 다른 유형의 이론들, 즉 행위이론과 구조이론 또는 결정요인론에 속하는 것으로 분류되는 여러 이론들의 한계를 극복하고 이들을 연계시켜서 좀 더 포괄적이고 통합적인 연구방법론으로 나아가고자 하기 때문이다. 그러나 관계성(사회적 연결망이나 네트워크 또는 이주체계 등)을 강조하는 유형의 이론들이 아무런 문제나 한계가 없는 것은 아니다. 따라서 한편으로 관계이론의 유형에 속하는 이론들이 가지는 유의성을 살펴보면서, 다른 한편 이들에 내재된 문제점들을 해소하기 위한 대안으로 ANT를 제시하고자 한다.

2) 초국적 이주 연구에서 관계이론들

초국적 이주 연구에서 관계이론의 유형으로 분류되는 여러 이론 또는 연구 방법론들은 연결망, 네트워크, 사회적 관계, 상호작용, 이주체계, 혼종성 등 다양한 용어들로 지칭되는 '관계성'을 강조하면서 이론적으로 행위와 구조, 미시와 거시의 이분법을 극복하는 한편, 관계성에 주목하면서 초국적 이주와 관련된 주제들을 경험적으로 분석하고자 한다. 앞서 논의한 바와 같이, 관계이론은 구조화이론에 바탕을 두고 행위와 구조(미시와 구조)의 이분법을 넘어서 이들 간을 연계시키는 개념적 장치를 마련하고자 한다. 구조화이론에서 구조는 어떤 사회체계가 가지는 속성으로 정의되지만, 또한 이를 매개하는 매체들을 통해 그 속성이 발현되는 것으로 이해된다(기든스, 1991). 이러한 점에서 행위는 개념적으로 구조와는 구분된다고 할지라도, 이들 간 이중성(duality)의 관점에서 구조 역시 어떤 매개적 역할을 담당하는 '행위자'로 간주될 수 있다.[2] 즉 행위와 구조 간의 이중성에서 인간 행위자뿐 아니라 다양한 구조적 매개물들, 다시 말해 자원, 제도, 사회네트워크 등은 그 자체로 또 다른 행위자로 이해될 수 있다.

그러나 이러한 구조화이론에 준거한 관계이론들이라고 할지라도 관계성을 설정하는 대상이나 수준 또는 의미, 그리고 이를 개념화하기 위해 사용하는 용어들이 다르며, 또한 한 이론 내에서도 관계성의 개념적 적용 범위가 다양하여, 때로 혼란을 초래하기도 한다. 구조화이론에서, 관계성이란 기본적으로 행위와 구조 간 관계를 상호 매개하는 이중성을 전제로 하며, 행위차원에서 이루어지는 사람들 간의 상호행동이나 의사소통, 또는 사람과 다른 사물들(자연) 간의 관계에 대해서는 크게 주목하지 않는다. 그러나 구조화이론에 바탕을 둔 국제이주에 관한 관계이론들은 행위와 구조를 연결시키기 위한 이론적 장치보다는 개인이나 집단(국가나 지역) 간 사회(공간)적 관계에 더 많은 관심을 둔다. 물론

---

2) 구조화이론에 의하면, "구조는 사회적 행위를 형성하는 '규칙과 자원'의 결합으로 이루어지며, 따라서 사회적 행위를 제한만 하기보다는 그 행위를 가능하게 하기도 한다"(새머스, 2013, 65).

이러한 점은 이론적 틀의 구축을 위한 구조화이론과는 달리 국제이주에서 관계 이론들은 경험적 연구로 나아가야 하기 때문에 발생한 것이라고 할 수 있다. 그러나 구조화이론은 행위와 구조 간 "상호작용의 구체적 매개과정을 엄밀화하지 못하였기 때문에 개념화의 수준에만 머무르는 한계"가 있다는 점이 지적된다(설동훈, 1999, 35).

이러한 구조화 이론과 유사하게 사회연결망이론 역시 사회(공간)적 네트워크에 의한 연결의 패턴에 주목하며, 행위와 구조는 이러한 네트워크를 통해 상호 매개하면서 그 결과로 각각의 특성이 발현되는 것으로 정의한다. 즉 사회적 연결망(또는 네트워크)이론 역시 구조와 행위자 간 상호작용의 매개과정을 규명하고자 한다. 이 이론은 "미시적인 행위자가 일상생활에서 맺는 사회적 관계의 망이 사회구조의 속박(constrains: 또는 제약)에 의하여 이루어지면서 동시에 이 관계의 망은 매 순간 거시적인 사회구조를 창출한다"는 점을 강조한다(김용학, 1992, 253; 설동훈, 1999, 36 재인용). 특히 여기서 사회구조는 사회적 관계의 형태 혹은 사회적 연결의 패턴을 의미하며, 이의 기본적 성격은 인간[행위자]들이 맺고 있는 사회적 관계의 연결망에서 발현되는 것으로 이해된다. 이러한 점에서 사회구조는 행위자와 구분되는 다른 어떤 실체가 아니라 행위자들 간 사회적 연결망의 효과로 이해된다. 즉 구조화이론과 마찬가지로 사회적 연결망이론은 행위와 구조의 이분법을 벗어나서 이들을 네트워크의 효과로 이해하는 ANT로 나아갈 수 있는 개념적 바탕을 제공한다고 하겠다.

그러나 구조화이론에서 행위와 구조의 관계성 또는 매개과정이 모호하게 개념화된 것처럼, 사회연결망이론 역시 연결망의 개념이 다중적이고 다소 혼란스럽게 규정된다. 즉 이 이론에서 '연결망'은 흔히 송출국과 유입국에서 이주민과 앞선 이주자 또는 선주민들을 어떤 사회적 '매개물'들을 통해 연결되는 과정 또는 패턴으로 정의된다(Massey et al., 1998). 그러나 또 다른 맥락에서 사회적 연결망은 "송출국과 유입국 사회로 대표되는 '구조'와 이주노동자라는 '행위자'로 구성되는 국제노동력 이동 체계에 존재하는 연결고리"로 이해된다(설동훈,

1999, 47). 이러한 점에서 이 이론에서 '사회연결망'은 한편으로 사람들 간에 형성되는 연대 또는 결합으로 간주되며, 다른 한편으로는 구조와 행위자를 매개하는 사회적 관계를 지칭하기도 한다. 좀 더 구체적으로 이 이론에서 연결망이란 국제이주에서 유입국의 정보와 정착에 필요한 자원을 전달하는 통로를 지칭한다. 이러한 점에서 사회연결망이론은 구조화이론과 마찬가지로 행위적 차원과 구조적 차원의 이분법을 극복하고자 하지만, '사회적 연결망'의 개념은 사람들 또는 국가들 간의 연계와 구조와 행위 간의 관계를 동시에 함의하면서, 그 의미가 모호해진다.

국제이주에 관한 관계이론의 유형으로 분류되는 사회적 자본이론은 국제이주 과정의 주체로서 개인이나 집단이 보유 또는 형성하는 사회적 관계망을 최대한 활용한다는 점을 가정한다. 여기서 사회적 자본은 사람들 간에 형성되는 "지속적인 관계망 또는 상호 인식과 인정이 제도화된 관계, 즉 특정한 집단의 구성원이 됨으로써 획득되는 잠재적 자원의 총합"으로 정의된다(Bourdieu, 1986; 설동훈, 1999, 52 재인용). 이러한 개념 규정에서 사회적 자본 역시 이중적으로 정의됨을 알 수 있다. 즉 사회적 자본은 한편으로 행위의 차원에서 개인이나 집단이 사회적 관계망을 형성하거나 활용할 수 있는 능력을 의미하지만, 또한 동시에 이러한 관계망이 제도화된 사회적 자원으로, 그 관계 집단의 구성원이 됨으로써 획득되고 활용될 수 있는 것으로 이해된다(Coleman, 1988). 여기서 사회적 자본은 사회적 관계망의 실질적인 속성이라기보다는 이를 활용하는 행위자의 능력이나 이를 제도화한 (구조적) 자원으로 간주된다는 점에서 행위와 구조의 이분법을 완전히 벗어났다고 보기는 어렵다.

사회적 연결망이론이나 사회적 자본론의 연장선상에서 제시되는 이주네트워크이론과 이주체계이론도 이러한 딜레마에 빠져있다고 하겠다. 이 이론에서 이주 네트워크는 주로 이주과정을 매개하는 혈연관계나 친구관계를 의미하며, 이러한 점에서 이 이론에서는 흔히 '네트워크에 의해 매개된 이주(network-mediated migration)' 그리고 이에 따른 이주사슬(chain migration)이라는 용어가 사용된다. 그러나 이주네트워크이론에서 이러한 연결망의 유형은 매우 다양하고 심지어 혼란스러운 관계들을 포함한다. 즉, "네트워크는 친척 관계에서부터 제도들 간의 관계, 제도와 개인 간의 관계, 개인과 개인 간의 관계에 이르기까지 여러 가지 다양한 형태를 띠고 있다. … 이러한 네트워크들은 공식적일 수도 있지만 비공식적일 수도 있으며, 명시적일 수도 있지만 비밀스러울 수도 있고, 먼 거리에 걸쳐 있을 수도 있지만, 국지적일 수도 있다. 또한 상대적으로 '약한 결속'을 보일 수도 있지만, 강한 결속을 보일 수도 있으며, 균형 잡힌 권력관계와 연루되어 있을 수도 있지만, 불균형적 권력관계에 연루되어 있을 수도 있다"(새머스, 2013, 67). 이러한 개념 규정에서, 네트워크는 사람들 간의 관계뿐만 아니라 사람과 제도들 간의 관계, 나아가 제도 자체들 간 관계도 포함하는 것으로 확장되지만, 다른 한편으로 이로 인해 네트워크의 개념은 모호하게 되었다.

이러한 네트워크의 유형 확장과 관련시켜 보면, 이주체계이론은 국가라는 제도들 간의 관계성 또는 네트워크에 주목하는 이론이라고 할 수 있다. 이주체계이론은 국제이주가 이루어지는 유출국과 유입국 간의 제도적 관계를 강조하며, 국제이주는 이 양국들의 사회문화적, 경제적, 정치적 조건들을 변화시키는 매개물로 간주된다. 양 국가는 정치, 경제, 사회, 인구학적 환경을 배경으로 국제이주자를 송출하고 수용하는 관계를 맺음으로써 하나의 이주체계를 형성하게 된다(전형권, 2008, 275). 또한 이러한 이주체계의 형성을 통해 전개되는 양국 간 이주는 양국의 사회공간적 환경을 재구성하게 된다(de Haas, 2008). 이주체계이론은 국제이주의 형성 및 지속과정에서 국제이주가 이루어지는 양국의 사회공간적 배경을 단순히 압출-흡인요인으로 설명하기보다는 상호 포괄적이고 통합적인 관계로 이해하고자 한다는 점에서 유의성을 가진다. 특히 국제이주에 관한 대부분의 연구들이 주로 이주 수용국의 요인을 분석하는데 초점을 두지만, 이주체계접근법은 이주 송축국의 환경적 특성과 그 변화도 연구과정에 포함시킴으로써 이주수용국과 송출국을 동시에 고려하면서 이들 간 관계를 고찰한다(김용찬, 2006, 4).

그러나 초국가주의 또는 초국적 이주 이론에 의하면, 이러한 이주체계이론은 방법론적 국가주의의 함정에 빠져 있는 것으로 비판된다. 왜냐하면 이 이론은 우선 개별 국가를 영역적 실체로 이해하고 이들 간의 관계를 고찰하고자 하기 때문이다. 반면, 초국가주의는 "국민국가의 경계를 가로지는 사람들 또는 제도들을 묶어주는 다층적 연계와 상호작용"을 의미한다(새머스, 2013, 69). 초국적 이주 이론은 국가라는 제도의 방법론적 한계를 벗어나기 위해 국제이주와 정착 과정에서 형성되는 사회공간적 관계성 자체에 초점을 둔다. 즉 이 이론은 국제이주를 통해 형성되는 공동체가 국경을 가로질러 유동적으로 구축·유지하는 사회공간적 네트워크들과 혼종적 관계를 고찰하고자 한다. 그러나 이러한 초국적 이주 이론은 국가라는 제도를 무시함으로써 초국적 이주와 관련된 국가의 역할과 이에 바탕이 되는 영역성의 문제를 제대로 분석하지 못하는 또 다른 문제점을 유발한다. 즉 초국가주의 또는 초국적 이주 이론은 방법론적 국가주의의 한계를 벗어나고자 하지만, 실제로는 이를 위해 초국적 이주과정에서 공간과 스케일이 어떤 역할을 하는가를 제대로 개념화하지 못한 것으로 평가된다.

이와 같이 기존의 관계이론 유형으로 분류되는 국제이주 이론들은 다양한 용어들과 의미들로 관계성에 주목하며, 그 이전의 국제이주 이론이 가지는 방법론적 한계를 극복하고자 하지만, 이 과정에서 개념적 혼돈을 초래하거나 또는 기존 이론의 한계를 제대로 벗어나지 못하는 한계를 가진다. 이러한 점에서 우선 관계성을 나타내는 다양한 용어들을 하나로 통일하고, 이 용어가 기존의 이론들에서 혼란스럽게 사용되었던 의미들을 포괄할 수 있도록 개념화해야 할 것이다. 기존 관계이론에서 사용된 다양한 용어들 가운데 연계망이라고 번역되는 '네트워크'는 여전히 유용한 용어로 사용될 수 있다. 네트워크 개념은 국제이주 연구뿐 아니라 사회과학 전반에서 구조와 행위, 거시와 미시, 글로벌과 로컬 등의 이원론을 극복하고 이들을 연결시켜줄 수 있는 개념으로 널리 사용되고 있다. 그러나 네트워크는 다양한 의미(예를 들어 구조와 이주자의 행위를 매개하는 것, 송출국과 수용국 간 제도적 관계 또는 이들 내에서 또는 이들 간에 이주자와 앞선 이주자 또는 선주민들을 잇는 연결고리, 이러한 연결고리에서 친척이나 친구 등 사람들 간 네트워크, 또는 이주자들의 민족성이나 정체성과 같은 문화적 네트워크, 이러한 네트워크에 함의된 상호 인정이나 신뢰관계 등)를 가진다. 이로 인해 네트워크의 개념이 매우 혼란스럽게 사용될 뿐만 아니라 "네트워크라는 개념은 특정한 상황을 구체적으로 밝혀주기보다는 오히려 더 모호하게 포괄적으로 얼버무리는 우산(umbrella) 개념이 되기도 한다"(새머스, 2013, 68). 따라서 국제이주에 관한 대안적 이론에서 네트워크라는 용어를 계속 사용할 경우 이 용어를 좀 더 정교하게 개념화하는 것이 무엇보다 중요하다.

네트워크의 개념을 사용할 경우 발생하는 또 다른 유형의 문제는 초국적 이주가 전개되는 과정에 함의된 공간적 측면이다. 초국적 이주와 정착 과정은 분명 국가 간 경계를 가로지르는 공간적 이동과 일상생활이 영위되는 장소나 공간 환경의 변화 그리고 이에 따라 형성되는 지역적 정체성의 전환 등을 전제로 한다. 그러나 네트워크의 개념은 흔히 초공간적 관계성을 전제로 하는 것처럼 인식됨에 따라, 공간적 이동성이나 영토성은 마치 더 이상 문제가 되지 않는 것처럼 보이도록 한다. 이로 인해, 새머스(2013, 68)는 "사회적 네트워크의 개념이 강조될수록 공간의 중요성이 퇴색되게 되었다"고 지적한다. 좀 더 구체적으로 스미스(Smith, 2005, 238)의 주장에 의하면, "초국가주의에서 혼종성, 유동성에 대한 찬양은 공간적 이동성이나 경계 넘기가 아무리 초국가적 주체들의 가족, 공동체, 장소 만들기 관습을 특징짓더라도 그 주체들이 여전히 특정 공간이나 정치 상황과 특수한 역사적 맥락 내에서 계층화, 인종화, 젠더화된다는 사실을 간과"하게 된다.

물론 초국적 이주의 배경이 되는 세계화 과정은 국가 및 지역들 간 상호의존성을 촉진하고 개별 국가의 영토성은 더 이상 큰 의미가 없는 것처럼 보이도록 한다. 또한 이러한 세계화 과정을 뒷받침하는 정보통신기술의 발달은 실시간에 수천 킬로미터 떨어져 있는 사람이나 지역들 간 소통과 정보 전달이 가능하도록 함으로써 이제 공간의 중요성이 사라진 것처럼 느끼도록 한다. 그러나 이동성 그 자체는 여전히 공간에서 이루어지며, 비록 초국적 이주자라고 할지라도 일상생활은 여전히 일정한 장소와 공간환경을 배경으로 영위된다. 이러한 점에서 최병두 외(2011)는 초국적 이주 및 정착 과정에서 형성되는 다양한 유형의 공간들을 개념화하기 위하여 '다문화공간'이라는 개념을 제시했다. 다른 한편 어리(2014)는 현대사회에서 초국적 이주를 포함하여 다양한 유형의 이동성이 급증하는 상황을 반영하기 위해 '모빌리티 패러다임'이라고 지칭한 용어를 제시하면서 새로운 이론적, 방법론적 지형을 구축하고자 한다. 이들이 제시한 모빌리티 패러다임은 이동성 증대와 관련된 네트워크의 개념을 포함한다. 즉 이 패러다임의 기본전제 가운데 하나는 "네트워크화된 사회생활의 본질 때문에, 먼 거리를 잇는 커뮤니케이션과 이동이 '필수적'이게 될 것"이라는 점이다(어리, 2014, 375). 이러한 점에서 새머스(2016)의 우려와는 달리, 네트워크의 형성은 공간적 이동성을 촉진하고, 또한 역으로 이동성의 증대는 네트워크의 확장에 기여한다.

이와 같이 초국적 이주 연구에서 공간의 중요성을 인정한다고 할지라도, 문제는 공간을 어떻게 개념화할 것인가라는 점이다. 그동안 공간은 물리적 거리나 부피로 측정되는 절대적 공간 또는 좌표체계에서 사물의 위치에 앞서 주어지는 선험적(또는 유클리드) 공간으로 간주되었고, 이러한 공간(그리고 시간)의 개념은 교통통신기술의 발달에 따른 시공간적 압축으로 그 기능이 급속히 줄어들었다고 할 수 있다. 그러나 공간은 단순히 이러한 물리적, 선험적 공간의 의미만 가지는 것이 아니라, 다양한 유형들의 위상학적 공간으로서 의미를 가진다. 유클리드 공간 개념에서 한 사물은 다른 사물들과는 무관하게 그 자체로서 속성을 가지며, 또한 이들이 위치한 공간과는 분리되어 존재하는 것으로 간주된다. 그러나 위상학적 공간에서 한 사물의 속성은 다른 사물들과의 사회공간적 관계성을 통해 형성되며, 따라서 공간과 분리되지 않으며 공간과 더불어 형성·변화·소멸하는 것으로 인식된다. 이러한 점에서 네트워크에 대한 관심의 증대는 공간의 중요성을 약화시킬 것이 아니라 오히려 더 강조하고, 새롭게 개념화할 것을 요청한다고 하겠다.

3) 대안적 연구방법론으로서 행위자-네트워크이론

초국적 이주 연구를 위한 대안적 이론 또는 방법론은 이주과정에서 형성·유지·해체되는 다양한 유형의 관계성에 주목하면서도, 기존의 관계이론들에 내재된 문제성을 해소하는 것을 중요한 과제로 설정해야 한다. 관계성의 개념은 구조화이론에서 강조되는 것처럼 행위와 구조가 상호작용(이중성)을 통해 서로를 만들어낸다는 점으로 표현되거나, 또는 사회연결망이론에서처럼 사회구조는 그 자체로 존재하거나 또는 사회적 행위자들의 단순한 합이 아니라 행위자들과의 상호작용에 의해 만들어지는 발현적 속성을 지니는 것으로 인식되도록 한다. 또한 초국적 이주에 관한 경험적 연구에서 관계성은 초국적 이주자가 맺고 있는 네트워크에 좌우되는 능력으로서 사회적 자본을 강조하거나, 또는 초국적 이주를 개별 국가의 특성이 아니라 양국 간의 제도적 관계 또는 네트워크로 이루어진 이주체계로 분석하도록 한다. 최근 이러한 관계성에 대한 강조는 초국적 이주 연구에서뿐만 아니라 사회이론 및 철학 전반에서 행위와 구조, 거시와 미시, 지구적인 것과 국지적인 것의 이분법에서 벗어나서 새로운 대안적 방법론을 모색하도록 한다. 초국적 이주에 관한 대안적 이론은 기존의 관계이론이 추구했던 행위와 구조(거시와 미시 등)의 이분법에서 벗어나서 이들 간 관계성을 방법론적으로뿐만 아니라 존재론적으로 개념화하고 이를 경험적 연구방법론으로 활용할 수 있어야 할 것이다. 이러한 대안의 모색에서, ANT는 초국적 이주에 관한 관계이론의 유의성을 반영하는 한편, 그 한계를 넘어설 수 있는 새로운 발판을 제공할 수 있는 것처럼 보인다.

ANT는 1980년대 과학철학 분야에서 과학적 지식을 사회학적으로 이해하기 위해 등장했으며, 1990년대에 들어 포스트구조주의 철학 및 기호학 등을 포용하면서 사회이론 일반으로 확장되었고, 2000년대 들어와서 다양한 학문분야들에서 많은 연구주제들에 응용되고 있다. 이 이론은 자연의 내재적 질서를 특권화하는 전통적 과학주의를 거부할 뿐만 아니라 과학적 지식을 단순히 사회적 관계의 산물로 이해하는 사회구성주의도 비판한다(김환석, 2011). 대신 이 이론은 인간과 비인간(동식물, 환경, 기술, 제도 등) 사물들 간 대등한 관계를 강조하면서, 사회적 지식은 이들 간 관계, 즉 네트워크를 통해 생성되고 확산/쇠퇴하는 것으로 이해한다. ANT는 이와 같이 과학적 지식에 관한 연구에서 사회적인 것에 관한 일반적 연구로 나아가면서, 이질적인 인간 및 비인간 사물들이 어떻게 결합하여 네트워크를 형성하고, 시공간상에서 유지/변화하는가를 추적하고자 한다. 이 이론에 의하면, 인간이든 비인간 사물이든 이들 간 상호관계 속에서 이루어지는 수행 또는 작동 이전에는 아무런 특성을 가지지 않으며, 단지 이들 간에 형성되는 네트워크를 통해서만 어떤 특성을 가지게 된다. 즉 ANT는 사물 그 자체의 본질을 추구하는 근본주의를 부정하고 사물들 간 상호관계성을 강조하는 관계론적 존재론과 연구방법론을 새롭게 구축하고자 한다(김환석, 2010; 최병두, 2015).

이러한 맥락에서 ANT가 1980년대에 제시된 이후 여러 선도적 연구자들에 의해 이론적으로 계속 발전해 왔으며, 또한 그 유의성을 확인한 많은 연구자들은 이 이론을 다른 새로운 연구주제들에 응용하면서 다양한 학문 분야들로 확산되었다. 그러나 다른 사회이론들처럼, ANT도 그 한계와 문제점들로 인해 상당한 비판을 받았고, 이로 인해 2000년대로 넘어오면서 이 이론을 둘러싼 논쟁을 거치면서 'after-ANT' 또는 'post-ANT'로 전환하게 되었다(Law and Hassard, 1999). ANT의 한계로 지적되는 가장 심각한 점은 이 이론이 현실 세계와 이 세계에서 작동하는 메커니즘에 관한 실체적 이론이 아니라 이에 접근하기 위한 연구방법 또는 이를 이해하기 위한 존재론적 논의의 틀로서만 유의성을 가진다는 점이다. 또한 개별 개념들과 관련하여, ANT는 네트워크와 같은 개념을 마치 그 자체로 주어진 실체인 것처럼 물상화시키고, 기능적, 기술적 또는 물리적 연계성(글로벌네트워크, 컴퓨터네트워크, 교통네트워크와 같은)과는 전혀 다르다고 강조함에도 불구하고 실제 이러한 연계성과 흔히 혼돈되고 있다는 점이 지적되고 있다. 또한 이 이론은 인간과 비인간 사물들 간 차이를 극복하고자 하지만 결국 인간 행위자를 비인간 사물들과 같은 지위를 부여하고 연구 대상을 통제하려고 했다는 비판을 받기도 했다.

이러한 비판을 둘러싼 논쟁들 가운데 한 주요 계기는 로(Law, 1999)에 의해 제기된 것으로, 그는 1990년대 발전한 이 이론의 "핵심적 사고들이 막다른 골목으로 향한 것"으로 추정하고, 이 이론의 주요 개념이나 주장들을 재검토하면서, 그동안 당연시 되었던 이 이론의 언어와 개념적 틀을 수정하거나 대체해야 한다고 주장했다. 그는 ANT의 위상학적 가정들이 공간적 및 관계적인 사회-물질적 사건들에서 복잡성을 이해할 수 있는 가능성을 획일화시킬 수 있다고 우려했다. 이러한 우려에서 로와 몰(Law and Mol, 2001)은 ANT가 비판한 유클리드 공간(또는 '지역적 공간')에 대한 대안으로 '네트워크 공간'에 더하여 '유동의 공간'과 '화염의 공간' 등 위상학적 모형들을 추가했다(제2장 참조). 그 이후 ANT 이론가들은 이처럼 위상학적 공간 개념을 추가했을 뿐 아니라 행위자-네트워크의 개념을 더욱 정교하게 다듬는 한편 대중화시키는 작업들을 추진해 왔다(Latour, 2005; Mike, 2016 참조), 또한 이 이론에 관한 많은 경험적 연구들도 지속적으로 발표되었고, 사회학, 인류학, 지리학, 도시학, 조직론, 관광학, 환경론 등 다양한 학문 영역들로 확산되었다. 이러한 영역들에서 연구자들은 ANT와 관련된 도전적 의문들을 제시하고 새로운 사유 방식을 제시함으로써 이 이론의 사고들을 확장시키고 재편성하는 데 이바지하고자 했다.

우리나라에서도 ANT는 다양한 학문분야들에서 여러 연구주제들에 응용되고 있다. 김환석(2009; 2011)의 논문들과 홍성욱(2010a)의 편저서는 이 이론을 국내에 소개하는 주요한 문헌이 되었고, 이 이론을 다양한 학문분야들에 응용하려는 시도를 고취시켰다. 이에 따라, ANT에서 제시되거나 관련된 주요 개념들, 즉 이동성과 로컬리티, 위상학적 공간, 아상블라주 등에 대한 심도 있는 연구들이 제시되기도 했으며(장세용, 2012; 최병두 2015; 김숙진, 2016; 본서 제2장), 또한 다른 이론이나 사고들(페미니즘, 사변적 실재론 등)과의 동맹 또는 접점을 탐구하는 연구들도 발표되었다. 또한 이 이론은 사회학, 지리학, 정치학, 행정학, 문화콘텐츠학, 교육학, 환경학 등 다양한 학문 분야들에서 과학과 자연 간 관계 고찰, 기술표준 설정과정에 관한 설명, 남북관계와 관련된 다양한 세부 주제들에 관한 연구, 사회문화 현상에 관한 담론 분석, 학문적 정체성 탐구 등 다양하게 응용되고 있다. 이제 국내 학계에서도 ANT는 전공학문 분야들 간 벽을 허물고 수많은 이질적 비인간 사물들에게도 행위능력을 부여함으로써 다양한 사회(공간)적 현상들을 새롭게 이해할 수 있도록 하는 연구방법론과 주요 개념들을 제공하고 있다.

이러한 연구 분위기 속에서 최근 초국적 이주와 관련된 여러 주제들에 ANT를 응용한 연구들이 시도되면서 일정한 성과를 거두고 있다. 이러한 연구들에는 남한 사회에 정착한 북한 여성이 초국적 이주 과정에서 겪은 탈북–결혼이주–이주노동의 교차적 경험과 정체성의 변위에 관한 연구(이희영, 2012; 본서 제7장. 이하 '본서'는 생략함), 아시아 여성 이주자들을 사례로 결혼–관광–유학의 동맹과 신체–공간의 재구성에 관한 분석(이희영, 2014; 제5장), 노동–유학–자녀교육의 동맹에 초점을 두고 몽골 이주노동자 가정의 이주–정착–귀환 과정을 고찰한 연구(이민경, 2015; 제8장), 이주민선교센터에서 형성된 행위자–네트워크 고찰을 통해 미등록 이주노동자 공동체의 특성과 역할을 살펴본 연구(이민경, 2016; 제10장), 결혼이주여성의 한국 이주 및 정착 과정에서 미디어테크놀로지의 역할에 관한 연구(김연희·이교일, 2017; 제6장), 다문화가족지원센터에서 전개되는 서비스 조직의 안정화와 지원 서비스 이용자의 주변화에 관한 연구(김연희, 2017; 제9장), 그리고 초국적 노동이주과정에서 지속적으로 형성·전환되는 행위자–네트워크와 아상블라주들에 관한 연구(최병두, 2017a; 제3장), 초국적 결혼이주가정에서 형성되는 음식–네트워크와 초국적 이주자의 경계–넘기에 관한 연구(최병두, 2017b; 제4장) 등이 포함된다. 사실 초국적 이주 연구에 ANT를 응용한 연구 사례는 서구에서도 거의 찾아보기 어려운 상황에서, 이러한 국내의 연구 성과는 나름대로 의미 있는 결과라고 할 수 있을 것이다.

이와 같이 국내에서도 이제는 ANT에 관한 이론적 논의와 이를 응용한 경험적 분석이 널리 확산된 상황에서 ANT 자체를 다시 개관하는 것은 적절하지 않은 것처럼 보인다. 그러나 ANT의 특성과 주요 개념들을 간략히 정리하고, 이들이 어떻게 초국적 이주 연구에 응용될 수 있는가를 살펴볼 필요가 있을 것이다. 사실 연구자들에 따라 ANT의 특징은 다양하게 정리된다. 홍성욱(2010b)은 ANT를 일곱 가지, 즉 ANT는 (이분법적) 경계를 넘고, 비인간에게 적극적 역할을 부여하고, 네트워크가 행위자이며, 네트워크 건설과정이 번역이고, 네트워크를 잘 기술하는 것이 좋은 이론이며, 권력의 기운과 효과에 새로운 통찰을 제공하며, 민주주의를 위해 열려 있는 '사물의 정치학'이라는 점으로 정리한다. 김환석(2011)은 ANT의 특성으로 행위자-네트워크의 개념, 인간 및 비인간 행위자들의 동등성 또는 대칭성, 그리고 이질적 네트워크의 효과 등을 강조한다. 박경환(2014)도 비슷하게 ANT의 핵심적 특성으로 네트워크의 효과, 네트워크를 구성하는 이질적 요소들의 대칭성, 그리고 네트워크의 형성을 통해 생산되는 집합적 구성물 등에 주목한다. 다른 한편, 머독(Murdoch, 1998)은 ANT가 가지는 핵심적 유의성으로, 첫째 자연/사회, 행동/구조, 국지적/지구적인 것과 같은 이원론을 극복하기 위한 수단을 제공하며, 둘째 유클리드적 공간관을 극복하고 새로운 네트워크 공간 또는 위상학적 공간 개념을 제시하고자 한다.

ANT의 특성에 관한 이러한 기존 연구를 고려하여 여기서는 ANT가 초국적 이주 연구에 응용될 수 있는 세 가지 주요 개념적 특성들을 제시하고자 한다. 첫째, 초국적 이주에 관한 연구는 ANT에서 제시된 행위자-네트워크의 개념 및 이와 관련된 다른 개념들(블랙박스, 아상블라주 등)에 준거하여 행위와 구조 간 이분법을 벗어나고 관계성을 나타내는 다양한 용어들을 체계적으로 통합시킬 필요가 있다. 둘째, 초국적 이주 연구에서 흔히 논의되는 네트워크들의 역동적 형성과 변화과정을 추적하기 위하여 행위자–네트워크의 개념 외에도 이를 뒷받침하기 위해 제시된 번역과 동맹의 개념 등이 유의하다. 셋째, ANT에서 명시적으로 논의되는 위상학적 공간 개념은 초국적 이주 과정에서 항상 수반되는 공간적 측면을 부각시키고 이를 새로운 공간적 관점에서 이해할 수 있도록 한다. 다음 절은 ANT의 관점에서 이러한 세 가지 개념적 특성들이 가지는 의미를 살펴보고, 초국적 이주 연구에 어떻게 응용될 수 있는가를 논의할 것이다. 물론 초국적 이주 연구에 응용될 수 있는 ANT의 세 가지 개념적 특성의 제시는 이들을 응용한 연구들이 아무런 문제나 한계가 없음을 의미하는 것은 아니다.

3 행위자-네트워크와 초국적 이주

ANT의 구성에서 가장 우선 강조될 개념은 인간과 비인간을 포괄하는 행위자 개념이다. 즉 이 이론은 인간과 더불어 비인간 사물들도 사회를 구성하는 행위자들로 규정한다. 전통적 의미에서 행위자는 항상 의도적인 인간 행위자를 지칭하지만, 이 이론에서 행위자는 스스로 행위를 하거나 타자에 의해 행위성이 부여된 모든 것을 의미한다. 이러한 의미에서 인간 행위자는 비인간 행위자들과 아무런 차이가 없는 것으로 가정된다. 즉 모든 객체들과 이 객체의 부분들인 신체, 박테리아, 식물, 바람, 기억, 텍스트, 기술, 화학물질 등은 인간 행위자와 마찬가지로 함께 연결될 수 있으며, 힘을 행사할 수 있고, 서로 다른 행위자들을 변화시키고 또한 이들에 의해 변화한다. 이와 같이 인간 행위자와 비인간 행위자를 구분하지 않고 동등한 위상을 가진다는 가정은 대칭성(symmetry)이라고 불린다(Latour, 1987). ANT에서 이러한 행위자의 개념과 인간 및 비인간 행위자 간 대칭성은 인간과 사물의 이분법뿐 아니라 행위와 구조, 미시와 거시, 사회와 자연 등의 이분법을 극복하기 위한 주요한 개념적 장치가 된다.

이러한 점에서 ANT는 앞서 논의한 바와 같이 행위와 구조의 이중성을 통해 이들의 이분법을 극복하고자 하는 구조화이론의 연장선상에서 이해될 수 있다. 하지만 ANT에 대한 비판 가운데 하나는 이 이론이 행위의 차원에서 무엇이 근본적으로 인간적이고 주관적인가를 파악할 수 없다는 점이다. 이러한 점에서 대칭성의 관점을 수정하여, 인간은 스스로 의도된 행위를 할 수 있어야 한다는 점을 인정할 것을 요구한다(Murdoch, 1998). 그러나 이 이론은 행위를 유발하는 의식적 의도에 뿌리를 둔 행위능력의 개별적 근원을 인정하지 아니하고, 대신 상호작용하는 요소들의 네트워크를 통해 순환하는 힘에 초점을 둔다. 즉 행위는 의식의 완전한 통제하에서 이루어지는 것이 아니라, 많은 다른 행위자들과의 네트워크 형성과정에서 이루어지는 것으로 이해된다(Latour, 2005, 44). 달리 말해, 어떠한 행위자라고 할지라도 그 행위능력은 고립된 채로 이루어지지 않으며, 항상 그 행위자와 연결되어 있는 다른 많은 실제적 및 잠재적 행위자들과의 상호작용의 결과, 즉 '관계적 효과'로 이해된다.

이러한 점에서 '네트워크'의 개념은 ANT의 중심축이 된다. 일반적으로 네트워크는 개별 행위자들 간에 형성되는 사회적 상호작용으로 이해되거나, 교통망처럼 연결된 관계망을 의미하거나 또는 제도적 상호관계(생산과 소비, 공급과 수요) 또는 조직구조(본사와 분공장)를 지칭하기도 한다. ANT에서 네트워크의 개념은 이러한 관계성을 부정하지 않지만, 여기서 사용되는 네트워크와는 다른 의미를 가진다. 이 이론에서 네트워크는 교통통신망과 같은 어떤 기술적 연계망이나 사람들 간의 사회적 관계로서 네트워크를 의미하는 것이 아니라 인간과 비인간 사물들로 구성되는 수많은 이질적 객체들 간에 형성된 혼종적 상호관계 또는 이에 따른 질서를 의미한다. ANT는 기존의 '네트워크' 개념이 가지는 문제를 피하기 위해 들뢰즈의 용어로 리좀과 같은 의미로 사용하고자 한다. 즉 ANT는 "근대 사회가 지위, 계층, 영역, 범위, 범주, 구조, 체계라는 관념을 사용해서는 결코 이해될 수 없으며, 사회가 섬유 모양의, 실과 같은, 철사 같은, 끈 같은, 밧줄 모양의, 모세관의 성격을 갖는다고 인식해야만 근대 사회를 충분히 기술할 수 있다"고 주장한다(라투르, 2010, 99~100).[3)]

ANT의 함의에 따라 정의하면, 네트워크는 아직 결정되지 않은 실체들 간 비구체화된 관계들의 집합을 말한다. 네트워크는 행위자들 간 연계를 통해 형성되지만, 또한 그 결과로 행위자의 특성을 규정한다. 즉 행위자와 네트워크는 서로 지속적으로 규정하고 재규정되는 과정을 겪으면서 서로 의존한다.[4] 따라서 행위자와 네트워크는 분리되어 존재할 수 없으며, 모든 행위자는 또한 동시에 네트워크이며, 모든 네트워크도 어떤 행위자가 된다는 의미에서 '행위자-네트워크'라는 용어를 사용한다. 행위자-네트워크의 개념은 개별 행위자들, 즉 인간과 더불어 지식, 제도, 조직, 사회(구조) 등 비인간 사물들을 이들 간에 형성된 이질적 네트워크를 통해 작동하는 상호관계의 결과로 인식한다. 즉 행위자들은 네트워크의 형성과 작동에 따른 효과로 그 특성이 생성 또는 규정된다는 점에서 네트워크의 효과(network effects)로 이해된다. ANT는 이질적인 행위자들이 등장하여 함께 네트워크를 구축하고 이를 통해 어떤 효과들을 만들어내는 과정과 이에 따른 변화를 추적하고자 한다.

행위자-네트워크는 인간 및 비인간 행위자들을 함께 모아서 새로운 결합체, 즉 아상블라주(assemblage)를 구성한다. 예를 들어 컴퓨터나 자동차는 하나의 물체로 인식되지만, 이들이 고장 나 수리하는 과정에서 이들은 수많은 부품들로 구성된 네트워크라는 사실을 알게 된다. 이와 같이 어떤 행위자-네트워크가 안정된 질서로 작동할 때, 이를 '블랙박스'가 되었다고 하고, 이러한 이질적 네트워크들이 접혀져서 하나의 행위자나 객체로 축약되는 것을 '결절'이라고 부른다(로, 2010, 47). 블랙박스의 개념은 이질적 사물이나 요소들로 구성된 불안정하고 가변적인 네트워크가 마치 하나의 행위자처럼 단순화되는 것을 설명하

3) 라투르(2010, 100)에 의하면, 네트워크라는 단어는 데카르트적인 물질과 영혼의 구분을 피하기 위해 이들 간 관계를 기술하기 위해 처음 사용되었으며, 그 이후 본질을 이해하기 위한 메타포로 바뀌었다고 한다.

4) 이 과정에서 행위자들을 네트워크에 연계시키고 해당 네트워크 자체를 규정하는 고리역할을 담당하는 매개자의 역할도 인정된다. 즉 "매개자는 연결망 내에서 각 행위자의 위치를 규정하고 그렇게 함으로써 행위자들과 더불어 해당 연결망 자체를 구성한다(김환석, 2009, 879~880).

고자 한다. 이러한 점에서, ANT는 우리가 흔히 당연하다고 생각하는 어떤 '사회적 사실'이 실제 '블랙박스'이며, 이것들이 어떤 과정을 통해 구성되었는가를 치밀하게 추적할 것을 요구한다. 이러한 행위자-네트워크들에 의해 일시적으로 구성된 집합체를 설명하기 위해 들뢰즈와 가타리(Deleuze and Guattari)에 의해 제시된 아상블라주의 개념이 도입된다(김숙진, 2016; Muller, 2015). ANT에서 아상블라주는 이질적 행위자들의 일시적 묶음 상태를 의미하며, 어떤 조직체가 인간 및 비인간 사물들의 네트워크로 편성된 다중적 집합체임에도 이들이 어떻게 블랙박스로 간주되는가를 이해할 수 있도록 한다.

이와 같이 행위자-네트워크의 개념 및 이와 관련된 여러 개념들은 초국적 이주 연구에 중요한 개념적 기반을 제공하며, 또한 경험적 연구에도 응용될 수 있음을 보여준다. 앞서 논의한 바와 같이 기존 관계이론들은 초국적 이주 과정에서 이루어지는 다양한 유형의 연계망 또는 네트워크들을 경험적으로 고찰할 뿐 아니라 이론적으로도 행위/구조, 거시/미시 등을 연결시키고자 한다. 이러한 점에서 관계이론들의 준거를 제공했던 구조화이론이나 사회연계망이론은 ANT의 유용성을 확인할 수 있도록 하는 주요한 발판이 된다. 특히 이 이론들에 의하면, 행위 차원의 행위자뿐만 아니라 구조 역시 어떤 매개역할을 담당하는 '행위자'로 간주될 수 있다. 나아가 이러한 행위자와 구조는 대등한 역할을 수행하는 이중성 즉 대칭성을 가진다는 점이 강조되며, 이들의 특성은 이들 간 상호작용의 결과로 인식된다. 그 외에도 관계이론의 유형으로 분류되는 여러 이론들은 국제이주가 전개되는 사회구조의 조건이나 규정력을 간과하고 이주 주체로서 개인이나 개별 사회집단(국가, 지역, 인종집단 등)에 초점을 둔 연구의 오류, 또는 반대로 행위자들의 상대적 자율성을 무시하고 국제이주가 전개되는 사회문화적, 경제적, 정치적 체계나 배경에만 주목하는 연구가 안고 있는 딜레마를 어느 정도 벗어날 수 있도록 한다. 그러나 이 이론들은 행위와 구조의 관계성에 대해 이론적으로 다소 모호할 뿐 아니라 이를 설명하거나 반영한 개념들이 다양하고 혼란스럽게 사용되는 문제점을 가진다.

ANT에서 이러한 모호성이나 혼란은 상당히 해소된다. 이 이론에서 네트워크는 인간뿐 아니라 비인간 사물들, 예를 들어 가족, 원주민, 임금, 비자, 정보, 국가 등과 같이 수많은 이질적 객체들로 구성된 연결망 또는 이에 따른 질서나 정렬을 의미한다. 이와 같이 인간과 함께 비인간 사물들을 포함하는 행위자와 이들로 구성된 네트워크의 개념은 초국적 이주과정에서 형성/유지/변화하는 다양한 네트워크들을 설명하는데 유의한 통찰력을 제공한다. 초국적 이주자들은 이주 및 정착과정에서 자신의 가족이나 친척, 같은 지역이나 국가 출신 이주자들, 그리고 이주유입국의 선주민들과 시공간적으로 다양한 네트워크를 구성할 뿐 아니라 이들 간의 관계를 매개하거나 또는 직접 네트워크 구성에 참여하는 다양한 제도나 기관, 물질적 및 비물질적 사물들을 만나게 된다. 이러한 점에서 이희영(2012)은 북한 여성 난민과 조선족, 남한 남성과 같은 인간 행위자뿐만 아니라 입양 및 결혼제도, 나아가 결혼 중개업체라고 하는 조직이 결합하여 동아시아 3국을 배경으로 초국적 이주의 네트워크가 형성되는 과정을 고찰하고 있다(제7장). 또한 이민경(2015)은 몽골 이주노동자들의 이동을 자녀교육이라는 매개자와의 연관 속에서 다양한 행위자들이 개입하는 복합적인 과정으로 파악하고자 한다(제8장).

이러한 행위자-네트워크의 개념을 응용한 연구들은 초국적 이주 과정에서 인간 및 비인간 행위자들로 구성되는 네트워크의 특성 자체를 고찰할 수 있다. 이 과정에서 비인간 행위자들은 대체로 인간 행위자들을 연계시키는 매개자(즉 매개적 행위자)로 인식된다. 이희영(2014)은 한국 사회에서 급증하는 한국 남성과 아시아 여성들 간 국제결혼이 어떤 매개자 없이 전개되는 일방적 흐름이 아니라, 이와 교차하는 이주/유학 및 역이주, 관광정책과 관광산업 간 연계, 세대문화와 한류 등을 매개로 형성되는 복합적인 행위자-네트워크의 결과로 이해되어야 함을 보여준다(제5장). 유사한 맥락에서 김연희·이교일(2017)은 결혼이주여성이 한국으로 이주·정착하는 과정에서 어떠한 미디어테크놀로지(TV, 컴퓨터, 인터넷, 스마트폰 등)가 더욱 중요한 매개적 행위자의 역할을 담당하는가를 고찰한다(제6장). 하지만 ANT를 응용한 연구에서, 실제 다양한 유형의 사물들은 그 자체로서 인간들과 다른 사물들을 연결시키는 매개자일 뿐 아니라 이러한 매개적 연계를 통해 인간 행위자들의 생활양식이나 가치관을 바꾸는 적극적인 행위자로 인식되기도 한다. 최병두(2017b)는 초국적 이주 가정에서 구성되는 인간 및 비인간 행위자들(자연환경, 음식재료, 요리방식과 취사도구, 기타 관련 정보 등)의 음식-네트워크들에 주목하고, 이들을 통해 음식-만들기와 음식-먹기가 어떻게 네트워크의 효과로서 인간 행위자들 간 관계를 변화시키는가를 고찰하고 있다(제4장).

ANT와 이를 응용한 초국적 이주 관련 연구들은 이에 관한 기존의 관계이론들이 가지는 개념적 모호성, 특히 네트워크의 개념의 피상적 다중성과 모호성을 어느 정도 극복할 수 있도록 한다. 특히 ANT는 행위자의 개념에 비인간 사물들도 포함시킴으로써 인간/사물, 사회/자연의 이분법을 어느 정도 벗어날 수 있도록 한다. 그러나 이러한 행위자들로 구성된 행위자-네트워크의 개념이 과연 행위와 구조의 이분법을 완전히 해소했는가의 의문은 여전히 남는다. 구조화이론에서 구조의 이중성이 행위/구조의 이분법을 극복하지 못한 것처럼, ANT에서 인간 및 비인간 행위자의 대칭성 개념은 비인간 사물들과 구분될 수 있는 인간의 의도나 주체성을 간과하도록 할 뿐만 아니라, 행위자-네트워크로 개념화될 수 없거나 이에 포함되지 않는 사회구조적 속성들에 관한 연구를 불가능하게 한다는 점이 지적될 수 있다. 이러한 점에서 파인(Fine, 2005, 93)은 인간과 비인간 행위자들 간에는 현대 사회에서 훨씬 더 강고한 지속성을 가지는 후자가 주도하는 경우가 더 많다는 점에서 비대칭적이라고 주장한다. 같은 맥락에서 장세용(2012, 288)은 ANT가 "강조하는 리좀적 연결망이 실제로는 개별 장소들을 잡종과 대칭적 균형이라는 이름으로 차이를 획일화시켜서, 공간의 고유한 가치와 상상력, 내부의 정치적 동학을 소홀히 다룰 가능성"이 있음을 지적한다.

이러한 한계의 지적이나 비판에 대해, ANT는 인간 행위자의 의도나 주관성

자체를 부정하기보다는 이러한 것들이 다른 행위자들과의 관계 속에서 발현된다는 점을 강조하고자 한다. 또한 ANT는 비록 거시적이고 구조적인 메커니즘(자본 축적 과정)을 실체적으로 이론화하지는 못한다고 할지라도, 행위자–네트워크 개념의 연장선상에서 제시되는 여러 개념들, 즉 블랙박스, 아상블라주 등의 개념들로 이런 문제를 일부 해결하는 것처럼 보인다. 블랙박스의 개념은 흔히 하나의 주어진 결합체로 간주되는 인간 행위자의 유형이나 사물들(제도나 구조들)이 실제 어떤 과정을 통해 어떻게 구성되는가를 치밀하게 묘사할 것은 요구한다. 이러한 점에서 인간 행위자의 관점에서, 이민경(2015)은 "한국 사회에서 '이주노동자'라는 호명이 블랙박스로 작동함으로써 드러나지 못하는 자녀교육을 둘러싼 몽골 이주노동자 가정의 다양한 삶의 과정과 경험을 다층적으로 분석"하고자 했다(제8장). 또한 제도적 행위자의 측면에서, 김연희(2017)는 다문화가족지원센터로 블랙박스화된 어떤 제도의 작동과정을 구체적으로 고찰함으로써 제도화된 이 센터가 네트워크의 대변인적 지위를 획득하게 되는 반면, 지원 서비스의 대상자인 다문화가족들은 상대적으로 주변화되고 있음을 밝히고 있다(제9장).

유사한 맥락이지만 다른 개념, 즉 아상블라주의 개념을 응용한 최병두(2017)는 흔히 다른 제도나 구조로 이해되는 일자리(직장), 가정, 국가라는 제도들이 실제 구조적 동질성을 가지면서 복잡하고 중층적으로 상호작용하고 있음을 보여주고 있다(제3장). 초국적 노동이주과정에서 인간 및 비인간 행위자들이 결합하여 구성된 다중적 결합체로서 이러한 세 가지 유형의 아상블라주들에 주목한 연구는 각 아상블라주들이 초국적 이주과정에서 어떻게 행위자들의 끊임없는 치환과 대체 과정을 경험하게 되는가를 추적할 뿐만 아니라 한 유형의 아상블라주에 결합된 어떤 행위자가 다른 아상블라주의 행위자로서 담당하는 역할에 어떤 영향을 미치며 이로 인해 그 아상블라주 전체에 변화를 초래하는가를 고찰한다. 이러한 연구들에서 ANT는 마르크스주의적 이론처럼 자본주의 구조에 대한 체계적 실체적 이론을 제시하지는 못한다고 할지라도, 어떤 특정 제도로 블랙박스화되었거나 아상블라주로 구조화된 것들(자본주의, 국가 등)을 구체적인 행위자들로 해체하여 이들을 구성하는 행위자들과 네트워크들을 분석하고, 이들의 구조적 규정력을 네트워크의 효과로 이해할 수 있도록 한다.

4 초국적 이주 과정에서 번역과 동맹, 그리고 권력

행위자-네트워크의 개념은 ANT를 특징짓는 핵심 개념이라고 할지라도, 이 개념을 실질적으로 뒷받침하고 또한 경험적 연구에 응용 가능하도록 하는 것은 번역과 동맹의 개념이라고 할 수 있다. 번역은 행위자-네트워크 간의 연결을 통해 좀 더 강력한 네트워크가 구축되는데 필요한 절차이며 또한 서로 다른 네트워크 간 연합이 이루어지는 과정을 의미한다. ANT는 인간 및 비인간 사물들이 함께 결합하여 서로 변화시키게 될 때, 무엇이 발생하는가를 서술하기 위해 이 용어를 사용했다. 즉 네트워크를 통해 연계된 한 실체는 다른 실체를 변화시키기 위해 서로 작동하게 되는데, 여기서 작동하는 실체는 행위자(actor)로 불리며, 작동된 실체는 행위소(actant)로 불린다. 번역이란 행위소가 네트워크의 수행적 부분이 되는 것, 즉 행위자가 되는 것을 말한다. 번역이 성공하면 행위소는 특정한 의도나 의식을 가지고 특정한 방법을 통해 특정한 역할을 수행하게 된다. 실체들은 이러한 번역 과정을 통해 수많은 협상을 시행하며, 결국 서로를 번역하고자 하는 역동적 시도들을 통해 네트워크를 안정화시키게 된다. 안정된 행위자-네트워크는 그 이면에 수많은 협상을 감추고 있음에도, 마침내 정화(또는 자연화)되고, 불변적이고 필연적인 것처럼 보이게 된다(Latour, 2005).

ANT의 초기 논의에서 라투르(Latour, 1988)는 구체적인 사례로 농장의 탄저병을 실험실로 옮기는 과정을 '번역'이라고 지칭한다. 파스퇴르의 실험실과 관련된 번역 과정은 세 단계로 이루어진다. 첫 번째 단계는 농장의 농부와 소떼, 이들을 둘러싼 이해관계 등 농촌사회를 실험실로 옮겨오는 번역이며, 두 번째 단계는 실험실에서 연구자들과 실험 도구 등을 둘러싸고 전개되는 새로운 이해관계에 따른 행위자들의 집합체의 형성과 이를 통해 '탄저균'이 배양되는 번역이며, 세 번째 단계는 실험실에서 생산된 지식과 배양물질이 다시 여러 농장들로 옮겨져서 새로운 수행과정을 거치는 번역 과정으로 이루어진다(김환석, 2011, 18~26). 라투르는 이러한 번역 개념을 통해 과학과 기술이 단지 지식이나 도구가 아니라 실험실 안과 밖에서 이루어지는 행위자-네트워크의 효과임을 밝히고자 한다. ANT는 이러한 번역의 개념에 바탕을 두고 기술과 과학이 인간 및 비인간 행위자들의 혼종적 결합을 통해 어떻게 출현하여 세계를 변화시키는가를 고찰하는 데 관심을 기울였다.

ANT에서 번역 과정은 명확하게 규정되어 있지 않으며, 연구자에 따라 다소 다르게 적용된다. 칼롱(2010)은 어떤 특정 행위자-네트워크가 번역의 '계기들'을 통해 자신을 어떻게 조립하고 확장시켜나가는가를 고찰하고자 한다. 그는 번역을 네트워크에서 행위자들의 치환과 변형을 통해 이뤄지는 것으로 이해하고, 이러한 치환과 변형의 연속성이라는 관점에서, 생브리외만의 가리비 양식의 수확량 증대를 위해 바다에 집어기를 설치하는 프로젝트를 수행하는 연구원들의 실험을 사례로 고찰하였다. 이 연구에서 칼롱은 번역의 주요 계기들로 구분되는 네 단계, 즉 문제제기, 관심끌기, 등록하기, 동원하기 등을 제시한다. 이러한 네 단계 번역 과정은 ANT를 응용한 경험적 연구에서 가장 일반화된 틀로 사용되고 있다. 이러한 칼롱의 연구는 네트워크의 결절들에서 발생하는 번역의 과정이 치환과 변형 과정을 통해 한 실체가 다른 실체에 어떻게 성공적으로 작동할 수 있는가를 보여준다. 특히 그는 어떤 유형의 네트워크는 특정 방법으로 실체들을 관계 맺도록 하는 '의무통과지점(obligatory passage point)'이 있다는 점을 강조한다. 그러나 칼롱의 연구는 번역 과정을 현실의 복잡성을 왜곡(단순화)시키는 경향이 있는 고정된 모형으로 이해하도록 하는 문제점을 가진다고 지적되기도 한다.

ANT에서 번역에 관한 연구는 행위자들이 자신의 이해관계를 실현시키기 위해 네트워크를 구축하여 상호 치환 및 변환을 통해 안정된 질서를 만들어가는 과정을 고찰하는 것이다. 로(2010, 50~53)는 이러한 번역 과정이 "우연적이고 국지적이며, 또한 가변적"이라는 점을 전제로 이에 관한 몇 가지 사항들을 열거한다. 첫째, 어떤 물체들은 다른 것들보다 더 영속성이 있다. 여기서 영속성은 관계적 개념으로, 어떤 물체는 상호작용의 결과로 영속성을 가지게 된다. 둘째, 어떤 물체들은 다른 것들보다 더 이동성이 있다. 영속성이 시간에 따른 질서라면, 이동성은 장소에 대한 질서이며, 이동성 역시 불안정한 관계적 영향에 기반을 두고 있다. 셋째, 만약 번역할 물체의 반응을 미리 예측할 수만 있다면 번역은 더욱 효과적이다. 예측은 관계적 결과들이 생기고 다양한 저항들이 효율적으로 제지하는 조건과 물체들에 관한 연구와 관련된다. 넷째, 질서의 범위는 흔히 국지적이라고 주장되지만, 번역의 전략들은 네트워크의 다양한 범위와 장소들에서 확대·재생산된다. 번역의 개념에 관한 이러한 사항들 중 예측에 관한 논의는 모든 것을 네트워크의 효과로 인식하고자 하는 ANT의 기본 특성으로 보면 이해하기 어렵지만, 다른 것들은 뒤에서 논의할 ANT의 공간적 함의로 연결될 수 있다.

이와 같이 행위자-네트워크를 건설하는 과정을 의미하는 번역의 개념은 ANT의 '꽃'으로 불렸고(홍성욱, 2010b), ANT는 초기에 '번역의 사회학'이라고 지칭될 정도로 번역 과정에 주목했다. 그 이후에도 ANT 이론가들은 이 개념을 더욱 확장·심화시켜 기술의 생성과 사회 변화뿐만 아니라 인간과 사물(자연) 간 관계의 혼종성과 역동성을 이해하는 데 원용하게 되었다. 뿐만 아니라 ANT는 이러한 번역의 개념을 통해 행위자들 간 결합과 동맹에 의한 행위자-네트워크들의 확장 과정, 사회적 권력의 작동과정을 이해할 수 있도록 한다고 주장된다. 즉 행위자들은 함께 모여 상호 수정과 치환하는 과정, 즉 번역 과정을 통해 혼종적인 행위자-네트워크를 구성·유지하며, 어떤 특정한 질서를 가지고 작동하는 집합체 또는 조립체(아상블라주)가 된다. 이러한 점에서 ANT의 목표는 "규칙성, 사회적 조화, 질서와 저항의 과정들에 대해 연구하고 설명하는 것이다, 다시 말해 도구, 행위자, 기관, 조직 등과 같이 질서를 생성하는 번역의 과정을 연구하는 것"이라고 주장된다(로, 2010, 49). 물론 이러한 규칙성이나 질서를 이루기 위해 일시적으로 묶여 있는 부분과 조각들은 언제든 해체·소멸될 수 있기 때문에 ANT에서 질서나 조화를 향한 갈등에 대한 분석도 매우 중요하다.

이에 따라 ANT는 행위자-네트워크의 질서를 생성하는 번역 과정에서 발생하는 행위자들 간의 갈등과 동맹관계에 관심을 가진다. 예를 들어 실험실에서 연구자들은 자신의 연구주제를 둘러싸고 더 많은 인간 및 비인간 행위자들의 지원과 지지, 즉 동맹들을 필요로 한다. 연구자들은 지속적으로 이루어지는 번역의 사슬을 유지하고, 네트워크에 가입된 행위자들을 함께 단결시키며, 또한 동맹을 부수려는 시도들에 대해 저항하게 된다. ANT에 의하면, 어떠한 것도 본연적으로 강하거나 약하지 않으며, 다른 동맹들과의 결합에 의해 강하게 되어 확장되기도 하고, 약하게 되어 해체되기도 한다. 이러한 동맹의 여부와 강도는 번역의 계기에 좌우되며, 결국 행위자-네트워크의 지속성과 이동성을 규정한다. 동맹들과의 결합을 통해 네트워크가 충분히 지속가능하게 될 경우, 번역은 이동과정을 통해 다른 입지나 영역들로 확대된다. 행위자들은 넓은 범위의 공간과 시간에 걸쳐 이동할 수 있으며, 다른 동맹자들을 모우고, 네트워크를 형성하여 어떤 행동을 할 수 있도록 번역할 수 있다. 동맹자와 네트워크가 많을수록, 그 네트워크의 권력은 더 강해지고, 시공간적으로 더 큰 지속성과 이동성을 가지게 된다. 이러한 점에서 ANT에서 권력은 사회적·물질적 관계들의 네트워크를 통해 생산된 시공간적 관계를 이해하는 데 핵심이라고 주장된다(로, 2010).

ANT를 초국적 이주 연구에 응용할 경우 얻을 수 있는 가장 중요한 유의성들 가운데 하나는 번역과 동맹의 개념을 활용하여 초국적 이주의 역동성과 권력관계를 고찰할 수 있다는 점이다. ANT는 행위자들 간의 관계를 선험적이거나 주어진 실재가 아니라 끊임없는 협상과 번역의 산물로 인식한다. 한 행위자-네트워크에 등록된 행위자들은 다른 행위자(즉 행위소)와 연계하여 서로의 이해관계를 실현하기 위해 끊임없이 서로를 수정·치환·변형시킨다. 행위자들이 서로를 번역하고자 하는 이러한 역동적 시도들은 그 네트워크를 안정화시켜서, 마침내 자연화되고, 정화되고, 불변적이며, 필연적인 것처럼 보이는 블랙박스가 되도록 한다. 물론 이 과정에서 행위자들 간에는 타협을 통한 안정된 질서의 구축으로 나아갈 수 있으며, 또한 상호 대립과 갈등으로 인한 긴장과 저항을 초래하여 네트워크의 불안정성이나 궁극적인 해체로 이어질 수도 있다. ANT는 이와 같이 행위자-네트워크 내에서 이루어지는 행위자들 간 상호 작동, 즉 번역과정에 주목함으로써 그 행위자-네트워크가 어떻게 역동적으로 생성·유지·변화·소멸하는가를 고찰하고자 한다.

이러한 번역의 개념은 초국적 이주에 관한 기존의 관계이론에서는 찾아볼 수 없는 매우 유의한 개념이다. 특히 초국적 이주과정에서 형성·작동하는 행위자-네트워크는 고정된 또는 불변의 관계가 아니라 행위자들의 이해관계와 역할 등에 따라 끊임없이 치환되고, 변형된다. 이러한 점에서 이희영(2012)은 한 행위자가 이주의 네트워크를 구축하고 이를 통해 번역되는 과정에서 다양한 행위소로 치환되는 것을 보여주고 있다(제7장). 즉 이 연구에서 "사회주의 여성영웅을 꿈꾸던 한 북한 여성은 초국적 이주의 번역 과정에서 식량난민, 입양된 조선족 양딸, 조선족 출신의 결혼이주여성, 남한 사회의 조선족 이주노동자, 북중국경지역을 오가는 밀수 상인, '사람장사'를 하는 브로커, 탈북 여성, 대한민국 대학생 등 서로 상반된 지위와 국적, (비)결혼상태, 직업, 역할들을 직·간접적으로 경험하며 형성하는 다양한 정체성의 변위(transposition)를 보여" 주고자 한다. 이 연구에서 한 인간 행위자는 성공적인 행위자-네트워크를 구축하기 위하여 끊임없이 자신을 치환하고 전환시키고 있음을 알 수 있다.

또한 최병두(2017a)는 초국적 노동이주에서 지속적으로 전개되는 행위자-네트워크와 아상블라주의 번역 과정과 이 과정에서 편성·해체·재편성되는 다양한 유형의 위상학적 공간들을 분석함으로써 초국적 노동이주의 특성을 제시하고자 한다(제3장). 그에 의하면, 초국적 노동이주과정에서 일자리 아상블라주는 한 지역에서 다른 지역으로 이동하면서 '번역의 사슬'을 통해 이주의 전 과정 동안 지속적으로 변해간다. 초국적 이주 과정에서 이주자들은 관련된 다른 인간 및 비인간 행위자들과 수많은 협상을 시행하고, 좀 더 안정된 상태의 행위자-네트워크를 구축하고자 한다. 이 과정에서 노동이주자는 안정된 일자리 아상블라주를 구축하기 위하여 자기 자신뿐만 아니라 다른 인간 및 비인간 행위자들을 수정·치환시키고자 하지만, 이들 간의 관계에서뿐만 아니라 다른 아상블라주(가정 및 국가 아상블라주)에 속하는 행위자들의 개입으로 인해 번번이 실패하게 된다. 이러한 연구 사례에서처럼, 번역의 개념은 초국적 이주과정에서 형성되는 행위자-네트워크들의 복잡하고 변덕스러운 구성과 변화과정을 서술하기에 적합한 틀을 제공한다.

이러한 번역의 개념과 더불어 동맹의 개념 역시 ANT가 초국적 이주에 응용될 수 있는 유의한 단초들을 제공한다. 동맹은 한 행위자가 다른 행위자들을 끌어들여 네트워크를 구성하거나 확대 또는 변화시키기 위한 행위자들 간 관계를 의미한다. 칼롱(2010)에 의하면, 번역의 한 단계인 관심끌기는 "잠재적으로 경쟁하는 모든 연합들을 가로막고, 자신만의 동맹 체제를 건설"하는 것으로, 관심끌기를 통해 행위자-네트워크에 등록된 관계, 즉 동맹 관계의 구축은 번역을 성공적으로 이끌고 행위자-네트워크를 안정시키는 핵심적 계기가 된다. 또한 이러한 번역의 계기들, 즉 인간 및 비인간 행위자들로 구성된 동맹군 동원하기에 따라, 그 행위자-네트워크 내에서 행위자의 위상은 달라지며, 또한 행위자-네트워크의 지속성과 강도도 결정된다. 즉 ANT에 따르면 한 행위자의 권력은 그 자신의 능력에 의해 정해지는 것이 아니라 다른 행위자들과 얼마나 많은 네트워크를 구축하는가에 좌우된다. 이러한 점에서, "어떠한 것도 본연적으로 강하거나 약한 것이 아니라, 다른 동맹들과의 조립에 의해 강하게 될 뿐"이라고 주장된다.

이러한 번역과 동맹의 개념은 초국적 이주 연구에 다양하게 응용될 수 있는 것처럼 보인다. 최병두(2017a)는 초국적 노동이주과정에서 되풀이되는 일자리 아상블라주의 번역 과정에서 어떠한 동맹들이 동원되는가, 그리고 이 과정에서 어떠한 권력관계가 작동하는가를 보여주고자 한다(제3장). 또한 최병두(2017b)에 의하면, 결혼이주가정의 음식-네트워크는 이를 형성·재형성하는 과정에서 미시적 권력(또는 애착) 관계를 내포하며, 이러한 점에서 음식을 둘러싼 갈등과 타협이 교차하는 권력의 장을 형성한다(제4장). 그리고 김연희(2017)는 다문화가족지원센터를 둘러싸고 형성되는 행위자-네트워크에서 행위자들의 주체적 실천과 이러한 실천행위가 다른 행위자들과의 관계를 어떻게 변화시키고, 행위자들 간의 동원 또는 동맹맺기를 통해 자신들의 목적과 정체성을 협상하는지를 파악하고자 한다(제9장). 이러한 점에서 ANT는 초국적 이주 및 정착과정에서 구축되는 행위자-네트워크 또는 아상블라주의의 이면에서 어떠한 권력관계가 전개되고 변화하고 있는가를 설명하는데 유의하게 응용될 수 있다.

그렇지만 ANT에서 제시된 번역과 동맹의 개념은 그 자체로서 또는 초국적 이주에 관한 연구에 응용되는 과정에서 어떤 한계나 문제점을 드러내기도 한다. ANT를 다른 연구 주제들에 응용하고자 할 경우, 흔히 번역의 네 가지 단계(즉 문제제기, 관심 끌기, 등록하기, 동원하기)를 도식적으로 대입하는 경향이 있다. 또한 더욱 중요하게, ANT는 현실 세계에서 실제 확인될 수 있는 차이(상이한 행위자들과 과정들 간 또는 그 내부의 상이한 관계 유형들)를 모호하게 하고, 이로 인해 비정치적 관점으로 비판될 수 있다(Bosco, 2006). 그러나 이러한 점을 역이용하여 차이 또는 격차 자체를 하나의 제도적 행위자로 인식하고, 이를 초국적 이주 연구에 응용할 수도 있을 것이다. 이러한 점에서 이희영(2014)은 국제결혼이주에서 한-조선족, 한-캄보디아 결혼의 경우 양국 사이의 경제적 격차가 이주의 주요한 행위요소로 작동하는 반면, 한-일, 한-중 결혼의 경우는 젠더 위계가 더욱 강하게 작동하고 있음을 밝히고 있으며, 또한 여성들의 결혼 유형(연애결혼, 중매결혼)이 한국 사회의 차별문화에 의해 '계층적' 위계로 전화하는 경향이 있다고 주장한다(제5장).

5 초국적 이주에 대한 위상학적 접근과 네트워크 공간

ANT는 다른 사회이론들과는 달리 공간의 개념을 명시적으로 부각시킨다. 이 이론을 원용한 일부 연구들에서 이러한 점이 간과되기도 하지만, 로와 몰(Law and Mol), 칼롱(Callon), 머독(Murdoch)과 같은 선도적 연구자들은 이 이론에 함의된 공간적 측면에 매우 민감하다(Mol and Law, 1994; Law and Mol, 2001; Law, 2002; Callon and Law, 2004; Murdoch, 1998; 2006 등 참조). 물론 ANT에서 다루고자 하는 공간의 개념은 기존의 전통적 지리학이나 서구적 사고를 지배하고 있는 유클리드적 또는 절대적 공간 개념이 아니라 위상학적, 관계적 공간 개념이다(제2장 참조). 이러한 공간 개념은 행위자와 네트워크의 개념과 내재적으로 연계되어 있다. ANT에서 행위자나 네트워크는 절대적 또는 근본적인 특성을 가지지 아니하며 상호관계 속에서 형성되고 그 효과에 따라 특성을 가지는 것처럼, 공간은 행위자들 간에 형성되는 네트워크를 통해 생성·유지·소멸하게 된다. 이러한 점에서 기존의 유클리드적 공간관에서 규정되는 "근접성과 거리에 대한 정의는 ANT에서는 쓸모가 없거나 아니면 … 연결의 한 유형이나 네트워크의 한 유형으로 포함되어야 한다"고 주장된다(라투르, 2010, 102~103).

ANT에서 제시된 네트워크의 개념은 기존의 공간관에서 당연한 것으로 간주되는 여러 공간적 사고들, 즉 멀고 가까움, 크고 작음, 내부와 외부 등의 차이를 제거 또는 극복하고자 한다. 이를 위해 유클리드 공간관에 대한 대안으로 위상학적 공간 개념이 부각된다. 즉, 네트워크를 형성하는 행위자들의 공간성은 유클리드 공간에서 주어지는 자신의 물리적 위치가 아니라 네트워크 연계 내에서 그들이 차지하는 위치 또는 위상과 관련된다. 물리적으로 "가까이 있지만 연결되지 않은 요소들은 그 연결을 분석해 보면 무한히 멀어질 수도 있다. 반대로 매우 멀어 보이는 요소들이라도 그 연결을 고려하면 가까워질 수 있다"(라투르, 2010, 102). 같은 맥락에서 이 이론은 크고 작음, 또는 거시/미시의 구분을 없애거나 뛰어넘고자 한다. 네트워크 개념이 선험적인 위계 관계를 가지지 않는 것처럼, 특정한 장소가 거시적인지 미시적인지에 관한 가정을 하지 않는다. 마찬가지로 사물들은 흔히 표면을 경계로 내부와 외부가 구분되는 것으로 간주되지만, 네트워크는 내부와 외부로 구분되지 않으며, 따라서 아무런 경계가 없고 따라서 외부가 없다.[5)]

이러한 점에서 ANT는 이질적 요소들 사이에 연계된 네트워크에 관심을 가지며, 이에 따라 연계의 형성/해체에 따른 공간의 구성과 소멸을 고찰하고자 한다. 여기서 공간(그리고 시간)은 항상 우연적이고 일시적인 네트워크의 집합체 상태로 이해된다. 즉 공간은 네트워크화된 것이며, 네트워크는 항상 공간화되어 있다고 주장된다(Murdoch, 1998). 이러한 점에서 ANT는 절대적 공간에서 고정된 영역을 가지는 '지역적 공간'과는 구분되는 위상학적 공간으로서 '네트워크 공간'에 주목한다. 머독(Murdoch, 1998)에 의하면, 네트워크가 공간과 불가분의 관계를 가지는 것은 첫째 어떤 네트워크가 다양한 목적에 따라 형성된다고 할지라도 언제나 공간에 '대하여' 작동하는 수단으로 존재하기 때문이다. 이러한 점에서 네트워크들의 집합체(즉 아상블라주)는 공간을 구성하고 그 공간의 특징을 규정한다. 둘째 또한 특정한 행위가 수행되기 위해서는 언제나 공간이 마련되어야 하며, 따라서 네트워크를 통한 행위자들의 수행 결과는 항상 공간을 구성할 수밖에 없다. 즉 공간은 행위자–네트워크의 효과로 구성된다. 셋째, 행위자들과 그들의 관계는 항상 네트워크에 속해 있기 때문에 이들은 비공간적인 유동물이라기보다는 오히려 특정 공간에 착근되어 있을 수밖에 없다.

초기 ANT 이론가들은 실험실에서 이루어지는 실행과 이 실험실 공간에서 연

5) 네트워크에 관한 위상학적 관점에 관한 이러한 주장과 관련하여 라투르는 "'거시적인' 사회나 '외부의' 자연과 같은 것은 존재하지 않는다는 말이 아니라 … 네트워크의 단순한 위상학적 개념에 의해서는 성공적으로 표현되지 않는다"는 점을 강조하기 위한 것이라고 해명한다. 즉 ANT는 "정적이고 위상학적인 성질들로부터 동적이고 존재론적인 것들로 옮겨가야 한다"고 제안한다(라투르, 2010, 106).

계되는 사람과 사물들 간의 관계에 관심을 두었다. 여기서 실험실은 인간 및 비인간(물질적 및 텍스트적) 사물들로 정렬된 활동을 통해 과학적 지식을 도출하고, 그 결과를 서술한 텍스트는 이 실험실 공간에서 생성된 지식을 타자들에게 전달하기 위해 다시 농장이나 다른 장소들로 보내진다. 이와 같이 실험실 공간은 인간 및 비인간 사물들로 구성된 혼종적 네트워크의 수행으로 형성된다. 공간이 이질적 요소들 간 연계에 따른 효과로 형성된다면, 거리 역시 그러한 것으로 인식된다. 즉 가까움과 멈, 여기 또는 저기는 어떤 객체가 이동하게 되는 분리된 두 지점들에 의해 정해지는 것이 아니라, 항상적으로 변화하는 관계들에 의해 만들어지는 것이다. 요컨대 모든 인간 및 비인간 행위자들이 그러하듯이, 사회공간적 입지와 규모는 네트워크의 관계적 효과로 이해된다. ANT에서 공간은 행위자들 간 사회적, 물질적 연계과정을 통해 지속적으로 창출되고, 변화한다. 이러한 점에서 사회공간은 유동적, 동시적, 다중적 관계들의 네트워크들에 결합된 실체들의 복합체로 이해된다(Murdoch, 2006).

이러한 위상학적 공간 개념은 '국지적인 것'과 '지구적인 것' 간의 구분을 폐기하고, 이들 간 연속성을 강조한다. 예를 들어 철도는 한편으로 모든 지점들에서 국지적이지만 또한 동시에 이 지점들을 이어놓으면 대륙을 횡단할 수도 있는 것처럼 지구적이다. 이러한 점에서 국지적인 것과 지구적인 것은 분리된 것이 아니라 연속적이다. 또한 공간이 네트워크의 효과로 구성된다는 점에서, 여러 지점들이 행위자-네트워크를 통해 함께 연결될 경우, 미시/거시의 구분 자체가 무의미해진다. 따라서 미시적/거시적, 국지적/지구적 공간의 분리는 존재하지 않으며, 단지 네트워크 관계를 통해 생성된 스케일의 효과로 이해된다. 지리학에서 최근 흔히 사용되는 스케일(scale)은 공간적 규모를 의미하지만, 여기서 공간은 절대적 공간이 아니라 관계적 공간을 전제로 한다. 즉 스케일은 본래부터 주어진 어떤 절대적 크기나 층위를 인정하지 않는다. 대신 일련의 복잡한 연계 또는 네트워크들을 통해 상이한 작동이 이루어지면서 다양한 스케일이 만들어지는 것으로 이해한다(박경환, 2014). 이러한 점에서 ANT는 위상학적 공간 개념을 통해 절대적 공간에서 주어진 것처럼 보이는 공간적 규모의 문제를 해소하고자 한다.

이러한 위상학적 공간관은 유클리드 공간과는 대비되는 공간적 개념들을 만들어낸다. ANT에 따르면, 유클리드 공간에서는 이동하지만 네트워크 공간에서는 불변적인 사물을 관찰할 수 있다. 항해하는 선박은 항법사와 선원, 선박 자체를 구성하는 선체와 돛대, 항해를 가능하게 하는 바람, 바다 등 다양한 이질적 요소들로 구성되는 하나의 사물로, 이러한 구성에 따라 네트워크 공간을 형성한다. 항해하는 선박은 유클리드 공간에서는 이동하지만, 그 형태는 지속적으로 유지된다는 점에서 불변적이다. 이러한 점에서 항해하는 선박은 불변의 이동체(immutable mobiles)(Latour, 1987)라고 불린다. 불변의 이동체는 어떤 장소에서 이를 구성하는 요소들의 관계를 유지할 뿐 아니라 유클리드 공간에서 이동하기에 충분한 견고성을 가진다. 달리 말해, 불변의 이동체는 공간의 구성과 이동에서 번역 과정이 성공적으로 진행됨에 따라 이를 구성하는 네트워크들이 변함없이 유지됨을 의미한다. 이러한 점에서 어떤 불변의 이동체는 네트워크 내 모든 관계들이 언젠가는 통과해야 할 '의무통과지점'이 된다.

ANT에서 이러한 불변의 이동체와 의무통과지점을 만들어내는 네트워크 효과는 권력관계에서 중요한 동력이 된다. 물론 모든 행위자-네트워크들이 견고하게 연계되어 있는 것은 아니며, 사실 모든 행위자-네트워크들의 연계성은 언젠가 파괴되고, 치환되게 된다. 그러나 일정한 시공간 속에서 지속되는 불변의 이동체들은 다른 공간으로의 이동을 통해, 즉 구성 요소들의 번역과 특정한 방법에 따른 연계와 기능의 수행을 통해 그 권력을 확장시킬 수 있다. 이러한 점에서 번역의 공간은 두 가지 유형으로 구분될 수 있다. 즉 ANT에서 처방의 공간(space of prescription)이라고 불리는 사회적 공간은 번역이 완벽하고 안정적으로 수행되는 네트워크 공간으로, 어떤 중심적 행위자가 다른 행위자들을 완벽하게 대변함으로써 행위자들 간의 관계가 표준화·규범화·안정화된 공간을 의미한다. 반면 협상의 공간(space of negotiation)이라고 불리는 사회적 공간은 행위자들과 매개자들 간의 네트워크가 일시적, 유동적, 발산적이어서 언제라도 해체되거나 다른 네트워크로 치환될 수 있는 공간을 의미한다(Murdoch, 1998).

이러한 네트워크 공간과 불변의 이동체라는 개념은, 예를 들어 파스퇴르의 실험실과 다른 외부 현장들 간에 성공적 번역을 통해 어떻게 새로운 과학적 지식이 개발되고 전달되는가를 설명하는 데 필수적인 것으로 간주된다. 그러나 몰과 로(Mol and Low, 1994; Law, 1999)는 사회-물질적 사건들의 복잡성에 접근하면서 지속적으로 변화하는 사회공간에 대해 선형적인 네트워크 모형을 부여하는 것을 피하기 위하여, 지역적 공간 및 네트워크 공간에 더하여 추가적인 공간적 메타포들을 탐구하고자 한다. 즉 이들은 네트워크가 흔히 통로나 관(pipeline)과 같은 이미지를 부여하는 것처럼, 네트워크 공간도 이러한 선형 이미지를 가지도록 한다는 점을 지적하고, 이러한 이미지에서 벗어나고자 한다. 이들은 행위자-네트워크의 형성과정에서 번역된 행위자들이 이전의 것과 같지 않으며, 유사하지만 또한 다른 것이 될 수 있다는 점에서 유동적 공간과 '가변의 이동체' 개념을 제시한다. 또한 로와 몰(Law and Mol, 2001)은 '가변적 비이동체'의 공간으로서 화염의 공간을 제안한다. 이 유형의 공간은 사물들이 지역적 공간에 머물러 있지만, 네트워크 공간에서는 변화하는 공간으로, 일정한 위치에서의 출현과 부재 간의 불연속적인 전환으로 특징 지어진다(Callon and Law, 2004).

이와 같이 ANT에 함의된 위상학적 공간 개념과 여러 공간 유형들은 그 자체로서 유의성과 한계에 대한 논의를 요하지만(제2장 참조), 특히 ANT를 초국적 이주 연구에 응용함에 있어 또 다른 유의성을 제공한다. 즉 이러한 공간적 측면에서 ANT를 응용한 초국적 이주연구는 초국적 이주의 공간을 명시적으로 드러낼 뿐만 아니라 기존의 공간 개념, 즉 유클리드적 공간 개념을 넘어서 다양한 새로운 위상학적 공간 개념을 고려할 수 있도록 한다. 초국적 이주에 관한 국내 초기 연구에서 (관계이론을 전제로 하든 그렇지 않든지 간에) 공간은 그렇게 주요한 연구주제가 아니었다. 이러한 점을 포착한 최병두 외(2011)의 연구는 초국적 이주와 정착 과정이 기본적으로 공간적 배경에서 이루어진다는 점을 강조하고 '다문화공간'이라는 개념을 제시했다. 그 이후 다문화공간이라는 용어는 학술적으로뿐만 아니라 일상적으로 흔히 사용되게 되었고, 초국적 이주에 관한 많은 연구들은 초국적 이주자들의 유출국/유입국 간 이주경로나 유입국에서 이들의 공간적 분포뿐만 아니라 초국적 이주자들이 형성하는 지역적 및 국제적 네트워크의 구성이나 이들의 디아스포라 정체성을 위치지우는 경계공간 또는 '사이'공간의 개념 등에 이르기까지 다양한 측면에서 다문화공간을 고찰하고자 했다(윤인진 외, 2010; 정병호·송도영, 2011). 그러나 이러한 다문화공간의 개념은 초국적 이주의 공간성 또는 이 과정에서 형성되는 다양한 유형의 공간들을 지칭하고자 제시되었다는 점에서 의미를 가지지만, 실제 어떤 구체적 내용들로 구성 또는 개념화되어야 하는가에 대한 논의는 거의 없었다.

ANT는 명시적으로 행위자-네트워크의 공간성을 논의하면서, 그 개념적 기반을 체계화하고 또한 다양한 유형의 공간 개념들을 제시하고 있다. 물론 ANT가 강조하는 공간 개념은 전통적인 지리학적 공간, 즉 유클리드적 절대 공간이 아니라 위상학적 공간 개념이다. 이러한 점에서 머독(Murdoch, 1998) 등은 ANT가 새로운 종류의 지리학을 창출하면서 공간에 관한 비판적 분석에 유용하게 응용될 수 있음을 주장한다. ANT가 초국적 이주와 관련된 공간 연구에 가지는 유의성은 이 이론이 거시/미시적, 지구적/국지적인 것의 이원론을 벗어날 수 있도록 하며, 또한 이 이론을 '유클리드주의와 전쟁을 치루기 위한 기계'라고 지칭할 정도로 절대적 공간관에서 벗어나서 새로운 공간적 사고들을 만들어내고자 한다는 점에 있다. 특히 ANT에서 제시되는 공간 개념은 다른 주요 용어들, 즉 행위자와 행위자-네트워크, 그리고 번역과 동맹(그리고 권력)의 개념과 내재적으로 연계되어 있다는 점에서도 유의성을 가진다. 뿐만 아니라 ANT에서 논의된 위상학적 공간 개념은 절대적 공간 개념을 완전히 부정하지 않으면서도, 네트워크 공간과 더불어 다른 여러 유형의 위상학적 공간 유형들을 제안하고 응용할 수 있도록 한다.

이러한 점에서 ANT는 초국적 이주의 공간적 측면을 분석하는데 여러 가지 방식으로 응용될 수 있다. 우선 초국적 이주는 기본적으로 네트워크의 구성뿐 아니라 이를 통한 새로운 공간의 창출을 전제로 한다는 점이 강조될 수 있다. 즉 초국적 이주과정에서 형성되는 "네트워크와 공간은 함께 생성된다. 따라서 각 네트워크는 구성에 사용된 다양한 물질들뿐만 아니라 조합된 요소들 간에 설정된 관계들을 반영하는 그 자신의 특정한 공간-시간을 추적"한다고 주장될 수 있다(Murdoch, 1998, 361). 달리 말해, 공간(그리고 시간)은 초국적 이주과정에서 형성되는 네트워크 안에서 구성되며, 다양한 종류의 관계에 의해 만들어진다. 따라서 초국적 이주 공간을 분석하기 위하여 우리는 공간을 구성하는 과정들, 즉 네트워크의 형성 과정들을 '따라가야' 한다(Murdoch, 2006, 73). 물론 네트워크들은 다양한 목적으로 형성되지만, 이들은 항상 공간에서의 행동을 전제로 한다. 따라서 초국적 이주 과정에서 형성되는 일단의 네트워크들은 공간과 시간(즉 이동성과 지속성)을 만들어낸다. 이러한 점에서 공간은 부분적으로 물리적이지만, 또한 관계적으로 형성·유지·변화한다. 또한 초국적 이주과정에서 흔히 거론되는 국지적/지구적인 것은 분리된 성질이 아니라 네트워크가 만들어내는 스케일의 효과라는 점이 강조될 수 있다.

ANT가 유클리드 공간 개념을 벗어나기 위해 우선 제시한 개념이 네트워크 공간이다. 네트워크 공간에서 근접성은 물리적 거리의 계측에 의해 측정되지 않으며, 네트워크 요소들과 이들이 함께 묶이는 방식에 따라 정해진다. 초국적 이주과정에서 형성되는 공간은 우선적으로 네트워크 공간이다. 초국적 이주자들은 물리적으로 근접해 있지만 아무 연계가 없는 유입지역의 원주민들보다는 멀리 떨어진 고향의 가족이나 친척들과 더 가깝게 연계되어 있다. 뿐만 아니라 어떤 장소는 단순한 공간이라기보다 이를 구성하는 다양한 요소들 또는 행위자들의 네트워크로 구성되며, 따라서 한 장소는 이를 구성하는 행위자와 네트워크에 따라 다양한 성격을 가지게 된다. 이러한 점에서 이민경(2016)은 미등록 이주노동자 공동체인 B시의 이주민 선교센터의 공간적 특성을 ① 목적성과 수단성의 교차적 공간, ② 갈등과 협상의 접촉지대적 공간, ③ 이주순환의 허브적 공간 세 가지로 범주화하고, 이주민 선교센터가 단순히 "이주노동자를 지원하는 물리적 공간"일 뿐 아니라 "이주노동자 선교를 위한 종교적 결사체" 등으로 정화되면서 드러나지 않았던 블랙박스를 해체하여 다양한 행위자-네트워크에 의한 잡종적 결과로서 이주공간이 진화되고 재구성된다고 주장한다(제10장).

ANT를 초국적 이주 연구에 응용함에 있어 고려될 수 있는 또 다른 사고는 이동성의 개념이다. 오늘날 세계화 과정에서 상품이나 자본, 기술과 정보뿐만 아니라 노동력의 초국적 이동은 공간과 시간을 재편하고 있다. 이에 따라 기존에 국민국가를 전제로 한 국가 및 영토의 개념은 한계를 가지며, 이러한 점에서 방법론적 민족주의의 오류가 지적되기도 한다(Wimmer and Schiller, 2002). 즉 어떤 사회(또는 국가)는 고정된 영토나 입지에 한정되는 것이 아니라 다양한 범위와 수준에서 이동하는 순환적 관계를 통해 구성된다(장세용, 2012; 어리, 2014). 여기서 공간은 한편으로 물리적 공간을 전제로 하지만 또한 동시에 네트워크 공간을 가정한다. 특히 물리적 공간에서 가속화되고 있는 이동성은 네트워크 공간에서는 '불변의 이동체'가 될 수 있다. 오늘날 물리적 이동성이 가속화되고 있음에도 불구하고, 초국적 이주에서 생성되는 여러 유형의 아상블라주들이 불안정한 상태로 지속되는 것은 이러한 불변의 이동체 개념에 유추하여 이해될 수 있을 것이다.

물론 ANT에서 제시된 공간 개념을 초국적 이주 연구에 좀 더 세밀하게 응용하고자 할 경우, 지역적 공간이나 네트워크 공간 외에 다양한 유형의 위상학적 공간 개념을 응용할 수 있을 것이다. 최병두(2017a)는 초국적 이주노동자들이 이주과정에서 형성하는 여러 유형의 행위자-네트워크 또는 아상블라주와 이들이 번역되는 과정에서 형성·변화하는 다양한 유형의 위상학적 공간들에 주목한다(제3장). 그의 연구에 의하면, 초국적 이주노동자들이 빈번하게 되풀이하는 직장 이전은 결국 일자리 아상블라주가 동일하지만 또한 약간씩 다른 유동성의 공간을 만들어내고 있음을 보여주는 한편, 초국적 이주자의 자녀들이 가정에서 형성하는 정체성은 본인이 경험하지 못한 부모세대의 경험과 학습에 의해 영향을 받는다는 점에서 '부재의 출현' 공간과 관련된 것으로 이해할 수 있다고 제시한다. 또한 최병두(2017b)에서는, 결혼이주가정의 음식-네트워크는 다중적·다규모적으로 형성되는 초국적 음식문화의 공간적 이동성과 장소성을 반영하며, 이를 통해 형성된 음식-네트워크에서 혼종적으로 재현되는 본국 음식문화는 위상학적으로 '유동적 공간' 및 '부재의 출현'을 표현한다는 점을 밝히고 있다(제4장).

ANT에서 제시된 공간 개념을 초국적 이주 연구에 응용할 경우 발생할 수 있는 문제들에 대해서도 물론 고려해보아야 할 것이다. ANT는 국지적인 것과 지구적인 것을 연속체로 이해함으로써 공간의 계층성이나 위계적 질서를 지나치게 단순화시키고(장세용, 2012), 특히 공간에 내재된 모순(하비가 주장하는 국가의 영토적 논리와 자본의 세계화 논리 간 모순)이나 중층성을 간과할 수 있다. 이러한 점에서 ANT는 장소나 영토에 기반을 둔 사회(근린사회, 또는 국민국가)의 개념이 전혀 무의미해진 것이라기보다는 이들이 특정 장소나 영토에 고정된 것이 아니며 또한 특정한 경계에 의해 폐쇄된 것도 아님을 강조할 필요가 있다. 달리 말해, 사회는 이동체이고 개방된 다규모적 네트워크로 구성된다는 점이 적절하게 이해되어야 할 것이다. 다른 한편 ANT에서 제시된 바와 같이, 위상학적 공간 개념이 지나치게 다양한 설정이 이루어질 경우, 현실 분석에 혼돈을 초래하면서 단순한 공간적 메타포로 전락할 수 있다(제2장 참조). 이러한 점에서 위상학적 공간 개념과 그 유형들은 추론을 통해 제시되기보다는 경험적 분석에의 응용가능성에 따라 평가되어야 한다는 점이 제시될 수 있다.

6 결론

근대 사회이론이나 철학에서 가장 뜨거운 논쟁점은 인간과 사물, 주체와 객체, 행위와 구조, 사회와 자연, 미시와 거시 등 다양한 유형으로 드러난 이원론의 한계에 관한 것이었다. 초국적 이주에 관한 기존 연구에서도 관계이론의 유형으로 분류되는 여러 이론들은 이와 같은 이원론적 접근의 한계에서 벗어나서 행위와 구조 간 연계성에 주목하면서, 이원화된 행위이론과 구조이론을 통합시키고자 했다. 그러나 이러한 관계이론들의 시도도 행위와 구조의 관계성을 체계적으로 이론화하지 못했다. 뿐만 아니라 이들은 경험적 연구과정에서 다양한 유형의 관계성(또는 연계성)에 관심을 가지고 이들을 지칭하기 위하여 다양한 용어들을 사용하면서 분석하거나 이해하고자 했지만, 실제 관계성에 관한 용어들의 개념 정의와 접근 방법에서 상당한 혼란을 초래하고 있다. 이러한 점에서 다양한 유형의 이원론적 사고를 극복하고 실제 경험적 연구에서 관계성을 지칭하는 다양한 용어들을 '행위자-네트워크'의 개념으로 통합한 ANT를 대안적 이론 또는 연구방법론으로 제시할 수 있을 것이다.

이러한 점에서 이 장은 초국적 이주 연구에서 제시되었던 관계이론들의 유의성과 한계를 논의하고, 그 연장선상에서 ANT의 주요 개념들이 어떻게 초국적 이주 연구에 응용될 수 있는가를 고찰하고 하였다. ANT를 초국적 이주 연구를 위한 이론적 바탕과 경험적 통찰력으로 응용할 수 있는 세 가지 주요 개념들은 행위자-네트워크의 개념, 번역과 동맹의 개념, 그리고 위상학적 공간 개념으로 요약될 수 있다. 즉 ANT를 응용한 초국적 이주 연구에서 다음과 같은 세 가지 사항들이 강조될 수 있었다. 첫째, ANT에서 가장 핵심적 개념은 인간과 비인간 사물을 구분하지 않고 모든 대상들을 행위자로 인식한다는 점과, 이들 간에 형성되는 네트워크의 효과로 행위자들의 특성을 규명할 수 있다는 점을 개념화한 행위자-네트워크의 개념이다. 이 개념은 초국적 이주 과정에서 인간 및 비인간 행위자들이 어떻게 행위자-네트워크를 구성하고 이를 통해 자신의 행위능력을 수행하면서 일정한 효과를 만들어내는 가를 추적하도록 한다.

둘째, ANT는 초국적 이주에 관한 기존의 관계이론에서는 찾아볼 수 없는 번역과 동맹의 개념을 통해 행위자–네트워크에서 한 행위자가 어떻게 다른 행위자들을 등록하거나 치환 또는 변형시키는가를 이해하고 이 과정에서 권력관계가 어떻게 작동하며, 또한 이를 통해 행위자–네트워크가 어떻게 확장/축소되는가를 고찰할 수 있도록 한다. 이러한 번역과 동맹의 개념은 초국적 이주 과정에서 행위자–네트워크(또는 아상블라주)들이 어떻게 형성·해체·재형성(또는 영토화·탈영토화·재영토화)되는가를 분석하고, 이 과정에서 질서와 조화가 어떻게 형성되는가라는 점뿐만 아니라 권력과 저항이 어떻게 작동하는가를 파악할 수 있도록 한다.

셋째, ANT는 기존의 초국적 이주 연구에서 흔히 간과되는 공간적 측면을 명시적으로 부각시키면서, 특히 유클리드적(절대적) 공간 개념에서 벗어나 네트워크 공간과 그 외 다양한 위상학적 공간 개념을 이해할 수 있도록 한다. 이러한 점에서 ANT를 응용한 초국적 이주 연구는 새로운 위상학적 공간의 관점에서 다양한 유형의 공간 개념들(처방/타협의 공간, 유동성의 공간, 화염의 공간 등)과 사물의 작동과정에 함의된 공간적 특성들(불변의 이동체 등)을 확인해 봄으로써 초국적 이주의 공간적 특성을 새롭게 고찰할 수 있다.

물론 ANT를 초국적 이주 연구에 응용하는 데에 아무런 문제가 없는 것은 아니다. 그러나 ANT를 응용한 초국적 이주 연구는 최소한 이주 과정에서 형성되는 다양한 유형의 연계성들을 행위자–네트워크의 개념으로 통합하고, 초국적 이주과정에서 이러한 연계성들이 어떻게 형성·변화하는가를 이해하기 위해 번역의 개념을 활용할 수 있으며, 또한 초국적 이주 과정에서 구축되는 위상학적 공간들을 명시적으로 해석해 볼 수 있도록 한다.

나아가 ANT는 초국적 이주뿐만 아니라 다양한 사회공간적 주제들에 관한 연구에서 이원론적 사고를 벗어날 수 있는 혼종적 사고방식을 제시한다. 라투르(2009)에 의하면, "우리는 결코 근대인 적이 없었다." 왜냐하면, 근대적 사고나 이론체계에서 인간과 사물(사회와 자연)을 분리된 실재로 간주하는 이원론이 만연해 있지만, 실제 우리는 결코 이렇게 이원화된 사회와 자연 속에서 살아본 적이 없기 때문이다. 같은 맥락에서 근대적 사고에 만연한 절대적 공간의 사고에 매몰되어 있는 한, 근대인은 자신이 머물 장소를 가지질 못한다. 왜냐하면, 절대적 공간 개념은 (인간 및 비인간 사물이든지 간에) 행위자들이 위치 지어져야 할 장소로부터 그 행위자들을 분리시켜버리기 때문이다. 이러한 점에서 라투르(Latour, 2009)는 "근대인은 앉아서 머물 장소가 없다. [절대적 공간에 관한] 오랜 과학적 상상에서 만연한 무장소적 관점은 실질적으로 살아간다고 주장하는 사람들에게 [자신의] 장소가 없음을 의미"할 뿐이라고 주장한다. ANT는 이와 같이 초국적 이주 연구를 포함하여 (탈)근대사회에서 나타나는 다양한 사회공간적 현상들에 관한 연구자들에게 다소 엉뚱하지만 참신한 사고를 제공한다.

· 참고문헌 ·

기든스, 안소니(최병두 역), 1991, 『사적 유물론의 현대적 비판』, 나남(Giddens, A., 1981, *A Contemporary Critique of Historical Materialism*, Macmillan, London).

김숙진, 2016, "아상블라주의 개념과 지리학적 함의", 『대한지리학회지』, 51(3), pp.311~326.

김연희, 2017, "서비스 조직의 안정화와 서비스 이용자의 주변화-다문화가족지원센터 사례를 중심으로", 『한국 사회복지행정학』, 19(1), pp.1~28.

김연희·이교일, 2017, 『결혼이주여성의 미디어 행위자-네트워크와 삶의 전환 경험』(근간).

김용찬, 2006, "국제이주분석과 이주체계접근법의 적용에 관한 연구", 『국제지역연구』, 10(3), pp.81~106.

김용학, 1992, 『사회구조와 행위』, 나남.

김환석, 2009, "행위자-연결망이론과 사회학", 『한국 사회학회 사회학대회 논문집』, pp.873~886.

김환석, 2010, "'두 문화'와 ANT의 관계적 존재론", 홍성욱 편, 『인간·사물·동맹』, 이음, pp.305~330.

김환석, 2011, "행위자-연결망 이론에서 보는 과학기술과 민주주의", 『동향과 전망』, 83, pp.11~46.

라투르, 브루노(홍성욱 역), 2010, "행위자-네트워크이론에 관하여: 약간의 해명, 그리고 문제를 더 복잡하게 만들기", 홍성욱 편, 『인간·사물·동맹』, 이음, pp.95~124(Latour, B., 1997, "On actor-network theory: a few clarifications plus more than a few complications", http://www.cours.fse.ulaval.ca/edd-65804/latour-clarifications.pdf.)

라투르, 브루노(홍철기 역), 2009, 『우리는 결코 근대인이었던 적이 없다』, 갈무리(Latour, B., 1993, *We Have Never Been Modern*, Cambridge, MA: Harvard University Press).

로, 존(최미수 역), 2010, "ANT에 대한 노트: 질서 짓기, 전략, 이질성에 대하여", 홍성욱 편, 『인간·사물·동맹』, 이음, pp.37~52(Law, J., 1992, "Notes on the theory of the action network: ordering, strategy and heterogeneity", *Systems Practice*, 5(4), pp.379~393).

박경환, 2014, "글로벌 시대 인문지리학에 있어서 행위자-네트워크이론의 적용 가능성", 『한국도시지리학회지』, 17(1), pp.57~78.

새머스, 마이클(이영민·박경환·이용균·이현욱·이종희 역), 2013, 『이주』, 푸른길(Samers, M., 2010, *Migration*, Routledge, London and New York).

석현호, 2000, "국제이주이론: 기존이론의 평가와 행위체계론적 접근의 제안", 『한국인구학』, 23(2), pp.5~37.

설동훈, 1999, 『외국인노동자와 한국 사회』, 서울대학교 출판부.

어리, 존(강현수·이희상 옮김), 2014, 『모빌리티』, 아카넷(Urry, J., 2007, *Molibities*, Polity).

윤인진·박상수·최원오 편, 2010, 『동북아의 이주와 초국가적 공간』, 아연.
이민경, 2015, "노동-유학-자녀교육의 동맹: 몽골 이주노동자 가정의 이주,정착,귀환의 행위자-네트워크", 『교육문제연구』, 55, pp.1~25.
이민경, 2016, "미등록 이주노동자 공동체의 특성과 역할 연구-B시의 이주민 선교센터 사례에 대한 행위자-네트워크", 『인문사회과학연구』, 17(3), pp.63~101.
이희영, 2012, "탈북-결혼이주-이주노동의 교차적 경험과 정체성의 변위: 북한 여성의 생애사 분석을 중심으로", 『현대사회와 다문화』, 2(1), pp.1~45.
이희영, 2014, "결혼-관광-유학의 동맹과 신체-공간의 재구성: 아시아 여성 이주자들의 사례 분석을 중심으로", 『경제와 사회』, 102, pp.110~148.
장세용, 2012, "공간과 이동성, 이동성의 연결망: 행위자-연결망 이론과 연관시켜", 『역사와 경계』, 84, pp.271~303.
전형권, 2008, "국제이주에 대한 이론적 재검토: 디아스포라 현상의 통합모형 접근", 『한국동북아논총』, 49, pp.259~284.
정병호·송도영 편, 2011, 『한국의 다문화공간』, 현암사.
최병두, 2011, "초국적 이주와 다문화 사회에 관한 학제적, 통합적 연구를 위하여", 『현대사회와 다문화』, 1, pp.1~33.
최병두, 2015, "행위자-네트워크이론과 위상학적 공간 개념", 『공간과 사회』, 25(3), pp.125~172.
최병두, 2017a, "초국적 노동이주의 행위자-네트워크와 아상블라주", 『공간과 사회』, 27(1), pp. 156~204
최병두, 2017b, "초국적 결혼이주가정의 음식-네트워크와 경계-넘기", 『한국지역지리학회지』, 23(1), pp.1~22.
최병두·임석회·안영진·박배균, 2011, 『지구·지방화와 다문화 공간』, 푸른길.
칼롱, 미셸(심하나·홍성욱 역), 2010, "번역의 사회학의 몇 가지 요소들-가리비와 생브리외만의 어부들 길들이기", 홍성욱 편역, 2010, 『인간·사물·동맹』, 이음, pp.57~94(Callon, M., 1986, "Some elements of a sociology of translation: domestication of the scallops and the fishermen of St. Brieuc Bay", in Law, J. (ed.) *Power, Action, and Belief: A New Sociology of Knowledge?*, pp.196–33. London, Boston and Henley: Routledge and Kegan Paul).
홍성욱 편역, 2010a, 『인간·사물·동맹』, 이음.
홍성욱, 2010b, "7가지 테제로 이해하는 ANT", 홍성욱 편역, 2010, 『인간·사물·동맹』, 이음, pp.15~35.
Bosco, F. 2006. "Actor-network theory, networks, and relational approaches in human geography", in Aitken, S. and G. Valentine (eds.), *Approaches to Human Geography*, Sage, London, pp.136~146.

Bourdieu, P., 1986, "The forms of capital", in Richardson, J. G.(ed), *Handbook of Theory and Research for the Sociology of Education*, Greenwood Press, Westport.

Callon, M. Law, J., 2004, "Introduction: absence-presence, circulation and encountering in complex space", *Environment and Planning D: Society and Space*, 22, pp.3~11.

Castles, S. and Miller, M., 1993/2009(4th edn.), *The Age of Migration*, Macmillan, London.

Coleman, J., 1988, Social capital in the creation of human capital, American Journal of Sociology, 94, pp.95~120.

de Haas, Hein. 2008. "Migration and development. A theoretical perspective", International Migration Institute Working Paper no.9, University of Oxford.

Fine, B. 2005. "From actor-network theory to political economy", *Capitalism, Nature, Socialism*, 16(4), pp.91~108.

Kurekova, L., 2011, "Theories of migration: conceptual review and empirical testing in the context of the EU East-West flows", Paper prepared for Interdisciplinary conference on Migration, Economic Change, Social Challenge (April 6~9, 2011, University College London).

Latour, B., 1987, *Science in Action: How to Follow Scientists and Engineers through Society*, Harvard U.P., Cambridge, MA.

Latour, B., 1988, *The Pasteurization of France* (trans. A. Sheridan and J. Law), Harvard U.P., Cambridge, MA.

Latour, B., 2005, *Reassembling the Social: An Introduction to Actor-Network Theory*, Oxford U.P., New York.

Latour, B. 2009, "Spheres and networks: two ways to reinterpret globalization", a lecture at Harvard University Graduate School of Design (Feb. 17, 2009).

Law, J., 1999, "After ANT: complexity, naming and topology", in Law, J. and J. Hassard (eds), *Actor Network Theory and After*, Blackwell, Malden MA., pp.1~14.

Law, J., 2002, "Objects and spaces", *Theory, Culture and Society*, 19(5/6), pp.91~105.

Law, J. and Hassard, J.(eds), 1999, *Actor Network Theory and After*, Blackwell, Oxford.

Law, J. and Mol, A., 2001, "Situating technoscience: An inquiry into spatialities", *Environment and Planning D: Society & Space*, 19, pp.609-621.

Massey, D. S., Arango, J., Hugo, G., Kouaougi, A., Pellegrino, A., Taylor, J. E., 1998, *World in Motion: Understanding International Migration At the End of the Millenium*, Clarendon press, Oxford.

Mike, M., 2016, *Actor-Network Theory: Trials, Trails, and Translations*, Sage, London.

Mol, A. and J. Law, 1994, "Regions, networks and fluids: anaemia and social topology", *Social Studies of Science*, 24(4), pp.641-671.

Muller, M. 2015, "Assemblages and actor-networks: rethinking socio-material power, politics and space", *Geography Compass*, 9(1), pp.27~41.

Murdoch, J. 1998, "The spaces of actor-network theory", *Geoforum*, 29(4), pp.357~374.

Murdoch, J. 2006, *Post-structuralist Geography: A Guide to Relational Space*, Sage, London.

O'Reilly, K., 2012, *International Migration and Social Theory*, Palgrave and Macmillan, London.

Portes, A., 1981, "Mode of incorporation and theories of labor migration", in M. M. Kritz, C. B. Keely, and S. M. Tomasi (eds), *Global Trend in Migration: Theory and Research on International Movements*, Center for Migration Studies, New York, pp.279~297.

Smith, M. P., 2005, "Transnational urbanism revisited", *Journal fo Ethnic and Migration Studies*, 31(2), pp.235-244.

Wimmer, A. and Schiller, N. G., 2002, "Methodological nationalism and beyond: nation-state building, migration and the social sciences", *Global Network*, 2(4), pp.301~334.

2장

행위자-네트워크이론과 사회공간 개념의 재구성

최병두

1 '공간적 전환'과 행위자-네트워크이론

지난 20~30년간 사회이론이나 철학에서 '공간적 전환(spatial turn)'이라고 불릴 정도로 공간에 대한 관심이 크게 증가했다. 물론 이러한 전환에서 주목을 받게 된 공간의 개념은 유클리드적, 절대적, 계측적(metric) 공간이 아니라 비유클리드적, 관계적, 위상학적 공간이다. 특히 공간을 핵심적 연구주제로 설정하는 지리학에서 이러한 전환은 '관계적 전환(relational turn)'이라고 불리면서, 경계에 의해 폐쇄된 지역이나 영토의 개념에서 흐름에 의해 연계된 네트워크 공간에 관심을 옮겨가도록 했다. 관계적 관점에서 공간을 이해하고자 하는 지리학자들 가운데 한 사람인 아민(Amin, 2002, 389)은 사회적 관계의 공간성은 거리 또는 규모의 계층성과 같이 고정된, 본질적인, 또는 환원 가능한 것으로 간주해서는 안 되며, 대신 장소 및 사회와 공간 간 연계성을 관계적으로 이해할 필요가 있다고 주장하면서, 관계적 관점에서 공간성은 상이한 실천들과 이들 간 관계의 접힘과 중첩으로 구성된다고 제시했다.

이러한 관계적 관점에서의 공간성 연구에 대한 이론적, 철학적 기반은 물론 지리학 및 이와 직접 관련된 학자들(르페브르, 하비 등)의 연구에서도 찾아볼 수 있지만, 특히 최근 이러한 연구에 통찰력을 제공하는 철학자나 사회이론가로 들뢰즈, 푸코, 라캉 등과 같은 탈구조주의적 이론가들이나 세르와 라투르 등의 행위자-네트워크이론, 그 외 아감벤 등이 거론될 수 있다(크랭과 스리프트,

2013). 이들 가운데 특히 행위자-네트워크이론(actor-network theory: 이하 ANT로 표기함)에서 제시되는 '네트워크 공간'이나 이를 더욱 발전시킨 다양한 유형의 위상학적 공간 개념들은 지리학을 포함한 사회이론 일반에서 관계적 관점의 공간 개념을 촉진하고 있다. 머독(Murdoch, 1998)에 의하면, ANT가 가지는 핵심적 유의성은 두 가지로 요약된다. 첫째, 이 이론은 지리학적 연구에 흔히 나타나는 자연/사회, 행동/구조, 국지적/지구적인 것과 같은 이원론을 극복하기 위한 수단을 제공한다고 주장된다. 둘째, 이 이론은 공간을 절대적인 것으로 간주하는 유클리드적 공간관을 극복하고 새로운 네트워크 공간 개념을 제시하고자 하는 점이 강조된다.

ANT 이론가들의 최근 논의에 의하면, 공간의 위상학은 초기 네트워크 공간 개념을 능가하여 다른 여러 유형의 공간 개념들로 확장되고 있다. 즉 이들에 의하면, 공간의 위상학은 유클리드적 공간과 이와 대립되는 네트워크 공간의 개념뿐만 아니라 점진적 변화의 지속적 흐름을 강조하는 '유동성(fluidity)'의 위상학, 그리고 간헐적이며 불연속적인 이동을 함의하는 '화염(fire)'의 위상학 등이 제시될 수 있다. 이러한 다양한 유형의 위상학적 공간 개념들은 물론 ANT를 구성하는 주요 개념들과의 관계 속에서 이해되어야 한다. 또한 ANT에서 제시된 위상학적 공간 개념들은 최근 관심을 끌고 있는 다른 이론가들의 위상학적 공간 개념들과 관련 지어 고찰해 볼 수 있다. 물론 이러한 위상학적 공간 개념들의 유의성 여부는 현실 세계에서 드러나는 경험적 현상들을 어느 정도 설명할 수 있는가에 따라 평가되어야 할 것이다.

이 장에서는 최근 지리학이나 사회이론 일반에서 강조되는 '공간적 전환'과 '관계론적 관점'에서 ANT에서 제시된 위상학적 공간 개념을 고찰하면서, 다양한 사회공간적 주제들에 관한 경험적 연구의 개념적 기반을 마련하고자 한다. 우선 ANT의 주요 개념들을 간략히 서술하고, 이 이론에서 강조되는 비유클리드적, 위상학적 공간 개념의 필요성을 살펴본 후, 특히 몰과 로(Mol and Law, 1994; Law and Mol, 2001) 등이 제시한 네 가지 유형의 위상학적 공간 개념을 고찰하고자 한다. 그리고 ANT 이론가들에 의해 제시된 이러한 위상학적 개념과 유형들을 다른 이론가들의 위상학적 공간 개념과 비교하는 한편, 경험적 분석에의 적용가능성에 관하여 논의하고자 한다.

2 행위자-네트워크이론의 주요 개념

ANT는 1980~1990년대 과학기술 연구 분야의 여러 학자들, 특히 라투르(Latour), 칼롱(Callon), 로(Law) 등에 의해 과학과 기술에 관한 사회학적 이해를 위한 새로운 이론으로 제시되었다. 이 이론의 형성에는 미시와 거시, 자연과 사회 간 구분을 극복하고자 했던 타르드(G. Tarde), 이질적 결합에 초점을 두고 만남과 관계, 무질서한 곳에서 질서의 등장을 추적한 세르(M. Serres), 그리고 프랑스 탈구조주의 이론가들 특히 들뢰즈(Deleuze) 등이 영향을 미쳤다(Muller, 2015).[1] 이 이론은 1990년대 이후 사회학, 지리학, 생태학, 경영학, 정보통신분야 연구, 의료 및 위험 연구 등 다양한 영역으로 전파되어 논의·응용되고 있다. 이 이론의 기본 핵심은 인간과 더불어 비인간 사물도 사회를 구성하는 행위자로 규정하고, 과학기술을 포함한 다양한 사회적 현상들을 이들 간 관계 즉 행위자-네트워크의 효과로 이해한다는 점이다. 관계적 효과로서 '사회적인 것'에 대한 이해는 인간/사물의 존재론적 구분을 포함하여 기존 사회이론에서 논의되었던 이원론들을 극복할 수 있는 준거를 제시한다. 또한 ANT는 관계적 이해에 바탕을 두고 근대 서구의 전통적 공간관, 즉 절대적 또는 유클리드적 공간에서 벗어나 새로운 관계적 공간 개념을 발전시키고자 한다.

ANT에서 핵심적 개념인 '행위자-네트워크'라는 용어에서 행위자는 전통적

---

1) 빙엄과 스리프트(2013)에 의하면, ANT는 세 가지 기원, 즉 과학사회학, 프랑스의 지적 문화(여기서 이들은 들뢰즈, 푸코 등이 아니라 바슐라르, 캉길렘 등을 거론한다), 그리고 미셸 세르의 연구에 기반을 둔다.

의미에서 의도적인 인간 행위자에 한정되는 것이 아니라 인간과 비인간적 사물과 제도 등을 포괄하여, 타자와의 상호관계 즉 네트워크를 통해 행위성 또는 행위능력(agency)을 가지게 되는 모든 것을 지칭한다. ANT는 이와 같이 '비인간적 존재'에게도 행위자로서의 능력을 부여하고, 인간과 비인간을 구분하여 차별하지 않고 모두를 동등하게 중요한 역할을 하는 것으로 취급한다는 점에서 '일반화된 대칭성(generalized symmetry)'을 강조한다. 이에 따라 인간 행위자뿐만 아니라 물질적 세계를 구성하는 자연적 요소들이나 제도, 조직, 기업 등 다양한 사회적 요소들도 여러 행위자들을 연결하는 이질적 네트워크의 한 행위자로 파악된다. 요컨대 ANT 이론가들은 개인, 동물, 박테리아, 병원균에서부터 시장, 국가, 도시와 같은 거대한 사회적 사물들 사이의 구분을 없애고, 이들로 구성된 네트워크에서 행위능력을 가지는 동등한 행위자로 간주된다.

ANT에 따르면, 행위자와 네트워크는 분리되지 않을 뿐만 아니라 네트워크에 의해 행위자의 역할이나 수행이 결정된다. 즉 어떤 행위자의 행위는 그 행위자 단독에 의한 것이 아니라 네트워크를 통해 가능해진 집합적 행위로 간주된다. 달리 말하면, 개별 인간 또는 비인간 행위자의 행위능력은 고립된 채로 스스로 만들어지는 것이 아니라, 항상 그 행위자와 연결되어 있는 많은 다른 행위자들과의 상호작용 결과, 즉 '관계적 효과'로 이해된다. 따라서 모든 행위자는 동시에 네트워크이며, 이러한 의미에서 '행위자-네트워크'라는 용어가 사용된다. 이러한 용어의 사용 이유는 "행위자만으로도 연결망[네트워크]만으로도 환원될 수 없기 때문이다. … 행위자-연결망이란 그 활동이 이질적 요소들을 연결하는 행위자임과 동시에 자신의 구성요소들을 재규정하고 변형시킬 수 있는 연결망이기도 하다"(Callon, 1987: 93; 김환석, 2011, 14~15 재인용). 이러한 인간 및 비인간 행위자들의 연결 또는 동맹은 행위자-네트워크라는 자기구성적, 형질변형 과정을 통해 언제나 일시적이고 잠재적인 다중적 실재를 구성한다. 즉, ANT는 인간 및 비인간 행위자들이 어떤 고정된 본질을 가진다는 생각을 거부하고, 끊임없는 관계의 구성이 바로 세상의 다중적 실재라고 주장한다.

ANT는 이러한 행위자-네트워크의 이질적, 다중적 또는 혼종적 결합성, 즉 인간과 비인간 행위자들을 함께 연계시켜서 일시적으로 안정된 편성을 만들어 내는 상호관계에 초점을 두고, 네트워크들이 행위자들의 행위를 촉진하기 위하여 결합하게 되는 방법을 고찰하고자 한다.[2] ANT에서 안정된 편성의 성공 여부는 다른 행위자들을 상호관계에 끌어들여 등록시킴으로써 네트워크를 확장할 수 있는 능력에 좌우된다. 이러한 이질적 네트워크의 추적은 인간과 비인간 행위자들에 대한 대칭성의 원칙을 고수하기 때문에, 어떤 행위자가 주체로서 작동하는가, 또는 다른 행위자의 작동을 위한 단순한 매개체로 기능하는가에 대한 사전적 추정 없이 연구된다.[3] 또한 이러한 행위자-네트워크의 추적은 시공간적 차원에서 네트워크의 뻗침에 관한 연구를 필요로 한다. 즉 ANT는 네트워크의 구축자들이 어떻게 공간과 시간을 통해 지속적으로 결합을 만들어내는가, 또는 네트워크를 함께 구축·유지하도록 하는 힘이 어떻게 공간과 시간을 통해 확장되고 재생산되는가를 추적하고자 한다. 어떤 네트워크로의 결합 능력은 '뻗쳐진' 상호작용의 결과로 간주되지만, 이러한 뻗침은 선과 연계의 고정된 기하학으로 이해되거나 묘사되지 않는다. 대신 행위자-네트워크의 시간과 공간은 아래에서 논의할 것처럼 다중적 위상학을 통해 고찰된다.

ANT에서 행위자와 네트워크는 고정된 또는 불변적인 존재가 아니라 기능과 역할 등에 따라 끊임없이 치환되고 자신을 변형시킨다. 이 이론은 행위자들이

---

2) ANT에서, 어떤 행위자나 네트워크가 안정성을 가지고 작동할 때, 이것을 '블랙박스(black-box)'가 되었다고 한다. '블랙박스'란 다양한 행위자들이 하나의 대상으로 결절된 네트워크를 의미하며, 여기서 '결절(punctualization)'은 이질적 네트워크가 하나의 행위자나 대상으로 축약되는 것을 뜻한다. 자동차는 다양한 부품(행위소)들이 안정적으로 단일한 대상으로 축약된 일종의 블랙박스라고 할 수 있다.

3) 그러나 일반 행위자와 매개자는 분석적으로 구분된다. 매개자는 행위자들을 네트워크에 연계시키고 네트워크 내에서 각 행위자의 위치를 규정하고 그렇게 함으로써 행위자들과 더불어 해당 네트워크를 구성하게 된다. 행위자는 자신들 사이에 계속 매개자들을 만들어내며 이들을 특정 행위자에 귀속시킨다. 칼롱에 의하면 매개자는 네 가지 유형, 즉 텍스트, 기술적 인공물, 체화된 숙련(지식 등), 화폐로 분류된다(김환석, 2005, 142~143).

자신의 다양하고 모순적인 이해관계를 수정하고 치환하는 과정을 '번역(translation)'이라고 부른다. 번역은 한 행위자의 이해나 의도를 다른 행위자의 이해나 의도에 맞게 치환하기 위한 프레임을 만드는 것이다(홍성욱, 2010b, 25). 이러한 번역 과정은 한 행위자가 다른 행위자를 대변하는 역할을 수행하면서 네트워크로 끌어들임으로써 기존의 네트워크를 교란시키고 새로운 협력 네트워크로 전환시키는 일련의 '정치적' 과정으로 이해된다(칼롱, 2010, 93). ANT는 이와 같은 번역 과정을 통해 행위자들의 행위능력과 역할에 따라 네트워크의 해체 또는 구성 과정을 규명하고, 인간 및 비인간 행위자들이 네트워크를 통해 자신의 이해관계에 따라 어떻게 행동하는가를 고찰하고자 한다. 번역 과정이 성공적으로 진행되면, 네트워크는 변화 없이 유지된다는 점에서 '불변의 이동체(immutable mobile)'로 특징지어진다. 그러나 어떤 행위자-네트워크가 번역될 때, 상당 정도의 전환이 수행된다는 점에서 '번역은 항상 반역'이라고 지칭되기도 한다. 즉 번역된 행위자는 기원적인 것과 같지 않으며, 유사하지만 다른 것이 된다는 점에서 아래에서 논의된 유동적 공간에서 '가변의 이동체'이기도 하다.

ANT에서 번역은 핵심적 개념들 가운데 하나이지만, 번역의 절차나 세부과정은 명확하게 정해져 있지는 않다. 번역 과정에 관한 연구의 대표적 사례는 파스퇴르의 '탄저균' 백신의 개발과정에 관한 라투르(Latour, 1988)의 연구에서 찾아볼 수 있다. 첫째 단계는 농장의 탄저병을 파리의 실험실로 옮겨오는 단계 즉 거시계를 통제된 실험실이라는 미시계로 축소 또는 환원시키는 과정이며, 두 번째 번역에서는 외부에서는 제대로 드러나지 않았던 '탄저균'을 실험실의 과학자들이 배양하는 과정, 즉 실험실에서 새로운 이해관계에 따른 행위자들의 집합체가 형성되는 단계, 세 번째 번역에서는 실험실의 미시계에서 생산된 탄저균 백신이 프랑스 전역에 성공적으로 확대되는 과정, 즉 지식과 관련 약물이나 기계가 다시 거시계로 복귀하는 단계로 구성된다. 라투르는 이러한 과정을 파스퇴르의 인간 행위성에 초점을 두는 것이 아니라 탄저균 자체, 실험실의 기구와 통제된 환경, 과학적 언어와 재현의 장치, 그 외 관련된 다양한 행위자들, 즉 가축, 농민, 수의사, 매스미디어 등 이질적인 인간과 비인간 행위자들과의 대칭적인 관계를 전제로 설명하였다(김환석, 2011).

번역에 관한 또 다른 대표적 사례 연구는 칼롱(2010)이 생브리외만의 가리비 양식에 관한 연구를 수행하면서 제시한 번역 과정이다. 그는 행위소라고 일컬어지는 행위자의 이질적 요소들이 자유롭게 형성하는 네트워크에 관심을 두고, 한 행위자가 다른 이질적 행위자들을 어떻게 이른바 '의무통과점(OPP obligatory passage point)'으로 끌어들여 새로운 동맹 네트워크를 형성하는지, 그리고 이 과정에서 어떻게 동맹이 위협받고 타협되며 와해되고 재구축되어 지배적인 가치나 보편성을 획득하는지를 네 단계, 즉 문제제기, 관심끌기, 등록하기, 동원하기 단계로 설명하였다. ANT에서 이러한 번역의 개념은 무수한 행위자들과 다양한 네트워크가 존재하는 사회 속에서 갈등하고 타협하며 역동적으로 생성하는, 그러면서 그 실체가 잘 드러나지 않는 대상을 설명하는 데 유용한 도구로 설정된다. 연구자들은 이러한 번역 과정을 추적함으로써 특정 네트워크가 어떻게 다른 네트워크보다 더 크고 강력하게 되는지, 어떻게 사회적, 물질적 행위자들을 가입시켜서 좀 더 내구적으로 되는지, 그리고 어디로부터 권력이 나와서 어떻게 행사되는지를 묘사할 수 있게 된다(김환석, 2011, 16).

요컨대 ANT는 인간 행위자뿐만 아니라 비인간적 요소들도 행위자로 인정하고, 다양한 현상들을 이러한 인간 및 비인간 행위자들의 네트워크로 이해한다. 이러한 인간 및 비인간 행위자들 간의 이질적, 혼종적 연계로서 행위자-네트워크의 개념은 사회와 자연, 사회와 개인, 구조와 행위, 미시와 거시, 지구성과 국지성 등의 이분법을 배제하도록 한다. 나아가 이 개념은 사회 또는 '사회적인 것(the social)'에 대한 새로운 이해를 요청한다(Latour, 2005). 콩트가 새로운 연구 대상으로서 '사회'의 등장과 이를 연구하는 새로운 학문으로 사회학을 제안하고, 뒤르켐이 사회학을 생물학이나 심리학과 구분하여 '사회적 사실'을 연구대상으로 하는 독자적 학문으로 정립함에 따라, 사회적인 것은 인간들로만 구성된 독자적인 차원으로 이해되게 되었다. 그러나 ANT는 인간과 비인간 행위성을 구분하지 않는 관계적 존재론을 추구한다(김환석, 2012). 이 이론에 의하면, 사회적인 것은 개인 또는 집단의 재현이라기보다 모든 것이 다른 모든 것에 연계되어 확장된 일시적인 관계나 흐름, 연계와 그 강도라는 비재현적 현상으로 이해된다.

이와 같이, ANT는 인간 행위자와 다른 사회적 자연적 사물들이나 제도, 기술, 지식, 여타 인공물들 간에 아무런 차이를 두지 않는다. 이러한 행위자들의 행위능력은 그 자체로 존재하는 것이 아니라 네트워크에서의 다른 행위자들과의 관계를 통해 얻어진 효과로 파악된다. 또한 흔히 '사회적 구조'라고 불리는 것 역시 끊임없이 형성되고 전환하는 네트워크의 한 지점에 불과한 것으로 간주된다. 이러한 점에서 실재란 어떤 고정된 본질을 가지는 것이 아니라 관계들 속에서 창출되는 것으로 이해되며, 이를 개념화하기 위해 다중체 또는 결합체로 번역된 아상블라주(assemblage)라는 용어가 사용된다. 들뢰즈와 가타리(Deleuze and Guattari)의 연구에 소급되는 아상블라주의 개념은 이질적 실체들을 질서화하여 일정 기간 동안 함께 작동하도록 하는 양식을 의미한다. 이 개념은 세상에는 어떤 단일한 조직 원리가 존재하지 않으며, 어떤 층위도 존재하지도 않음을 함의한다. 즉 인간, 동물, 사물과 물체 등 모든 실체들은 동일한 존재론적 위상을 가지는 것으로 이해된다. 그러나 이러한 이해는 세상이 완전히 평탄함을 의미하는 것이 아니라, 계층 또는 차이가 있지만 이들은 실재들의 결과 또는 이들의 속성이나 가치에 기인하는 것이 아니라 차별적 실재들의 조직 양식에 기인하는 것임을 의미한다(Muller, 2015).

이러한 아상블라주는 관계적·생산적·이질적이라는 특징을 가지지만 또한 (탈, 재)영토화 과정과 관련된다. 즉 아상블라주는 이질적 행위자들의 일시적 결합을 통해 전체를 편성하는 영토화 과정과 또한 동시에 지속적인 원심력의 작동으로 탈결합하는 과정, 즉 탈영토화 과정을 전개한다. 즉 "아상블라주는 탈영토화와 재영토화의 역동성으로 포착된다. 탈영토화/재영토화는 아상블라주의 핵심축이다. 아상블라주는 등장하고 함께 유지될 뿐만 아니라 항상적으로 적대하고 전환하고 파괴됨에 따라 어떤 영토를 구성"하고 재구성하게 된다(Muller, 2015). 이러한 점에서 '도시적 아상블라주(urban assemblage)'라는 용어가 사용될 수 있다. "복수적 형태를 가지는 도시 아상블라주라는 사고는 도시를 다중적 객체로 파악하고, 이의 다중적 작동의 의미를 전달하는 적합한 개념적 도구를 제공한다." 즉 이 용어는 "도시가 어떻게 물질적 및 사회적 측면들에서 이질적 행위자들의 조합으로 만들어지는가에 관한 구체적으로 쉽게 파악될 수 있는 이미지를 제공한다"고 서술된다(Farias and Bender, 2010, 14). 또한 같은 맥락에서 '지구적 아상블라주'라는 용어도 사용될 수 있다. 특히 '지구적인 것'은 복잡한 하부구조의 구체적 조건 속에서 실제로 작동하는 자본 축적과정의 추상적 형태를 포함한다. 사회적인 것이든 도시적인 것 또는 지구적인 것이든, 모든 아상블라주는 이러한 구체적인 것과 추상적인 것 간의 긴장 속에서 만들어진 다중성을 가진다. 이러한 관점에서, 거시적 행위자(국가나 세계)와 미시적 행위자(개인이나 지역) 사이에, 또는 주요한 사회제도나 일상적인 실천 사이에 큰 차이가 없다. 차이가 있다면 오직 행위자가 이해관계에 따라 동원 가능한 네트워크의 규모와 수에 있을 뿐이라고 주장된다.

이러한 ANT에 대해 여러 비판이 제기되었다. 비판의 기본적 요지는 인간과 비인간 사물, 거시적 행위자와 미시적 행위자 간, 어떤 주요한 사회제도와 평범한 사물들 간에 아무런 차이가 없다면, 여러 난점들이 발생할 수 있다는 것이다. 우선 지적될 수 있는 점은 인간과 비인간 사물 간 구분을 하지 않을 경우, 인간은 자신의 의지와 이해관계를 가지고 어떤 목적을 추구할 수 있지만, 비인간 사물들은 그렇지 않다는 점을 무시하게 된다. 달리 말해, 인간과 비인간 사물을 동등하게 다룰 경우, 비인간 사물들이 마치 그 자체로 가치를 가지거나 또는 역할을 수행하는 것으로 간주되어 물신화될 수 있다는 점이 지적된다(Bosco, 2006). 둘째, 네트워크를 형성하는 결합 과정을 추적하도록 하는 과제는 네트워크 형성 과정에서 차이와 그 이유를 설명하지 못하고, 끊임없는 결합의 고리만 서술하게 된다고 비판될 수 있다. 이러한 서술은 행위자-네트워크이론가들도 인정하는 바와 같이 사회제도나 사물들이 네트워크를 통해 전체적으로 요구되는 역할을 수행한다는 점을 전제하는 기능주의적 관점과 혼돈될 수 있다(Law and Mol, 2001). 또한 ANT에 따를 경우, 구체적인 네트워크의 형성과정을 추적할 수 없는 사회문화적 맥락이나 역사적 요소들은 무시될 수 있다. 셋째, ANT는 근대 사회이론이나 철학에서 만연한 이분법적 사고를 극복할 수 있는 방법을 제시했다고 할지라도, 행위자들 간의 차이로 인해 유발되는 질적 모순이나 비대칭적 관계를 간과하고 있다. 특히 권력의 차별성(인종, 젠더, 계급 등)으로 인해 누가 또는 무엇이 네트워크 결합을 구성할 수 있거나 또는 할 수 없게 되는가에 대해 관심을 두지 않음으로써 불평등한 권력관계를 이해하지 못한다는 점이 지적되기도 한다(Castree, 2002; Fine, 2005).

또 다른 유형의 문제 또는 한계는 ANT가 다른 사회이론들과는 달리 구체적인 이론적 설명력을 가지지 않는다는 점이다. 즉 이 이론에서 제시 또는 발전된 개념들은 인간과 비인간 사물들의 관계적 존재론에 기여한다고 평가되지만, 또한 동시에 과학기술이라는 사물이 어떻게 만들어지며, 작동하게 되는가를 설명하는 방법론에 불과하다는 비판도 동시에 제기되고 있다. 그러나 이 이론이 처음 제시된 이후 다양한 사회-자연적 현상들에 대한 연구 분야로 응용 범위를 확장시킬 수 있었던 것은 바로 이러한 점 때문이라고 할 수 있을 것이다. 즉 ANT는 이질적 인간 및 비인간 행위자들이 네트워크를 통해 자신의 다양하고 모순된 이해관계를 끊임없는 협상과 번역을 통해 수정하고, 치환하며, 위임하는 과정을 파악하고자 한다는 점에서 유의성을 가진다. ANT를 둘러싸고 전개된 논란에서 제기된 비판들은 분명 나름대로 의미 있는 것이라고 할 수 있다. 그러나 과학기술의 역할을 사회학적으로 고찰하기 위해 시작한 ANT가 '관계적 존재론'으로 발전하면서 인간/비인간, 행위/구조, 미시/거시, 자연/사회 등의 이분법을 근본적으로 극복하려는 시도로 많은 관심을 끌고 있는 것은 사실이다.

3 행위자-네트워크이론과 위상학적 공간

ANT는 서구 철학 및 사회이론에 고질적으로 내재한 다양한 유형의 이분법을 해소하기 위한 새로운 관점을 제공할 뿐만 아니라 근대 서구 의식에 만연한 절대적, 계측적, 유클리드적 공간관을 극복하기 위한 새로운 사유 방법으로서도 주목을 받고 있다. 즉 ANT는 공간적 관계가 절대적 좌표체계에 위치 지워지거나 물리적 거리로 측정되는 것이 아니라, "복잡한 네트워크들로 표출되는 과정을 사유하는 데 유용한 방법"을 제공한다는 점이 강조된다(Murdoch, 1998). 절대적 공간이란 데카르트와 뉴턴에 의해 개념화된 것으로, 사물의 존재와는 무관하게 존재하는 공간을 말한다. 이러한 절대공간 개념은 유클리드에 의해 제시된 공간, 즉 거리와 각도를 좌표계에 도입하여 임의 차원으로 연장될 수 있는 공간 개념에 반영되었다. 절대적 또는 유클리드 공간은 사물에 앞서 존재하며, 사물의 형태 또는 물체성이 그 속에서 존재하게 되는 중립적 용기로 간주된다. 이러한 공간관은 근대 서구인들의 공간 의식에 만연해 있을 뿐만 아니라 실증주의적 지리학이나 공간관련 분야들(도시계획학 등)에서 지배적인 사고양식이 되었다.

라투르는 기존의 지리학이 절대적 공간 개념에 뿌리를 두고 거리와 근접성 등 그 속의 사물들로부터 분리될 수 있고 물리적, 계측적, 기하학적 공간과학에 빠져 있다고 비판한다. 특히 이러한 절대적 공간 개념은 사물의 속성이 이들 간 관계의 효과이며 공간 역시 이러한 관계에 의해 생성된다는 사고를 불가능하게 하거나 방해했다고 주장된다. 즉 라투르에 의하면, "우리가 모든 관계를 네트워크로 정의할 때 겪는 어려움은 지리학의 보급 탓이다. … 지리학적 개념은 단지 거리와 규모를 정의하는 격자에 대한 또 다른 연결일 뿐이다. 네트워크 개념은 우리가 공간을 정의하는 데서 지리학자들의 횡포를 걷어내는 것을 돕고, 우리에게 사회적이거나 '실제'의 공간이라는 관념이 아닌 관계라는 관념을 제공한다"(라투르, 2010, 102~103). 이러한 점에서 ANT는 '유클리드주의에 대한 전쟁

기계'로서, 특히 공간을 네트워크의 구성물로 이해하고자 한다는 점을 강조한다(Murdoch, 1998).

이러한 라투르의 공간 개념은 상당 부분 세르의 연구에 대한 공감에 기반을 둔다. 라투르는 세르로부터 네 가지 사항(첫째 인류학적 성향, 둘째 시간과 공간에 대한 견해, 셋째 분석적 범주에 대한 의심, 넷째 산업혁명 이후 현실 세계에서 새로운 관계의 홍수 등)에 관해 영향을 받았다(빙엄·스리프트, 2013, 474~476). 특히 세르는 '시간적 거리'에 대한 절대적 견해를 거부하고, "시간은 선을 따라 흐르지 않을 뿐만 아니라 … 계획에 따라 흐르지도 않으며, 광대한 복합적 혼합에 따라 흐른다"고 주장한다. 이러한 절대적 시간 개념에 대한 부정은 절대적 공간 개념에도 적용될 수 있다. 또한 이들은 "모든 것은 벡터처럼 장소에서 장소로의 이동을 통해 발생한다"고 주장한다(Serre and Latour, 1995, 44). 따라서 어떤 사물이나 어떤 작동은 [시공간적] 관계를 통해서만 시작될 수 있다. 또한 마찬가지로 공간과 시간은 장소–사건이 존재하도록 '접히거나' 또는 '주름 잡히도록' 하는 항상 특정한 시간화와 공간화 행동을 통해서 파악될 수 있다. 이러한 점에서 세계는 위상학적으로 구성되며, 그에 관한 서술 역시 위상학적이어야 한다. 이러한 세르와 라투르의 공간 개념은 ANT에 관심을 가지는 다른 여러 연구자들에 의해 더욱 정교화되고 확장되었다.

ANT는 사회를 일단의 네트워크들로 구성된 안정적 관계와 집합으로 파악하는 것처럼, 공간도 네트워크들 내에서 생성 또는 구축된 것으로 이해한다. 즉 ANT에 의하면, "공간은 만들어진다. 공간은 창조물이다. 공간은 물질적 결과이다. 다른 사물이나 의무통과점과 마찬가지로 공간은 일종의 효과"라고 주장된다(Law, 1999, 8; 박경환, 2014, 62). 따라서 "절대적 공간은 없으며(절대적 자연, 절대적 사회, 절대적 시간이 없는 것처럼), 단지 네트워크를 통해 작동하는 합리성과 관계에 의해 조건 지워지는 특정한 공간–시간의 배열이 있을 뿐"이라는 점이 강조된다(Murdoch, 2006, 74). 달리 말해, "행위자–네트워크는 사실 안과 밖, 내부와 외부, 인간과 비인간 모두에 해당되는 위상학적인 연속의 흐름이자 구분 불가의 영역들"로 간주된다(Latour, 2004; 박성우·신동희, 2015, 103). 이러한 점에서 ANT는 "사회-물질적 관계들이 질서와 층위로 편성됨에 따라 공간이 발생하게 되는 방법들", 즉 '네트워크 위상학'에 대한 관심을 유도한다(Murdoch, 1998, 359).

위상학은 1847년 리스팅(Listing)이 '공간적 형태들의 양상적 관계들'이라는 이름으로 수학에 도입한 새로운 영역으로, 공간을 단순히 계측 가능한 형태적 단위로 파악하는 대신 관계적으로 규정되는 여러 국면들로 이해하고자 한다(귄첼, 2010, 16; 신지영, 2011). 리스팅의 위상학은 그의 스승이자 비유클리드 기하학을 주창했던 가우스(Gauss)로부터 영향을 받았다. 그 이전에 위상학에 관심을 가졌던 학자는 라이프니츠로, 그는 이를 '위치분석'이라고 칭했다. 귄첼(2010, 23)에 의하면, 데카르트적, 절대적 공간 개념에 바탕을 둔 유클리드 기하학은 '인간의 지성'에 근거를 두고 있다. "유클리드 공간은 세계 내에서 진행되는 인식에 연원을 두는 것이 아니라 … 인간 지성의 능력에 연원을 두고 있다." 즉 데카르트에 의하면, 이 세상은 '사유하는 실체(res cogitans, 레스 코기탄스)'와 그 '연장 또는 외연(res extensa, 레스 엑스텐사)'로 구분되며, 인간의 영혼은 사유하는 유일한 실체이고 이를 제외한 모든 것은 외연의 논리, 즉 공간적 기하학으로 파악된다. 이러한 데카르트의 인간중심주의는 인간의 존재를 자연과 전적으로 다른 존재로 이해하지만, 결국 인간의 의식마저도 그 외연으로 간주하는 과학주의에 빠지게 된다고 지적된다(Latour, 2009, 142).

비유클리드적 기하학 또는 위상학은 이러한 데카르트적 인간중심주의, 즉 절대적, 선험적 공간 개념의 한계를 극복하는 과정에서 등장한 것으로 이해된다. 유클리드적 공간은 인간의 신체나 사물의 물체성에 앞서 존재하며, 이에 따라 공간은 이들을 담는 중립적 용기로 간주된다. 유클리드적 공간은 사물들의 존재를 위한 가능성의 조건을 설정하며, 사물들이 사라지더라도 이 공간은 남는 것으로 인식된다. 그러나 위상학에서는 사물과 공간은 관계성을 통해 동시에 만들어지고, 동시에 변화·소멸된다. 위상학에서 중요한 점은 절대좌표체계에서의 위치 또는 계측적 거리가 아니라 네트워크로 연계된 행위자들이 얼마나 가깝게 연계되어 있는가이다. 예를 들면 "나는 전화부스 옆에 있는 어떤 사람과 1미터 떨어져 있지만, 6천 마일 떨어져 있는 나의 어머니와 더 가깝게 연계되어 있다." 이러한 점에서, 물리적 거리는 더 이상 멀고 가까움을 나타내는 좋은 지표가 아니다. 또한 이러한 관점에서 보면, 공간은 접히기도 하고 펼쳐지기도 한다. 손수건을 책장 위에 평평하게 펼쳐놓으면 모서리가 서로 떨어져 있지만, 접게 되면 모서리가 서로 더 가깝게 된다. 손수건의 접힘과 펼침에서 유추된 위상학적 공간 개념은 ANT에서 행위자들 간 시공간적 상호관계를 고찰하는 주요한 기반이 된다. 그러나 이 이론에 의존하지 않는다고 할지라도, 위상학은 사물들 간 관계나 질서의 공간적 및 시간적 역동성을 파악함에 있어 유클리드적 기하학보다 더 좋은 기반 또는 관점을 제공한다고 주장된다(Allen and Cochrane, 2010).

ANT에서 제시되는 공간 개념에 의하면, 우선 사물과 공간은 네트워크의 구축과정에서 동시에 만들어진다. 즉 사물들은 함께 모여서 네트워크를 구축함으로써 그 자신의 특성을 가지게 되는 행위자가 되며, 또한 동시에 공간적 관계가 작동하게 된다. 즉 사물들이 결합하는 과정에서, 네트워크는 공간적(그리고 시간적) 관계를 가지게 된다. 따라서 특정한 네트워크는 공간적으로 중립적이거나 선험적이지 않으며, 특정한 종류의 공간을 생산하여 일시적으로 지속시킨다. 만약 행위자-네트워크가 변화 또는 소멸되면, 이에 따라 형성되었던 공간도 변화·소멸하게 된다. 이러한 맥락에서 라투르(Latour, 2009)는 최초의 세계가 거주 불가능했다고 주장한다. 왜냐하면 공간이 없었기 때문이다.[4] 역설적으로 영역(sphere)과 네트워크를 만들어내는 모든 활동은 좀 더 안락하고 거주

4) 라투르(Latour, 2009, 141)는 '근대'란 없다고 주장한 바와 같이, "근대인은 앉아서 머물 장소가 없다"고 주장한다. 왜냐하면 "오랜 과학적 상상에서 만연한 무장소적 견해(the view from nowhere)[즉 절대적 공간 견해]는 실재 살아간다고 주장하는 사람들을 위해 장소 없음(there is nowher)을 의미"하기 때문이다. 라투르는 이러한 공간적 결핍이 매우 근본적이기 때문에, 근대인들은 끊임없이 새롭게 갱신된 유토피아로 이주하고자 한다고 주장한다.

가능한 공간을 찾기 위한 것으로 이해된다. 네트워크는 이렇게 모인 (시)공간적 편성의 단순한 집합이 아니라, 이들이 새롭고 복잡하게 상호관계를 가지고 작동함에 따라 네트워크와 공간은 모두 변화하게 된다. 시공간의 편성과 재편성은 행위자-네트워크들 밖에서 이루어지는 것이 아니라, 이질적 상호구성과 타협 및 번역 과정을 통해 이루어진다. 새로운 네트워크들은 행위자들을 재규정함과 동시에 새로운 시공간을 편성하게 된다. 즉 행위자-네트워크의 작동 효과로서 공간은 생성되며, 그 모양과 형태는 다양한 네트워크의 모양과 형태에 의해 만들어진다(Murdoch, 2006, 75).

ANT에 의하면, 네트워크에 의해 생성된 공간, 즉 네트워크 공간은 유클리드 공간과 완전히 대립되는 것은 아니다. 행위자-네트워크가 어떻게 이 두 가지 유형의 공간에서 동시에 작동하는가를 이해하기 위해 '불변의 이동체'라는 용어가 제시된다. 여기서 불변성은 네트워크 공간에 속하며, 유클리드 공간에서의 이동성은 네트워크의 불변성 때문에 가능해진다. 선박은 선체, 돛대, 바람, 바다, 선원, 항법사 등 다양한 이질적 행위소로 구성된다. 이들로 구성된 네트워크는 항해하는 선박이라는 사물을 만들어내며 또한 동시에 네트워크 공간성을 형성한다. 선박은 항해를 하면서 유클리드 공간에서 이동을 하지만, 그 형태를 유지하기 때문에 불변적이다. 이와 같이 "[유클리드적 공간에서의] 이동과 [네트워크 공간의] 편성들을 함께 주어진 형태로 유지하는 작업에 대한 이러한 관심, 즉 라투르가 '불변의 이동체'라고 명명한 것에 대한 관심은 ANT에서 필수적이다"(Law and Mol, 2001, 611). 이러한 관심은 파스퇴르의 실험실에 관한 라투르의 설명을 가능하게 했다. 즉 "실험실과 다른 외부 미시적 현장들과의 관련성에 대한 관심은 ANT가 공간을 가로질러 입지들을 함께 연결하는 다양한 메커니즘들을 설명할 수 있도록 해 준다"(Murdoch, 2006, 58).

ANT에서 제시된 위상학적 공간 개념의 또 다른 특징은 '국지적인 것'과 '지구적인 것' 간의 구분, 즉 공간적 규모(scale)의 문제 또는 영역의 문제를 해소하고자 한다는 점이다. 라투르가 제시한 철도의 사례에 의하면, 대륙을 횡단하여 달리는 철도는 국지적인 것도 아니고 지구적인 것도 아니다. 철도는 모든 점들에서 국지적이지만, 또한 이어 놓고 보면 지구적이다. 이러한 사례가 함의하는 바는 국지적인 것에서 지구적인 것으로 연속적인 경로가 있다는 점이다. 이 경로를 따라간다면, 스케일상에 아무런 변화가 필요하지 않다고 주장된다. 즉 ANT에 의하면, 스케일에서 어떠한 불연속적 이행은 불가능하다. 왜냐하면 공간은 스케일로 구분될 수 없기 때문이다. 대신 연구자들은 행위자-네트워크들이 인도하는 대로 따라야 한다. 우리가 지구적인 것 또는 지구성(globality)을 논할 때, 우리는 마치 이러한 지구적 영역이 존재하며 이에 접근할 수 있는 것처럼 말한다. 그러나 라투르에 의하면 "지구적인 것에 대한 접근은 불가능하다. … 지구적인 것은 이러한 위치(site)들 간 내부 순환의 한 형태이며, 이들을 담을 수 있는 것이 아니다"(Murdoch, 2006, 70에서 재인용). 지구적 행위자라고 할 수 있는 대규모 조직이라고 할지라도, 이 조직은 국지적 상호작용을 통해 형성된다. 즉 지구적인 것은 어딘가 저곳에 있는 것이 아니라 우리가 살고 있는 이곳에서부터 형성된다. 지구적, 국가적, 국지적인 것은 물리적 공간의 연장과 관련된 것이 아니라 네트워크의 밀집 정도에 따라 차이를 나타내는 효과이다. 이러한 규모는 공간이 그러한 것처럼 네트워크 결합의 형성에 앞서 존재하는 것이 아니며, 네트워크로의 결합과 탈각을 추적함으로써 결정될 수 있는 경험적 문제이다.

ANT와 위상학적 공간 개념이 가지는 또 다른 유의점은 네트워크를 통해 권력이 어떻게 사회공간적으로 작동하는가를 보여줄 수 있다는 점이다. 네트워크 공간 개념에 의하면, 네트워크를 통한 공간의 편성은 국지적 사물들을 네트워크의 항목들로 등록하여 질서화하는 것이다. 이 항목들과 이들이 어떤 행위자들로 하여금 '거리를 둔 행동'을 할 수 있도록 하는 능력은 국지적 행위자들을 일단의 네트워크 내로 안정적으로 묶어두는 것이다. ANT의 핵심적 개념인 번역은 어떤 행위자-네트워크가 얼마나 안정적으로 규정되는가, 또는 불안정하게 타협·전환하게 되는가를 파악하기 위한 것이다. 만약 번역이 완전하게 이루어지는 네트워크라면, 행위자들은 효과적으로 정렬되고 네트워크는 안정화된다. 반면 행위자들과 네트워크 연계가 임시적이고 발산적인 네트워크라면, 행위자들은 계속 다른 행위자들과 협상하고 연대함으로써 항상적으로 변화하는 형태를 가지게 된다. 헤서링턴(Hetherington, 1997)과 머독(Murdoch, 1998)에 의하면, 전자의 네트워크에 의해 편성된 공간은 '처방(prescription)의 공간', 그리고 후자에 의해 편성된 공간은 '협상(negotiation)의 공간'이라고 지칭된다.

맥도날드 매장은 다양한 인간 및 비인간 행위자들로 구성된 네트워크 공간으로, 이곳에서 사람들은 관행적으로 주어진 메뉴에 따라 표준화된 제품을 주문한다. 이렇게 표준화된 네트워크는 사람들의 행동을 강하게 규정하는 처방의 공간을 만들어낸다. 그러나 만약 양파 알레르기가 있는 사람이 양파를 뺀 햄버거를 주문한다면, 네트워크에 따른 흐름이 깨지고, 협상이 필요하게 된다. 매장은 협상의 공간으로 전환하고, 그 사람은 양파를 빼 달라고 주문하거나 또는 표준화된 햄버거를 주문하여 자신이 양파를 뺄 수도 있을 것이다. 이처럼 처방의 공간과 협상의 공간은 서로 절충적일 수 있다. 이러한 네트워크 공간의 유형 구분은 공간이 단순히 하나의 요소(중심적/주변적, 지배적/저항적 요소)만으로 구성되지 않음을 보여준다. 즉 모든 공간은 질서화의 양식과 저항의 형태 간 복잡한 상호작용으로 구성되며, 이에 따라 권력과 저항의 효과는 뒤얽히게 된다(Hetherington, 1997, 52). ANT는 이러한 두 가지 차원이 특정한 이질적 관계들 내에서 어떻게 상호의존적인가, 그리고 이러한 복잡한 관계가 어떻게 다양한 공간적 형태들로 짜이는가를 보여주고자 한다.

ANT에서 제시한 '네트워크의 위상학'은 최근 지리학에서 관심을 끌고 있는 '관계적 공간' 개념과 같은 맥락에서 제시된 것이라 할 수 있다. 관계적 관점의 지리학자들에 의하면, 지구화 과정과 정보통신기술의 발달로 인해 지역의 개념은 영역적으로 위치 지어진 지역에서 관계적·무경계적 지역으로 전환했다고 주장된다(Allen and Cochrane, 2007). 지리학에서 관계적 공간 개념은 상당히 오래전부터 제기되어 왔다. 하비(Harvey, 1969, 210)는 실증주의적 지리학을 집대성한 저서에서 거리를 사회적 현상들의 분포를 좌우하는 독립변수로 간주하는 것에 반대하고, 거리는 단지 사물들의 활동 간 관계와 이들의 변화과정에서만 측정될 수 있다고 주장한다. 하비는 그 이후에도 거듭거듭 공간의 개념을 세련화하기 위해 관계론적 철학자들의 주장들을 원용하면서, 공간과 시간은 독립적인 실체들이 아니라 과정과 사건들로부터 도출된 관계임을 강조한다. 매시(Massey, 1991)도 '권력의 기하학'이라는 관계적 공간관을 제시하면서, "공간은 국지적인 것을 지구적 네트워크로 연계"시키며, "각 장소는 더 넓은 관계들과 더 좁은 관계들의 독특한 혼합의 장소"라고 주장한다. 아민(Amin, 2002, 389)은 관계적 관점에서 공간성은 상이한 실천들의 접힘과 중첩으로 구성된다고 주장한다. ANT에서 제시된 위상학적 공간 개념은 이러한 관계적 공간관과 매우 유사하지만, 행위자-네트워크의 개념과 관련시켜 논의했다는 점에서 더 큰 의의를 가진다고 하겠다.

관계적 공간의 개념을 이해하기 위하여 ANT 외에도 다양한 이론가들에 의해 제시된 위상학적 공간 개념이나 메타포를 찾아볼 수 있다. 그러나 우선 ANT에서 제시된 위상학적 공간 개념의 유의성을 요약하면 다음과 같다. 첫째 선험적 추상적 공간 개념을 벗어나서 공간이 사물들 간의 관계를 통해 구체적으로 어떻게 형성·발전·소멸하는가를 이해할 수 있도록 한다. 즉 공간은 행위자들 그리고 이들로 구성된 네트워크들과 무관하게 편성되는 것이 아니라, 이질적 상호 구성과 번역 과정을 통해 재편성되는 것으로 이해된다. 둘째, 이러한 위상학적 공간 개념은 사회적 공간이 단지 하나의 형태로만 형성되는 것이 아니라 다양한 위상학적 형상을 가진다는 점을 이해할 수 있도록 한다. 유클리드적 공간은 이러한 공간 형상들 가운데 단지 한 유형에 불과하며 '네트워크 공간'과 그 외 다양한 유형의 공간이 가능하다. 즉 '사회적인 것'은 단일한 공간 유형으로 존재하지 않으며, 위상학적으로 이질적이고 다중적인 방식으로 구성되고 변화한다(Mol and Law, 1994).

셋째, ANT에 기반을 둔 위상학적 공간은 국지적인 것과 지구적인 것 간의 구분, 즉 공간적 스케일의 문제를 해소할 수 있도록 한다. 스케일은 단지 네트워크의 수와 밀도(또는 강도)의 차이로 이해되며, 지구적인 것이라고 할지라도 항상 국지적인 것에서 출발한다는 사실을 이해하도록 한다. 넷째, ANT의 관점에서 위상학적 공간은 행위자-네트워크를 통해 권력이 어떻게 사회공간적으로 작동하는가를 파악할 수 있도록 한다. 행위자-네트워크의 위상학적 공간은 권력이 특정한 행위자나 위치에서 발산되는 것이 아니라 네트워크에서의 상호작용을 통해 작동하는 것, 즉 권력은 여기와 저기 간 간극을 연결하는 사회적 상호작용의 관계적 효과라는 점을 이해할 수 있도록 한다(Allen, 2011). 물론 ANT에서 제시된 이러한 위상학적 공간 개념의 유의성은 경험적 연구에 어떻게 응용되고 있는가, 다른 이론가들의 위상학적 사고와 어떻게 비교될 수 있는가, 그리고 이에 내재된 문제나 한계는 무엇인가에 대한 의문을 남겨두고 있다. 이에 대해 논의하기 전에 먼저 ANT에서 제시된 위상학적 공간의 다중적 유형들을 살펴보고자 한다.

4 위상학적 공간의 유형화

우리는 사물들이 사전적으로 존재하는 공간 내에 위치 지어져 있는 것처럼 인식하는 경향이 있다. 이러한 사고, 즉 공간은 사물들에 앞서 또는 분리되어 사물의 물체성을 규정하는 가능성의 조건을 설정한다는 유클리드적 사고는 완전히 틀린 것은 아니다. 지표면의 측정 가능한 거리에 따라 설정되는 물리적 공간은 특정 사물들에 앞서 존재하는 것으로 이해될 수도 있다. 그러나 인간의 의식체계에 기반을 둔 데카르트의 선험적 공간이나 절대적 평면을 전제로 한 유클리드적 공간의 개념은 사물들과 이들 간 관계의 공간성을 완전히 드러내지 못한다. 이러한 점에서 절대적, 유클리드적 공간 개념의 한계를 벗어나기 위하여 네트워크 공간 개념과 나아가 다양한 유형의 위상학적 공간 개념이 제기된다.

특히 ANT는 유클리드적 공간관을 벗어나서 네트워크 개념에 바탕을 두고 관계적 공간에 관한 이해를 촉진하고자 한다. 뿐만 아니라 ANT는 기존의 '네트워크 공간' 개념을 확장하고 보완하기 위하여 새로운 유형의 위상학적 공간들을 제시하고 있다.

특히 ANT는 관계적 공간을 위상학적 사유에 바탕을 두고 다양한 유형으로 개념화하고자 한다. 위상학은 상이한 종류의 공간을 사유하는 수학의 한 분야이다. 위상학은 사물들의 절대적 위치와 거리로 표현하지 않으며, 이들 간의 관계를 규정하는 상이한 규칙들을 생각하면서 공간을 사유한다. 즉 "위상학은 주어진 일단의 좌표들로 사물들을 위치지우지 않는다. 대신 위상학은 다양한 좌표체계들에 국지화할 수 있는 상이한 규칙들을 표현한다. 따라서 위상학은 X, Y, Z라는 표준적 세 축에 한정되지 않으며, 대안적인 축 체계를 고안한다. 이들 각각에서, 다른 수학적 작동이 그 자체 '점'과 '선'을 만들도록 허용된다. … 요컨대 위상학은 다른 공간들을 표현함으로써 수학의 가능성을 기원적인 유클리드적 제약을 훨씬 능가하도록 확장시킨다"(Mol and Law, 1994, 643). 평탄한 백지 위에 그려진 삼각형 내각의 합은 180도이지만, 지구와 같이 둥근 구체 위에 삼각형을 그리면 내각의 합은 180도를 넘어선다. 위상학의 기본 통찰력은 가능한 공간들의 다중성(또는 다중체)이 존재하며, 유클리드적 공간(또는 판 plane)은 단지 그 가운데 하나, 즉 올록볼록하게 굽은 공간들 사이 중간쯤에 형성된 한 유형의 공간에 불과하다는 점을 이해하는 것이다.

ANT에 의하면 다양한 유형의 위상학이 가능하다. 이 이론의 초기 단계에서는 유클리드적 공간 개념을 벗어나기 위해 네트워크 공간 개념이 제시되었고, 그 후 이 두 가지 유형의 공간 개념에 추가하여 유동적 공간과 화염적 공간 개념이 제시되었다(Mol and Law, 1994; Law and Mol, 2001; Murdoch, 1998 등 참조). 첫째 유형의 위상학은 사물들이 함께 집적하는 '지역'의 위상학으로 지칭된다. 지역의 위상학은 각 요소들의 위치와 이들의 집적을 둘러싸고 경계가 그어질 수 있음을 가정한다는 점에서 유클리드적 공간 개념에 바탕을 두고 있다. 여기서 지역은 사물들이 함께 집적하여 이를 둘러싸고 경계가 그어질 수 있는 '구획된 집괴(cluster)'로 이해된다. 지역의 위상학은 동질적 영역에 관해 논하면서, 지역들 간 경계를 설정함으로써 사물들을 구분한다. 이러한 지역의 개념은 전통적인 지리학이나 공간에 관한 관례적인 인식에서 흔히 찾아볼 수 있다.

ANT는 절대적 또는 유클리드적 공간 개념 또는 이러한 공간적 특성을 가지는 전통적 의미의 지역 개념을 부정하지 않는다. 오히려 과학기술이나 지식, 객관적 사실 등 그동안 보편적이고 따라서 국지성을 초월한 것으로 간주되었던 것들을 특정 장소나 지역에 위치지어져야 함을 강조한다. 즉 과학적 방법이나 이론 또는 그 발견물은 흔히 보편적인 것으로 간주되지만, 파스퇴르의 실험실처럼 이 땅에 근거를 두어야 한다. 인간 및 비인간 사물들이 모여서 네트워크를 구성하게 되면, 일정한 지역적 공간이 편성된다. 지역의 위상학에서 행위소로서 사물들과 이들로 구성된 네트워크는 불변의 안정된 결합을 형성하면서 장소에 고정된 비이동체로 간주된다. 그러나 기술과학은 한 장소에 계속 머물지 아니하고, 형태의 불변성을 유지한 채 유클리드 공간에서의 다른 지역들로 이동하고자 한다. 이 과정에서 두 번째 유형의 위상학, 즉 네트워크 공간이 형성되게 된다.

두 번째 유형의 위상학은 일련의 요소(행위자)들과 이들 간 관계로 형성된 네트워크의 위상학이다. 네트워크라는 용어는 경제적 관계, 정치적 구조, 사회적 과정을 서술하기 위해 일반적으로 사용되지만, ANT에서는 이러한 용법과는 다르게 사용된다. 즉 이 이론은 사회적 및 물질적 과정이 어떻게 복잡한 일단의 결합 내에서 끊임없이 뒤얽히는가를 분석하기 위하여 네트워크라는 개념을 사용한다(Murdoch, 1998). 이러한 네트워크에서 거리는 요소들 간 관계의 기능이며, 관계적 편차로 파악된다. 네트워크 공간에서 근접성은 계측법으로 측정되지 않는다. '여기'와 '저기'는 어떤 경계 안 또는 밖에 놓여 있는 사물들 또는 속성들이 아니다. 근접성은 기호학적 패턴의 관계성과 관련되며, 이러한 점에서 네트워크라는 메타포는 언어에 응용된 기호학에서 도출된 것으로 이해된다.

즉 네트워크 공간에서 근접성은 네트워크 요소들과 이들이 함께 묶이는 방법에 관한 문제이다. 네트워크 위상학에서는 "요소들의 유사한 집합과 이들 간 유사한 관계를 가진 장소들은 서로 가깝고, 상이한 요소들이나 관계들을 가진 장소들은 멀리 떨어져 있다"(Mol and Law, 1994, 649).

ANT에 근거한 연구자들은 네트워크들이 어떻게 지역의 경계를 가로질러 그 자신을 전파시킴으로써 새로운 지역을 창출하게 되는가에 관하여 많은 관심을 가진다. 특히 라투르의 '불변의 이동체'라는 사고는 텍스트나 실험장비와 같은 실체들이 그 요소들의 변화 없이도 유클리드적 공간에서 이동할 수 있는가를 이해할 수 있도록 한다. 이러한 실체들은 어디에 가더라도 요소들 간 관계가 변하지 않는다는 점, 즉 안정성을 유지한다는 점에서 불변적이라고 할 수 있다. 그러나 이들은 이동체이다. 왜냐하면 지역 위상학의 관점에서 보면 이들은 장소에 따라 그 위치를 바꾸기 때문이다. 라투르의 '불변의 이동체'라는 개념은 시공간 여행이 간위상학적(inter-topological) 효과, 즉 한 위상학이 다른 위상학을 만남에 따른 효과로 더 잘 이해될 수 있음을 제시한다. 시공간 여행에서 "무엇이 발생했는가 하면, 네트워크의 불변성이 지역적 표면을 '접었다(fold)'[는 점이다]. 네트워크는 지역적 지도에서는 서로 멀리 떨어져 있는 두 개 이상의 입지들을 함께 가져온다"(Mol and Law, 1994, 650).

앞에서 논의한 사례에서 선박은 불변의 이동체로 간주된다. 선박이 항구에 정박해 있을 경우, 선박은 지역의 공간에서 위치의 변화가 없는 비이동체이다. 또한 선박을 둘러싸고 형성된 네트워크 공간에서 선박은 아무런 변화가 없기 때문에 불변이다. 선박은 불변의 비이동체로서, 모든 것은 지역에 머물러 있고, 관계는 안정성을 유지한다. 선박이 항해를 시작하면, 유클리드 공간에서 이동이 이뤄진다. 그러나 선박이 항구를 떠나 항해를 하더라도 이를 구성하는 네트워크 내부에 아무런 변화가 없다. 만약 변화가 있었다면, 선박은 더 이상 선박이 아닐 것이다. 이러한 점에서 불변의 이동체는 두 가지 공간, 즉 네트워크 공간과 유클리드 공간에 등장함에 따라 그 특성을 실현하게 된다. 이러한 서술은 물리적 선박뿐만 아니라 과학기술에도 적용될 수 있다. 한 실험실에서 유의한 것으로 밝혀진 어떤 과학기술이 지역을 이동하더라도 그 지위(유의성)를 유지하려면, 새로운 국지적 맥락(다른 실험실)에서도 잘 맞아야 한다. 이는 유클리드 공간에서 이동하는 인간 및 비인간 사물들과 이들에 의해 편성된 네트워크 공간이 안정성을 지속해야만 그 특성을 실현할 수 있음을 의미한다.

이와 같이 두 가지 유형의 위상학은 두 가지 방식으로 편성·수행되는 공간을 개념화할 수 있도록 하며, 또한 이들은 서로 연계되어 있음을 보여준다. ANT는 이러한 두 가지 유형의 공간성 간 상호개입과 더불어 이러한 공간성들 간 유사성과 차이를 드러내고자 한다는 점에서 유의성을 가진다. 그러나 이에 대한 비판가들이 주장하는 것처럼, 이 이론(특히 초기)에서 네트워크의 개념은 유클리드 공간에서 연결된 물리적 연장물(도로나 철도망)로 이해되거나 사물이나 지역들 간 기능적 상호관련성을 지칭하는 것처럼 보였다. 로와 몰(Law and Mol, 2001, 612)에 의하면, 이러한 비판은 ANT 자체의 잘못이라기보다는 기존에 사용되었던 '네트워크'라는 용어에 일부 기인한다. 즉 이 이론의 초기 논의에서, 네트워크는 일정한 패턴을 가지고 사물들을 연결시키는 '기능적 관리주의'를 지향하는 경향이 있었다. 이러한 지적에 대해, 라투르는 행위자-네트워크 대신 '행위소-리좀들(actant-rhizomes)'이라는 용어를 사용하는 것이 더 좋겠다고 제안했다. 이 제안에 따르면, ANT는 행위자-리좀이론으로 불리게 된다. 이에 조응하여 로와 몰(Law and Mol, 2001)은 공간성에 관한 좀 더 복잡한 견해가 요구된다고 주장하면서, 또 다른 공간성, 즉 비유클리드적이면서 비네트워크적인 공간성으로 세 번째 유형의 공간성을 제시한다.

세 번째 유형의 위상학으로 제시된 공간은 '유동적 공간성(fluid spactiality)'으로 지칭된다. 이 공간성에서, 장소는 경계에 의해 획정되지 않으며, 안정적 관계를 통해 연계되지도 않는다. 대신 실체들은 유동적 공간 내 상이한 입지들에서 유사하기도 하고 다르기도 하다. 게다가, 이들은 차이를 창출하지 않으면서 그 자신을 전환시킨다(Mol and Law, 1994). 이 유형의 공간에서 작동하는 사물의 경험적 사례로 짐바브웨 관목펌프가 제시된다. 이 펌프는 짐바브웨에서 물을 필요로 하는 많은 마을들에 성공적으로 넓게 보급된 펌프로, 성공의 비결은 펌프를 각 마을에 적합하도록 조금씩 변화시켰기 때문이라고 한다. 펌프 자체나 이의 작동을 가능하게 하는 모든 것은 지역적 장소에 고착되어 있지 않다. 부품들은 잘 맞지 않을 경우 교체되고, 처음에는 없었던 성분들(펌프 그 자체의 부분들뿐만 아니라 펌프의 보급 및 작동과 관련된 사회적 관계들)은 부가되기도 했다.

관목펌프는 이와 같이 네트워크 공간에서 변화하지만, 그렇다고 해서 실패한 네트워크로 인식되지 않는다. 오히려 유동적 공간에서 유연하게 변함으로써 유용한 사물, 즉 가변적 이동체가 된 것이다. 유동적 공간의 개념은 어떤 사물이 상이한 네트워크 편성을 가지고 상이한 유클리드적 입지로 확산되더라도 그 유의성을 유지할 수 있음을 보여준다. 로와 몰(Law and Mol, 2001, 614~615)에 의하면, 이와 같이 관목펌프의 형태와 기능에서 동일성 및 항상성이 유지되는 것은 유동적 공간에서 관목펌프가 '다소간 부드러운 흐름의 과정' 또는 '점진적 변화'를 요구하는 세계와 조응하기 때문인 것으로 풀이된다. 이러한 세계에서, 불변은 차이와 거리를 유도하며, 항상적 관계를 유지하려는 시도는 유클리드 공간 및 네트워크 공간에서 지속성을 점차 감소시키게 된다. 이러한 유동의 위상학은 공간이 단지 사물들 간 관계에서 도출된다는 사고를 이끌 뿐만 아니라 지속성과 변화, 반복과 차이의 공간적 작동을 이해할 수 있도록 한다.

로와 몰(Law and Mol, 2001)은 이러한 세 가지 유형의 위상학에 더하여 네 번째 위상학, 즉 그들이 바슐라르의 공간 개념에 따라 '화염(fire)의 위상학'이라고 칭한 것을 논의하였다. 이들은 바슐라르가 불에 의해 암시되는 죽음의 창조적 부활을 서술한 점을 인용하여, 화염 속에서 깜빡이는 현존(삶)과 부재(죽음) 간 관계의 불연속적 전환에 주목한다. 이들에 의하면, 가변적 비이동체로서 화염의 공간과 그 사물들은 지역적 영역의 장소에 머물러 있지만, 네트워크 공간에서는 변화한다. 달리 말해, 이들은 원위치에서의 출현과 부재 간 깜빡임에 의해 특징지어진다. 네트워크들이 출현의 고정된 광체를 유지하고 있는 곳에서는, 불은 밝음과 어둠 간을 예측불가능하게 이동하면서 이 둘을 결합시킨다(Vasantkumar, 2013). 유동적 위상학에서는 형태의 항상성을 위해 상태정지보다 이동이나 흐름이 더 중요하지만, 화염의 공간에서 깜빡임이 흐름을 대신한다. "흐름 속에서 항상성은 점진적 변화에 좌우되지만, 화염의 위상학에서 형태의 항상성은 갑작스럽고 불연속적인 이동 속에서 생산된다는 점이 다르다 … 사물 출현의 항상성은 동시적인 부재 또는 타자성에 좌우된다"(Law and Mol, 2001, 615~616).

화염의 위상학을 위해 제시된 사례는 소리보다 더 빠른 비행 능력을 가진 비행기를 개발하기 위해 고안된 기체역학 공식인데, 이 공식은 비행기와 관련된 여러 변수들(비행기의 무게, 날개의 길이 등, 공기의 흐름 등)로 구성되지만, 여기에는 대기의 밀도와 더불어 인간 비행사는 명시적으로 출현하지 않는다. 즉 이들은 공식에서는 보이지 않지만, 여전히 실제화를 위해서는 필요한 것이라는 점에서 부재적 출현이라고 할 수 있다. 이렇게 부재한 것은 공간적으로 위치 지워질 수 있으며, 어떤 물질성과 행위성을 가질 수 있다. 예를 들어 묘지는 우리들과도 매우 가까울 수 있지만 부재한 사람들이 공간적으로 위치지어진 장소이다. 물론 무엇이 부재한 것인가에 대해 의문을 가질 수 있으며, 모든 것들이 부재한 것으로 간주될 수 있기 때문에 결국 무엇이 부재하는가를 결정하는 것은 연구자의 과제라고 할 수 있다. 화염의 위상학은 가변적 비이동체의 특성을 가진 객체를 위한 메타포로, 출현과 부재는 화염의 위상학에서 핵심을 이룬다. 사물의 출현 그리고 사물의 모양과 기능은 수많은 다중적 타자의 부재에 의해 좌우된다. 모든 것이 출현할 수는 없기 때문에, 부재는 출현의 전제조건이며, 출현은 부재의 전제조건이다. 어떤 사건이나 현상은 출현과 부재의 패턴으로 이해된다. 사물들의 출현과 부재의 관계는 시공간적으로 거리를 둔 여기와 저기 간 간극을 관계적으로 연결시킨다. 이에 따라 거리 자체는 더 이상 단순히 물리적으로 이해될 수 없으며, 출현과 부재는 더 이상 대립적인 것으로 간주될 필요가 없게 된다.

이러한 네 가지 유형의 공간 개념은 라투르가 제시한 파스퇴르의 '실험실'을 사례로 서술해 볼 수 있다. 이 실험실은 일정한 국지적 장소에 위치해 있으며, 실험실을 구성하는 다양한 행위소(파스퇴르, 연구원, 실험도구, 탄저균, 백신, 보고서 등)도 역시 일정한 장소에 위치해 있다. 이 실험실은 농부, 수의사, 병든 소, 탄저균, 풀밭 등으로 구성된 야외농장을 옮겨온 것이다. 그러나 이 실험실은 농장을 이전해 온 것이지만, 다양한 행위소로 구성된 네트워크는 통제된 불변의 이동체로 유지된다. 파스퇴르의 실험실에서 생산된 탄저균 백신은 다시 프랑스 전체 농장으로 확산되어 병든 소를 치유하게 된다. 이러한 상황에서 만약 파스퇴르의 실험실 외에 다른 실험실이 성공적으로 수행되었다면, 또는 파스퇴르의 탄저균 백신과 유사한 효과를 가지지만 성분이 다른 백신이 지역별로 성공을 거두었다면, 이는 유동적 공간에서 가변적 이동체의 등장과 작동으로 설명될 수 있을 것이다. 또한 파스퇴르 실험실에서의 연구는 보고서에 각주로도 표기되지 않을 정도로 잊혀진, 즉 부재하는 많은 문헌들과 과거의 경험들의 결과라고 할 수 있다. 또한 만약 탄저균 백신이 소들에게 다소간 다른 효과를 가져왔다면, 이는 그 상황에서 부재한 다양한 요소들(병든 송아지에 영향을 미친 죽은 어미 소의 건강상태 등)의 영향이라고 할 수 있을 것이다.

이와 같이 위상학적 공간들을 다중적으로 설정하는 것은 다양한 논리와 차원성을 가지는 사회적 공간의 다중성을 이해하거나 파악하기 위한 것이다. 즉 다양한 유형의 위상학은 상이한 작동이 이루어지는 상이한 종류의 공간을 이해할 수 있도록 한다. 유클리드적 공간 개념에 바탕을 둔 지역의 위상학뿐만 아니라 관계적 공간으로서 네트워크의 위상학도 이제 잘 알려져 있다. 그러나 그 외에도 다양한 공간적 메타포가 가능하며, 특히 물과 불의 이동성에 유추한 위상학적 메타포, 즉 지속성의 유지와 점진적 변화가 동시에 이루어지는 유동의 위상학이나 깜빡이면서 불연속적인 이동을 함의하는 화염의 위상학은 다양한 사물들이 모양이나 성격을 변화시킴에도 불구하고 네트워크를 함께 유지하는 여러 방법들을 묘사하고 있다(Allen, 2011). 이러한 네 가지 유형의 위상학적 공간 개념 외에도 다양한 위상학이 가능할 것이다. 이와 같이 지속성과 변화에 관한 특정한 규칙을 가지는 다양한 유형의 위상학적 공간 개념들을 설정하는 것은 사회적인 것이 단일한 공간 유형으로 존재하지 않으며, 위상학적으로 이질적이고 다중적인 방식으로 구성되고 변화한다는 점을 이해하기 위한, 즉 다양체에 관한 위상학적 통찰력을 얻기 위한 것이라고 주장된다(Martin and Secor, 2013).

5 위상학적 공간 개념의 이론적, 경험적 함의

1) 위상학적 공간 개념의 이론적 확장

ANT에 관한 논의나 이 이론을 원용한 연구에서 기본적으로 두 가지 핵심 사항, 첫째 인간 및 비인간 행위자들의 네트워크 또는 혼종적 결합체(아상블라주)에 초점을 두고 다양한 유형의 이분법 극복, 둘째 절대적, 유클리드적 공간 개념을 넘어 관계적 또는 위상학적 공간으로의 전환에 대한 강조를 찾아볼 수 있다. 그러나 그동안의 연구들은 전자에 더 많은 관심을 둔 반면, 위상학적 공간 개념이 실제 어떻게 작동하고 있는가에 대해서는 그렇게 큰 비중을 두지 않았다. 그러나 최근 지리학뿐만 아니라 인접 분야들에서 ANT뿐만 아니라 다양한 이론적 배경을 가지는 위상학적 이론들에 관심을 가지고 논의를 진행하고 있다.[5] 마틴과 세코르(Martin and Secor, 2013)는 "최근 위상학에 관한 관심이 어디에서나 나타나고 있다"고 주장한다. 지리학에서 경계, 네트워크, 안전, 기억, 권력, 도시, 신체 이동성 등 다양한 현상들이 위상학적으로 특징지어지고 있으며, 사회과학 일반에서도 위상학은 친숙한 연구 대상들에 새로운 통찰력을 제공할 수

5) 위상학에 대한 관심 증대를 보여주는 학술지 특집호로서, 지리학 분야에서 *Dialogues in Human Geography* 제1권(2011), 사회과학 일반에서 *Theory, Culture and Society* 29권(4-5호)(2012) 참조.

있다고 제안한다.

위상학에 관한 이러한 관심의 증대는 이른바 '공간적 전환'에서 확인된다. 즉 사회이론 및 철학에서 연구자들이 새롭게 관심을 가지게 된 공간의 개념은 단순히 절대적, 물리적, 유클리드적 공간 개념이 아니라 관계적, 사회적, 위상학적 공간 개념이다. 크랭과 스리프트(Crang and Thrift)가 편집한 『공간적 사유』(2013)에서 논의된 사상가들은 벤야민, 짐멜, 바흐친, 비트겐슈타인에서부터 들뢰즈, 세르토, 라캉, 푸코, 부르디외 등에 이르기까지 20세기 이후 세계적으로 저명한 사회이론가들이나 철학자들을 망라하고 있다. 이들의 이론에서 찾아볼 수 있는 공간적 개념들은 기본적으로 위상학적 공간 개념들이다. 이러한 점은 귄첼(Gunzel)이 편집한 『토폴로지』(2010)에서도 확인된다. 그는 문화학과 매체학의 관점에서 공간에 관한 여러 위상학적 개념들을 다루면서 특히 하이데거, 라캉, 세르토 등 현상학과 구조주의에서 진행된 공간연구들을 다루고 있다. 이러한 점에서 ANT에서 제시된 위상학적 공간 개념은 다른 이론가들의 위상학적 사유와 결합함으로써 더욱 풍부하고 적실성을 가지는 개념으로 확장되어 나갈 수 있을 것이다.

이러한 위상학적 공간 개념에 관심을 가진 이론가들 가운데 가장 핵심적 학자는 들뢰즈(Deleuze)라고 할 수 있다. 들뢰즈의 철학은 다양하게 규정될 수 있지만, 특히 지리학적 철학 또는 '지철학(geophilosophy)'이라고 할 수 있다. 왜냐하면, 그에 의하면, "'공간화' 없이 사유할 수 없으며, '사유하기' 없이 공간화할 수 없기 때문이다." 이러한 점에서 들뢰즈는 "항상 지리학자처럼 말하라"라고 말했다(도엘, 2013에서 인용). 들뢰즈의 위상학은 그의 다른 개념들에 비해 크게 주목을 받지 못했지만, "위상학적 사유, 위상학에 대한 관심은 그의 저술 여기저기에 흩어져 있다"(신지영, 2011a, 114). 들뢰즈는 플라톤에서부터 푸코에 이르기까지 서양 철학사를 '생성과 창조'의 관점에서 재해석하면서, 구조주의를 위상학적 관점에서 이해하고자 한다. 즉 "레비-스트로스가 엄격하게 말한 바 있듯이, 구조의 요소들은 반드시 그리고 오로지 '위치'로부터 비롯된 그 어떤 의미만을 지닌다. 물론 이때의 위치는 실재적인 연장(étendue) 속의 자리(place)와도 무관하며, 상상적인 외연(extensions) 속의 장소(lieux)와도 무관하다. 그것은 고유하게 구조적인 공간(espace), 즉 위상학적인 공간 속에서의 자리와 장소에 관계한다. 구조적인 것이란 이처럼 비연장적이고 선-외연적인 공간, 이웃 관계의 질서로서 점점 더 가깝게 구성되는 그런 순수 공간(spatium)을 말한다… 이러한 의미에서 구조주의의 과학적 야망은 양적이 아니라 위상학적이며 관계적이다"(들뢰즈, 2007, 373; 신지영, 2011a, 114~115). 귄첼은 "구조주의 계열 위상학의 경우 질 들뢰즈가 '순수공간'이라는 개념에 부여한 공간 이해가 그 기초를 형성한다"고 주장하며, "구조주의의 경우 위상학의 대표자로는 다른 누구보다도 미셸 세르와 자크 라캉을 언급할 수 있다"고 지적한다(귄첼, 2010, 26).[6)]

들뢰즈가 제시한 순수 공간이란 어떤 연장 속에서 의미 작용을 지니는 것이 아니라 순서(또는 관계)에 의해서 의미를 가진다. 유전자들은 염색체 내에서 관계를 바꿀 수 있는 그런 장소들(loci)과 분리될 수 없으며, 이러한 점에서 장소들 자체가 곧 어떤 구조의 일부를 이룬다고 할 수 있다. 이러한 위상학적 공간 개념은 들뢰즈와 가타리의 저서, 『천개의 고원』에서 빈번하게 출현한다. 이들은 자신의 책을 설명하면서, "다른 모든 것들처럼 책에도 분절선, 분할선, 지층, 영토성 등이 있다. 하지만 책에는 도주선, 탈영토화, 지각변동(탈지층화) 운동들도 있다"고 서술한다. 책에 관한 이러한 위상학적 메타포는 이들이 제시한 유명한 개념, 즉 땅속줄기를 지칭한 '리좀'의 개념으로 이어진다. "리좀의 어떤 지점이건 다른 어떤 지점과도 연결 접속될 수 있고 또 연결 접속되어야만 한다. 그것은 하나의 점, 하나의 질서를 고정시키는 나무나 뿌리와는 전혀 다르다"(들뢰즈와 가타리, 2004, 12~19). 망상조직을 가진 다양체로서 리좀에는 구조, 나무, 뿌리

6) 권터(2010, 26)에 의하면 라틴어에서 스페이스(space)라는 공간 개념에서 '산책(spazieren)'이라는 단어가 파생되었다는 점은 공간 개념은 거리/뻗침 혹은 관계성에 초점을 두고 있다. 들뢰즈가 사용하는 의미에서의 '순수공간'은 산책 같은 구체적 활동에서 추상화된 구조를 의미한다.

와 달리 지정된 점이나 위치는 없고, 선들만 있을 뿐이다. 다양체들은 이러한 추상적인 선, 도주선 또는 탈영토화와 선에 의거하여 정의된다.

들뢰즈의 개념으로 잘 알려진 영토화/탈영토화/재영토화는 이러한 위상학적 공간 개념으로 이해된다. 선 또는 흐름의 공간에서 시공간에 걸친 상호작용의 뻗침 또는 거리화는 연장적이며 또한 밀도적인 것으로 이해된다. 유동적 네트워크는 팽창하고 점점 더 많은 연계를 만들어내지만, 흐름들 간 중첩은 전체 체계뿐만 아니라 이 체계를 구성하는 결절들의 복잡성을 증대시킨다. 그러나 이러한 복잡성이 증대하면, 특정 결절 또는 장소는 점차 탈고착화되고 탈의존적이게 되며, 결국 도주선을 따라 흩어지게 된다(도엘, 2013). 들뢰즈와 가타리에 의하면, "위상학적 위치 이동과 유형학적 변이, 되기는 하나도 아니고 둘도 아니며, 둘의 관계도 아니다. 그것은 둘–사이, 경계 혹은 도주선이다"(신지영, 2011a, 114에서 재인용). 요컨대 위상학적 공간은 많은 방법으로 접힌다. 공간은 다중적이고 다양체적이며, 불변적인 점을 갖지 않으며 단지 접혀진 주름위의 선들로 구성된다. 이러한 리좀의 개념과 영토화와 탈(재)영토화의 개념은 사회이론에서 아주 흔히 사용되는 위상학적 공간 개념이지만, 사실 이 개념의 지 철학적 깊이는 ANT 이론가들 사이에서도 제대로 이해·응용되지 않고 있다고 하겠다.

최근 위상학적 관점에서 주목을 받고 있는 또 다른 이론가로 아감벤(Agamben)을 들 수 있다. 아감벤은 '예외상태'에 관한 벤야민의 문제의식과 수용시설에 관한 푸코의 서술을 계승하여, 법에 의해 법 시행이 유보되고 실제 자의적 권력만이 적용되는 공간, 즉 '포섭을 통한 배제'의 공간에 관심을 가지게 되었다. 그는 '예외상태'에서 주권 권력에 의해 추방되고 모든 권리를 상실한 '자연 생명(헐벗은 생명)'과 희생당하는 사람들(즉 homo sacer)에 주목한다. 수용소는 정상적인 법과 정치 질서의 기반이자 또한 모든 권리를 상실한 헐벗은 생명이 희생당하는 숨겨진 '노모스(자연의 질서인 코스모스와 달리 인간에 의해 부여된 질서 또는 규범)'로 이해된다. 즉 "예외상태란 질서 이전의 혼돈이 아니라 단지 질서의 정지에서 비롯된 상황"을 의미한다. 달리 말해, 예외란 흔히 배제를 의미하지만, 예외상태란 단순한 배제가 아니라 배제시킴으로써 그것을 포섭하게 되는 극단적인 상황을 의미한다(아감벤, 2008, 60~61).

이러한 예외상태는 '법이 없는 공간' 또는 좀 더 엄격하게 말해 '법을 배제하는 법의 힘이 작동하는 공간'을 의미한다. 이러한 예외공간은 배제와 포섭, 외부와 내부, 부재와 출현의 이분법을 벗어날 수 있도록 한다는 점에서, ANT에서 제시된 화염의 공간과 유사한 의미를 가지지만, 현실적 함의와 응용력을 더 많이 가진다고 하겠다. 즉 아감벤에 의하면 예외공간의 대표적 사례로, 근대 국가 내에 법에 의해 법적 효력이 유보된 격리수용소를 들 수 있다. 아감벤은 수용소 공간이 드러내는 특정한 위상학적 형상을 주권 권력의 뫼비우스적 포섭과 배제로 설명하고, 근대 생명정치의 공간적 패러다임으로 간주한다. 즉 예외공간은 나치 독일의 아우슈비츠수용소나 9·11사건 이후 미국이 만든 관타나모수용소뿐만 아니라 난민들로 가득찬 국경지대나 심지어 저소득층의 쪽방이나 입시생의 수험준비실일 수도 있다. 아감벤에 의하면, 현실 세계에서 찾아볼 수 있는 이러한 다양한 예외공간들은 포섭과 배제, 외부와 내부가 서로 관통하는 복잡한 위상학적 관점에서 이해될 수 있다.

이와 같은 들뢰즈나 아감벤의 위상학적 공간 개념 외에도, 앞서 언급한 바와 같이 많은 이론가들이나 철학자들은 명시적 또는 암묵적으로 위상학적 공간을 사유하며 사물들 간의 관계를 설명하고자 했다. 이러한 위상학적 공간 개념 또는 관점은 분명 물리적, 계측적, 유클리드적 공간 개념에서 벗어나 사물의 시공간적 관계와 특성을 이해하는 데 새로운 통찰력을 제공하고 있다. 그러나 이러한 위상학적 공간 개념에 관한 논의들과 관련하여, 여러 의문이 제기될 수 있다. 다양한 유형의 위상학적 공간 개념은 공간이란 무엇이며, 실제 어떻게 작동하는가를 이해하는 데 어떤 도움을 줄 수 있는가? 이러한 의문에 대한 답으로, 위상학은 유클리드적 공간 외에 다양한 유형의 공간이 있음을 이해하고, 특히 관계적 공간 개념을 이해하는 데 유용하다고 주장될 수 있다. 쉴즈(Shields, 2012,

48)에 의하면, 위상학은 다중적이고 관계적 공간에서 사물들이 어떻게 변화하며 이 과정에서 다른 변화하는 대상들과 어떻게 관련되는지를 이해할 수 있도록 한다. 또한 마틴과 세코르(Martin and Secor, 2013, 12)에 의하면, 위상학은 관계성 그 자체를 고찰하고, 관계가 어떻게 형성되며 계속된 변화의 조건에도 불구하고 어떻게 지속되는가에 대해 의문을 가지도록 한다(Martin and Secor, 2013, 12). 즉 위상학은 단지 공간적 메타포에 불과한 것이 아니라, 우리의 공간적 상상력을 자극하고 현실의 문제를 설명하고 해결하는 데 도움을 줄 수 있다(Secor, 2013).

또 다른 의문으로, 위상학에 관한 담론은 존재론적인가, 인식론적인가 아니면 경험적 서술을 위한 방법론에 불과한가? 이에 대한 답으로, 위상학은 존재론적(즉, 존재의 공간성은 위상학적이다), 인식론적(즉 사물들 간 관계는 위상학적 관계로 인식된다)이며 또한 경험적 서술을 위한 방법론(즉 사물들의 구체적 특성은 위상학적 관계 설정으로 일반화될 수 있다)을 제공하는 것으로 이해된다. 그러나 여전히 문제는 남아 있다. 위상학적 공간 개념이나 사고가 사회이론과 철학에서 이렇게 광범위하게 생성될 경우, 지나치게 많은 위상학적 공간 개념들이 혼란스럽게 누적될 수 있다는 점이다. 유클리드적 공간 개념에 대한 대안으로 위상학적 관점은 새로운 공간적 상상력을 풍부하게 하지만, 위상학적 대안들의 끊임없는 증식으로 인해 새로운 공간적 사유를 위한 잠재력이 오히려 상실될 수도 있다는 점이 우려된다. 따라서 이러한 우려를 해소하고 공간적 이론을 발전시키기 위하여 지나치게 새로운 [위상학적] 용어들을 만들어내기보다 기존 이론들을 서로 연계시킬 필요가 있다는 점이 주장될 수 있다(Paasi, 2011). 그러나 분명한 점은 위상학적 공간 개념 역시 다른 이론적 개념들과의 관계뿐만 아니라 현실의 경험적 분석과 실천적 유의성을 통해 생성·유지·발전·소멸한다는 점이다.

2) 위상학적 공간 개념의 경험적 응용

ANT가 서구 사회이론 및 과학과 철학 분야에서 많은 관심을 끌게 됨에 따라, 국내에도 도입·논의되면서(김환석, 2005; 2011; 2012; 홍성욱, 2010a), 여러 분야들에 응용되게 되었다. 특히 공간을 주요 주제로 연구하는 국내 지리학에서 ANT에 대한 관심은 기본적으로 인간/비인간 행위자, 자연/문화, 구조/행위, 세계화/국지화와 같은 이분법의 극복과 관계적 또는 위상학적 공간 개념의 이해에 초점을 두고 있다. 예를 들어 김숙진(2006)은 ANT에 바탕을 두고 청계천 복원을 재해석하기 위하여 생태환경 공간의 생산과 이의 혼종성을 다면적으로 접근하고자 한다. 이 연구에서 자연과 사회의 혼종물로 간주되는 청계천은 자연 행위자, 수문·토목기술, 서울시·언론·전문가들의 담론 생산, 개발주의와 신자유주의의 접목, 청계천 산업생태계라는 다양하고 이종적인 행위자들과 이들의 복잡한 관계에 의해 생산된 것으로 이해된다. 이러한 분석에서 나아가 ANT를 종합적으로 고찰하면서, 김숙진(2010)은 "행위자-연결망 이론은 인간과 비인간의 이질적 집합체에 초점을 둠으로써 과학뿐만 아니라 우리 사회를 구성하는 생물체, 정치, 기술, 시장, 가치, 윤리, 사실들의 '이상한 혼종물'을 종합적으로 이해하는데 적합하고, 현대사회의 복잡한 환경생태 문제에 유용한 새로운 분석틀을 제공할 것"이라고 주장한다.

또 다른 연구로 구양미(2008)는 ANT와 사회적 네트워크 분석을 비교 설명하면서, ANT가 인간-비인간 행위자, 자연-문화, 구조-행위, 세계화-국지화와 같은 이분법을 배제하고 또한 네트워크 구조에서 절대적 공간의 개념이 아닌 관계적 공간이 더 중요하게 된다는 점을 지적한다. 이 연구는 ANT가 개인, 기업, 국가의 개별 행위자보다 네트워크가 분석의 기본단위가 되고 있는 세계상품체인, 하나의 상품을 둘러싼 조직 간 네트워크, 세계화 시대 아시아 비즈니스 시스템의 역동성 그리고 공정무역 커피 네트워크에 관한 경험적 연구 등에 적용될 수 있다고 주장한다. 박경환(2014) 역시 인문지리학에서 ANT의 적용가능성을 고찰하면서, "관계적 지리학은 거리, 근접성, 장소, 도시, 지역, 영역, 스케일을 기하학적 또는 경계-중심적으로 설정하기보다는, 다양한 행위자들이 물리적 거리를 넘어 시공간적 네트워크를 형성하는 실천의 결과로 파악하고자 한다. 이런 측면에서 ANT는 위상학적 관점에서 공간을 파악하며 행위자들의 실천에 주목"하고자 한다는 점을 부각시키고 있다(박경환, 2014, 57). 그는 도시지리학에서 세계도시 및 도시네트워크와 관련된 논의, 경제지리학에서 산업공간의 신뢰와 착근성에 관한 논의 등에 ANT가 이론적 및 경험적으로 개입·기여할 수 있다고 주장한다. 또한 박경환(2013)은 ANT를 원용하여 창조도시 및 창조경제 담론이 어떻게 특정한 로컬 상황에서 부상하여 권위를 획득한 후 새로운 로컬 상황으로 정책이전 되는지를 분석하고자 했다.

지리학 외 다른 학문분야들에서도 ANT에 관해 많은 관심을 가지고 있지만, 이 이론과 관련하여 위상학적 공간에 관심을 가진 연구는 찾아보기 어렵다. 김진택(2012)은 도시재생 사업과 공간 복원의 문제를 ANT를 원용하여 분석하면서도, 사업과 관련된 인간 및 비인간 (특히 문화콘텐츠) 행위자들의 번역 행위로서 스토리텔링에 초점을 두고 있다. 이근용(2014)의 연구도 유사하게 ANT에 기반을 두고 지역방송이 지역성을 어떻게 생성·변화·구현하는가를 고찰하면서, 지역성을 지역 주민들이 관련된 여러 요소들을 배경으로 작용하고 반응하며 살아가면서 축적해 가는 가치로서 지역 주민들의 삶 속에서 발현된다고 제시하지만, 지역주민과 이들이 관련을 맺고 있는 여러 요소들 간의 관계를 구체적으로 고찰하기보다 '지역성'을 하나의 블랙박스로 설정하고 이것이 지역방송에서 어떻게 구현되는가에 관심을 두고 있다. 그 외에도 ANT를 동원하여 간첩사건, 국토분단, 평화의 댐, 천안함 사건 등 매우 구체적인 시공간적 사건들을 다룸에도 불구하고 위상학적 공간 개념은 부각되지 않았다.

그러나 장세용(2012)은 ANT와 연관시켜 공간 및 이동성과 관련된 다양한 주제들, 즉 이주와 디아스포라, 과학기술, 관광과 순례, 물류 운송, 심지어 추방과 망명 연구를 위한 함의를 고찰하고자 한다. 특히 그는 "이동성의 현상을 구성하는 물질성의 사회적 관계를 기호학적으로 전제하고, 이동행위자가 창조적으로 형성하고 유지하는 리좀 형식의 시공간 연결망이 복합적으로 작용하는 장소와 공간의 로컬리티에 주목"하고자 한다. 장세용의 연구는 위상학적 공간이라는 용어를 명시적으로 사용하지는 않았지만, '리좀 형식의 시공간 연결망'에 개념적으로 함의되어 있다고 할 수 있다. 이희영(2013)의 연구는 ANT에 바탕을 두고 아시아 여성이주자들의 사례 분석을 통해 '결혼–관광–유학의 동맹과 신체–공간의 재구성'을 고찰했다(제5장). 이 연구 역시 위상학적 공간 개념을 직접 거론하지는 않았지만 상당히 명시적으로 논의하고 있다. 한/조선족, 한/캄보디아 결혼의 경우, "현재의 지역사회를 중심으로 본국의 가족과 자원을 복합적으로 결합하는 초국적 신체–공간이 구성되는 반면", 한/일, 한/중 결혼의 경우 "남편의 경제활동이 이루어지는 현재의 공간과 노년의 미래공간이 상대적으로 분리되며 미래의 삶이 떠나온 본국으로 투사되고 있다"고 서술하고 있다.

위상학적 공간 개념은 물론 ANT 외에도 다른 여러 이론가들의 연구에 바탕을 두고 경험적 분석에 원용될 수 있다. 신지영(2011b)은 들뢰즈의 위상학적 공간 개념에 바탕을 두고 멈포드, 슈뢰드, 세르토 등이 제시한 도시 관련 연구들을 재해석하고자 한다. 또한 멈포드의 도시 연구에서 고대 도시가 '용기이기보다는 자석'이라는 위상학적 메타포로 이해되며, 자본주의 도시에서 공간 개념의 추상화는 들뢰즈의 탈영토화 개념에 바탕을 두고 자본에 의한 탈영토화 또는 탈실체화에 기인한 것으로 해석된다. 하용삼·배윤기(2013)는 아감벤의 위상학적 공간 개념을 원용하여 국가의 '의미로서의 경계'와 이와 불일치한 사이 공간에서 국민들의 '사유하기' 문제를 고찰하고자 했다. 좀 더 직접적인 경험적 연구로 장세용(2014)은 아감벤의 예외공간 개념에 바탕을 두고 미국–멕시코 국경지대를 유대인 캠프처럼 이중적 형상을 가지는 것으로 서술한다. 즉 그에 의하면, "폭력의 정치적 처리와 하이테크 테크놀로지의 미학적 처리를 결합한 이 공간에는 순찰과 감시, 체포와 송환이란 잔인함의 장소학(topography)과 인도주의와 연대성이라는 교양의 장소학이 공존한다. 그 결과 미셸 푸코의 '생명정치',

조르조 아감벤의 '예외상태', '벌거벗은 생명' 개념 등의 이론적 적용가능성을 시험할 여지를 제공한다"(장세용, 2014, 313).

이와 같이 ANT나 다른 이론가들의 위상학적 공간 개념에 바탕을 둔 연구는 서구 지리학 및 관련분야 연구들에서 상당히 흔히 찾아볼 수 있다. 모레라(Moreira, 2004)는 ANT와 직접 관련된 네 가지 유형의 위상학적 공간 개념에 바탕을 두고, 외과수술실에서 형성되는 위상학적 공간들을 이해하고자 한다. 즉 그에 의하면, 외과수술실은 네 가지 상이한 공간 또는 위상학(즉 지역, 네트워크, 유동성 그리고 화염)들의 상호 개입(상호교차와 상호차단)의 효과로 이해된다. 지역의 위상학은 물리적으로 한정된 공간으로서 수술실에 출현한 행위자들과 이들의 상호관계로 이해된다. 네트워크의 위상학은 수술이 단지 한정된 수술실 내에서만 이루어지는 것이 아니라 병원 내 다른 실험실(종양조직 검사실 등)과의 네트워크를 통해 진행됨을 알 수 있도록 한다. 유동의 위상학과 관련하여, 수술 환자의 혈압은 측정 장비의 종이 위에 그려진 선으로 확인되지만 또한 동시에 환자에 대한 의사의 직접적인 맥박 진단이나 관찰을 통해서도 확인되며, 이들 간의 차이는 상이한 매개체에 의한 환자와 의사 사이의 유동적 위상학을 만들어낸다. 그리고 화염의 위상학은 외과수술에 관한 과거의 경험과 같이 부재한 행위자(즉 출현을 인지하지 못한 타자)의 역할을 인식하도록 한다.

이러한 여러 유형의 위상학적 공간 개념을 원용한 연구로, 와트모어와 손(Watmore and Thorne, 1998)은 상업적 네트워크와 야생적(wildlife) 네트워크가 어떻게 중첩적으로 공존하고 상호 교차하는가를 분석하고자 한다. 로와 몰(Law and Mol)이 상이한 종류의 연계성이 상이한 공간을 생산한다고 주장하는 것처럼, 이들도 야생적 네트워크들은 관계적이고 이질적인 네트워크를 만들어내는 그들 자신의 공간적 시간적 질서화 양식으로 '유동적 위상학'들을 가진다고 주장한다. "다소 논쟁적이긴 하지만, 이러한 대안적 공간성은 관례적인 위상학이나 네트워크 위상학에 비해 출현과 부재의 변증법 및 연계의 다중성에 관한 더욱 미묘한 분석을 가능하게" 하는 것으로 평가된다(Martin and Secor,

2013). 다양한 유형의 위상학적 공간 개념을 응용한 또 다른 연구로, 비어와 에던(Bear and Eden, 2008)은 영국 해양관리협회가 지속가능한 어업을 촉진하기 위한 증명(에코라벨 계획)에 함의된 다중적 공간성을 고찰하면서, 세 가지 유형의 공간 개념, 즉 경계로 지정된 어업 구역, 어업 구역에 대한 해양관리협회의 네트워크 관리, 그리고 바다의 물질성에 의한 공간적 유동성(해안의 변화, 어류의 유영, 해수의 이동, 선박 항해 등)이 작동한다고 지적한다. 이들은 에코라벨 계획이 성공하기 위해 해양관리협회가 이러한 공간적 유동성을 인식하고 경계의 와해와 행위자들의 이동을 인정해야 한다고 주장하며, 특히 ANT에 바탕을 두고 "공간성의 다중성에 관한 관심은 혼종적 지리의 작동에서 비인간의 역할에 직접 관심을 가지도록 한다"는 점을 강조한다.

이러한 사례들 외에도, 쿨만(Kullman, 2009)은 어린이들에 대한 교통교육을 ANT에서 제시된 네 가지 형태의 관계적 공간을 통해 분석하면서, 어린이와 교통 간 관계를 규정하는 규범성들을 열거·비교하고자 한다. 또한 블록(Blok, 2010)은 지구적 기후변화와 이에 대응하는 기술과학 및 탄소시장에 관한 연구를 위해, ANT의 사회적 위상학을 응용하고자 한다. 이러한 연구들은 경험적 사례들에서 다양한 위상학적 공간들이 작동하고 있음을 확인할 수 있다는 점에서 유의성을 가진다. 그러나 이러한 여러 유형의 위상학, 특히 유동적 위상학과 화염의 위상학이 특정한 사례들에서 행위자-네트워크의 공간성을 이해하는데 어느 정도 새로운 발견적 통찰력을 제공하는가에 대해서는 다소 의문을 가지도록 한다. 달리 말해, 위상학적 공간 개념을 경험적 분석에 원용함에 있어 주로 '방법론적 측면'이 강조됨에 따라, 물리적 유클리드적 공간은 여러 위상학적 공간의 한 유형이라고 하지만, 실제 가장 중요한 공간 개념이고 다른 유형의 위상학적 공간들은 이를 보조하는 개념적 장치처럼 서술되거나, 또는 다양한 유형의 공간들이 서로 교차하면서 동시에 작동함에도 유클리드적 공간과 다른 위상학적 공간들을 분리시켜서 대비하는 것은 적절하지 않다고 하겠다.

이와 같이 위상학적 공간에 관한 여러 유형들을 응용한 연구들 외에도, 위상학적 공간 개념은 다양한 경험적 연구 주제들에 응용되고 있다. 테러리즘에 관한 지리학적 상상력에 관한 한나(Hannah)의 연구는 일반인과 테러리스트를 구분하면서, 일반인은 일상적 활동 공간 또는 그가 비례점(proportional-point) 위상학이라고 칭한 공간에서 영향을 미칠 수 있는 행위능력은 제한적이고 예측 가능한 반면, 테러리스트들은 그가 행동의 범위가 훨씬 넓은 팽창점(expanding-point) 위상학에 따라 활동한다고 주장한다. 네트워크 공간 개념을 활용한 사회운동의 초국지적 조직에 관한 연구에서, 맥팔레인(McFarlane, 2009)은 인도슬럼거주자국제연대가 한 장소에 기반을 두고 있지만, 이 장소를 능가하여 어떻게 국제적으로 관련된 지식, 실천 그리고 물질을 교류하는가를 고찰하고자 한다. 그는 아상블라주의 개념이 네트워크 메타포보다 사회운동을 서술하기에 더 적합한 개념이라고 주장한다. 즉 "네트워크와는 달리, 아상블라주는 장소들 간 일단의 연계들을 강조하는 것 이상으로, 이는 역사, 노동, 물질성, 수행 등에 관심을 가지도록 한다. 아상블라주는 네트워크 설명에서는 흔히 간과되는 재결합하기와 탈결합하기, 분산과 전환에 초점을 두도록 한다"(McFarlane, 2009, 566). 그 외에도 알렌(Allen, 2011)은 권력이란 물리적 거리가 떨어져 있지만 네트워크를 통해 실시간으로 연계되는 상호작용을 통해 작동한다고 주장한다.

이러한 경험적 연구 사례들은 위상학적 공간 개념이 어떻게 작동하며 유형별 위상학적 공간들이 어떻게 예시될 수 있는가를 이해할 수 있도록 한다. 그러나 이들의 연구는 ANT와 위상학적 공간 개념을 방법론적으로 응용하는 수준에 머물러 있기 때문에 좀 더 깊고 통찰력 있는 연구로 나아가지 못한 것처럼 보인다. 특히 경험적 연구 사례 중 대부분은 위상학적 공간 개념이나 접근 방법을 제시하면서, 실제 연구는 물리적 공간 개념을 크게 벗어나지 못한 것처럼 보이지만 위상학적 공간을 지나치게 강조하는 경향이 있다. 마틴과 세코르(Martin and Secor, 2013)에 의하면, 이 문제는 부분적으로 위상학(topology)을 '토포그라피(topography)'와 이분법적으로 구분하고 전자를 후자보다 개념적으로 더

우월한 것처럼 간주하는 경향에 기인한다. 머독(Murdoch, 2006, 12)은 토포그라피적 공간이 "'담겨진 표면'에 대한 관심 때문에 때로 유클리드적 공간"이라고 불리는 반면, 위상학은 "표면들과 관련된 것이 아니라 관계들 그리고 관계들 간 상호작용과 관련된다"고 주장한다. 벨처 등(Belcher et al., 2008, 499) 역시 위상학은 토포그라피와는 달리 불연속적인 입지나 특정 대상을 지도화하지 않으며, 특정하게 물질화된 지점들의 조건들을 창출한다고 주장한다. 힌쉬리프 등(Hinchliffe et al., 2013, 538)도 위상학을 토포그라피와 대비하여 정의하면서, "세상은 근접성을 잘 규정될 수 있는 평탄한 표면이 아니라,… 착근화와 탈착근화의 위상학적 경관"이라고 서술한다.

이와 같은 위상학과 토포그라피를 이분화하고자 하는 성향은 세르와 라투르, 들뢰즈와 가타리, 아감벤 등의 저서에서도 찾아볼 수 있다. 세르와 라투르는 시간에 관한 위상학적 접근을 설명하면서, "위상학(손수건이 접혀지고, 꾸겨지고, 찢어진다)과 기하학(손수건이 평탄하게 다림질된다) 간 차이"를 제시한다. 들뢰즈와 가타리 역시 『천개의 고원』에서 "모든 진보는 홈 파인 공간에 의해 그리고 홈 파인 공간에서 이루어졌지만, 모든 생성은 매끄러운 공간에서 발생한다"고 서술한다. 유사하게 아감벤은 캠프를 가상적으로 작동하는 '국지화의 원칙'과 캠프의 '은폐된 구조'로 이해한다. 그러나 들뢰즈와 가타리는 위상학적인 것과 토포그라피적인 것의 상호의존성을 신중하게 설명한다. "우리는 이러한 두 종류의 공간들 간 단순한 대립을 서술하는데 너무 성급해서는 안 되며… 우리는 이 두 가지 공간들이 사실 혼합적으로 존재한다는 점을 명심해야 한다." 이들에게 있어 중요한 점은 매끄러운 공간과 홈 파인 공간이 어떻게 서로 관통하는가, 이들을 특징 짓는 연계와 분리의 규칙, 그리고 이들이 어떻게 접합되는가에 대한 관심이다(위의 인용들은 모두 Martin and Secor, 2013에서 재인용). 이와 같이 위상학적 공간 개념에 대한 관심은 공간을 이분법적으로 구분하기 위한 것이 아니라, 위상학과 토포그라피, 관계적 공간과 절대적 공간이 어떻게 상호 개입하면서 인간과 비인간 행위자들로 구성된 네트워크를 통해 생성되고 변화하는가를 이해하기 위함이다. 이러한 점에서, 하비(Harvey, 1973, 13)의 주장은 여전히 유의미하다. 즉 공간은 "그 자체로서 절대적, 상대적, 관계적이지 않으며, 공간은 상황에 따라서 이 가운데 하나 또는 동시에 모두가 될 수 있다"고 주장한다. 나아가, "공간을 적절하게 개념화하는 문제는 공간과 관련된 인간의 실천을 통해 해결된다."

6 결론

우리가 살아가는 이 공간은 인간과 비인간 사물들을 포함한 다양한 행위자들 간 관계로 구성된다. ANT는 이러한 점에서 두 가지 핵심적 유의성을 가진다. 즉 이 이론은 인간 및 비인간 행위자들의 네트워크 또는 혼종적 결합체(아상블라주)에 초점을 두고 다양한 유형의 이분법을 극복하고자 하며, 또한 다양한 행위자들의 네트워크로 구성되는 관계적 또는 위상학적 공간의 의의를 부각시킬 수 있도록 한다. 물론 ANT는 관계론적 존재론을 전제로 하고 있다고 할지라도, 실재적 내용 없이 사물들 간의 관계만을 파악하는 방법론에 불과하며, 또한 사물들 간의 관계에 관해서도 네트워크의 수와 강도 또는 뻗침만을 강조할 뿐이고 관계 속에 내재된 모순이나 긴장관계를 제대로 드러내지 못한다고 비판될 수 있다. 그럼에도 불구하고, ANT는 인간/비인간, 사회/자연, 구조/행위, 거시/미시, 지구적/지방적 등 여러 유형의 이분법들을 극복하고, 세계는 수많은 이질적 행위자들의 혼종적 결합으로 구성되며, 절대적·계측적·유클리드적 공간 외에도 다양한 유형의 관계적, 위상학적 공간이 있음을 이해할 수 있도록 한다.

특히 ANT에서 제시된 위상학적 공간 개념은 사물들 간의 관계와 이에 의해 형성되는 공간을 다중적으로 이해할 수 있도록 한다는 점에서 유의성을 가진다. 즉 ANT를 지리학에 수용하는 데 가장 직접적인 함의는 공간이 인간과 비인간 행위자들 간의 관계로 구성되며, 이러한 공간은 물리적, 유클리드적 공간관보다 관계적, 위상학적 공간 개념으로 파악되어야 한다는 점이다. 물론 ANT에서 제시된 위상학적 공간 개념의 수용은 이 이론에서 제시되는 다른 개념들, 즉 행위자–네트워크, 번역, 아상블라주 등과 같은 주요 개념들과 관련지어 이해되어야 하며, 또한 유클리드적 공간 개념을 벗어나 네트워크 공간, 나아가 또 다른 유형의 다양한 위상학적 공간(유동적 공간, 화염의 공간 등) 개념을 찾아낼 수 있어야 함을 의미한다.

이와 같이 위상학적 공간을 다중적으로 설정하는 것은 다양한 논리와 차원성을 가지는 사회적 공간의 다중성을 이해하거나 파악하기 위한 것이다. 물론 지나치게 많은 위상학적 공간 개념들을 설정하는 것은 연구자들을 혼란에 빠뜨릴 수 있으며, 또한 유클리드적 공간(또는 토포그라피)과 위상학적 공간을 구분하는 것은 또 다른 이분법에 빠지는 것이라고 할 수 있다. 그러나 위상학적 공간 개념을 발전시키기 위하여, ANT 외에도 다양한 이론가들의 위상학적 사유(들뢰즈의 리좀적 위상학이나 아감벤의 '예외공간' 등)와 결합시켜 확장시킬 필요가 있다고 하겠다. 다양한 유형의 위상학적 공간 개념들을 설정하는 것은 이 세계가 단일한 공간 유형으로 존재하지 않으며, 다중적인 방식으로 구성되고 변화하기 때문이다. 따라서 어떤 위상학적 공간 개념이 유의성을 가지는가의 문제는 이를 원용한 경험적 분석에서 어느 정도 발견적 통찰력과 분석적 설명력을 가지는가에 달려 있다고 하겠다. 즉 위상학은 단지 공간적 메타포에 불과한 것이 아니라 우리의 공간적 상상력과 실천을 자극하고, 현실의 문제를 설명하고 해결하는 데 도움을 줄 수 있어야 하며, 또한 줄 수 있을 것이다.

• 참고문헌 •

구양미, 2008, "경제지리학 네트워크 연구의 이론적 고찰: SNA와 ANT를 중심으로", 『공간과 사회』, 30, pp.36~66.

권첼, 슈테판(이기홍 역), 2010, 『토폴로지: 문화학과 매체학에서 공간 연구』, 에코 리브로 (Gunzel, S., 2008, *Topologie: Zur Raumbeschrebung in den Kulture-und Medierwissenschaften*).

김숙진, 2006, "생태 환경 공간의 생산과 그 혼종성에 대한 분석: 청계천 복원을 사례로", 『한국도시지리학회지』, 9(2), pp.113~124.

김숙진, 2010, "행위자-연결망 이론을 통한 과학과 자연의 재해석", 『대한지리학회지』, 45(4), pp.461~477.

김진택, 2012, "행위자-네트워크이론(ANT)을 통한 문화콘텐츠의 이해와 적용-공간의 복원과 재생에 대한 ANT의 해석", 『인문콘텐츠』, 24, pp.9~37.

김환석, 2005, "행위자-연결망 이론에 대한 이해", 『한국과학기술협회 강연/강좌자료, pp.137~157.

김환석, 2011, "행위자-연결망 이론에서 보는 과학기술과 민주주의", 『동향과 전망』, 83, pp.11~46.

김환석, 2012, "'사회적인 것'에 대한 과학기술학의 도전: 비인간 행위성의 문제를 중심으로", 『사회와 이론』, 20, pp.37~66.

도엘, 마르쿠스(최병두 역), 2013, "지리학에서 글렁크 없애기: 닥터 수스와 질 들뢰즈 이후의 공간과학", 크랭 & 스리프트 편, 『공간적 사유』, 에코 리브로, pp.201~232(Doel, M.A., 2000, "Un-glunking geography: spatial acience after Dr. Seuss and Gilles Deleuze", in Crang, M. and Thrift, N.(eds), *Thinking Space*, Routledge, London, pp.117~135).

들뢰즈, 질(박정태 역), 2007, "구조주의를 어떻게 인지할 것인가?", 박정태 편역, 『들뢰즈가 만든 철학사』, 이학사(Deleuze, 2002, "A quoi reconnâit-on le structuralisme?", *Ile déserte et autres textes*, Minuit).

들뢰즈, 질 · 가타리, 펠릭스(김재인 역), 2004, 『천개의 고원』, 새물결 (Deleuze, G. and Guattari, F., 1980, *Mille Plateaux*, Les Editions de Minuit, Paris)

라투르, 부르노(홍성욱 역), 2010, "행위자-네트워크이론에 관하여: 약간의 해명, 그리고 문제를 더 복잡하게 만들기", 홍성욱 편, 『인간 · 사물 · 동맹』, 이음, pp.95~124 (Latour, B., 1997, "On actor-network theory: a few clarifications plus more than a few complications", http://www.cours.fse.ulaval.ca/edd-65804/latour-clarifications.pdf)

라투르, 브루노(홍철기 역), 2009, 『우리는 결코 근대인이었던 적이 없다』, 갈무리(Latour, B., 1993, *We Have Never Been Modern*, Cambridge, MA: Harvard University Press).

박경환, 2013, "글로벌 시대 창조담론의 제도화 과정: ANT를 중심으로", 『한국도시지리학회지』, 16(2), pp.31~48.
박경환, 2014, "글로벌 시대 인문지리학에 있어서 행위자-네트워크이론의 적용 가능성", 『한국도시지리학회지』, 17(1), pp.57~78.
박성우·신동희, 2015, "ANT(행위자-네트워크이론)를 통한 사회문화현상에 대한 새로운 담론분석", 『문화예술교육연구』, 10(2), pp.107~126.
빙엄, 닉·스리프트, 나이절(최병두 역), 2013, "여행자를 위한 몇 가지 새로운 지침", 크랭 & 스리프트 편, 『공간적 사유』, 에코 리브로, pp.469~502(Bingham, N. and Thrift, N., 2000, "Some new instructions for travellers: the geography of Bruno Latour and Michel Serres", in Crang, M. and Thrift, N.(eds), *Thinking Space*, Routledge, London, pp. 281~301).
신지영, 2011a, "들뢰즈 차이의 위상학적 구조", 『철학과 현상학 연구』, 50, pp.109~142.
신지영, 2011b, "도시 문화에 대한 위상학적 이해-멈포드, 슈뢰르 등의 사회이론과 들뢰즈의 철학적 토대", 『도시인문학연구』, 3(2), pp.175~202.
아감벤, 조르조(박진우 역), 2008, 『호모 사케르』, 새물결(Agamben, G, 1995, *Homo Sacer*, Il potere sovrano e la nuda vita, Giiulio Einaudi editore s.p.a.).
이근용, 2014, "행위자-네트워크이론으로 본 지역성과 지역방송의 역할", 『언론학연구』, 18(1), pp.135~164.
이희영, 2014, "결혼-관광-유학의 동맹과 신체-공간의 재구성: 아시아 여성 이주자들의 사례분석을 중심으로", 『경제와 사회』, 102, pp.110~148.
장세용, 2012, "공간과 이동성, 이동성의 연결망: 행위자-연결망 이론과 연관시켜", 『역사와 경계』, 84, pp.271~303.
장세용, 2014, "미국-멕시코 국경지대와 밀입국자-'생명정치' 개념과 연관시켜", 『역사와 경계』, 91, pp.313~351.
칼롱,미셸, 2010, "번역의 사회학의 몇 가지 요소들-가리비와 생브리외만의 어부들 길들이기", 홍성욱 편역, 2010, 『인간·사물·동맹』, 이음, pp.57~94(Callon, M., 1986, "Some elements of a sociology of translation: domestication of the scallops and the fishermen of St. Brieuc Bay," in Law, J.(ed.), *Power, Action, and Belief: A New Sociology of Knowledge?*, pp.196–33. London, Boston and Henley: Routledge and Kegan Paul).
크랭, 마이크·스리프트, 나이절 편(최병두 역), 2013, 『공간적 사유』, 에코 리브로(Crang, M. and Thrift, N. (eds), *Thinking Space*, Routledge, London).
하용삼·배윤기, 2013, "경계의 불일치와 사이 공간에서 사유하기-G. 아감벤의 국민, 인민, 난민을 중심으로", 『대동철학』, 62, pp.85~108.
홍성욱 편역, 2010a, 『인간·사물·동맹』, 이음.
홍성욱, 2010b, "7가지 테제로 이해하는 ANT", 홍성욱 편역, 2010, 『인간·사물·동맹』, 이음,

pp.15~35.
Allen, J. 2011. "Topological twists: power's shifting geographies", *Dialogues in Human Geography*, 1, pp.283~298.
Allen, J. and A. Cochrane. 2007. "Beyond the territorial fix: regional assemblages, politics and power", *Regional Studies*, 41(9), pp.1161~1175.
Allen, J. and A. Cochrane, 2010, "Assemblages of state power: topological shifts in the organization of government and politics", *Antipode*, 42(5), pp.1071~1089.
Amin, A. 2002, "Spatialities of globalisation", *Environment and Planning A.*, 34, pp.385~399.
Bear C. and S. Eden, 2008, "Making space for fish: the regional, network and fluid spaces of fisheries certification", *Social and Cultural Geography*, 9, pp.487~504
Belcher, O., L. Martin, A. Secor, 2008, "Everywhere and nowhere: the exception and the topological challenge to geography", *Antipode*, 40(4), pp.499~503.
Blok, A. 2010, "Topologies of climate change: actor-network theory, relational-scalar analytics, and carbon-market overflows", *Environment and Planning D: Society and Space*, 28, pp.896~912.
Bosco, F. 2006. "Actor-network theory, networks, and relational approaches in human geography", in Aitken, S. and G. Valentine (eds.), *Approaches to Human Geography*, Sage, London, pp.136~146.
Callon, M., 1987, "Society in the making: the study of technology as a tool for sociological analysis", W. Bijker, T. Hughes, and T. Pinch (eds), *The Social Construction of Technological Systems*, Cambridge, Mass: The MIT Press.
Castree, N. 2002, "False antitheses? Marxism, nature and actor-networks", *Antipode*, 34, pp. 111~146.
Farias, L. and T. Bender(eds), 2010, *Urban Assemblages: How Actor Network Theory Changes Urban Studies*, Routledge, London.
Fine, B. 2005. "From actor-network theory to political economy", *Capitalism, Nature, Socialism*, 16(4), pp.91~108.
Hannah, M. 2006, "Torture and the ticking bomb: the war on terrorism as a geographical imagination of power/knowledge", *Annals of the Association of American Geographers*, 96(3), pp.622~640.
Harvey, D. 1969, *Explanation in Geography*, Edward Arnold, London.
Harvey, D. 1973, *Social Justice and the City*, Edward Arnold, London (최병두 역, 1982, 사회정의와 도시, 종로서적).
Hetherington, K. 1997, "Museum topology and the will to connect", *Journal of Material Cul-*

ture, 2(2), pp.199~218.

Hinchliffe S. J. Allen, and S.Lavau, 2013, "Biosecurity and the topologies of infected life: From borderlines to borderlands", *Transactions of the Institute of British Geographers*, 38(4), pp.531~543.

Kullman K. 2009, "Enacting traffic spaces", *Space and Culture*, 12, pp.205~217

Latour, B. 1988, *The Pasteurization of France* (trans. Alan Sheridan and John Law), Belknap Press of Harvard U.P., Cambridge, MA.

Latour, B. 2004, *Politics of Nature: How to Bring the Sciences into Democracy*, Harvard U.P., Cambridge MA.

Latour, B. 2005, *Reassembling the Social: An Introduction to Actor-Network Theory*, Oxford U.P., New York.

Latour, B. 2009, "Spheres and networks: two ways to reinterpret globalization", a lecture at Harvard University Graduate School of Design (Feb. 17, 2009).

Latour, B. and S. Po, 2010, "Networks, societies, spheres: reflections of an actor-network theorist", *Keynote speech for International Seminar on Network Theory: Network Multidimensionality in the Digital Age* (19th February 2010).

Law, J. 1999, "After ANT: complexity, naming and topology", in Law, J. and J. Hassard (eds), *Actor Network Theory and After*, Blackwell, Malden MA., pp.1~14.

Law, J. 2002, "Objects and spaces", *Theory, Culture and Society*, 19(5/6), pp.91~105.

Law, J. and A. Mol, 2001, "Situating technoscience: An inquiry into spatialities", *Environment and Planning D: Society & Space*, 19, pp.609~621.

Martin, L. and A.J. Secor, 2013, "Towards a post-mathematical topology", *Progress in Human Geography*, 38(3), pp.420~438.

Massey, D. 1991, "A global sense of place", *Marxism Today* (June), pp.24~29.

McFarlane, C. 2009, "Translocal assemblages: space, power and social movements", *Geoforum*, 40(4), pp.561~567.

Mol, A. and J. Law, 1994, "Regions, networks and fluids: anaemia and social topology", *Social Studies of Science*, 24(4), pp.641~671.

Moreira, T. 2004, "Surgical monads: a social topology of the operating room", *Environment and Planning D: Society and Space*, 22, pp.53~69.

Muller, M. 2015, "Assemblages and actor-networks: rethinking socio-material power, politics and space", *Geography Compass*, 9(1), pp.27~41.

Murdoch, J. 1998, "The spaces of actor-network theory", *Geoforum*, 29(4), pp.357~374.

Murdoch, J. 2006, *Post-structuralist Geography: A Guide to Relational Space*, Sage, London.

Paasi, A. 2011, "Geography, space, and the reemergence of topological thinking", *Dialogues in Human Geography*, 1(3), pp.299~303.

Secor, A. 2013, "2012 Urban geography plenary lecture: Topological city", *Urban Geography*, 34(4), pp.430~444.

Serre, M. and B. Latour, 1995, *Conversations on Science, Culture and Time*, Univ. of Michigan Press, Ann Arbor, Michigan.

Shields, A. 2012, "Cultural topology: the seven bridges of Konigsburg, 1736", *Theory, Culture and Scoiety*, 29(4/5), pp.43~57.

Vasantkumar, C. 2013, "The scale of scatter: rethinking social topologies via the anthropology of 'residual' China", *Environment and Planning: Society and Space*, 31, pp.918~934.

Whatmore. S., and L. Thorne. 1998, "Wild(er)ness: reconfiguring the geographies of wildlife", *Transactions of the Institute of British Geographers*, 23, pp.435~454.

제2부

ANT와 초국적 이주과정의 사회공간적 변화

초국적 노동이주의 행위자-네트워크와 아상블라주

최병두

도주선 또는 탈영토화의 선, 늑대-되기, 탈영토화된 강렬함들의
비인간-되기, 이것이 바로 다양체(또는 아상블라주)이다.
(들뢰즈 · 가타리, 1996, 71).

1 초국적 노동이주에 대한 엉뚱한 접근

초국적 노동이주는 행위자들 간 새로운 사회적 관계 또는 네트워크를 (재)형성하는 과정이며, 또한 동시에 새로운 관계적 공간을 (재)편성하는 과정이다. 초국적 이주에 관한 기존의 연구들은 초국적 이주 및 정착과정에서 구축되는 사회공간적 네트워크를 다양한 경험적 또는 개념적 용어들(초국적 돌봄 사슬, 사회적 자본, 이주체계 등)로 파악되고 있지만, 인간 행위자 중심의 사회(공간)적 관계에 초점을 둠으로써 비인간행위자의 역할을 배제한다. 뿐만 아니라, 이주노동자들은 그 자체로 행위능력을 가지기보다는 노동이주 과정에서 형성되는 다양한 유형의 네트워크들을 통해서 그 자신의 정체성을 형성하고 일정한 역할을 수행하게 된다는 사실을 간과한다. 또한 초국적 노동이주 과정에 내포된 공간의 개념은 흔히 무시되거나 그렇지 않다고 할지라도 단지 물리적(뉴턴적 또는 유틀리드적) 공간에서 이동 · 정착하는 과정으로 파악되고 있다. 초국적 노동이주가 자본주의적 세계화의 새로운 공간들을 만들어 내는 상황에서, 이러한 접근들은 이제 진부한 것처럼 보인다.

초국적 노동이주에 대한 기존 연구의 이와 같은 한계를 벗어나기 위해, 우리는 다소 엉뚱한 이론적 기반 또는 접근 방법이 필요하다. 행위자-네트워크이론(actor-network theory, 이하 ANT로 표기함)은 바로 이러한 점에서 초국적 이주에 관심을 가지는 연구자들의 호기심을 끌기에 충분하다. 1980~1990년대

과학과 기술의 사회학에서 출발하여 최근 과학 일반에서 새로운 이론 또는 방법론으로 관심을 끌고 있는 이 이론은 초국적 노동이주에 관한 기존 연구에서 찾아볼 수 있는 한계나 문제점들을 극복하고, 새로운 관점에서 초국적 노동이주과정에서 형성·변화하는 행위자-네트워크와 다양한 유형의 위상학적 공간을 이해할 수 있도록 한다(제1장 참조). ANT는 사회과학 및 자연과학을 포괄하여 다양한 연구 주제들에 응용되고 있지만, 초국적 이주 및 정착과정을 경험적으로 고찰하거나 관련 개념들(다문화주의, 초국가주의, 세계시민주의 등)을 이론화하기 위해 적용된 연구 사례는 거의 없다. 그러나 ANT는 초국적 이주 및 정착생활 자체가 다양한 인간 및 비인간 행위자들의 네트워크로 이루어진다는 점에서 분명 이 분야에도 확장될 수 있을 것이다.

이 장은 행위자-네트워크이론을 초국적 노동이주에 관한 분석에 원용하면서 특히 이 과정에서 형성/해체되는 다양한 유형의 아상블라주(assemblages)의 특성들을 규명하는데 초점을 두고자 한다. 아상블라주는 인간 및 비인간 행위자들의 네트워크 또는 혼종적 결합체(또는 다중체)로 이해되며, 다양한 유형의 위상학적 공간성을 함의하는 것으로 이해된다. 이 개념은 들뢰즈와 가타리(Deleuze and Guattari)의 연구에서 처음 제시되었고, 푸코의 장치(apparatus) 개념이나 ANT에도 반영되고 있다(김숙진, 2016). ANT에서 아상블라주의 개념은 행위자-네트워크를 구성하는 개체와 부분들의 일시적 묶음 상태를 묘사하기 위해 사용된다. 이 장에서는 자연과학에서 동식물과 그 주변 환경의 제반 요소들 간 관계를 의미하는 '생태계'라는 개념처럼, 사회과학에서 인간과 물질들 간 네트워크 관계의 일정한 단위와 구성 양식을 지칭하기 위하여 이 용어를 사용하고자 한다.

이 장은 이러한 점에서 ANT에서 제시된 행위자-네트워크 관련 개념 및 네 가지 유형의 위상학적 공간(즉 지역적 공간, 네트워크 공간, 유동적 공간, 그리고 화염의 공간) 개념에 바탕을 두고 초국적 노동이주 과정에서 형성/해체되는 아상블라주(특히 일자리, 가정, 국가 아상블라주)의 특성을 분석하고자 한다.

이 장에서 제시된 연구를 수행하기 위하여 2015년 4월에 5명의 이주노동자들과 심층 인터뷰를 시행했다. 이 사례 자료에 근거를 두고 초국적 노동이주에서 지속적으로 전개되는 행위자-네트워크와 아상블라주의 번역 과정과 이 과정에서 편성·해체·재편성되는 다양한 유형의 위상학적 공간들을 분석함으로써 초국적 노동이주의 특성을 제시하고자 한다.

2 초국적 노동이주의 행위자-네트워크와 위상학

1) 초국적 노동이주과 행위자-네트워크

이주, 특히 국경을 가로지르는 초국적 (노동)이주는 단순히 특정한 개인의 사회공간적 행동으로 수행되는 것이 아니라 다양한 유형의 사람들 간 관계, 그리고 이 과정에 개입하는 다양한 물질적·제도적 사물들과의 관계 속에서 이루어진다. 초국적 노동이주에 관한 기존의 연구들은 대부분 이들의 개별적 행동 과정에 관심을 가지거나 또는 한정된 사람들 간의 관계에 주로 초점을 두고 있다. 이주과정에 개입하는 여러 물질적 요소들이나 제도적 사항들에 대해 관심을 가질 경우에도 이들을 초국적 이주를 조건지우는 구조적 배경으로 간주하고 이주자의 행동을 일방적으로 규정하는 것으로 이해하는 경향이 있다. 그러나 최근 초국적 이주과정에 관한 연구에서, 이들이 구축하거나 이 과정에 영향을 미치는 네트워크의 특성으로 파악하고 이를 통해 이들이 유입·정착하게 되는 지역의 정체성과 공동체의 변화과정을 이해하려는 시도들을 볼 수 있다(제1장 참조). 예를 들어 이용균(2007)은 국내에 (보은과 양평을 사례로) 유입·정착하게 된 결혼이주여성의 사회적 네트워크의 특성과 초국적 민족문화 네트워크의 특성을 다양한 공간 스케일에서 고찰한다. 또 다른 사례로 황정미(2010)는 초국적 이주 연구에서 이러한 사회적 네트워크에 대한 관심은 누가 이러한 네트워크를 구성하는가라는 점에서 유형화하고 각 유형별 특징과 이와 관련된 행위전략을 고찰하기도 한다.

이러한 연구에서 사회적 네트워크는 대체로 정태적 속성을 가지고 구성 형태의 특성에 따라 유형화될 수 있는 것으로 간주된다. 이주여성들은 지역사회에 비교적 빠르게 적응하지만 이들의 사회활동은 상당히 제한되며, 이와 같이 사회 활동을 제한하는 사회적 네트워크는 주로 가족 및 친구를 통해 구성되는 것으로 파악된다. 또한 이들의 민족 문화 네트워크는 지역적이라기보다 초국적인 특성을 반영하고 있는 것으로 파악된다(이용균, 2007). 이러한 분석에서 네트워크는 다양한 유형의 공간을 전제로 하지만 명시적으로 서술되지는 않는다. 즉 이주자의 사회적 네트워크는 일정한 물리적 영역성을 가지는 지역사회에 근거를 두는 한편 가족 및 친구를 통해 구성되는 '관계적 공간'을 전제로 한다. 뿐만 아니라 여기서 강조되는 민족문화 네트워크의 초국적 특성은 물리적 공간에서는 부재하는 초공간적 관계를 반영한다. 또 다른 문제로 이러한 연구에서 사회적 네트워크는 인간 행위자들 간의 관계로만 구성되는 것을 간주되며, 초국적 이주 및 정착 과정에서 개입하는 다양한 물질적 및 제도적 사물들의 역할은 간과된다. 물론 여기서 이러한 사물들이 수행하는 역할은 이들이 행위자로 지칭되지 않더라도 인간 행위자들과의 관계에서 담당하는 기능으로 파악될 수 있을 것이다. 그러나 초국적 이주과정 나아가 모든 사회적인 것의 구성 과정에서 인간 뿐 아니라 비인간 사물들을 행위자로 인식하고 이들이 구축하는 인간 및 비인간 행위자-네트워크를 분석하는 것은 실체의 존재론적 특성과 관계적 인식론이라는 점에서 주요한 의미를 가진다(제2장 참조).

ANT는 이러한 점에서 다양한 학문분야들에서 그 이론적 함의가 강조되고, 다양한 주제들에 관한 연구에 원용되고 있다. 그러나 이 이론이 초국적 이주에 관한 연구에 원용된 사례는 국내외를 막론하고 거의 없는 편이다. 국내 연구로 이윤주(2011)는 결혼이주여성들이 형성하는 정치사회적 관계망을 ANT와 사회연결망이론(SNS)에 바탕을 두고 이들의 출신국에서의 가족과 맺는 네트워크와 그 안에서 층위가 어떻게 형성되는가를 분석하고자 한다. 이 연구는 결혼이주여성이 어떻게 네트워크 권력을 통해 세력을 확장하고 자신들의 입장을 표출할 수 있는 주체가 되는가를 이해하고자 한다는 점에서 의미를 가지지만, 실제 ANT를 주로 번역의 네 가지 과정(즉 문제제기, 관심 끌기, 등록하기, 동원하기)에 도식적으로 대입하고 있다는 점에서 한계를 가진다. 또한 이 연구에서는 초국적 이주과정에서 근본적으로 내재되어 있을 뿐 아니라 ANT에서 중요한 의미를 가지는 공간적 관계에 관해서 완전히 간과하고 있다. 이러한 점에서 박경환(2014)이 제시한 인문지리학에서 ANT의 적용가능성에 관한 연구는 그의 앞선 연구(박경환, 2012 등)와 관련시켜 보면, 이 이론이 초국적 이주과정 연구에 어떻게 원용될 수 있는가를 이해할 수 있도록 한다. 즉 그에 의하면, "초국적 이주를 추동하는 사회-경제적 구조의 힘과 이를 실행하는 제도적, 조직적 행위자들 및 그들의 네트워크"가 자주 간과된다는 점이 지적된다(박경환, 2012, 95). 이러한 문제점을 해소하기 위하여, ANT에 바탕을 둔 관계적 지리학을 도입함으로써 "거리, 근접성, 장소, 도시, 지역, 영역, 스케일을 기하학적 또는 경계-중심적으로 설정하기보다는, 다양한 행위자들이 물리적 거리를 넘어 시·공간적 네트워크를 형성하는 실천의 결과로 파악"할 수 있게 된다(박경환, 2014, 57).

초국적 이주와 관련된 주제에 ANT를 응용한 사례로 사이토(Saito, 2011)의 연구를 찾아볼 수 있다.[1] 그는 "행위자-네트워크가 복수 국적의 인간과 비인간이 세계시민주의를 유지하는 네트워크 구조를 창출하기 위하여 어떻게 서로 연계를 구축해 나가는가를 밝히고자 한다." 그러나 실제 그의 연구는 세계시민주의와 관련하여 외국인과 그들의 문화를 어떻게 받아들이는가에 관하여 단순히 도식화하는 정도이고, 실제 왜 이러한 도식화가 필요한지, 그리고 이를 위해 왜 ANT를 응용해야 하는지를 제대로 설명하지 않고 있다. ANT에 바탕을 둔 초국

1) 또한 라탐(Latham, 2008)은 지구화에 관한 관계적 공간(카스텔과 매시 등)과 행위자-네트워크에서 제시된 위상학과 네트워크의 개념을 비교하면서 세계시민주의를 이해하고자 하지만, 국지적인 것과 지구적인 것의 스케일 문제에 주로 초점을 둔다.

적 이주 연구에 참조될 수 있는 또 다른 연구 사례는 국제관광 분야에서 제시된 요하네슨(Johannession, 2005)의 연구를 들 수 있다. 그에 의하면 ANT가 관광 연구에 유용한 방법론으로 원용될 수 있는 이유는 "첫째, ANT는 사회적 세계의 관계적 물질성을 다룰 수 있는 능력을 가지며, … 둘째, ANT는 다중적 관계적 질서화를 파악할 수 있는 능력을 가지기" 때문이다. 특히 첫 번째 능력은 "상이한 행위자들의 네트워크 실천을 조명하는 번역의 개념에 내재되어 있으며", 두 번째 능력은 "관광의 공간성의 다양한 형태들을 분석할 수 있도록 한다"는 점에서 강조된다. 이러한 사례 연구들은 ANT가 초국적 이주 연구에 원용될 수 있는 가능성을 보여준다고 할지라도, 이 이론에 바탕을 두고 직접 초국적 이주를 연구한 것은 아니다.

ANT 자체에 관한 많은 연구들과 이를 원용한 경험적 사례 연구들을 검토해 보면, ANT가 초국적 이주에 관한 연구에 원용될 경우 두 가지 유의한 중요성을 가질 수 있다(Murdoch, 1998; 제1장 참조). 첫째, 초국적 이주에 관한 연구는 이주자 개인의 의식과 행동 및 그와 관계를 맺는 다양한 유형의 사람들 그리고 그의 행동과 사회적 관계를 규정하는 것으로 이해되는 물질적 및 제도적 조건들에 관심을 가진다. 여기서 초국적 이주의 물질적 또는 제도적 배경은 그 자체로서 어떤 규정력을 가지기보다는 초국적 이주자와의 관계 속에서 그 힘을 발휘하고, 또한 변화하게 된다(Miller, 2008). 예를 들어 여권과 비자는 합법적인 초국적 이주를 위해 필수적이며, 이에 관한 제도는 초국적 이주자의 이동성을 조건 짓는다. 그러나 여권 소지 및 비자 발급 여부는 개인의 활동을 규정할 뿐 아니라 국가 간 정치적 관계나 불평등(특정 출신국의 이주자에 대한 비자의 면제 등)을 반영한다. 즉 여권과 비자는 초국적 이주를 조건 지우는 제도적 배경을 물질화한 것이다.

물론 이러한 물질성은 초국적 이주자의 개인적 행동 및 사회적 관계와 관련성을 가질 경우에만 그 유의성을 가진다. 달리 말해, 여권과 비자는 어떤 개인이 이를 소지하고 있다고 할지라도 그가 초국적 이주를 하지 않는다면 아무런 효과를 가질 수 없다. 이러한 점에서 초국적 이주에 관한 연구는 이주과정에 개입하는 물질성에 대해서뿐 아니라 물질적 효과에 관한 관심도 포함한다(Basu and Coleman, 2008). 초국적 노동이주는 일자리와 임금이라는 물질적 및 제도적 매개물을 필수적으로 전제하며, 이러한 매개물들의 개입은 초국적 이주노동자의 일상적 의식과 생활방식을 좌우한다. 그러나 이에 따라 변화된 이주노동자의 생활양식과 의식은 기존의 임금관계를 포함하여 일자리에서 형성된 행위자-네트워크(즉 일자리 아상블라주)를 유지하거나 또는 이로부터 벗어나 새로운 아상블라주를 형성하도록 한다. 이와 같이 초국적 노동이주 과정에 개입하는 다양한 유형의 물질적 제도적 사물들은 사회공간적 관계 속에서 형성된 기존의 아상블라주들을 전환시킬 수 있으며, 또한 이들의 처해진 행동의 수행과정을 통해 이러한 아상블라주의 재생산과정에 재통합되게 된다(Schatzki, 2010).

ANT에 의하면, 이와 같은 초국적 이주과정에 개입하는 물질적 및 제도적 사물들은 단순히 주어진 또는 수동적인 조건이 아니라 실제 적극적으로 역할을 수행하는 (비인간) 행위자로 인식된다(Latour, 2005). 사실 자원이나 기계와 같은 다양한 물질적 요소들이나 제도, 조직, 기업, 시장 등 수많은 사회적 요소들은 인간의 의식과 행동에 심대한 영향을 미치지만, 사회가 인간들에 의해서 구성된다는 근대의식으로 인해 사물들이 수행하는 행위성은 무시되어 왔다. 그러나 도로의 교통신호가 교차로에 진입하는 차가 통과하거나 정지하도록 하는 것처럼, 여권과 비자는 출입국관리심사대에 서 있는 초국적 이주자를 통과시키거나 정지시키게 된다. 이처럼 동식물과 박테리아 병원균에서부터 교통신호등이나 여권과 비자에 이르기까지 사물들은 행위능력(agency)을 가진다. 이러한 점에서 ANT는 각 사물들을 수많은 행위자들과 연결되는 이질적 네트워크의 한 행위자로 파악한다.

이러한 점에서 ANT는 인간과 비인간 사물을 구분하지 않고 동등한 역할을 수행하는 행위자라는 점에서 이들 간의 '일반화된 대칭성'을 강조하는 경향이 있었다. 그러나 인간과 비인간 사물 간 관계가 완전히 대칭적인 것으로 가정하지는 않는다(Law, 1994). 인간 행위자와 비인간 행위자(사물)를 정확히 동일한 방식으로 행위하는 것으로 인식하는 것은 인간의 행동에 내재되어 있는 의지나 의도성을 무시하는 것이다. 하지만 인간의 행동은 그의 의도성에 전적으로 좌우되는 것이 아니라, 많은 부분은 그가 어떤 비인간적 사물들과 어떤 관계를 가지는가에 따라 달라진다. 달리 말해, 인간 및 비인간 행위자가 무엇을 할 수 있는가는 이것이 구성하는 특정한 네트워크와 이 네트워크 내에서 그의 위치에 좌우된다(Schatzki, 2010, 134). 초국적 이주자의 경우 그의 노동과 일상적 삶은 이 과정에서 구성되는 인간-물질(사물) 네트워크 속에서 이루어지며, 또한 이 네트워크를 변화시켜 나간다. 이러한 점에서 ANT에 바탕을 둔 초국적 (노동)이주에 관한 연구는 사람들 간 상호관계를 넘어서 인간-비인간 행위자-네트워크에 주목하도록 함으로써, "어떤 사물이 이주자에게 어떤 의미를 가지는가뿐만 아니라 일상적 삶을 어떻게 제한하며 복잡한 타협을 필수적으로 요청하는가를 고려할 수" 있게 된다(Hui, 2015, 539).

2) 초국적 노동이주의 위상학적 공간들

ANT가 초국적 이주 연구에 유의하게 원용될 수 있는 두 번째 주요 이유는 초국적 이주과정에 내재된 공간성에 관한 분석과 관련된다. 초국적 이주과정은 주어진 사회공간적 배경에서 수동적으로 전개되는 것이 아니라, 이 과정에서 형성되는 다양한 행위자-네트워크들에 따라 역동적으로 진행된다. 이러한 초국적 이주의 역동성은 물리적(절대적) 공간의 틀 내에서 완전히 포착되기 어렵다. 왜냐하면 다양한 유형의 공간적 관계가 초국적 노동이주 과정에서 형성되는 행위자-네트워크에 내재되어 있기 때문이다. 이를테면, 초국적 이주노동자들은 지역적 또는 영토적 경계를 가로질러 이동하는데, 이 과정에서 이들의 이동성을 좌우하는 국경은 흔히 객관적이고 당연적인 사실로 주어진 것으로 간주된다. 그러나 이들이 가로질러 이동하는 국경은 영토 공간을 물리적으로 구획하지만 또한 동시에 국가들 간 관계를 반영하여 정치적으로 타협되고 제도적으로 구축된 구성물이기도 하다. 이러한 점은 초국적 이주자들이 여권과 비자를 소지하는가 여부에 따라 경계의 통과 여부와 이동성이 좌우된다는 점에서도 확인된다.

이와 같이 초국적 이주노동자들이 경험하는 공간은 단순히 유클리드적 물리적 공간일 뿐 아니라 다양한 유형의 관계적, 위상학적 공간으로 이해되어야 한다(제2장). 다중적 공간 관계의 고려는 초국적 이주자의 삶과 관련된 사회체계 및 경계들뿐 아니라 이들이 형성하고 재형성하는 행위자-네트워크가 어떻게 다중적 형태를 취하는가를 이해하는데 필수적이라고 할 수 있다. 이러한 점에서 몰과 로(Mol and Law, 1994, 643)는 "사회적인 것은 단지 한 공간적 유형으로만 존재하는 것은 아니다. 이는 상이한 '작동들'이 이루어지는 여러 종류의 공간에서 이루어진다"고 주장한다. 초국적 노동이주가 전개되는 상이한 유형의 공간들에 관한 관심은 이러한 국가적 지역적 경계와 사회정치적 체계가 어느 정도 고정적/유동적인가를 분석하고 이에 의해 구축되는 인간-비인간 행위자-네트워크가 어느 정도 불변적/가변적인가를 고찰할 수 있도록 한다.

초국적 이주에 관한 문헌에서 이러한 위상학적 관점을 고려한 연구 사례들은 상당수 찾아볼 수 있다. 초국적 이주자들의 정체성은 그들이 현재 노동과 일상생활을 영위하는 장소뿐만 아니라 과거 그의 의식과 가치관이 형성되고 그의 습관과 문화가 구축되었던 본국의 지역적 특성과의 초국가적 관계 속에서 재형성된다. 또한 초국적 이주자들의 시민성과 체류과정에서 가지는 권리는 이들이 가지는 국적보다는 이들에게 부여되는 보편적 인권과 더불어 이들이 살아가는 국지적 장소에의 소속감과 주민의식에 의해 다규모적으로 규정된다(최병두, 2012). 여기서 논의되는 공간은 절대적 공간, 즉 폐쇄되고 고정된 지역이나 영토를 넘어서 관계적 공간 또는 위상학적 공간으로 개념화될 수 있다.

물론 초국적 이주에서 형성되고 작동하는 위상학적 공간은 단지 하나의 유형이 아니라 다양한 유형들로 구분될 수 있다. 예를 들어 초국적 이주자와 그의 자녀들이 가지는 정체성은 모두 '초국가적' 공간, '사이 공간', '경계 공간' 등으로 개념화되는 관계적 공간 개념을 전제로 한다. 그러나 고국과 이주국 양국에서의 삶을 경험한 이주자 본인의 정체성은 이주국에서의 삶만을 경험한 그 자녀의 정체성과는 유사하지만 또 다른 특성을 가질 것으로 추정된다(Levitt, 2009). 또한 이주노동자 본인의 경우에도 그의 정체성은 그가 일하는 직장이나 살아가는 장소, 그리고 시간의 경과에 따라 변하는 사회적 관계에 따라 유동적으로 변화할 것이다. 또한 초국적 이주자의 2세대가 가지는 정체성은 본인이 경험하지 아니한 부모세대의 경험과 학습에 영향을 받게 된다. 전자의 경우에 형성되는 공간은 '유동성의 공간'으로, 후자의 경우에 작동하는 공간은 '부재의 출현' 공간(Mansvelt, 2009)으로 지칭될 수 있을 것이다.

ANT는 이와 같이 절대적 공간뿐 아니라 다양한 유형의 관계적, 위상학적 공간에서 전개되는 초국적 이주과정을 고찰할 수 있도록 한다. ANT를 응용하여 초국적 이주의 공간을 분석한 연구는 매우 드물지만, 대표적인 개념적 연구 사례로 장세용(2012)은 ANT를 원용하여 로컬리티와 이동성을 고찰하고자 한다. 그에 의하면, "현실에서 로컬은 새로운 의미를 내포한 집합적 조립 형식으로 상호작용"하며, 이러한 "연결망의 로컬리티는 다른 로컬리티들과 내부적으로 연관관계를 내포하고 있다는 의미에서 초국가적이거나 글로벌하기보다는 차라리 글로컬한 것"이라고 주장된다. 이러한 점에서 그는 로컬에서 트랜스로컬로의 이동성을 이해하면서, 특히 이동성에서 작동하는 다양한 관문들(공항, 여객터미널, 이주 관련 기관 등)을 필수통과지점으로 강조한다. 그의 연구에서 이러한 로컬(또는 글로컬)의 구성양식은 아상블라주의 개념으로 이해될 수 있지만, 이 연구에서 로컬리티와 이동성의 공간성은 어떠한 공간인지가 명시화되지 않고 있다.

ANT에서 제시된 위상학적 공간의 유형화를 재검토하여 초국적 이주에 관한 연구에 적용해 볼 수 있다. 몰과 로(Mol and Law, 1994)는 ANT에 기반을 두고 절대적 공간('지역적 공간'으로 지칭됨) 외에도 네트워크 공간과 유동성의 공간 개념을 제시했으며, 그 이후 이들(Law and Mol, 2001)은 이에 추가하여 '화염의 공간'을 제안했다(제2장 참조). 이들에 의하면, '지역적 공간'이란 사람과 사물들이 함께 집적하는 일정한 범위의 물리적 공간을 의미한다. 집적이 이루어진 지역을 둘러싸고 경계가 그어질 수 있다. '네트워크 공간'이란 사람과 사물들 간의 연계성에 의해 형성되는 공간으로, 여기서 거리는 행위자들 간 연계의 기능적 강도에 좌우된다. '유동적 공간성'은 상이한 입지들에서 나타나는 유사한 공간적 특성을 가지며, 기능적 차이를 보이지 않으면서 요소들의 부분적 변화를 만들어낸다. 유동적 공간성에서 장소는 물리적 공간에 획정된 경계에 의해 구분되지 않으며, 안정적 관계를 통해 연계되지도 않는다. 화염의 공간성은 갑작스럽고 불연속적인 변화에 의해 유지된다. 여기서 불연속적인 변화는 현존과 부재 간 불연속적인 전환 또는 출현할 수 없는 것(즉 부재하는 것)이 실제 출현하는 것에 의해 이루어진다.

이러한 네 가지 유형의 공간 개념은 〈표 3.1〉에서 제시된 것처럼 행위자-네트워크로 형성된 어떤 집합체(즉 아상블라주)의 공간적 특성을 (유클리드 공간에서) 이동성/비이동성, 그리고 행위자-네트워크의 불변성/가변성을 두 축으로 구분할 수 있도록 한다(Vasantkumar, 2013; 제2장). 여기서 두 축은 라투르(Latour, 1988)가 제시한 불변의 이동체(immutable mobilities)라는 개념에서 도출된다. 그가 제시한 사례에 의하면, 선체, 돛대, 바람, 바다, 선원 등으로 구성된 선박이 포르투갈 리스본에서 인도 캘커타 사이를 왕복하면서 절대적 공간

〈표 3.1〉 ANT에 바탕을 둔 공간의 유형화

	비이동성(immobility)	이동성(mobility)
불변적(unmutable)	지역적 공간	네트워크 공간
가변적(mutable)	화염(불)의 공간	유동적(물) 공간

출처: Law and Mol, 2001; Vasantkumar, 2013, 924.

에서 위치는 변하더라도 그 구성물들과 이들 간 네트워크는 유지된다는 점에서 불변의 이동체라고 지칭한다. 또한 몰과 로(Mol and Law, 1994)가 제시한 사례에 의하면, 짐바브웨에서 각 마을(물리적 지역)에 적합한 형태로 그 모양을 바꾼 관목펌프는 그 구성물들 간 가변의 편성을 보여준다는 점에서 '불변의 이동체'가 아니라 '가변의 이동체'로 간주된다. 화염의 공간에서 행위자-네트워크의 집합체(즉 아상블라주)는 가변적 비이동체로, 지역적 공간의 한 장소에 머물러 있지만, 네트워크 공간에서는 가변적이다. 즉 이들은 원위치에서 네트워크-행위자들의 출현과 부재 간 교차(깜빡임)에 의해 특징지어진다.

이러한 위상학적 공간 개념과 유형화 그리고 그 함의는 개념적 재고찰의 주요 주제가 되었고, 또한 경험적 연구에도 원용되었다. 어리(Urry, 2003)는 이러한 위상학적 공간 개념과 유형화에 관한 재고찰을 통해 '지구적 복잡성'을 고찰하기 위한 이동성(mobility) 패러다임을 제시한다.[2] 그에 의하면, 지구적 복잡성은 유동적 공간들 간의 복잡한 상호교차를 반영할 뿐 아니라 화염 공간의 작동에 의해 형성된다. 어리(Urry, 2003, 73)의 주장에 의하면, 로와 몰(Law and Mol, 2001)은 화염의 메타포를 이용하여 "단절적이고 불연속적인 이동에도 불구하고 이동의 효과로 어떻게 형태의 연속성이 유지되는가를 파악하고자 했다… 이 용어는 또한 출현이 어떻게 부재한 것에 크게 의존하는가를 강조한다. 사실 좀 더 일반적으로 사회생활은 흔히 출현과 부재의 특이한 조합에 좌우된다. '화염'은 또한 어떤 출현을 구성하는 부재의 형태가 어떻게 그 스스로 유형화되는가를 보여준다"고 강조된다. 다른 한편 로리머(Lorimer, 2007)는 이러한 유동적 공간성과 화염의 공간성 개념에 관한 재고찰에서 이들이 공간에 관한 형식주의적 사고를 탈피하여, 본질적인 분석을 위한 도구가 될 수 있는가에 대

2) 또한 어리는 이러한 ANT에서 제시된 위상학적 공간 개념에 바탕을 두고, "모빌리티는 인간-기계의 이질적인 '혼종 지리'를 수반하는데, 이것은 우연적으로 사람과 물질이 이동할 수 있게 하며, 그들이 다양한 네트워크를 가로질러 이동하는 과정에서 그들의 형태를 유지할 수 있게 한다"고 서술한다(어리, 2014, 83).

해 다소 회의적인 입장을 피력한다.

위상학적 공간 개념과 유형화의 경험적 사례들은 이를 제시한 몰과 로(Mol and Law, 1994; Law and Mol, 2001 등)에 의해 다양하게 제시되었고, 여러 연구자들에 의해 여러 주제들에 관한 경험적 연구에 원용되었다. 특히 휴이(Hui, 2015)의 연구는 ANT와 위상학적 공간의 유형화를 원용하여, "물질들과의 일상적 상호작용에 관심을 두고, 다중적 공간에 관한 위상학적 사고가 이주자와 일단의 대상들과 관계를 추적하는 데 어떻게 도움을 주는가를 고찰"하고자 한다. 그는 지역적 공간, 네트워크 공간, 유동적 공간의 개념을 소개한 후, 이들과의 다양한 관계를 가지는 네트워크의 세 가지 유형들, 즉 집의 네트워크, 여행의 네트워크, 그리고 이용(use)의 네트워크를 논의한다. 그리고 경험적 사례로서 홍콩의 귀환이주자들이 이러한 다중적 공간적 관계를 가지는 다중적인 네트워크들을 어떻게 관리하고 변화시켜 나가는가를 서술하고 있다. 이 연구는 행위자-네트워크를 집, 여행, 이용이라는 세 가지 종류로 구분하여 초국적(귀환) 이주자들의 다중적 공간관계를 고찰했다는 점에서 유의성을 가진다. 또한 이 연구는 "다중적 공간의 위상학의 채택이 이주 생활을 특징짓는 인간-물질관계의 이해를 풍부하게 한다"는 점을 강조하지만, 세 가지 유형의 행위자-네트워크들에 참여하는 비인간 행위자들을 다양하게 고찰하지 않았고, 또한 각 행위자-네트워크로 구성된 아상블라주들의 특성들을 제대로 분석하지 못한 한계를 지닌다.

3 초국적 노동이주와 아상블라주

1) 아상블라주의 개념

ANT와 이에 바탕을 둔 위상학적 공간 개념과 그 유형화는 다양한 방법으로 초국적 이주에 원용될 수 있다. 여기서는 구체적인 경험적 고찰을 위해 초국적

(노동)이주 과정에서 형성·재형성되는 인간 및 비인간 행위자들의 네트워크 또는 혼종적 다중적 결합체로서 아상블라주(assemblage)의 특성에 초점을 두고자 한다. 이 개념은 들뢰즈와 기타르의 '앙티오디푸스', '욕망기계', 그리고 '천개의 고원' 개념이나 저술들에 소급된다. 그러나 아상블라주적 사유는 자연과학 및 사회과학에 걸친 다양한 학문분야(신경과학, 전자공학, 진화생물학에서부터 마케팅, 디지털 자본 연구에 이르기까지)에서 유래한 지식에서 나온 것이다. 들뢰즈에 의하면, 아상블라주라는 용어는 "이종적인 부분들이 특정 형태를 지닌 일시적이고 개방된 전체로 되는 상호작용을 기술하기 위한 것", 또는 "차이를 가로질러 존재하는 일련의 개체들의 일시적 유지와 동시에 관계와 조건들의 변화에 따른 이동과 변동의 계속적인 과정"으로 이해된다(Muller, 2015; 김숙진, 2016). 뮐러(Muller, 2015)는 이러한 아상블라주의 개념이 최소한 다섯 가지 구성적 특성을 가진다고 주장한다. 즉 아상블라주는 관계적, 생산적, 이질적이며 또한 탈영토화와 재영토화의 역동성을 포착하며, 분열된 개별 행위자들을 지속적인 흐름과 연결시키는 욕망을 함의한다.

이러한 아상블라주의 개념은 다양한 포스트모던 사회이론들에 반영된다. ANT는 아상블라주의 개념을 수용하고 번역한 대표적인 이론이다. ANT에서 아상블라주의 개념은 행위자-네트워크라는 용어와 혼용되며, 흔히 이를 구성하는 개체와 부분들의 일시적 묶음 상태를 묘사한다. ANT는 이러한 아상블라주의 개념을 원용하여 어떤 조직체(가정이나 일자리에서부터 정부기관이나 유럽연합에 이르기까지)가 인간과 사물들을 편성(질서화)하는 과정의 다중성으로 결합되어 있음에도 이들이 어떻게 당연적으로 주어진 블랙박스로 다루어질 수 있는가를 문제시하는 데 사용될 수 있다고 주장한다(Muller, 2015). 특히 기존의 네트워크 개념에 비해, "아상블라주는 장소들 간 일단의 연계들을 강조하는 것 이상으로, 이는 역사, 노동, 물질성, 수행 등에 관심을 가지도록 한다. 아상블라주는 네트워크 설명에서는 흔히 간과되는 재결합하기와 탈결합하기, 분산과 전환에 초점을 두도록 한다"(McFarlane, 2009, 566). 이러한 점에서 뮐러

(Muller, 2015)는 탈영토화와 재영토화를 아상블라주의 핵심축으로 강조한다.

들뢰즈의 아상블라주 개념과 ANT에서 아상블라주 개념은 물론 이 용어 자체를 어떻게 정의하는가의 문제를 넘어서 각 이론체계를 배경으로 규정된다. 김숙진(2016)에 의하면 아상블라주의 개념과 행위자-네트워크 개념 간 차이는 '관계의 외재성(exteriority of relations)'과 관련된다. 들뢰즈는 "사물 또는 개체는 그것의 관계에 의해 결정되기보다 조건지어진다"고 본다. 이러한 점에서 "관계는 관련된 조건들(terms)로부터 자율성을 가진다"(김숙진, 2016, 319에서 재인용). 반면 ANT에 의하면, 어떤 개체의 "행위능력은 관계의 형성을 통해 유발되는 중재된 성취물"이며, "이 관계들의 외부에는 아무것도 없으며 행위를 하기 위해서는 개체는 전체를 형성할 필요가 있고, 행위자연결망을 생산하기 위한 협력자를 찾아야 한다"는 점이 지적된다. 이러한 점에서 "관계를 통해 세계를 보는 ANT는 관계의 외부에 남아있지만 그럼에도 불구하고 관계를 형성하는 것들에 대하여 간과하고 있다는 비판을 받는다"(김숙진, 2016, 319) 이러한 점에서 파리아스(Farias, 2010, 15)는 들뢰즈의 아상블라주 개념에서 제시된 '관계의 외재성들'이라는 점에서 사유하기를 인정하고, "이는 도시 아상블라주를 만들어내는 이질적 요소들 간 관계들은 특정 요소들 각각의 동일성(identity)을 필수적으로 변화시키지 않음을 의미한다"고 서술한다.

최근 관계적 전환을 강조하는 지리학에서 아상블라주의 개념은 ANT와 함께 그 유의성이 강조되고 있다(김숙진, 2016). 대표적인 사례로, 파리아스와 벤더(Farias and Bender, 2010)의 편집서 『도시 아상블라주』(*Urban Aassemblages*)는 ANT가 도시연구를 어떻게 변화사키고 있는가를 고찰한다. 이들에 의하면 "복수적 형태를 가지는 도시 아상블라주라는 사고는 도시를 다중적 객체로 파악하고, 이의 다중적 작동의 의미를 전달하는 적합한 개념적 도구를 제공한다." 특히 이 용어는 "도시가 어떻게 물질적 및 사회적 측면들에서 이질적 행위자들의 조합으로 만들어지는가에 관한 구체적으로 쉽게 파악될 수 있는 이미지를 제공한다." 이 용어는 "다중적 방법으로 도시를 결집시키는 객체, 공간, 물질, 기계, 신체, 주관성, 상징, 공식 등 간의 이종적 연계에 관한 연구를 허용하고 촉진한다"(Farias and Bender, 2010, 14).

이러한 아상블라주 개념을 초국적 노동이주 연구에 원용함으로써 얻을 수 있는 주요한 유의성은 다음과 같이 제시될 수 있다. 첫째, 존재론적 의미에서 초국적 이주과정에서 형성/유지/해체되는 많은 아상블라주들(가정, 일자리, 국가 아상블라주 등)은 동일한 위상을 가지며, 따라서 사회공간적 층위는 존재하지 않는다. 초국적 노동이주 과정에서 작동하는 인간 및 비인간 실재는 어떤 고정된 본질을 가지는 것이 아니라 관계들 속에서 창출되는 것으로 이해된다. 물론 이 점은 아상블라주들이 모두 같은 규모나 형태를 가지거나 같은 양식으로 작동함을 의미하지 않는다. 물리적 공간에서 규모나 형태의 차이가 있으며 작동 양식도 다르지만, 실제 이러한 차이는 이들이 가지는 속성이나 가치에 기인하는 것이 아니라 차별적인 행위자들의 조직 양식과 역할에 기인하는 것으로 이해된다(Muller, 2015).

둘째, 분석적으로 아상블라주의 개념은 초국적 노동이주에 관한 연구들이 흔히 범하는 이분법을 극복할 수 있도록 한다. 즉 아상블라주의 개념, 나아가 ANT에 바탕을 둔 초국적 노동이주 연구는 인간과 사물, 행위와 구조, 미시와 거시, 개인과 사회(또는 국가), 국지적인 것과 지구적인 것, 사회적인 것과 공간적인 것을 구분하지 않는다. 초국적 이주과정에서 형성/재형성되는 아상블라주들은 이 과정에서 작동하는 모든 인간 및 비인간 개체들이 서로 연계하여 한정된 시공간에서 어떤 일정한 특성을 가지는 전체를 형성한 것으로 이해된다. 서로 연계되어 아상블라주를 편성하는 이질적 실체들은 이 아상블라주 또는 이와 관계를 가지는 다른 아상블라주에 편입되어 작동하는 역할에 따라 의미와 가치를 가진다.

셋째, 아상블라주는 방법론적으로 행위자-네트워크와 이들이 구성하는 위상학적 공간의 특성을 반영하는 주요 사회공간적 형태들(가정, 일자리, 국가 등)을 설정하여 경험적 연구를 위한 분석 단위로 설정될 수 있다. 아상블라주의 개념은 초국적 이주자들이나 이들로 구성된 네트워크 자체라기보다는 초국적 이주과정에서 작동하는 인간 및 비인간 행위자들과 이들로 구성되는 네트워크들을 하나의 다중적, 혼종적, 역동적 집합체로 인식할 수 있도록 한다. 이러한 점에서 아상블라주는 생물학에서 동식물과 이들이 생활하는 서식환경 간에 형성되는 생태계에 유추될 수 있다. 생태계(또는 아상블라주)가 작은 연못생태계(또는 가정 아상블라주)에서 지구생태계(지구 아상블라주)에 이르기까지 다양하고 개방적이며 역동적으로 변하며, 또한 서로 연계되어 있으면서도 일정한 집합체 단위를 형성하는 것과 같다.

이러한 점에 더하여 아상블라주는 특히 초국적 이주과정에서 형성되는 이러한 집합체들의 위상학적 공간을 이해할 수 있도록 한다는 점을 강조할 수 있다. 아상블라주는 이질적 행위자들이 일시적 결합을 통해 전체를 편성하는 영토화 과정과 또한 동시에 지속적인 원심력의 작동으로 탈결합하는 과정, 즉 탈영토화 과정으로 이해된다(Muller, 2015). 또한 장세용(2012)의 연구에서 로컬을 '집합적 조립 형식으로 상호작용'하는 연계체로 이해한 것은 바로 이러한 아상블라주의 개념에 유추한 것이라고 할 수 있다.

2) 초국적 노동이주 과정의 주요 아상블라주들

이 장에서는 초국적 노동이주 과정에서 형성·재형성되면서 끊임없이 작동하는 주요 행위자-네트워크 집합체, 즉 아상블라주의 주요 형태로 일자리, 가정, 그리고 국가 아상블라주를 제시하고자 한다(〈그림 3.1〉). 일자리 아상블라주는 노동과정에 필요한 원료, 에너지원, 기계 등 다양한 공장설비와 생산품 그리고 기술과 임금 등의 비인간 행위자들과 (이주)노동자 및 고용자와 직장의 상사·동료 등으로 구성된다. 초국적 이주자는 기업주에게 고용됨으로써 노동자가 되며, 그는 직장 동료들과 함께 공장 설비들을 이용하여 노동을 하고 생산품을 만들어낸다. 자본주의 사회에서 이러한 노동은 기본적으로 임금을 받기 위해 수

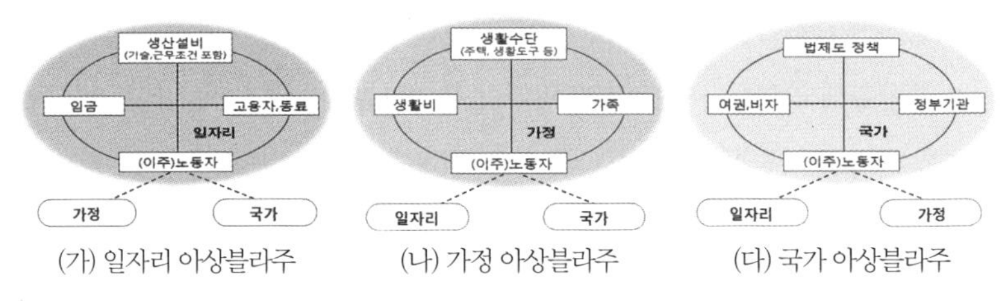

〈그림 3.1〉 초국적 노동이주에서 형성·작동하는 주요 아상블라주들

행되며, 임금은 노동자를 기업주, 생산설비 등과 연결시켜주는 매개자가 된다. 이러한 행위소들로 구성된 아상블라주는 유클리드 공간에서 일정한 장소를 차지하며, 또한 네트워크 공간을 구성한다. 일자리 네트워크 공간의 특성은 이를 구성하는 행위소들의 결합에 의해 규정된다. 일자리 공간은 물리적이면서도 또한 동시에 관계적이다. 이 네트워크 공간은 원료와 에너지원의 유입, 상품과 폐기물의 유출, 노동자들의 유출입 등을 통해 지속적으로 변화하지만 이들 간 관계는 불변으로 유지된다. 이와 같이 다양한 행위소들로 구성되는 일자리 네트워크와 그 공간이 안정적, 일상적으로 작동하게 되면, 이 일자리는 '직장'으로 블랙박스화된다. 즉 네트워크의 이질적 행위소들은 일종의 동맹관계를 가지고, 각자의 역할을 수행하게 된다. ANT에서 제시된 '번역'의 개념은 우리가 반복적이고 안정된 것, 당연적으로 주어진 것처럼 보이는 이 일자리 블랙박스가 실제 어떤 과정을 통해 구성되고 변화하는가를 치밀하게 묘사할 것을 요구한다(제1장 참조).

또한 이와 같이 복잡하게 얽혀있는 일자리 네트워크와 그 공간이 공식화되고 일정하게 표준화된 관계로 질서화·계층화되면, 이 공간은 '처방의 공간'이라고 할 수 있다. 일자리 네트워크를 구성하는 다양하고 이질적인 행위자들은 이 공간에서 반복적이고 조화롭게 작동하게 된다. 그러나 만약 이들 간 관계가 행위자들의 특성이나 이해관계로 인해 갈등이 야기되게 되면, 이 공간은 '협상의 공간'으로 바뀐다(Hetherington, 1997). 이를테면 만약 임금이 이들 간 관계를 강하게 연결시켜 주지 못할 때(즉 임금이 절대적으로 적거나 노동시간 등에 비해 적을 때, 뿐만 아니라 가족 생계유지나 미래에 자신의 사업을 위해 충분하지 못할 때), 노동자는 자신의 임금에 대해 불만을 가지고 기업주에게 임금 인상을 요구하게 된다. 물론 임금 외의 요인으로 직장 동료들과의 관계가 원활하지 못하거나 또는 생산설비에 익숙하지 못하여 생산성이 낮을 경우, 특히 노동과정에서 기계의 오작동이나 과다한 노동으로 신체적 손상을 입게 될 때, 이들 간 관계는 파열될 위기를 맞게 된다. 이러한 상황에서 (이주)노동자는 기업주에게 임금 인상을 요구하거나 동료들에게 정당한 대우를 요청할 수 있으며, 다친 신체가 회복될 때까지 산재 처리와 휴직을 신청할 수 있을 것이다. ANT는 이와 같이 다양한 행위자와 네트워크가 존재하는 일자리에서 갈등하고 타협하며 역동적으로 생성·변화하는 관계와 그 공간을 서술하고자 한다.

만약 일자리 내에서 발생하는 행위자들 간 갈등과 저항을 해소하기 위한 협상과 조정이 실패할 경우, 결국 이 일자리 아상블라주는 해체된다. 이주노동자는 더 이상 노동자가 아니며, 기업가는 더 이상 이 행위자의 고용자가 아니다. 노동이주자는 새로운 고용자와 공장설비를 찾아 나서게 되고, 기업가 역시 새로운 노동자를 찾게 되며, 생산설비들은 새로운 노동자들의 노동과정과 새롭게 관계를 맺게 된다. 노동이주자에게 다른 모든 기업가들은 잠재적인 고용자가 될 수 있으며, 이들을 새로운 생산설비와 결합시켜 줄 수 있는 잠재적 행위능력을 가진다. 잠재적인 측면에서 새로운 일자리 아상블라주는 세계 어느 곳에서든 만들어질 수 있다. 일자리 아상블라주는 기본적으로 노동자와 고용자, 생산수단과 임금으로 구성되지만, 고용자의 국적이나 소유 자산의 규모는 다를 것이고, 생산수단은 업종이나 기계화 정도에 따라 다를 것이며, 이들 간의 관계를 매개하는 임금의 수준이나 노동조건을 좌우하는 계약서도 물론 다를 것이다. 이러한 점에서 세계 도처에 잠재된 일자리 아상블라주들은 유동적 공간의 관점에서 이해될 수 있다.

노동자가 기존의 일자리를 떠나 새로운 일자리를 찾아서, 새로운 고용자, 새로운 생산설비, 새로운 임금과 관계를 맺게 되면, 새로운 노동자로 탄생하게 된다. 만약 이 새로운 일자리가 해외에 있다면, 이 노동자는 초국적 이주노동자가 된다. 이 노동자는 국경을 가로질러 유클리드 공간을 이동하지만, 새로운 일자리 아상블라주가 성공적으로 구축되면, 이 일자리 아상블라주는 기존의 것과 동일한 행위자들과 이들의 네트워크로 구성된다면 '불변의 이동체'라고 할 수 있다. 새로운 일자리는 기존의 일자리와 동일하지만 또한 다르다. 이러한 점에서 일자리는 유동적 공간에서 가변의 이동체가 된다. 유동적 공간에서 일자리를 구성하는 행위소들은 그 자신의 역할을 유지한다는 점에서 '이질동형'이다. 그러나 네트워크 공간에서 안정적 관계를 가졌던 인간 및 인간 행위자들은 점진적으로 변화한다. 기존의 일자리는 건설업종의 일자리였다면, 새로운 일자리는 전자부품업종의 일자리일 수 있다. 이주노동자는 지역적, 유클리드적 공간에서 불변의 비이동체였던 하나의 일자리 아상블라주에서 또 다른 불변의 비이동체로 이동한다. 그러나 일자리를 구성하는 행위자-네트워크의 행위소들과 이들의 특성은 동일하지만, 실제 일자리를 구성하는 행위소들과 네트워크는 조금씩 변화한다.

그동안 초국적 노동이주에 관한 연구는 주로 이주노동자가 새로운 일자리를 구하기 위하여 어떻게 유클리드 공간 상에서 이동하는가의 문제에 관심을 가졌다. ANT과 위상학적 공간 개념화에 바탕을 둔 연구는 물론 이러한 유클리드 공간에서 이동을 무시하는 것은 아니다. 그러나 이 연구가 우선 관심을 두는 것은 일자리 아상블라주가 어떻게 불변의 이동체로 한 지역에서 다른 지역으로 이동하는가, 즉 번역되는가의 문제이다. 라투르가 파스퇴르의 실험실이 농장의 거시계에서 형성된 네트워크를 축소하여 위치를 변경시키는 번역 과정을 거치고, 또 다시 실험실에서 형성된 네트워크를 다시 프랑스 전체 농장으로 확산시키는가를 고찰한 것처럼(Latour, 1988; 김환석, 2011), 우리는 이주노동자가 고국의 지역사회에서 형성된 일자리 네트워크를 새로운 지역사회에서 어떻게 성공적으로 이전시키게 되는가를 고찰하게 된다. 이러한 과정을 지칭하는 번역은 인간 및 비인간 행위자들의 네트워크와 그 공간이 어떻게 갈등과 타협과정을 통해 장소를 이전하게 되는가, 즉 변위(displacement)의 과정을 거치게 되는가를 고찰하도록 한다.

이러한 일자리의 변위과정은 칼롱(2010)이 제시한 번역의 네 단계, 즉 문제제기, 관심끌기, 등록하기, 동원하기 등의 과정으로 분석해 볼 수 있을 것이다. 그러나 일자리의 번역 과정은 파스퇴르의 실험실의 번역 과정처럼 불변의 이동물을 통해 "한 장소(중심)에 있는 사물들이 다른 장소(주변)를 지배"하기 위한 것이 아니다. 대신 초국적 노동이주에서 일자리 네트워크는 '번역의 사슬'을 통해 지속적으로 변해 간다. 초국적 노동이주는 이러한 '국지적' 일자리 네트워크의 빈번한 형성과 분열, 재형성과정을 통해 '지구적' 일자리를 찾아 이동하게 된다. 초국적 노동이주는 국지적이면서 또한 지구적이다. 초국적 노동이주에 관한 연구는 국지적인 것을 포기해서는 안 되지만, 또한 국지적인 것에 사로잡혀 있어서도 안 된다. 우리의 연구는 장소들을 함께 묶어주는, 즉 접혀주는 다양한 관계성들에 주목하면서 초국적 노동이주의 행위자-네트워크가 구성되는 한 현장에서 다른 현장으로 관심을 이동시켜 나가게 된다.

기존의 ANT와 위상학적 공간 개념에 바탕을 둔 연구들은 한 유형의 아상블라주가 다른 유형의 아상블라주와 부분적으로 중첩되거나 이중적(또는 다중적)으로 복잡한 관계를 가질 수 있다는 점을 간과하고 있다. 물론 한 아상블라주의 구성 요소들은 무한히 확장될 수 있으며, 이러한 점에서 국지적인 것과 지구적인 것 간의 구분은 불필요하다. 그러나 파스퇴르의 실험실에서 파스퇴르나 연구원들은 실험실의 행위소일 뿐만 아니라 다른 여러 집단들(가장 분명하게 가정)의 행위소일 수 있다. 또한 실험실의 기구들은 탄저균의 배양이나 백신의 개발에만 사용되는 것이 아니라 다른 용도로도 사용될 수 있다. 마찬가지로, 일자리 아상블라주는 가정이라고 지칭될 수 있는 아상블라주와 밀접하게 연관된다. 가정 아상블라주는 (이주)노동자와 그 가족, 그리고 다양한 종류의 생활수단들(주택, 가구, 기타 생활용품들)과 생활비(여기에는 미래의 노후생활이나 또는 새로운 사업을 위한 자금도 포함한다)로 구성된다. 노동자의 가족이나 생활수단들과 생활비는 일자리 아상블라주에 속하는 것으로 보기 어렵다. 그러나 임금은 가족의 생활수단을 구입하고 여타 생활에 필요한 서비스를 구매하는 데 사용되는 생활비가 된다. 만약 노동자의 자동차가 일자리 통근에 사용될 경우, 일자리 아상블라주의 구성요소이면서 또한 동시에 가정 아상블라주의 구성요소가 될 수 있다.

특히 국제 노동이주에서 일자리 아상블라주의 구성과 변화, 즉 번역 과정은 가정 아상블라주를 구성하는 가족(특히 배우자 및 자녀)과 생활비에 지대한 영향을 받는다. 이러한 점에서, ANT에 기반을 둔 연구는 하나의 아상블라주가 독립적으로 작동하는 것이 아니라 여러 아상블라주들과의 관계 속에서 작동하게 된다는 점에 관심을 가질 필요가 있다. 즉 사회적인 것은 다양한 방식으로 크고 작은 아상블라주들의 결합과 해체를 전제로 한다. ANT는 물론 다중적 네트워크들이 형성될 수 있으며, 이에 따라 다중적 공간이 만들어질 수 있음을 인정한다(Murdoch, 2006, 75). 그러나 이러한 다중적 네트워크들과 그 공간, 즉 다중적 아상블라주들이 서로 어떻게 관계를 가지고 작동하는가에 대해서는 주목하지 않았다. 뿐만 아니라 어떤 행위소들로 구성된 특정 네트워크는 다른 네트워크들에 비해 [네트워크의] 속성상 더 강한 연계를 가질 수 있다는 점이 제안될 수 있다. 기존의 ANT에 의하면 행위자-네트워크의 강도는 얼마나 많은 행위자들이 모여서 얼마나 많은 네트워크들을 구성하는가에 좌우되는 것으로 이해되었다(김환석, 2011). 그러나 특정 단위 네트워크가 다른 단위의 네트워크에 비해 강한 연계를 가지는 것은 그 네트워크의 속성에 의존하는 것으로 이해될 수 있다. 따라서 가정의 네트워크(부부간, 부모와 자녀 간)는 친척이나 지역사회 네트워크와는 다른 강한 연계를 가지며, 또한 일자리 네트워크에 강한 영향력을 미친다.

가정 아상블라주는 다른 아상블라주들과 마찬가지로 우선 국지적 지역적 공간에 뿌리를 둔다. 가정을 구성하는 주요 행위소로서 주택은 장소-고정적이며,

가정의 네트워크는 지역사회와 밀접하게 연계된다. 그러나 초국적 이주과정에서 가정 아상블라주를 구성하는 행위자-네트워크는 기본적으로 불변이지만, 유클리드 공간에서는 그 구성요소들이 분리된다. 이주자 부부간, 부모와 자녀간, 그리고 이주자와 살고 있었던 주택이나 생활수단들 간 공간적 분리가 이루어진다고 할지라도, 네트워크 공간에서 가정은 불변의 이동체이다. 그러나 한 개인이 속하는 가정 아상블라주는 일자리 아상블라주와는 달리 세계 도처에 다양한 변형으로 존재하기 어렵다. 따라서 가정 구성의 기존 원리(일부일처제)에서 가정 아상블라주는 유동적 공간을 성립하지 않는 것처럼 보인다. 왜냐하면 가정 네트워크를 구성하는 부부나 부모-자녀관계는 다른 사물들의 부품처럼 바꿔어 넣을 수 있는 것이 아니기 때문이다. 물론 부부가 이혼을 하거나 가족 구성원이 사별을 하게 되면, 가정 아상블라주의 핵심 행위소가 바뀌게 된다. 이러한 점에서, 가정이라는 사회적 단위가 절대적으로 존재하는 것은 아니라고 할 수 있다. 가정 아상블라주 역시 다른 사회적인 것과 마찬가지로 네트워크의 효과로 생성되며, 가정이라는 공간 역시 네트워크들에 의해 물질화된다.

초국적 노동이주 과정에서 형성·작동되는 또 다른 주요 아상블라주는 국가 아상블라주이다. 국가 아상블라주는 잠정적으로 수많은 유형의 인간과 비인간 요소들(수많은 법과 제도들을 포함)로 구성되며,[3] 일자리 및 가정 아상블라주에 비해 훨씬 더 거시적인 규모로 작동한다(여기서 규모는 단순히 절대적 수나 공간을 기준으로 설정된 것이 아니라 아상블라주를 결성하는 행위소들의 수와 관계에 의해 평가된다). 달리 말해, 국가 아상블라주가 일자리 및 가정 아상블라주를 포섭하는 것이 아니라, 이들은 관계의 외재성에 따라 중첩되거나 때로는 상호 조건으로 작동한다. 이러한 점에서 일자리 아상블라주나 가정 아상블라주는 국가의 경계를 가로질러 지구적인 것이 될 수 있다. 하지만 초국적 이주

3) 국가가 하나의 실체로 존재하며, 그 자체의 기능을 가지는가에 대한 문제를 둘러싸고 논쟁들이 있었지만, 이에 따른 문제들은 국가를 행위자-네트워크들로 구성된 어떤 아상블로주로 이해할 경우 부분적으로 해소될 수 있다(Rowland, 2010).

노동과 관련하여 핵심적인 행위소들 가운데 하나는 국가 아상블라주의 한 핵심 개체인 여권과 비자이다. 이들은 그 자체로 초국적 노동이주를 좌우하는 행위소이다. 만약 한 국가 내에서 일자리를 옮겨 간다면(즉 동일한 국가 아상블라주 내에서 이루어진다면), 이러한 행위소는 전혀 쓸모가 없다. 그러나 초국적 노동이주를 위해서는 여권과 비자는 필수적인 매개적 행위자이다. 즉 이들은 국가 제도를 대변하는 역할을 하면서 이주노동자와 결합한다는 점에서 국가 아상블라주의 핵심적 행위소가 된다.

초국적 이주노동자의 일자리 아상블라주가 합법적으로 작동하려면, 여권과 비자는 일자리 아상블라주에 외적으로 작동하는 행위소로서 물리적으로 현존해야 한다. 만약 여권이나 비자가 만료된 경우, 이들은 부재하는 사물이 된다. 미등록 이주노동에서 비자의 부재는 일자리 아상블라주의 구성과 작동에 영향을 미치는 중요한 요인이 된다. 만약 적합한 비자가 없거나 만료되었다면, 미등록 이주노동자가 구성하는 국가적 아상블라주는 해체되어야 한다. 그러나 역설적으로 미등록 이주노동자는 국가적 아상블라주를 구성하는 법의 효과 바깥에 있기 때문에, 또 다른 법에 의해 작동하는 물질적 힘(즉 불법이주자 단속)을 받게 된다. 이러한 점에서 미등록 이주노동자의 공간은 아감벤이 제시한 일종의 예외공간이다(장세룡, 2014). 미등록 이주노동에서 비자의 부재와 부재한 비자의 재출현(부재한 비자가 미치는 영향력)은 또한 화염의 공간성으로 파악될 수 있다. 미등록 이주노동자의 일자리 아상블라주의 구성과 공간적 특성(유클리드 공간에서뿐만 아니라 네트워크 공간 및 유동적 공간에서 특성)은 부재한 비자와 이를 통해 작동하는 국가 제도의 힘에 좌우된다. 초국적 이주에서 이러한 화염의 공간성이라는 메타포로 작동하는 행위소들은 다양하며, 부재적 출현을 통해 결정적 영향을 미치기도 한다. 초국적 이주자의 2세대는 자신이 전혀 경험하지 않았고 또한 현존하지도 않는 사물들이 부모 세대의 경험담이나 교육을 통한 부재의 출현을 느끼게 된다. 이러한 부재의 출현은 자녀 교육을 위하여 본국으로 돌아가기를 거부한 미등록 이주자의 가정 아상블라주에서도 찾아볼 수 있

〈표 3.2〉 사례 분석을 위한 면담자의 특성

성명	국적	성별	연령	입국연도	가정		일자리				비자상태	귀환희망여부
					구성	거주	직전 업종	직후 업종	현재 업종	변경횟수		
T	베트남	여성	39	2003	결혼, 자녀 2	국내 동거	신발 제조 회계직	전자업체 (부품검사)	무직 (자발적)	4	없음	한국 체류
W	베트남	남성	38	2011	결혼, 자녀 1	본국 거주	발전소 건설노동	건설업 (방파제)	무직 (산재 중)	5	있음	귀환
B	필리핀	남성	31	2011	결혼 (재혼), 자녀 3	국내 동거	컴퓨터업 제조작업	화학업 (타포린)	화학업 (무 이전)	1	있음	귀환 후 재입국
R	스리랑카	남성	36	2004	독신	–	음식업 요리사	신발업 (신발제조)	자동차 부품업체	8	없음	귀환
L	네팔	남성	26	2012	독신	–	여행사 사무직	농장 (가축사육)	보일러 제조업체	5	없음	귀환

다. 즉 본국의 낮은 교육 수준(훌륭한 교사와 교육시설의 부재)은 이주노동자가 비자 만료에 따른 불이익에도 불구하고 한국에 계속 체류하도록 하는 주요 원인이 될 수 있다.

4 초국적 노동이주의 주요 아상블라주들의 사례 분석

이와 같은 ANT, 특히 위상학적 공간과 아상블라주의 개념에 바탕을 두고 초국적 노동이주 과정에 대한 경험적 연구를 위하여, 2015년 4월경에 임의적으로 선정된 5명의 이주노동자들을 대상으로 심층인터뷰를 시행하고, 이를 통해 수집된 사례 자료들을 분석하고자 한다(〈표 3.2〉). 인터뷰 당시 이들이 거주하는 지역은 대구 서구에 입지한 성서공단과 경북 경산시 소재 진량공단 주변이었고, 이들은 각 지역에서 이주노동자들을 지원하는 민간단체를 통해 소개를 받아 인터뷰에 응하게 되었다.

1) 초국적 노동이주의 일자리 아상블라주

초국적 노동이주의 일자리 아상블라주의 번역 과정은 우선 고국에서 기존 일자리 아상블라주의 해체과정을 전제로 한다. 예를 들어 T 씨는 베트남에서 대만기업의 현지공장인 신발제조업체에서 회계 업무를 맡고 있었다. T 씨의 일자리는 직장 상사나 동료들과 매우 친밀한 관계를 유지하면서 임금도 다른 직종에 비해 높았다. 이주 전 T 씨의 일자리 아상블라주는 상당히 안정된(즉 블랙박스화된) 상태로 구성되었지만, 해외 노동이주를 원하는 결혼배우자의 등장으로 아무런 타협도 없이 해체되었다. 베트남 출신 W 씨는 고국에서 제법 큰 발전소 건설회사에 근무하였지만, 생활비 부담으로 해외 노동이주를 생각하게 되었고, 부모와 아내 모두 동의했다. 왜냐하면 한국에서 돈을 벌어서 보내주기 때문이다. W 씨의 경우 일자리 아상블라주는 가정 아상블라주의 영향으로 해체되며, 여기서 화폐는 양 아상블라주를 갈등적으로 매개했다. 필리핀인 B 씨는 본국에서 대학을 졸업한 후 상당히 큰 외국계 현지공장에서 근무했는데, 임금은 적었지만 전공도 일치하여 대체로 만족스러웠다. 또한 부모와 누나, 동생이 모두 돈을 벌었기 때문에 생활에 큰 어려움은 없었다. 그러나 B 씨는 스스로 조금 더 나은 생활을 위해 이주를 준비하면서 기존 일자리 아상블로주에서 빠져나오게 되었다. 스리랑카인 R 씨의 경우는 본국에서 호텔 요리사로 일했지만, 아파서 직장을 그만두는 바람에 기존 일자리 아상블라주가 사라졌다. 네팔인 L 씨는 고등학교를 졸업한 후 여행사 직원으로 일하면서 여러 사회봉사단체들에서도 활동하고 있었다. 그러나 가족, 지인, 그리고 지역의 분위기에 간접적으로 영향을 받은 L 씨는 사회봉사활동의 일환으로 한국에서 개최된 세미나에 참석한 후 단체에서 이탈하여 본국으로 돌아가지 않음으로써 기존 일자리 아상블라주로부터

탈주하게 되었다.

이와 같이 초국적 노동이주에서 전제되는 고국에서의 일자리 아상블라주의 해체는 다양한 배경을 가진다. 이 과정에서 초국적 이주자의 포부(더 나은 생활)나 신체적 이상(질병)이 주요한 요인으로 작용하지만, 또한 배우자의 등장, 일자리의 임금과 가족 생활비 간 갈등, 또는 가족이나 친지의 영향이나 지역사회 분위기가 주요한 행위자로 작동했다. 물론 이와 같은 기존 일자리 아상블라주의 해체는 지역적 (시)공간에서 이루어진 것이며, 유동적 공간에서 일자리 아상블라주는 약간의 변화를 겪으면서도 유사한 기능을 가지면서 계속 유지된다. 특히 일자리 아상블라주를 구성하는 개체들은 동일한 기능을 담당하지만 시공간의 변화에 따라 다소 다른 형태를 가진다는 점에서 유동적 공간성을 가진다. 일자리 아상블라주는 초국적 노동이주를 통해 물리적으로 다른 시공간에서 새롭게 구축되고, 번역 과정을 통해 지속적으로 형성/해체/재형성을 반복하게 된다.

초국적 노동이주자는 이주한 지역에서 새로운 일자리 아상블라주를 형성한다. T 씨가 한국에 이주한 후 처음 결합한 일자리 아상블라주는 구미 소재 전자부품회사로 이곳에서 LCD 모듈검사 업무를 맡았다. 본국에서 담당했던 업무와는 전혀 관계가 없었다. 생산설비들은 신발제조에서 전자부품 생산 시설로 바뀌었다. 관계를 맺게 된 인간 행위자들도 대부분 한국인으로, 400명 정도의 종업원들 가운데 베트남인이 20명 정도(그 외 이주노동자는 없었음) 되었다. 그러나 T 씨의 새로 구축된 일자리 아상블라주는 본국에서의 일자리 아상블라주와 유사한 기능을 담당하는 유동적 공간성을 가졌다. 이 일자리에서 T 씨와 같은 "베트남 이주노동자들은 처음에는 다 잘 지냈으나, 시간이 경과하면서 한국말 잘하면 질투심이 있어서 … 싸움도 하게 되고", 그래서 T 씨는 말을 잘 하지 않게 되었다. 한국말이 이들 간에 갈등을 유발하는 새로운 매개적 행위자로 작동한 것이다. 그럼에도 베트남에서의 일자리에 비해 10배 정도 많은 임금은 T 씨가 이 일자리 아상블라주를 당분간 유지할 수 있도록 하는 행위자로 작동했다.

그러나 생산설비와의 결합 강도, 즉 노동조건은 베트남에서 주간만 근무했던 일자리에 비해 주야간 근무와 특근까지 해야 할 정도로 열악했다. 건강이 악화되었고 따로 기술을 배우는 것도 없었다. 이로 인해 T 씨가 한국 이주 후 구미에서 처음 구축했던 일자리 아상블라주의 행위자-네트워크는 점차 약화되었다.

T 씨가 한국에서 처음 형성한 일자리 아상블라주는 이러한 상황에서 가정 아상블라주의 갈등적 중첩으로 해체의 계기를 맞게 되었다. 즉 T 씨의 일자리 아상블라주는 물리적 공간에서 떨어져 있었던 T 씨의 남편(대구 성서공단 근무) 사이의 관계적 공간 개입으로 균열을 일으키게 된 것이다. 그러나 T 씨의 일자리 아상블라주의 붕괴에 작동한 또 다른 행위자가 있었다. T 씨는 한국 체류 2년이 되면서 비자가 만료되었지만, 한국어 시험을 다시 치른 후 1년 더 연장하여 근무를 할 수 있었다. 그러나 3년이 지나 비자가 만료되면서 귀국해야 했지만, 귀국하지 않고 남편이 있는 대구로 오게 된 것이다. T 씨의 남편 역시 3년이 지나면서, 미등록 상태가 되면서 다른 회사로 옮겼지만, T 씨가 대구로 온 이후 남편과 T 씨 모두 건강이 좋지 않아서 집에서 함께 쉬게 되었다. 이러한 이유로, 비자가 핵심적 행위자로 작동하는 T 씨의 국가 아상블라주는 심각한 위기에 처하게 되었고, 일자리 아상블라주의 해체에 결정적 요인으로 작동했다. 반면 대구에서 T 씨의 가정 아상블라주는 물리적 공간과 관계적 공간이 수렴하는 결과를 가지게 되었다.

T 씨뿐 아니라 B 씨를 제외한 W, R, L 씨도 한국에 이주 후 처음 결합된 일자리 아상블라주의 구축과 해체를 경험하게 된다. 예를 들어 W 씨는 한국에 이주한 직후 제주도의 방파제 만드는 건설회사에 근무했다. 일자리 아상블라주의 주요 구성요소인 근로자들은 베트남 출신이 270명 정도였지만 한국인은 50명 정도였고, 임금은 당시 한국에서 정해진 최저임금을 받고 12시간 동안 일을 했다. 그러나 T 씨의 첫 일자리 아상블라주는 3달 만에 한국인 근로자들의 파업과 회사 부도로 해체되었고, T 씨는 다른 일자리로 옮겨가야만 했다. R 씨는 한국에 이주한 후 형성된 첫 일자리 아상블라주에서 신발 밑창을 붙이는 작업을 했

다. 그러나 생산설비가 아니라 기숙사 난방과 샤워실이 제대로 작동하질 않아 불만스러웠고, 손목뼈가 부러지는 산재를 입어서 그만두게 되었다. L 씨가 한국에 머물기로 결심한 후 처음 취업한 일자리 아상블라주는 작은 돼지농장이었다. 그곳에서 일하는 형 친구의 소개로 일을 하게 된 것이다. 농장 사장과 같이 일했지만 10일 정도 일하고 냄새가 많이 나고 너무 더러워서 그만두었다. 이러한 사례들은 초국적 노동이주과정에서 일자리 아상블라주가 물리적 시공간을 이동하여 나름대로 새로운 인간 및 비인간 행위자들의 결합을 통해 형성되었지만, 이의 번역 과정이 다양한 이유로 불완전하게 이루어져 1차적으로 실패했음을 말해준다.

이들과는 달리 B 씨는 한국 이주 후 처음 결합한 일자리 아상블라주를 계속 유지하고 있다. 한국에서 B 씨의 첫 일자리는 케미컬 믹싱작업을 하는 회사였다. "다소 위험하고, 필리핀에서 일했던 것과는 관련이 없"는 작업을 담당했지만 4년 동안 한 번도 직장을 옮기지 아니하고 이 일을 하고 있다. 한국에 와서 어떻게 일을 하는지를 배워서 별로 어려움이 없고, 임금도 좀 많이 주는 편이라고 인식한다. "임금은 필리핀에서보다 … 7배 정도 더 많은데, 한국에서 일이 더 쉽다"고 한다. 종업자들 가운데 한국인이 31명, 필리핀인 6명, 스리랑카인 6명으로 모두 다 잘 지낸다. 뿐만 아니라 일요일은 일을 하지 않기 때문에 "시간이 많이 있어서 좋다"고 한다. B 씨는 이러한 일자리 아상블라주에서 상당히 강한 네트워크를 구성하면서 소속감(정체성)을 느끼고 있다. "한국사람 괜찮아요. 한국사람 다른 공장 괜찮아요. 다른 필리핀 사람들도 오라고 권했어요." 작업은 가스가 나오기 때문에 간혹 위험해서 마스크를 쓰고 하지만, "난 여기서 일하는 게 좋아요. 그래서 난 4년 10개월 지나서 [귀국한 후] 다시 와서 또 일하고 싶어요." 사실 B 씨가 이 일자리 아상블라주에 참여하게 된 것은 이 일자리(기업체)의 사장이 인터넷에 올라온 명단을 보고 B 씨를 공장에 오도록 선택했기 때문이다. 즉 B 씨는 자신이 참여한 일자리 아상블라주에 피동적 행위자였다. 그러나 B 씨는 자신이 속한 일자리 아상블라주의 다른 인간 및 비인간 행위자들과 나름대로 원만한 연결망을 구축하게 되었다. 본국에서 한국으로 일자리 아상블라주의 번역 과정과 이를 지속시키는 과정이 나름대로 성공한 것이다.

한국으로 일자리 아상블라주의 번역 과정이 첫 단계에서 실패하게 되면, 그 이후에도 번역 과정은 불완전하게 반복되는 경향을 보인다. 한국에서 첫 일자리 아상블라주가 해체된 후, T 씨는 4개월 정도 지나 남편과 함께 일자리를 찾았고, 다른 사람들의 특별한 도움 없이 플라스틱 사출회사에 같이 들어갔다. 일자리 아상블라주는 다시 번역 과정을 거치게 되었고, 새로운 유동적 공간성을 가지게 되었다. 이 일자리에서 T 씨 부부는 함께 야간 근무를 하면서 불법(미등록)체류자임에도 불구하고 괜찮은 대우를 받았고 최저임금 이상의 임금을 받았다. 어느 정도 안정된 일자리 아상블라주가 구축된 것이다. 이유는 T 씨 남편이 기술을 가지고 있었기 때문이다. 즉 기술은 새로운 일자리 아상블라주의 형성 초기에 주요한 매개자로 작동했다. 하지만 기술은 점차 갈등 요소로 변했다. "다른 기술자가 남편의 기술을 질투해서 … 사이가 안 좋아서 [일자리를] 나오게 되었다." 또 다른 이유로 업체 사장이 욕을 많이 했기 때문인데, 회사를 떠날 때는 임금의 반 정도를 받지 못했다. 일자리 아상블라주의 해체는 이주노동자의 축출을 의미하지만, 또한 동시에 억압적 네트워크로부터의 해방을 의미하기도 한다.

T 씨는 그 이후에도 두 차례 더 일자리 아상블라주의 구축을 시도했다. T 씨가 구축한 일자리 아상블라주는 매우 취약한 형태이지만 이를 만드는 데는 큰 어려움이 없었다. 한 번은 구인광고를 보고, 다른 한 번은 아는 한국인 목사의 소개로 새로운 아상블라주에 참여하게 되었다. 인간 행위자뿐 아니라 비인간 행위자가 매개적 행위자로 작동했다. 그러나 T 씨는 이렇게 참여하게 된 일자리 아상블라주들로부터 각각 출입국의 단속 때문에, 그리고 집에서 먼 거리 때문에 그만두었다. T 씨는 그 이후 임신과 육아 때문에 더 이상 일자리를 찾지 않고 있다. 이처럼 한국에 이주한 후 T 씨의 일자리 아상블라주의 번역 과정과 유동적 공간성은 반복적으로 진행되었지만, 안정된 네트워크를 구축하지 못하고

번번이 실패로 끝나게 되었다. 이러한 실패에 개입한 행위자는 다양했다. 일자리 아상블라주의 지속적인 해체는 때로 그 내부에서 작동하는 인간 및 비인간 행위자들(직장 동료나 상사, 또는 노동환경과 화폐 임금, 그리고 생산설비의 물리적 위치 즉 이동거리)로 인해 유발되지만, 때로는 남편과의 물리적 거리나 자녀 임신과 출산 및 육아와 같이 가정 아상블루주에서 작동하는 행위자들, 그리고 국가 아상블라주를 구성하는 비자의 만료와 출입국 공무원의 단속에 의해 초래되기도 했다.

W 씨는 한국에서의 첫 일자리 아상블라주에서 기업체의 파산으로 다른 회사로 옮겨야 했다. W 씨는 노동부에 신청하여 대전에 있는 철도 건설회사에 취업했지만, 월급이 적어서 다시 노동부에 신청하여 제주도로 가서 방파제 작업을 했다. 이 회사에서 주야간 일을 해서 많이 힘들었지만, 월급을 잘 줘서 2년 정도 일했다. 그러나 방파제 건설공사가 끝나자 이 회사에 일이 없어서 다른 회사로 옮기게 되었다. 다시 노동부에 신청했고, 옮겨간 회사는 인천에 있는 방파제 건설회사였다. 8개월 정도 일하고 다시 노동부에 신청해서 포항에 있는 아파트 건설회사로 옮겨갔다. 옮긴 지 15일 만에 산재(철가공 기계에 손을 다침)를 당하여 회사를 나오게 되었다. 이와 같은 W 씨의 일자리 아상블라주의 반복적인 형성과 해체과정(즉 번역 과정)은 계속 성공적이지 못했지만, 그래도 다른 사례들에 비해서는 다소 안정적이었다. 일자리 아상블라주의 반복적 구축에 국가 아상블라주의 주요 기관인 노동부가 개입(지원)했고, 반복되긴 했지만 그의 일자리 아상블라주는 건설회사라는 동일 업종을 유지하면서 대체로 1년 이상씩 유지되었다.

반면 R 씨의 일자리 아상불라주의 번역 과정은 매우 불안정하고 취약했다. R 씨는 2004년 한국으로 이주한 후 모두 여덟 차례 일자리를 옮겼는데, 업종들이 상당히 다르고 매개적 행위자들도 다양하고 때로 불분명했다(〈표 3.3〉 참조). R 씨는 신발생산을 주요 기능으로 수행하는 첫 번째 일자리 아상블라주에서 나온 이후 건설업 → 자동차 부품업 → 제지업 → 기계 제조업 → 자동차 부품업

〈표 3.3〉 R 씨의 반복적 일자리 번역 과정(2004년 12월 입국)

	출국 직전	1	2	3	4	5	6	7	8
업종	외식업	신발업	건설업	자동차 부품	제지업	기계 제조업	자동차 부품	농업	자동차 부품
수행한 일	요리사	신발 밑창 부착	용접	부품제작	휴지 포장운반	프레스 작업	부품 생산	퇴비 생산	부품 제작
소개자	–	고용노동부	친구	노동부 고용센터	(불명)	(불명)	친구	친구	이전 근무지
위치	–	경기도	천안	경산	경산시 압량면	경산시 남산	경산시 진량읍	영천시 대창면	경산시 진량읍
근무기간	3년	1년 3개월	(불명)	2년8개월	1년	9개월	4년	3개월	재직 중
임금(만 원)	30~35	(불명)	(불명)	140~150	120	160	190	150	190
퇴직사유	질병	숙소환경 열악, 산재 (손목골절)	기술 습득의 어려움	더 좋은 직장이전 희망	숙소 비용 문제	(불명: 비자 만료)	산재 (허리)로 인한 자진퇴사	산재 (머리)로 인한 자진퇴사	–
휴직기간	없음	(불명)	6개월 (안산교회 숙식)	2주	2개월	(불명)	7개월 (친구 보험카드 치료)	2개월	–

→ 농업 → 자동차 부품업으로 옮겨가며 일을 했다. 이 과정에서 초기에는 노동부 고용센터로부터 지원을 받았지만, 시간이 지나면서 친구 또는 불명확한 매개자에 의해 지원되는 번역 과정을 거치게 된다. 또한 각 일자리 아상블라주로부터 이탈하게 되는 계기도 숙소문제, 저임금과 체불, 산재, 기술습득의 어려움, 더 좋은 직장 전망, 비자 만료 등으로 다양한 물질적 제도적 행위자들의 개입으로 만들어졌다. 이처럼 R 씨가 참여하여 일자리 아상블라주는 반복적으로 불안정한 상태를 보이며 형성과 해체를 반복해 왔다. 이처럼 아상블라주의 번역 과

정은 매우 불완전했지만, 이 과정에서 전개된 각 일자리 아상블라주의 지속 기간을 보면, R 씨에게 나름대로 적합한 일자리 아상블라주는 자동차 부품업체와 네트워크를 구축하는 것이라고 할 수 있으며, 현재 이러한 일자리 아상블라주를 유지하고 있다.

L 씨의 일자리 아상블라주의 번역 과정은 R 씨보다 전체 횟수는 적지만, 한국 체류기간으로 보면 더 빈번하게 이루어졌다. L 씨는 첫 일자리 아상블라주에서 나온 후 지인(형 친구의 친구)의 도움으로 전화 통화로 대구에 있는 플라스틱 재생공장에 일자리를 구하여 옮겼다. 그러나 이곳에서 월급은 웬만큼 받았지만, 일이 너무 힘들다고 같이 온 형이 먼저 그만두고 서울로 갔고, L 씨도 두 달 보름 만에 같이 일하는 다른 노동자들과의 갈등 관계로 나오게 되었다. L 씨의 말에 의하면, "노인들도 많고 일도 더럽고 욕하고 해서 그만두게 되었다." L 씨는 대구 시내에 밥만 사먹으면 그냥 재워주는 네팔식당에 한 달 정도 머문 후 이 식당 사장의 소개로 또 다른 플라스틱 재생공장을 일자리를 구했다. 그러나 이곳에서도 작업이 힘들어 40일정도 일하고 그만두었다. 그 후 L 씨는 자동차 부품회사에서 14개월 일하고 야간작업의 어려움, 임금 체불, 열악한 기숙사 생활 등의 이유로 그만두었고, 한 달 정도 지난 후 현재 일하고 있는 보일러공장에 취업하게 되었다. L 씨의 최근 두 번의 일자리 아상블라주의 형성에서 특이한 사항은 본국 출신 친구의 소개로 근로파견회사를 통해 들어가게 되었다는 점이다. 한국 입국 당시부터 취업을 할 수 없는 관광비자로 들어와 적법한 비자가 없는 상태이지만, 그는 근로파견회사라는 매개 행위자를 통해 계속해서 일자리 아상블라주를 구축할 수 있었다.

2) 초국적 노동이주의 가정 아상블라주

초국적 노동이주 연구에서 우선적인 관심의 대상은 일자리 아상블라주이겠지만, 가정 아상블라주는 이를 구성하는 행위자-네트워크의 좀 더 강한 연결성으로 일자리 아상블라주의 형성과 해체에 지대한 직·간접적 영향을 미친다. T 씨의 가정 아상블라주는 고국에서 안정적으로 유지되던 일자리 아상블라주의 해체를 초래하면서 구축되었다. 하지만, 이는 지역적 공간에서는 얼마가지 않아 해체되었다. 왜냐하면 T 씨의 남편이 한국 비자를 가지고 있었고, 결혼 직후 한국으로 일자리를 찾아 먼저 이주를 했기 때문이다. 지역적 공간에서 가정 아상블라주의 해체는 T 씨의 한국 비자 부재(새로운 국가 아상블라주의 미형성)로 초래되었지만, 가정 아상블라주는 네트워크 공간에서는 변함없이 지속된다. T 씨 자신은 한국으로 노동이주를 가고 싶어 했던 남편과 더불어 그 이전에 전혀 한국에 올 생각 없이 그냥 배워두었던 한국어와 주요 동맹 관계를 맺었지만, 친정 부모의 반대는 이러한 관계에 다소 장애요인이 되었다. 뿐만 아니라 T 씨는 남편과 약간의 시차를 두고 한국으로 이주하게 되었지만, 노동이주를 하기 위해 남편과 혼인신고를 할 수 없었다. 한국 법에는 부부가 동시에 노동이주하는 것을 금지하고 있었기 때문이다. T 씨가 새롭게 형성하고자 하는 국가 아상블라주의 주요 행위소인 법이 가정 아상블라주의 네트워크에 개입하여 효과를 발휘한 것이다.

W 씨는 가정 아상블라주 유지의 어려움을 해소하기 위해 본국의 일자리 아상블라주에서 이탈하게 되었다. 이러한 아상블라주들 간의 갈등적 충돌을 매개한 것은 화폐, 즉 임금으로 충당될 수 없는 생활비 부담 때문이었다. 이 과정에서 W 씨의 가정 아상블라주는 지역적 공간에서는 해체되지만, 관계적 공간에서는 유지된다. B 씨도 W 씨와 유사하게 새로운 일자리 아상블라주를 구축하기 위하여 본국의 지역적 공간에서 가정 아상블라주의 해체를 경험했다. B 씨는 이의 이유를 높은 임금이라기보다는 "좀 더 나은 생활" 때문이라고 말한다. 그러나 두 경우 모두 이주자의 가족들은 본국의 일자리 아상블라주의 해체뿐만 아니라 지역적 공간에서 가정 아상블라주의 해체, 그리고 한국에서 새로운 일자리 아상블라주의 구축에 기꺼이 동의했다. 왜냐하면 공통적으로 "돈을 많이 벌 수 있다고 생각했기 때문이다." R 씨와 L 씨는 미혼이었기 때문에 이러한 가

정 아상블라주에 의한 조건에 덜 민감했다. 그러나, R 씨의 이주 동기는 다소 불확실하지만, L 씨의 경우는 새롭게 구축될 일자리 아상블라주의 물리적 장소에 대해 다소 영향을 미쳤지만, 실현되지는 못했다. 즉 L 씨의 부모는 L 씨가 미국에서 일자리를 구하길 원했고, 본인도 한국에 온 이후 미국행을 시도했으나 실패했다.

한국 이주 후 형성되는 초국적 노동이주 가정의 아상블라주는 다양한 형태와 특성들을 보인다. 한국에 이주하여 구미에서 일자리를 처음 잡은 T 씨의 가정 아상블라주는 관계적 공간에서는 불변의 이동체로 지속되었지만, 물리적 공간에서는 간헐적인 관계로 유지되었다. T 씨의 남편은 대구 성서공단에서 일자리를 잡았고 관련 기술을 가지고 있었기 때문에 다소 안정된 일자리 아상블라주를 구축할 수 있었다. 이에 따라, T 씨와 T 씨의 남편은 함께 한국에서 체류하며 노동을 하게 되었지만, 물리적 거리가 떨어져 있고 시간이 없어서 부부는 한 달에 한 번 정도 대면적 만남을 할 수 있었다. T 씨와 그녀의 남편이 형성하는 가정 아상블라주의 관계적 공간이 물리적 공간과 수렴하게 된 것은 T 씨의 비자 만료로 인해 국가 아상블라주가 위기에 처하고 또한 이로 인해 구미에서 T 씨의 일자리 아상블라주가 해체되는 것을 계기로 가능하게 되었다. 그 이후 T 씨의 일자리 아상블라주는 여러 차례 형성과 해체를 반복했지만, T 씨의 가정 아상블라주는 고정된 물리적 공간에서 관계적 공간을 보다 튼튼하게 구축하게 되었다. 즉 T 씨의 남편은 일자리 아상블라주를 형성/해체/재형성하는 과정을 겪고 있지만, T 씨는 임신으로 일자리를 그만둔 이후 계속 자녀 육아와 두 번째 자녀 출산으로 쉬고 있다. 그러나 초국적 노동이주에서 이러한 가정 아상블라주의 물리적 공간과 관계적 공간의 일치는 국가 아상블라주에 의한 제약의 일정한 유보를 전제로 한다. 즉 T 씨 부부는 현재 비자가 만료되었을 뿐 아니라 초국적 이주노동자는 법적으로 가족을 동반할 수 없다고 규정되어 있다.

W 씨는 T 씨와는 달리 가족이 계속 본국에 거주하고 있기 때문에, 가정 아상블라주는 지역적 공간에서는 해체된 채 단지 관계적 공간에서만 형성되고 있

다. W 씨는 한국에 온 이후 단 한 번 가족이 있는 고향을 다녀왔다. 하지만 W 씨의 가정 아상블라주는 전화나 인터넷을 통한 연결성으로 지속될 뿐 아니라 송금을 통해서도 유지된다. 고향의 가족들에게 전화나 인터넷을 통한 목소리나 문자와 더불어 정기적으로 보내주는 송금된 돈은 부재한 W 씨를 대신한 물질적 출현이다. 그러나 W 씨는 현재 산재로 회사를 나가지 않고 있으며, 쉼터에 머물고 있지만, 고향의 가족들은 W 씨가 다쳤는지, 회사를 나가지 않고 쉬고 있는지를 알지 못한다.

B 씨의 경우는 W 씨 및 T 씨와는 또 다른 경우이다. B 씨는 W 씨와 마찬가지로 처음에는 가족들(부모, 아내, 딸 2명)을 고향에 두고 이주했다. 그러나 B 씨가 한국에서 체류하고 있는 동안 부인과 사별하면서, 가정 아상블라주가 심각한 해체 위기에 처하게 되었다. 하지만 B 씨는 한국에서 일하는 동안 필리핀에 가서 지금의 아내를 만나게 되었고, 새 아내와 결혼(신고)을 하지 않은 상태에서 새 아내가 한국어능력시험을 치고 한국에 노동이주를 왔다. 아내는 처음 가까운 지역에서 일을 했지만 임신을 하면서 쉬게 되었다. B 씨의 현재 가정 아상블라주는 과거와는 상당히 다른 형태를 가지고 있다. 물리적으로 이동했을 뿐만 아니라 핵심적 행위자인 아내가 대체되는 유동적 특성을 보이고 있다.

R 씨와 L 씨는 현재 미혼이기 때문에, 한국에 이주 이후에도 한국에서 가정 아상블라주를 형성하지 않고 있다. 단지 본국에 있는 부모와 상대적으로 약한 네트워크를 형성하고 있으며, 이를 유지시켜 주는 주요 매개 행위자는 송금이다. R 씨는 월급의 반 정도를 고향에 송금하는데, 부모에게 빌린 돈을 갚아야 하기 때문이라고 한다. L 씨도 한국에서 버는 돈을 네팔에 있는 부모에게 조금 보내고, 나머지는 네팔 은행의 본인 계좌에 입금한다.

가정 아상블라주의 형성과 유지는 초국적 노동이주의 전망에서 일자리 아상블라주보다 더 큰 영향을 미친다. T 씨 부부는 처음에는 한국에서 일하다 2년 계약이 끝나면 베트남으로 귀환할 생각이었다. 그런데 "2년이 지나면서 한국 사회에 대해 많이 알게 되었고, 특히 자녀들에게 한국 환경이 더 좋을 것 같아서" 비자가 만료된 이후에도 귀국하지 않기로 결정을 했다. 그러나 비자의 부재는 일자리 및 가정 아상블라주의 구성과 유지에 빈번하게 직접 출현하거나 또는 간접적 효과로 영향을 미친다. 그러나 가정 아상블라주의 유지를 위해 필요한 새로운 행위자의 등장(불법체류자 자녀를 받아 주는 어린이집, 외국인 이주자에게 할인을 해주는 병원, 퇴직금과 여권 등을 돌려받을 수 있도록 도와준 목사님)은 가정 아상블라주의 안정화를 위한 주요한 동맹자로서 기여했다. 또한 T 씨의 경우 부재하는 비자의 물질적 효과뿐 아니라, 또 다른 요소의 부재도 일정한 영향을 미쳤다. 즉 베트남에서 좋은 육아 및 교육 환경의 상대적 부재는 한국에서 체류하면서 일자리와 가정 아상블라주를 계속 유지하도록 요구했다. T 씨는 한국에서 이러한 일자리 및 가정 아상블라주의 구축이 여러 주요 동맹자들의 출현, 그리고 국가 아상블라주의 변화로 가능할 것으로 예상한다.

W 씨의 경우도 가정 아상블라주에서의 관계성이 일자리 아상블라주의 지속 및 번역 과정에 지대한 영향을 미친다. 그러나 T 씨와는 정반대되는 결과를 예상하고 있다. W 씨는 다친 손가락으로 인해 산재문제가 완전히 처리되지 않았고, 비자 기간도 남아 있는 상태이다. 그러나 그는 치료가 끝나는 대로 베트남으로 귀국하기를 원한다. 왜냐하면, "여기에 가족이 없어요… 그래서… 가고 싶어요… 산재 당하고 손이 이래서… (일을 하기 힘들기 때문에) 돌아가고 싶어요." 5년 동안 아무것도 변한 게 없고, 기술도 배우질 못했고, 손만 다쳤다. 특별히 친한 사람도 없다. "고향에 가면 많지만 여기는 없어요." 한국에 온 것을 후회하지는 않지만, 한국에서의 생활은 전혀 만족스럽지 못했다. W 씨의 경우 본국에서 가정 아상블라주의 구축에 대한 희망은 본국에서 일자리 아상블라주 구축의 가능성에 의해 더욱 고무된다. W 씨는 귀국 후 베트남에서 건설회사에 취업하고 싶은데, 취업하는 건 어렵지 않다고 한다.

B 씨의 경우는 T 씨나 W 씨와는 또 다른 입장이다. 한국에서 B 씨의 일자리 아상블라주의 구축은 상당히 성공적이었고, 가정 아상블라주도 중간에 위기를 겪었지만 현재로서는 물리적 공간에서나 관계적 공간에서 상당히 안정적이다.

B 씨는 한국에서 일자리 아상블라주를 계속 유지하기를 원하며, 비자가 만료된 이후에도 본국으로 일시 귀국했다가 다시 한국으로 와서 기존 한국의 일자리 아상블라주를 지속시키기를 원한다. 그러나 B 씨의 재혼한 아내는 조만간 먼저 부모와 두 딸이 있는 고향으로 돌아간다고 한다. B 씨는 "가족들을 다 한국에 오게 해서 살고 싶은 생각은 없다." 그렇지만 본인은 체류허가 기간이 끝난 후 다시 한국으로 일하러 올 예정이다. 왜냐하면 "한국에서 번 돈으로 필리핀에서 더 잘살 수 있기" 때문이다. 일자리 아상블라주의 유동적 공간성이 가정 아상블라주의 물리적 공간성의 해체보다도 더 강하게 작동하고 있다. 이러한 갈등적 관계에서 결정적 역할을 하는 행위자는 물론 돈이다.

R 씨의 경우는 그동안 번 돈을 대부분 고향으로 송금했기 때문에 남은 돈이 없다. R 씨는 "비자가 만료되었지만, 돈을 벌어놓지 못했기 때문에 고향으로 돌아갈 수 없다"고 한다. 그렇지만 R 씨는 현재 회사에서 좀 더 근무한 후 1년 정도 후에는 고향으로 돌아가고 싶어 한다. W 씨와 비슷하게 R 씨의 경우도 돌이켜보면 "한국에서의 생활이 쉽지 않았던 것 같아요"라고 말하지만, 또한 "돈도 조금 모으고, 결혼도 해야 하는데… 부모님이 나이가 많아요"라고 이유를 설명했다. R 씨가 한국에서 경험한 부재한 비자의 출현 효과뿐 아니라 일자리 아상블라주의의 반복적인 번역의 실패는 본국의 지역적 공간에서 가정 아상블라주를 구성하고자 하는 희망으로 대체되고 있다.

L 씨도 R 씨와 비슷한 딜레마에 처해 있다. L 씨는 처음부터 취업비자가 없었고 본국의 여권 기간도 수개월이 지나면 만료될 예정이다. 이로 인해 L 씨는 여권이 만료되기 전에 본국으로 돌아가고 싶어 한다. L 씨는 네팔로 돌아가 유기농 농장을 하고 싶지만, 네팔은 실업률이 높고 파업과 정치적 스트라이크가 잦다. 그러나 "젊은 나이에 계속 외국에 머물 수는 없고 자신의 미래를 위해 뭔가를" 하고 싶어 한다. 한국에서 국가 아상블라주의 한계로 L 씨는 본국에 돌아가서 새로운 일자리 아상블라주의 구성을 희망하지만, 본국의 국가 아상블라주에의 재편입 과정에서 추정되는 갈등적 관계로 인해 지연되고 있다.

3) 초국적 노동이주의 국가 아상블라주

초국적 노동이주에서 본국의 국가 아상블라주는 블랙박스로 작동한다. 국가 아상블라주의 제도적 행위자들은 당연하게 주어진 것처럼 작동하기 때문이다. 그러나 초국적 노동이주을 계획·실행하면서 이 블랙박스화된 아상블라주의 개별 행위자들이 작동하기 시작하면서 이주 국가의 새로운 국가 아상블라주로 일시적으로 치환된다. T 씨는 남편이 먼저 한국으로 이주한 이후에도 비자가 없었기 때문에 한국과의 국가 아상블라주를 형성할 수 없었고, 이로 인해 물리적으로 구획된 국경을 가로 지르는 이주가 불가능했다. 그러나 T 씨는 한국어 시험에 합격하여 한국으로 노동이주를 하게 된다. 한국어가 T 씨의 새로운 일자리 아상블라주뿐 아니라 이를 위해 필요한 새로운 국가 아상블라주의 구축에 필수적 행위자로 작동했다. 또한 T 씨가 이주과정에서 송출기관에 지출한 보증금이나 항공권 구입비용 등은 물리적 공간에서 이동을 매개하는 주요 행위자로 작동한다. 그러나 T 씨의 경우 귀국하면 돌려받는 것을 조건으로 송출기관에 지출한 보증금은 결국 미래에 발생 가능성이 있는 불법체류의 억제 수단으로 작동하는 효과를 가진다. 즉 이 보증금은 T 씨로 하여금 비자 만료 후 미등록 체류를 억제하는 부재적 출현의 행위자로 기능할 잠재력을 가진다.

W 씨가 한국과의 새로운 국가 아상블라주를 형성하게 된 것은 거의 완전히 우연이었다. W 씨의 말에 의하면 "그 당시 한국으로 오는 사람들만 뽑았기 때문에 한국으로" 왔지만 "다른 시기였다면 다른 나라로 갔을 것이며, 어느 나라이든 상관없었다"고 한다. W 씨의 새로운 국가 아상블라주의 형성 계기에는 한국어시험과 비자뿐 아니라 돈이 결정적 행위자로 작동했다. W 씨는 한국으로 노동이주를 신청하기 위해 한국어를 좀 배웠지만, 한국어시험을 칠 때 브로커에게 돈을 주고 도움을 받았고, 한국어시험에 합격하고 돈만 내면 비자가 나왔다고 한다. 국가 아상블라주의 형성에도 돈이 중요한 매개 행위자로 작동했다.

B 씨는 W 씨처럼 다소 우연적이지만, 한국에 와 있는 친구와 인터넷에서 본

한국 정보가 다소 중요한 매개 행위자로 결합하였다. B 씨는 당시 한국에 와 있는 친구들이 있어서 별다른 이유 없이 한국을 선택했고 관련된 한국 정보를 인터넷을 통해 찾아보았다. B 씨는 한국행을 결정한 후 한국산업인력공단(HRD Korea) 한국어능력시험을 요구하기 때문에, 학원에 나가면서 한국어를 배웠다. B 씨는 HRD Korea에 지원서를 제출한 후 한국어능력시험을 통과했고 비자를 받았다. 한국에서 B 씨의 일자리 아상블라주의 구축은 이러한 국가 아상블라주 형성과 중첩되었다. 즉 HRD Korea에 제출된 많은 지원서가 인터넷을 통해 구인 희망 한국기업체에 전달되고, 특정 업체가 B 씨를 선택함에 따라 입국과 함께 취업, 즉 새로운 국가 아상블라주와 일자리 아상블라주가 형성되게 되었다.

R 씨가 한국과의 국가 아상블라주를 형성하게 된 계기와 이에 작동한 주요 행위자들에 대해서는 불명확하다. L 씨는 사회봉사단체를 통해 관광비자로 한국 부산에서 개최된 세미나에 다른 네팔인 200여 명과 함께 참석했는데, 이 가운데 L 씨를 포함하여 50여 명이 세미나 자리에서 단체를 이탈하여 계속 한국에 체류하고 있다. L 씨는 적법한 비자 없이 체류하기 때문에, 한국에서 형성된 국가 아상블라주는 처음부터 불법적 또는 의사적이었다. '의사적'인 이유는 실제 L 씨가 한국에서 이주노동을 하면서 형성한 국가 아상블라주에는 법적으로 필히 요구되는 행위자들(비자, 법률, 정당한 통관기관)이 결합하지 않았고, 단지 관광비자와 국내 일자리를 통해 간접적으로 구축되었기 때문이다. 뿐만 아니라 L 씨는 처음에는 한국과 국가 아상블라주를 형성할 의사가 없었다. L 씨는 세미나 장소를 이탈한 후 아는 형이 있는 천안에 가서 한 달 정도 머물면서 처음에는 미국에 가기 위한 비자를 받고자 노력했다. L 씨는 본국에서부터 미국에 노동이주을 원했고, 한국에 체류하긴 했지만 처음에는 한국어를 전혀 몰랐기 때문이다. 그러나 L 씨는 형 친구와 주변 사람들이 한국에 머물기를 권유하여 그냥 남기로 했다.

한국에 체류하면서 형성된 T 씨의 국가 아상블라주는 비자 만료로 위기에 처했다. 비자의 부재는 출입국관리국의 단속이라는 물질적 효과를 가져왔다. 즉 유효기간 만료 후 비자의 부재는 일자리 아상블라주의 번역 과정에 명시적으로 큰 영향을 미치면서, 그 행위자들 간 네트워크를 허약하게 하면서 행성과 해체 과정이 반복되도록 했다. 그러나 비자의 부재는 가정 아상블라주를 바로 해체시키거나 전치(장소이동)시키지는 못했고, 단지 이의 지속에 일정한 영향을 미쳤다. T 씨는 일자리 아상블라주에서 미등록 체류자라는 이유로 배제되거나 때로 퇴직금을 (일시적으로) 받지 못했고, 또한 가정 아상블라주의 유지를 위해 필요한 교육비와 의료비를 전부 다 내야 했다. “미등록 상태로 있으면서 가장 큰 문제는 현재 아이들이 무국적 상태”라는 점이다. T 씨는 한국에서 일자리 및 국가 아상블라주를 재구성하고자 한다. T 씨는 다시 “한국어능력시험을 쳐서 몇 달 후 일자리를 구해 돈 벌러 갈” 생각이다. “한국어능력시험은 여권기간이 남아있으면 미등록상태라도 칠 수 있다. … 여권기간이 끝나면 본국[베트남] 대사관에 가서 연장 신청을 하면, 여권을 바꿔준다. 뿐만 아니라 이미 미등록체류 상태로 오랜 기간이 지났기 때문에 본국 대사관에 혼인신고도 한 상태이다.” 국가 아상블라주와 일자리 및 가정 아상블라주들이 새로운 타협의 공간을 구축하고 있다.

한국에서 구축된 W 씨의 국가 아상블라주는 내부 행위자들 간 교란과 함께 외적 행위자의 영향에 의해 조만간 해체될 예정이다. W 씨는 산재로 일자리 아상블라주가 이미 해체된 상태이고, 고향에 있는 가족과의 관계적 공간에서 형성된 가정 아상블라주는 물리적 공간과의 수렴을 요구하고 있다. W 씨는 이러한 일자리 및 가정 아상블라주 행위자들의 영향으로 인해 한국에서 국가 아상블라주로부터 벗어나고 싶어 한다. 뿐만 아니라 한국에서 국가 아상블라주의 억압적 효과도 영향을 미친다. W 씨는 “단속이 무서워 불법체류를 원하지 않는다”고 한다. W 씨는 부재하는 법과 비자 만료로 인해 형성된 예외공간에서의 삶을 더 이상 원하지 않는다. 반면 B 씨의 경우 한국의 국가 아상블라주는 일자리 아상블라주와 더불어 상당히 안정된 형태로 유지되고 있다. B 씨는 한국에서 가정 아상블라주가 물리적 공간에서 해체된다고 할지라도 한국에서의 국가 및 일자리 아상블라주를 계속 유지하고자 한다. 물론 법적으로 규정된 비자 연장을 위하여 일시적으로 본국을 다녀와야 하기 때문에, 물리적 시간에서는 연속되지 않겠지만, 유동적 공간에서는 지속된다고 할 수 있다.

R 씨는 국내에 체류하면서 몇 차례 비자 연장을 했지만 결국 2012년 이후 무비자 상태이다. L 씨는 2012년 입국 당시부터 적정한 비자가 없는 상태로 체류하고 있다. 이와 같이 극히 허약하고 의제적인 국가 아상블라주는 앞으로 더 이상 지속되기 어려운 상태이다. 그러나 이들은 현재의 국가 아상블라주로부터의 완전한 단절, 즉 귀국 여부를 둘러싸고 심각한 딜레마에 빠져 있다. R 씨에 의하면, "노동하는 조건은 비자가 있을 때나 없을 때나 비슷"하다고 한다. 그리고 "돈을 벌어놓지 못했기 때문에 고향으로 돌아갈 수 없다"고 하면서 가능하다면 한국에서 계속 일하고 싶은 생각도 있다. 그러나 R 씨는 한국에서 일자리 아상블라주와 국가 아상블라주에서의 극단적인 피곤함으로 본국 귀환 후 식당을 운영하면서 가정을 꾸려나가길 희망한다. 즉 그는 본국의 국가 아상블라주에 재편입되어 새로운 일자리 및 가정 아상블라주를 구축하기를 원한다. L 씨 역시 본국으로 돌아가서 유기농 농장을 하는 새로운 일자리 아상블라주를 형성하길 원한다. 그러나 L 씨는 R 씨와는 달리 본국의 실업률과 정치적 상황을 우려하여 본국의 국가 아상블라주에 재편입되기를 꺼린다. 이처럼 R 씨와 L 씨가 한국에서 형성한 국가 아상블라주는 매우 취약하고, 완전히 해체될 상황에 처해 있지만, 실제 이들의 현재 국가 아상블라주가 완전히 해체되고 본국의 국가 아상블라주로 재편입할지 여부는 불확실하다.

5 결론

초국적 노동이주 과정에서 형성·재형성되는 네트워크는 이주노동자를 포함하여 다양한 유형의 사람들뿐 아니라 이 과정에서 요구되거나 개입하는 다양한 종류의 물질적, 제도적 사물들, 즉 비인간 행위자들과의 관계도 포함한다. 또한 이러한 초국적 노동이주의 행위자–네트워크들은 다양한 종류의 사회적 관계들이 구성하는 다양한 유형의 공간적 관계들도 포함한다. 특히 초국적 노동이주에 내재하는 사회·공간적 관계들은 단순한 물리적 (또는 절대적) 공간의 개념을 넘어서 네트워크 공간과 다른 여러 유형의 위상학적 공간 개념들을 통해 포착될 수 있다. ANT는 인간 및 비인간 행위자들의 수많은 네트워크들로 초국적 노동이주 과정이 전개되며, 또한 초국적 노동이주 과정은 여러 유형의 위상학적 공간들을 편성·재편성한다는 점을 이해할 수 있도록 한다.

또한 ANT는 초국적 노동이주 과정에서 일시적으로 지속되는 이질적 행위자들과 이들 간 네트워크들로 구성된 다양한 유형의 아상블라주에 관심을 가지도록 한다. ANT뿐 아니라 들뢰즈, 푸코 등 포스트모던 사회이론 및 철학에서 부각된 아상블라주의 개념은 이질적 행위자들이 사회공간적으로 연계성을 가지고 일정 기간 동안 함께 작동하도록 하는 양식을 의미한다. 아상블라주의 개념을 초국적 노동이주 과정에 관한 경험적 연구에 응용할 경우, 인간과 사물의 존재론적 위상에 이르기까지 깊은 사유를 가능하게 하는 이 개념의 유의성이 완전히 반영되지 않을 수 있다는 우려가 제기될 수 있을 것이다. 그러나 행위자–네트워크의 개념 및 다양한 유형의 위상학적 공간뿐 아니라 아상블라주의 개념 역시 경험적 연구를 통해 그 유의성이 입증될 필요가 있다고 하겠다.

이러한 점에서 이 장은 초국적 노동이주 과정에서 형성되는 행위자–네트워크의 개념과 더불어 네 가지 유형의 위상학적 공간 개념들, 즉 지역적 공간, 네트워크 공간, 유동적 공간, 화염(부재적 출현)의 공간, 그리고 이 과정에서 반복적으로 형성·유지·해체되는 세 가지 주요 아상블라주들, 즉 일자리, 집, 국가 아상블라주의 특성을 고찰하고자 했다. 또한 이 장은 이러한 이론적 고찰을 뒷받침하기 위하여 대구 인근지역에 거주하는 외국인 이주노동자 다섯 명을 임의적으로 선정하여 심층 면담한 자료에 근거를 두고 이들의 초국적 이주과정에서 형성된 행위자-네트워크와 위상학적 공간들, 그리고 아상블라주의 특성을 분석하고 있다.

초국적 노동이주에 관한 분석에서 ANT의 기본적 사유와 이 이론에서 제시된 다양한 개념들, 특히 행위자-네트워크, 위상학적 공간, 아상블라주 등(그 외에도 번역, 블랙박스, 처방과 협상의 공간 등)의 개념들의 원용은 상당한 통찰력과 새로운 측면들에 대한 관심을 유발한 것으로 평가된다. 초국적 이주에 관한 기존의 연구는 대체로 이주자 개인이나 이들이 형성하는 네트워크 자체에 관심을 가지지만, 아상블라주의 개념에 바탕을 둔 연구는 초국적 이주 과정에서 편성·재편성되는 다중적 결합체들에 관심을 가지게 된다. 구체적인 사례들을 분석한 결과, 초국적 노동이주의 일자리 아상블라주는 대체로 (예외는 있지만) 매우 취약한 내적 관계성을 가지면서 불완전한 번역 과정 속에서 형성과 해체 과정을 반복하는 경향을 생생하게 알 수 있었다. 또한 이 과정에서 구성되는 세 가지 아상블라주들은 이들을 구성하는 내부 행위자들 간의 조화/대립뿐 아니라 다른 아상블라주들과의 상호관계에서 유발되는 갈등과 충돌로 형성·유지·해체됨을 알 수 있었다.

초국적 노동이주의 사회공간적 연결선, 위상학적 선은 신자유주의적 세계화의 영토에서 탈주하기 위한 도주선 또는 탈영토화의 선이라 할 수 있으며, 들뢰즈와 기타리의 메타포에 의하면 이주노동자들은 끊임없는 늑대-되기, 비인간-되기를 통해 언젠가 해방된 자유로운 인간이 되고자 한다. 그리고 이들에 의하면, 초국적 노동이주의 행위자-네트워크는 리좀처럼 뻗어나가 언젠가는 민들레처럼 자신의 영토를 만들어나갈 것이라고 기대된다.

> 리좀을 형성하라. 탈영토화를 통해 너의 영토를 넓혀라. 도주선이 하나의 추

상적인 기계가 되어 고른판 전체를 덮을 때까지 늘려라. 우선 너의 오랜 친구인 식물에게 가서, 빗물이 파놓은 물길을 주의 깊게 관찰하라. 비가 씨앗들을 멀리까지 운반해 갔음에 틀림없다. 그 물길들을 따라가 보면 너는 흐름이 펼쳐지는 방향을 알게 될 것이다. 그 다음에 그 방향을 따라 너의 식물에서 가장 멀리 떨어진 곳에서 발견되는 식물을 찾아라. 거기 두 식물 사이에서 자라는 모든 악마의 잡초들이 네 것이다. 나중에 이 마지막 식물들이 자기 씨를 퍼트릴 것이기에 너는 이 식물들 각각에서 시작해서 물길을 따라가며 너의 영토를 넓힐 수 있을 것이다.(들뢰즈·가타리, 1996, 28)

초국적 이주는 오늘날 세계화된 자본과 물신화된 국가의 영토에서 벗어나기 위한 도주선으로 간주된다. 그러나 초국적 이주자들은 과연 그 영토를 언젠가 벗어날 수 있을까, 또는 그 영토 내에서 자신의 영역을 확보할 수 있을까?

· 참고문헌 ·

김숙진, 2016, "아상블라주의 개념과 지리학적 함의", 『대한지리학회지』, 51(3), pp.311~326.

김환석, 2011, "행위자-연결망 이론에서 보는 과학기술과 민주주의", 『동향과 전망』, 83, pp.11~46.

들뢰즈, 질 · 가타리, 펠릭스(김재인 옮김), 1996, 『천개의 고원』, 새물결(G. Deleuze, and F. Guattari, 1980, *Mille Plateaux: Capitalisme et schizophrenie*, Collection Critique).

박경환, 2012, "초국적 이주에 있어서 제도적, 조직적 행위자들의 다중스케일적 관계: 광주광역시를 중심으로", 『문화역사지리』, 24(1), pp.95~117.

박경환, 2014, "글로벌 시대 인문지리학에 있어서 행위자-네트워크이론의 적용 가능성", 『한국도시지리학회지』, 17(1), pp.57~78.

어리, 존 (강현수, 이희상 옮김), 2014, 『모빌리티』, 아카넷(Urry, J., 2007, *Molibities*, Polity).

이용균, 2007, "결혼이주여성의 사회문화 네트워크의 특성: 보은과 양평을 사례로", 『한국도시지리학회지』, 10(2), pp.35~51.

이윤주, 2011, "네트워크 시각으로 본 디아스포라시대의 결혼이주여성", 『시민교육연구』, 43(2), pp.121~148.

장세룡, 2012, "공간과 이동성, 이동성의 연결망: 행위자-연결망 이론과 연관시켜", 『역사와 경계』, 84, pp.271~303.

장세룡, 2014, "미국-멕시코 국경지대와 밀입국자-'생명정치' 개념과 연관시켜", 『역사와 경계』, 91, pp.313~351.

칼롱, 2010, "번역의 사회학의 몇 가지 요소들-가리비와 생브리외만의 어부들 길들이기", 홍성욱 편역, 2010, 『인간 · 사물 · 동맹』, 이음, pp.57~94(Callon, M., 1986, "Some elements of a sociology of translation: domestication of the scallops and the fishermen of St. Brieuc Bay", in John Law (ed.), *Power, Action, and Belief: A New Sociology of Knowledge?*, pp.196~233, London, Boston and Henley: Routledge and Kegan Paul).

최병두, 2012, 『다문화공생: 일본의 다문화사회로의 전환과 지역사회의 역할』, 푸른길.

최병두, 2015, "행위자-네트워크이론과 위상학적 공간 개념", 『공간과 사회』, 25(3), pp.126~172.

황정미, 2010, "결혼이주여성의 사회연결망과 행위전략의 다양성: 연결망의 유형화와 질적 분석을 중심으로", 『한국여성학』, 26(4), pp.1~38.

Basu, P. and S. Coleman, 2008, "Introduction: migrant worlds, material cultures", *Mobilities*, 3(3), pp.313~330.

Farias, I., 2010, "Introduction: decentring the object of urban stidues", in Farias, I. and Bender, T.(eds), 2010, *Urban Assemblages: How Actor-Network Theory Changes Urban*

Studies, Routledge, London, pp.1~24.

Farias, L. and Bender, T. (eds), 2010, *Urban Assemblages: How Actor Network Theory Changes Urban Studies*, Routledge, London.

Hetherington, K., 1997, "Museum topology and the will to connect", *Journal of Material Culture*, 2(2), pp.199~218.

Hui, A., 2015, "Networks of home, travel and use during Hong Kong return migration: thinking topologically about the spaces of human-material practices", *Global Networks*, 15(4), pp.536~552.

Johannesson, G. T., 2005, "Tourism translations: actor-network theory and tourism research", *Tourist Studies*, 5(2), pp.133~150.

Lathan, A., 2008, "Retheorizing the scale of globalization: topologies, actor networks and cosmopolitanism", in A. Herod and M. Wright (eds), *Geographies of Power: Placing Scale*, Malden M.A., Blackwell, pp.115~144.

Latour, B., 1988, *The Pasteurization of France* (trans. Alan Sheridan and John Law), Belknap Press of Harvard U.P., Cambridge, MA.

Latour, B., 2005, *Reassembling the Social: An Introduction to Actor-Network Theory*, Oxford U.P., New York.

Law, J., 1994, *Organizing Modernity*, Blackwell, Oxford.

Law, J., and Mol, A., 2001, "Situating technoscience: An inquiry into spatialities", *Environment and Planning D: Society & Space*, 19, pp.609~621.

Levitt, P., 2009, "Roots and routes: understanding the lives of the second generation transnationally", *Journal of Ethnic & Migration Studies*, 35 (7), pp.1225~1242.

Lorimer H, 2007, "Cultural geography: Wordly shapes, differently arranged", *Progress in Human Geography*, 31(1), pp.89~100.

Mansvelt, J., 2009, "Geographies of consumption: engaging with absent presences", *Progress in Human Geography*, pp.1~10 (DOI: 10.1177/0309132509339934).

McFarlane, C., 2009, "Translocal assemblages: space, power and social movements", *Geoforum*, 40(4), pp.561~567.

Miller, D., 2008, "Migration, material culture and tragedy: four moments", in *Caribbean migration, Mobilities*, 3(3), pp.397~413.

Mol, A., and Law, J., 1994, "Regions, networks and fluids: anaemia and social topology", *Social Studies of Science*, 24(4), pp.641~671.

Muller, M., 2015, "Assemblages and actor-networks: rethinking socio-material power, politics and space", *Geography Compass*, 9(1), pp.27~41.

Murdoch, J., 1998, "The spaces of actor-network theory", *Geoforum*, 29(4), pp.357~374.

Murdoch, J., 2006, *Post-structuralist Geography: A Guide to Relational Space*, Sage, London.
Rowland, N.J., 2010, "Actor-network state: integrating actor-network theory and state theory", *International Sociology*, 25(60), pp.818~841.
Saito, H., 2011, "An actor-network theory of cosmopolitanism", *Sociological Theory*, 29(2), pp.124~149.
Schatzki, T. R., 2010, "Materiality and social life", *Nature and Culture*, 5(2), pp.123~149.
Urry J, 2003, *Global Complexity*, Polity Press, Cambridge.
Vasantkumar, C., 2013, "The scale of scatter: rethinking social topologies via the anthropology of 'residual' China", *Environment and Planning: Society and Space*, 31, pp.918~934.

4장

초국적 결혼이주가정의 음식-네트워크와 경계 넘기

최병두

1 음식은 물체가 아니고 네트워크다

초국적 결혼이주가정이 급증함에 따라 이질적 문화의 혼합 과정과 그 효과에 대한 관심이 증대하고 있다. 결혼이주가정은 서로 다른 환경과 문화 속에서 살아왔던 사람들이 만나 새롭게 형성하는 공동의 장이다. 이러한 공동의 장을 구성하는 중요한 매개적 요소들 가운데 하나가 음식이다. 결혼이주 전 고향생활에서 특정한 음식문화를 체화한 결혼이주여성은 한국 음식문화를 가진 가정의 한 구성원이 됨에 따라, 이질적인 음식문화의 다양한 요소들과 결합하게 된다. 이로 인해 새롭게 형성된 결혼이주가정은 음식을 만들고 먹는 행동에서 발생하는 크고 작은 긴장과 갈등, 충돌과 (노골적 또는 암묵적) 강제의 과정을 겪게 된다. 그러나 대부분의 결혼이주가정에서는 일정한 시간이 경과하면서 타협과 상호 적응을 통해 이질적 음식문화의 혼합에 따른 혼란이 완화되면서, 가족들 간 사회적 관계와 공동의 장으로서 가정의 장소성은 서서히 안정되고, 음식문화의 세부 요소들의 조합도 재구성되어 점차 조화를 이루게 된다.

결혼이주가정의 이러한 음식문화의 혼합과 변화 과정은 여러 학문분야들에서 연구되고 있지만, 결혼이주여성의 개인적 특성에 따라 이들의 가정에서 형성된 음식문화의 특성을 파악하거나 또는 음식문화를 둘러싸고 전개되는 (거시적 및 미시적) 사회관계의 변화를 파악하고자 하지만 실제 음식문화를 구성하는 세부적인 요소들과 이들의 지리적 이동성 및 재현 과정이 이를 둘러싸고 전개되는 사회공간적 관계를 어떻게 변화시키는가에 대해서 제대로 분석하지 못하고 있다. 따라서 이 장은 초국적 결혼이주가정의 음식문화 변화를 분석하면서 두 가지 측면을 추가적으로 강조하고자 한다. 첫째는 결혼이주가정의 음식문화가 형성되는 국가 및 지역의 공간환경적 요소들뿐 아니라 이를 구성하는 요소들의 지리적 이동과 장소적 재현에 의한 음식문화의 혼종성과 변용 과정 및 그 효과이며, 둘째는 음식문화를 구성하는 행위자로서 인간뿐 아니라 물질과 제도 등 비인간 행위자들(식재료, 요리기구와 시설에서 식습관이나 식문화 정체성에 이르는 다양한 요소들)로 구성된 음식-네트워크이다.

음식문화를 규정하는 공간환경의 조건이나 이와 관련된 장소성은 지리학적 연구에서는 많이 강조되고 있다. 음식문화가 자연(기후 및 지형 등) 및 인문(경제수준이나 종교 등) 환경에 거시적으로 규정된다는 점은 잘 알려져 있지만, 한 지역이나 국가에서 발달한 음식문화가 지리적으로 이동하여 새로 구성된 가정에서 다시 재현된다는 사실은 흔히 간과된다. 즉 음식을 만들고 먹는 일은 한편으로 거시적 자연환경에 직·간접적인 영향을 받으며 다른 한편으로 일정한 공간적 이동성과 장소성을 전제로 한다. 어떤 자연·인문환경 속에서 발전한 특정한 음식, 즉 한 지역에 뿌리를 두고 영역화된 음식은 지리적으로 이동하여 다른 지역의 새로운 환경과 장소에서 다시 만들어질 수 있다. 작은 씨앗이 새의 먹이가 되어 수백 킬로미터 떨어진 곳에서 다시 발아하듯이, 베트남 음식, 필리핀 음식 등은 초국적 결혼이주여성의 몸에 체화되어 새로운 자연·인문환경과 장소성을 가진 한국의 가정에서 다시 태어나게 된다.

다른 한편, 음식을 만들어 먹는 일은 인간 생존을 위해 필수적일 뿐 아니라 사회적 관계를 형성하고 유지·발전시키거나 또는 변화시키는 과정이다. 음식은 하나의 단일한 물체로 존재하는 것이 아니라 음식을 만들고 먹는 과정에서 개입하는 다양한 인간 및 비인간(물질과 제도 등) 행위자들로 구성된 네트워크 또는 다중적이고 이질적인 요소들의 집합체라고 할 수 있다. 행위자-네트워크이론(actor-network theory, 이하 ANT로 표기함)은 음식문화를 구성하는 사람들과 더불어 다양한 물질적 제도적 요소들도 행위자로 간주하고, 이러한 인간 및 비인간 행위자들로 구성된 음식-네트워크의 연구에 원용될 수 있다. 이 이론은 결혼이주가정에서 음식 만들기와 먹기 과정에서 구성되는 음식-네트워크를 다양한 이질적 요소들의 집합체, 즉 아상블라주로 이해하고, 음식문화가 어떻게 상호 구성적 관계를 가지며, 상호 변화를 통해 문화적·인종적·공간적으로 구분된 경계 넘기를 가능하게 하는가를 고찰할 수 있도록 한다.

이러한 문제의식과 이론적 배경을 전제로, 이 장은 초국적 결혼이주가정에서 어떻게 음식-네트워크가 형성되고, 이러한 네트워크를 통해 문화공간적 경계 넘기가 수행되는가를 고찰하고자 한다. 이를 위해 다음 절에서 초국적 결혼이주가정의 음식문화 특성에 관한 연구, 다문화로의 전환을 촉진하는 지구화 과정 속에서 전개되는 음식문화의 변용과정에 관한 연구 그리고 이러한 음식문화와 관련된 거시적 자연·인문환경 및 미시적 장소성에 관한 연구 등 선행연구들을 간략히 살펴보는 한편, ANT가 초국적 결혼이주가정의 음식문화의 변용과정에 어떻게 적용될 수 있는가를 제시하고자 한다. 또한 이 장은 이러한 문헌 연구와 개념적 고찰에 바탕을 두고, 실제 초국적 결혼이주가정에서 이루어지는 음식 만들기와 먹기 과정에 관한 심층면접 자료의 수집과 분석을 통해 이 가정들에서 구성되는 음식-네트워크와 이를 통한 음식문화의 사회공간적 변용, 즉 문화지리적 경계 넘기의 특성을 경험적으로 파악하고자 한다.

2 결혼이주가정의 음식문화와 행위자-네트워크

1) 결혼이주가정과 음식문화

지난 20여 년간 초국적 결혼이주여성의 유입과 이에 따른 결혼이주가정(또는 다문화가정)이 급속히 증가함에 따라, 가정이나 이웃 또는 지역사회에서 전개되는 다양한 문화의 혼종과정에 대한 관심이 크게 증가하였다. 특히 음식은 이러한 가정에서 이질적 문화가 어떻게 서로 혼합되어 갈등과 조화 과정을 거치면서 일상 생활화되는가를 보여주는 대표적 문화요소들 가운데 하나라고 할 수 있다(박재환, 2009). 이러한 점에서 결혼이주가정에서 이루어지는 음식문화 또는 식습관 등에 관한 연구들이 많이 이루어지고 있다. 김종훈·곽도화(2010)의 연구에 의하면, 음식에 대한 기호나 태도는 사람(개인이나 집단)에 따라 상이하다. 물론 대체로 모든 사람들이 공통적으로 좋아하는 음식과 싫어하는 음식이 있지만, 개인적으로 또는 집단적으로 (즉 지역, 계층 또는 민족이나 인종을) 선호하거나 기피하는 음식들이 있다. 또한 음식문화는 사회구조의 변화에 많은 영향을 받는다. 소득 증대와 생활수준의 향상으로 식생활은 크게 변화했으며, 사회적 관계의 변화(음식의 상품화, 여성의 사회 참여, 핵가족화, 다문화가정 구성 등)에 따라 가정에서 음식을 만들고 먹는 습관도 크게 변화하고 있다.

이러한 음식문화는 어떤 한 장소나 지역에 고정된 것이 아니다. 음식문화의 주체나 양식은 지리적으로 이동하여 다른 지역의 음식문화와 융합되기도 한다. 결혼이주여성이 한국에 이주하여 새로운 한국문화에 접하게 되면, 문화적 혼합이 이루어진다. 특히 결혼이주여성들은 "가정이라는 사적 공간에 편입되면서 의사소통의 문제와 가부장적 가족문화를 배울 기회도 부족"할 뿐만 아니라 기존의 생활공간(고향)에서 오랜 전통 속에서 형성된 식습관으로 인해 식문화의 차이를 느끼게 된다(김종훈·곽도화, 2010). 개인의 식습관은 일상생활에서 접하는 다양한 사람들, 특히 가정이라는 장소에서 가족이라는 사회적 관계를 통해 오랜 시간에 걸쳐 서서히 형성되고, 이질적 음식문화와 결합하여 갈등과 타협 과정을 거치면서 새로운 양식으로 변하게 된다. 이러한 점에서 결혼이주여성이 한국 사회에서 처음 접하게 되는 음식문화는 상당한 충격을 줄 것이며, 이에 적응하기 위하여 일정한 시간이 요구된다.

이러한 점에서 결혼이주가정의 음식문화에 관하여 많은 연구 결과들이 발표되었다. 한윤희 외(2011)는 한국 거주 여성결혼이민자의 한국 식생활 적응요인 및 식행동 관련 설문조사 연구에서, 이들이 한국 음식에 적응하는 데 소요되는 시간은 '1~3개월 미만'이 가장 많았고, 좀 더 최근에 입국한 결혼 여성이민자일수록 적응 소요기간이 더 짧은 것으로 조사되었다. 또한 한국 음식에 대한 만족도는 국적별, 거주기간별 유의한 차이가 있었고, 출신국에서 한국 음식을 먹어본 경험이 있는 이민자도 전체의 70%를 넘었고, 경험이 있는 응답자들이 없는 응답자들에 비해 상대적으로 한국 음식 만족도가 높았다. 또한 한국 음식 적응에 가장 도움을 준 사람은 남편과 시어머니 등 가족이었고, 대부분은 본인이 한국요리 실력에 자신감이 없고, 요리방법을 배우고 싶어 하는 것으로 나타났다. 또 다른 연구 사례로서 이정숙(2012)은 음식문화가 식품섭취를 통한 개인의 생명과 건강 유지에서 나아가, 가족 간 교류와 자녀 양육에 매우 중요한 역할을 한다고 주장하고, 다문화가정에서 한국 음식 선호도, 식생활 적응정도, 조리법, 그리고 음식을 둘러싼 가족(부부)갈등 등을 조사하였다. 이 조사에 의하면 결혼이주가정에서 한국 음식을 매일 먹는 가정의 비율은 65.7%이고, 고향 음식을 매일 먹는 가정의 비율은 30.9%로 상당히 높은 것으로 나타났다. 최근에도 김정현(2015) 등 여러 연구들이 이와 같은 설문조사 방법을 통해 결혼이주가정의 음식문화와 식생활 활동에 관하여 조사연구를 수행하였다.

이와 같이 주로 가정학 관련 분야에서 연구들은 대체로 결혼이주가정의 음식문화 특성을 밝히기 위한 설문조사 분석에 의존하고 있다. 주요 설문항목들은 한국 음식 선호도와 인식(고향음식과의 비교), 적응기간, 학습의지, 조리법과 정보수집 방법, 식재료와 음식 유형, 식사방식과 식행동, 그 외 간식 및 외식 등으로 이루어져 있다. 이 연구들은 결혼이주가정의 음식문화가 가지는 특성들을 파악할 뿐 아니라 음식문화의 요인들이 다양하게 구분되고 복잡하게 얽혀있음을 이해할 수 있도록 한다. 그러나 이러한 조사 연구들은 결혼이주가정의 음식문화 그 자체에 초점을 두고 이들의 개인적 특성에 따라 음식문화의 세부 사항들이 결정되는 것으로 파악하지만, 음식문화의 변화와 적응 과정에서 이루어지는 결혼이주여성의 정체성 및 사회적 관계의 변화에 관해서는 거의 관심을 두지 않고 있다. 또한 이러한 연구들은 음식문화가 개인의 특성이나 경험뿐 아니라 민족적 전통과 생활양식 그리고 해당 국가나 지역의 자연환경에 의해 직·간접적으로 규정된다는 점에 대해서도 별로 주목하지 않는다. 그리고 실제 음식을 만들고 먹는 장소도 거의 무시되고 있다. 이러한 점에서, 결혼이주가정의 음식문화 그 자체의 특성에 관한 연구도 중요하지만, 음식문화가 형성되는 사회적 관계와 미시적 장소성 그리고 거시적 환경 조건에 관한 연구가 필요하다. 또한 결혼이주가정에서 본국 음식문화와 정체성을 가진 결혼이주여성이 한국의 이질적 음식문화를 접하고 이에 적응하는 과정에서 가정의 음식문화도 어떻게 변하는가에 대해 관심을 가질 필요가 있다.

이러한 문제점들은 지구화 또는 다문화사회로의 전환을 배경으로 음식문화의 변화에 관한 인류학적 연구에서 상당 정도 해소되고 있다. 박상미(2003)는 지구화과정 속에서 이루어지는 음식문화의 변화 과정에 관한 연구에서, 음식문화가 지구화과정 속에서 일상생활의 반복적 소비행위로 구성·변화된다는 점에서, 이에 관한 연구는 일상성과 특수성을 아우르고, 공개적이면서도 비공개적인 소비문화 일반을 고찰한다는 점에서 의의가 있다고 주장한다. 특히 음식문화를 연구하는 과정은 "집단의 정체성을 창조하고 강화하는 방편"이며 또한 "차이를 규정하고 경계를 긋는 일[또는 경계를 넘는 일]이다. 전 지구화 과정 속에서 동질화가 일어나는 한편으로 지역성을 추구하기도 하는 현상"을 고찰하는 것이다(박상미, 2003, 66). 이와 같이 음식문화에 관한 연구는 이에 내재된 일상성과 특수성, 동질성과 차별성, 그리고 지구성과 지역성에 관심을 가지고, 이들을 이분법적으로 구분할 것이 아니라 동전의 양면처럼 동시에 고찰할 필요가 있다. 이러한 주장은 지구화 과정(특히 음식의 상품화 과정을 동반하는 과정) 속에서 국지적 음식문화에 관한 연구 일반에서 도출될 수 있지만, 특히 결혼이주가정의 음식문화에서 더 잘 적용될 수 있을 것이다(문옥표, 2012). 왜냐하면 결혼은 서로 다른 지역의 식문화가 전파·보급되는 주요 통로이고, 전혀 다른 음식문화를 체화하고 이주하는 결혼이주여성은 배우자나 자녀, 가족들의 식생활 전반에 장기적인 변화를 초래할 수 있기 때문이다.

이러한 결혼이주가정의 음식문화 변화는 물론 일방적 적응과정이 아니라 상호 갈등과 타협, 혼합과 절충을 통해 진행된다. 이러한 음식문화의 혼합은 다양한 종류의 새로운 음식과 식재료, 조리법의 유입을 비롯하여 외국인 집주지역을 중심으로 확산되는 에스닉 음식점이나 식품점의 입지, 퓨전 음식의 유행 등에서 찾아볼 수 있다. 특히 결혼이주가정에서 이와 같은 식생활의 혼합은 "외국인 결혼이민자들의 본국 음식을 먹고자 하는 욕구와 다른 가족원들의 생소함이나 거부감을 최소화해야 하는 필요성의 결합"으로 이해된다. 달리 말해 "음식문화란 단순히 특정 음식 그 자체이거나 그에 대한 기호 혹은 그것을 조리할 수 있는 능력만을 의미하는 것이 아니다. 문화의 한 장르로서 나아가 두 문화의 부딪침의 장(場)으로서 음식"을 다루는 것이 중요하다는 점이 강조된다(문옥표, 2012, 111). 이러한 점에서 김영주(2009)는 문화적 갈등과 관련하여 결혼이주여성을 음식 먹는 행위자이며 또한 음식 만드는 행위자로 규정하고, 결혼이주가정에서 음식을 둘러싸고 나타나는 갈등으로 한국 음식의 강요와 모국음식의 제한 및 식사 준비 등 요리과정에서 역할 분담을 둘러싼 갈등을 분석하고 있다.

이러한 인류학적 연구들은 결혼이주가정의 음식문화를 둘러싸고 전개되는 사회적 관계와 결혼이주여성의 갈등을 고찰하고자 한다는 점에서 유의성을 가진다. 그러나 이 연구들은 일상성과 특수성, 동질성과 차별성, 지구성과 지역성 등의 이분법을 극복하면서 음식을 둘러싸고 전개되는 사회적 관계를 적절하게 이해하고 분석할 수 있는 어떤 이론을 제시하지 않고 있다. 즉 이들은 음식 자체를 이질적 문화가 부딪치는 장으로 이해하고 있지만, 이러한 문화적 충돌과 혼합으로 이루어지는 사회적 혼종성을 제대로 개념화할 수 있는 틀을 만들지 못하고 있다. 그리고 이들의 연구에는 음식문화의 혼종성이 실제 전개되는 장소(외국인이주자 집주지역이나 결혼이주여성의 가정 공간)에 대한 직접적 관심이 결여되어 있다. 이러한 점에서 두 가지 중요한 측면에 관한 추가적 논의가 요구된다. 첫째, 지구화 과정에서 전개되는 음식문화 일반의 변화과정에 함의된 공간(환경)적 측면, 특히 결혼이주가정의 음식문화에서 혼합과 변용이 이루어지는 장소성에 좀 더 관심을 가질 필요가 있다. 둘째, 인간 행위자뿐 아니라 음식문화 및 이를 구성하거나 이와 연계된 다양한 요소들도 주요한 행위자로 인식함으로써 일상성과 특수성, 동질성과 차별성, 지구성과 지역성의 이분법을 극복할 수 있는 이론적 틀이 필요하다. 이를 위해 ANT에 바탕을 둔 음식문화 분석의 유의성을 논의할 수 있다.

2) 음식문화와 결혼이주가정의 장소성

음식은 그 지역의 자연 및 인문 환경에서 많은 영향을 받는다. 지역 고유의 기후와 지형뿐 아니라 그 지역에서 살아가는 동식물들은 음식 재료와 음식의 요리 및 저장 방법에 지대한 영향을 미친다. 또한 그 지역의 문화 전통(종교, 습관 등)과 경제 수준 등의 인문환경도 음식 재료의 종류와 수준 그리고 음식에 대한 식감(맛에 대한 민감성)이나 음식 먹는 과정 등을 조건 지운다. 이에 따라 장소나 지역, 국가에 따라 음식이 달라지는 것은 어찌 보면 당연하다고 할 수 있다. 그러나 이러한 점은 자연환경이 음식을 결정한다고 주장하기 위한 것이 아니다. 왜냐하면 유사한 자연환경의 국가나 민족이라고 할지라도 생활양식과 역사적 전통에 따라 음식 재료와 요리 및 식사 방식이 다르기 때문이다. 뿐만 아니라 문화적 요소들은 특정 지역에 고정된 것이 아니라 지리적으로 전파되고 융합되면서, 새로운 음식문화가 발달하게 된다. 이러한 점에서 음식의 지리학에 대한 관심이 크게 늘어나고 있다. 강재호(2015)는 음식을 자연환경과 인문환경이 상호작용하여 만들어낸 문화현상으로 이해하고, 이러한 문화현상으로서 음식이 지역별로 어떤 차이를 보이는가를 서술하고 있다.

기존 지리학에서 식량에 관한 논의, 즉 식재료로서 농업상품이나 식량자원에 관심을 가지고, 이의 생산과 소비, 국제적 이동과 교역 등에 관한 논의가 주를 이루었다. 그러나 최근 관심을 끌고 있는 음식의 지리학은 이러한 경향에서 벗어나, 자연환경과 음식문화 간 거시적 관계를 배경으로 전개되는 미시적 사회관계와 일상생활 공간에서 형성·변화하는 음식문화에 초점을 둔다. 김학희(2005, 375)는 음식을 매개로 한 지리교육의 중요성을 강조하면서 다음과 같이 서술한다. "음식은 생산과 소비에 이르는 경로와 과정을 추적하기에 유리하고 작물의 기원, 분포, 확산, 이동 등 지리적 개념을 설명하기에 적합하다. 또한, 세계 각 지역의 다양한 전통 문화나 새로운 문화 현상, 미묘한 문화적 뉘앙스의 차이뿐 아니라 다국적 기업의 특성이나 거대 식품 회사의 수직적 계열화 등 정치적·경제적 현상을 다양한 스케일과 관점을 통해 설명할 수 있다." 이러한 점에서 음식에 관한 지리학적 연구는 음식이 요리·소비되는 가정의 미시적 공간에서부터 음식 재료가 세계적으로 생산·가공·이동되는 거시적 공간에 이르기까지 다양한 지리적 규모들과 이를 통한 지역 간 관계성을 이해할 수 있도록 하며, 지리교육에서 다문화교육을 위한 주요한 주제가 될 수 있다(허지은, 2011). 물론 최근 지구화 과정과 시공간적 압축의 결과로, 세계적으로 다양한 음식문화가 지역성을 상실하고 점차 동질화되는 경향을 보이고 있다. 이러한 경향은 패스트푸드의 세계적 확산과 이에 따른 식생활의 동질화를 지칭하기 위해 이른바 '맥도널드화'라는 용어가 사용되기도 한다. 그러나 다른 한편 문화적 동질화뿐만 아니라 문화적 혼성화나 다원성에 관한 논의들도 활발하게 전개되고 있다.

음식에 관한 새로운 문화지리학적 관심은 국내뿐만 아니라 해외에서도 크게 늘어나고 있다(Feagan, R., 2007). 최근 프랑스에서는 많은 연구자들이 이에 관심을 가지고, 음식의 지리학을 "한편으로 자연-문화의 관계, 또 다른 한편으로 인간의 욕구에 관한 것"으로 정의하고, 이를 인간 삶의 필수적이면서도 보편적 조건, 즉 "존재, 삶, 즐거움, 나눔에 대한 연구" 또는 "생활방식을 만들어가는 인류의 동기에 초점"을 두는 것으로 이해하고 있다(이수진·장로베르 피트, 2010). 특히 음식문화는 단순히 음식 그 자체에 한정되는 것이 아니라 다양한 요소들의 결합체로 이해된다. 즉 "음식문화는 나라를 막론하고 향토가 승화된 실체"이며, "각 지방의 전문가인 토양, 기후, 식생, 가축, 농부, 배달원, 상인, 요리사, 소믈리에(Sommelier, 포도주 감정사)의 재능과 감각 있는 아마추어들에 의해 발달하는 것"이라고 강조된다(이수진 · 장로베르 피트, 2010, 96). 이러한 점에서 음식문화는 지역의 농업, 목축, 어업 등의 생산체계와 연계되어 있을 뿐만 아니라 가공 및 저장기술, 요리법, 식탁 장식, 식사예절과 대화, 관련된 문학(시, 소설, 수필, 칼럼 등), 음식을 매개로 한 사회적 관계 등과 긴밀한 관계를 가진다.

이러한 점에서 김학희(2005)는 "음식은 문화적 혼종성과 다양한 공간과 스케일, 그리고 지역, 국가, 세계의 네트워크, 세계화 과정에 관한 입체적 이해를 가능하게 한다"고 주장한다. 특히 음식의 지리학은 음식문화를 단순히 거시적 측면에서 환경적 조건이나 경제적 관계의 문제로 환원하지 않고, 음식 자체의 생산과 소비가 이루어지는 거시-미시적 다문화공간에 관심을 가지도록 한다. 달리 말해, 결혼이주가정의 음식문화는 이를 둘러싸고 다규모적으로 전개되는 사회공간적 관계의 지리학을 전형적으로 드러낸다. 결혼이주여성은 자신의 이주 전 지역 및 국가에서 형성된 음식문화를 체화하고 있으며, 이주 과정은 음식문화의 초국가적 이동성 또는 전파의 궤적을 나타낸다(김효진, 2010). 이러한 결혼이주여성이 국내의 특정 지역, 특정 가정에 유입됨에 따라, 그 지역 또는 가정은 이질적 문화가 서로 접하고 혼합되는 장소가 된다. 결혼이주여성은 배우자와 새로운 가정을 구성하게 되지만, 배우자와 그의 가족들이 체화하고 있는 음식문화에 적절히 대처해야 한다. 이러한 점에서 결혼이주가정에서 구성되는 다문화공간은 초국가적 이주를 통해 유입된 음식문화가 결혼이주여성의 출현을 통해 음식을 만들거나 먹는 과정에서 물질화된 것이다. 이에 따라 결혼이주가정의 인종적, 문화적 혼합은 음식을 만들고 먹는 일상적 공간에 뿌리내리면서, 문화적 경계를 넘어서게 된다.

이와 같이 결혼이주가정의 음식문화는 인간-환경관계뿐만 아니라 사회-공간관계를 함축한다(이희상, 2012). 왜냐하면 음식을 요리하고 먹는 과정 자체가 사회공간적 과정이기 때문이다. 달리 말해 인간은 음식을 만들고 먹으면서 신체에 필요한 물질적 영양을 충족시킬 뿐만 아니라 음식을 매개로 한 사회적 관계와 이러한 활동이 이루어지는 장소를 함께 생산하고 소비한다. 음식을 만들고 먹는 과정이 사회공간적 과정이라는 주장은 한편으로 이 과정이 음식의 섭취뿐만 아니라 정보를 이해하고 정체성을 재형성하는 과정이기 때문이다. 즉 식재료는 그것이 생산된 토양과 기후에 관한 정보를 담고 있으며, 음식의 요리방법은 그것이 형성된 전통적 문화와 습관에 관한 정보를 담고 있다. 음식을 만들고 먹는 과정은 이와 같이 식품이 가지고 있는 정보 또는 기호를 인지하고 소비하는 과정이라고 할 수 있다(김학희, 2005). 다른 한편 결혼이주가정에서 형성된 음식문화가 사회공간적 과정으로 이해되어야 한다는 점은 음식을 만들고 먹기까지의 과정들이 일정한 가정공간이나 지역사회에 내재된 사회적 규범과 습관, 가치와 권력관계를 반영하고 있기 때문이다. 이러한 점에서 김영주(2009)는 음식을 매개로 형성되는 가정의 일상생활공간에서 결혼이주여성들은 "표면상 '순응'과 '적응'"하는 것처럼 보이지만 그 "이면에는 많은 문화적 갈등이 벌어지고 있으며, 그 과정에서 나름대로의 적응과 생존을 위한 전략들을 구사하거나 시도하고 있음"을 보여주고자 한다.

음식을 매개로 한 다문화주의(또는 초국가주의)와 이에 의해 형성되는 공간적 측면에 관한 고찰은 해외 연구 사례들에서도 최근 다소 찾아볼 수 있다. 콜린스(Collins, 2008)는 뉴질랜드 오클랜드에서 한국인 유학생들의 음식문화를 고찰하면서, 한국 유학생들의 음식 소비에서 행해지는 친숙성은 한편으로 '한국적'으로 코드화된다는 점에서 '국지적'인 것처럼 보이지만, 다른 한편으로 다른 국적의 유학생들과 '지구적' 친숙성을 나타낸다는 점을 강조한다. 비슷한 맥락에서 롱허트스(Longhurst, 2011)는 뉴질랜드의 소도시에서 이주여성 집단의 음식과 정체성에 관한 연구에서 "장소와 음식 공유를 통해 생산되는 다문화주의의 복잡한 속성"을 고찰하고자 한다. 특히 이 연구는 "음식과 느낌의 공유는 인종 차이를 넘어서 서로 다른 국적의 여성이주자들 간에 감성적 결속"과 더불어 "다문화적 장소 공유를 가능"하게 하는 매체로 이해한다. 또한 두루즈(Duruz, 2010)는 서구의 부엌에서 아시아 음식에 관한 담론들이 어떻게 생산·소비되는가를 고찰하면서, 요리 방식이나 맛에 관한 상상된 타자로서 음식에 관한 담론이 부엌에서 어떻게 사람들 간 일상적 상호행동과 자연스러운 대화를 유도하는가를 고찰하고 있다.

이와 같이 최근 관심을 끌고 음식의 지리학, 특히 음식문화를 둘러싼 초국적 결혼이주가정의 장소성 또는 다문화공간 및 정체성에 관한 이해는 음식문화의 혼종성과 다양한 공간 스케일, 그리고 음식을 매개로 형성되는 사회적 연계성 또는 네트워크를 강조하고 있다(Cook et al., 1999). 이러한 점에서 김학희(2005)는 음식의 지리학이 음식 자체의 생산과 소비가 이루어지는 미시적 공간과 여기서 이루어지는 사회적 관계들을 이해할 수 있도록 한다는 점을 지적하면서, "모든 것들이 서로 연결되어 있다는 생태학적·시스템적 사고"를 제시하고, 최근 지리학에서 부각되고 있는 '관계적 전환'의 유의성을 강조한다. 이러한 사고는 위에서 언급한 이수진·장로베르 피트(2010)의 주장처럼, "음식문화는 단순히 음식 그 자체에 한정되는 것이 아니라 다양한 요소들의 결합체로 이해되어야 한다"는 점과 공통점을 가진다.

이러한 사회공간적 관계성 또는 '다양한 요소들의 결합체'라는 사고는 사실 지난 1990년대 이후 연구자들의 많은 관심을 끌고 있는 ANT에 바탕을 두고 더 잘 개념화될 수 있다. 이 이론은 최근 지리학 일반에도 상당히 논의되고 있으며(박경환, 2014; 최병두, 2015; 김숙진, 2016), 초국적 노동이주 과정에 관한 경험적 연구에도 응용되고(제3장 참조), 또한 음식의 지리학에도 이미 도입되고 있다. 김병연(2015)에 의하면, 음식을 포함하여 다양한 물건들이 생산되어 소비되기까지 수많은 인간, 자연, 기계들과의 네트워크를 형성하고 있으며, 따라서 다문화사회에서 인간 및 비인간 타자에 대한 배려가 필요하다는 점이 강조된다. 이러한 점에서 결혼이주가정의 음식문화의 혼종성과 다규모적 접합 그리고 장소성의 형성과 변화 과정 등을 이해하기 위해 ANT가 어떻게 원용될 수 있는가를 좀 더 고찰해 볼 필요가 있다.

3) 음식문화와 행위자-네트워크이론

ANT는 1980년대 중반 라투르, 칼롱, 로 등 과학기술학 분야의 연구자들이 제안하여 사회 및 자연 과학 전반에 널리 알려진 이론으로, 국내 학계에서도 이제는 여러 분야에서 응용되고 있다(홍성욱, 2010a; 김환석, 2011). ANT는 인간뿐 아니라 모든 사물들을 행위자로 설정하고 이러한 인간 및 비인간 행위자들로 구성된 행위자-네트워크에 초점을 두고 현상을 분석하고자 한다. 이러한 점에서 이 이론은 자연/사회, 행동/구조, 일반적인 것/특수한 것, 지구적인 것/국지적인 것 간을 구분하는 이원론을 극복하고 모든 현상들을 행위자-네트워크의 효과로 이해하고자 한다. 특히 이 이론은 공간적 측면에서 그동안 근대 지리학 나아가 근대적 공간 의식을 지배해 온 유클리드 공간관을 거부하고 새로운 네트워크 공간 개념을 제시하고자 한다(최병두, 2015). 물론 ANT가 실질적인 내용을 가진 사회이론인가에 대한 의문이 제기될 수 있으며, 이러한 점에서 이 이론은 단순한 방법론이거나 또는 추상적인 존재론이라고 비판되기도 한다.[1] 그러나 ANT에 의하면, 행위자들은 이들로 구성된 네트워크의 결절로 존재하며, 그 네트워크에 연계되어 있음으로써 그 실체의 특성을 부여 받는다는 점을 강조한다는 점에서 관계론적 존재론으로 이해될 수 있으며, 또한 이를 고찰하기 위한 방법론이라고 할 수 있다.

ANT에서 관계성은 언어들 간 관계에 초점을 두는 기호학에 유추되지만 나아가 현실 세계의 관계성에 관심을 가질 것을 요구한다. 몰(Mol, 2010)이 제시한 사례에 의하면, '물고기'는 어떤 용어가 아니라 현상으로서 존재하기 위해 관계를 가져야 한다. 물고기는 생존하기 위해 물과 플랑크톤이나 작은 물고기들뿐 아니라 적합한 수온과 산소용존량이 있어야 한다. 물고기는 식품시장에서 다

---

1) 몰(Mol, 2010)에 의하면 ANT가 '이론'이라면, 이는 "학자들이 세계와 조응하는 것, 즉 세계를 보고, 듣고, 느끼고, 맛을 볼 수 있도록 도우는 어떤 것"이라고 주장한다는 점에서 일종의 인식론 또는 접근방법으로 인식될 수 있다.

른 육류고기와 경쟁 관계에 있음으로써 식재료로서의 생선이 된다. 물론 어떤 실체 또는 행위자의 존재가 이를 둘러싸고 있는 다른 것들과의 관계에 의존한다는 점은 이들에 의해 결정됨을 의미하는 것은 아니다. 음식을 구성하는 다양한 요소들과 이를 만들고 먹는 과정에서 형성되는 음식-네트워크에 적용한다면, 좋은 음식이란 음식의 재료가 좋아야할 뿐 아니라 좋은 음식의 맛을 보거나 음식의 섭취를 통해 유지되는 건강 상태를 평가할 수 있는 사람들과 음식 간 협력을 필요로 한다. 즉 "식사하는 사람과 그가 먹는 음식이 서로 잘 조화를 이룰 경우에만 [음식의] 맛에 대한 전반적 평가가 가능하다"(Mol, 2010, 265). 이러한 점에서 ANT의 유의성은 어떤 현상에 대한 서술의 일관성이나 예측가능성에 있는 것이 아니라 현상들 간 상호 구성 또는 조응가능성과 감수성에 있다고 주장된다.

이와 같은 인간과 음식 간 상호조응 관계는 음식이 신체와 정체성에 미치는 영향을 통해 예시될 수 있다. 최근 사람들은 비만, 질병, 미식감 등에 관심이 증대함에 따라, 음식에 대해 매우 민감하게 되었다. 달리 말해 음식을 만들고 먹는 사람과 그가 만들고 먹는 음식은 상호 규정적이다. 내가 먹는 음식(예를 들면 사과)은 나의 신체 자체뿐만 아니라 나의 건강상태나 신체 미용에 관한 나의 주관성(또는 정체성)을 좌우한다(Mol, 2008). 즉 신체와 음식 간의 만남은 생물학적 요소뿐 아니라 문화적, 공간적 요소들을 함의한다. 이러한 점에서 아보츠와 레비스(Abbots and Lavis, 2013)는 ANT가 음식을 인간과 비인간 행위자들의 이질적 관계 속에서 작동하는 음식-네트워크로 간주하는 접근방법임을 강조한다. 이러한 접근방법은 음식이 물질적 대상으로 어떻게 생산되는가 하는 것뿐만 아니라 음식 섭취를 통한 신체의 유지와 발달(또한 신체에 관한 인간의 사고) 그리고 특정한 음식문화를 통한 정체성의 형성에 어떤 영향을 미치는지를 고찰할 수 있도록 한다. 특히 이들은 음식 만들기와 먹기를 하나의 아상블라주로 이해하고, 음식의 물질적, 상징적 순환과정을 설명하고자 한다. 이러한 점에서 ANT에 기반을 둔 연구는 음식에 관한 이주자 개인의 특성이 아니라 음식문화를 둘러싸고 형성되는 인간 및 비인간 행위자들의 초국적 이주가정(즉 가정 아상블라주)를 전제로 한다.

이러한 점에서 ANT는 '경계 넘기'를 꾀한다고 주장한다. 여기서 경계란 학문 분야들 사이의 경계뿐 아니라 현실 세계에 대한 인식에서 경계로, 가장 확고한 경계는 사회와 자연의 경계라고 지적한다. 즉 "ANT는 사회/자연의 구분은 물론, 이러한 구분에서 파생되는 가치/사실, 주관성/객관성과 같은 경계도 거부한다"(홍성욱, 2010b, 20). 이러한 점에서 ANT는 경계를 무력화하기, 즉 경계 넘기를 위하여 자연과 문화 사이에 어떠한 위계도 설정하지 않고, 세상을 복잡하고, 서로 얽혀 있고, 서로를 구성하면서 항상 변화하는 혼종적인 것으로 이해한다. 이와 같이 행위자-네트워크에 초점을 두고 시도되는 경계 넘기는 인식체계나 거대 담론으로서 자연, 사회, 문화 간 위계의 해체와 상호 구성을 강조하며, 사람과 사람 간, 그리고 사람과 사물 간 혼종적, 상호구성적 관계를 분석하고자 한다. 이러한 음식-네트워크의 분석에 근거를 둔 경계 넘기는 이원론적 인식에서 설정된 경계뿐만 아니라 현실에서 인종적으로 문화적으로 설정된 사회공간적 경계 넘기에도 적용될 것이다.

〈그림 4.1〉은 이러한 ANT의 관점에서 결혼이주가정의 음식-네트워크와 경계 넘기를 분석하기 위하여 제시한 것이다.[2] 이 그림은 결혼이주가정에서 음식문화와 관련된 여러 인간 및 비인간 행위자들, 즉 결혼이주여성과 가족 및 친지 또는 이웃들, 그리고 이들의 일상생활 속에서 먹는 음식들, 이러한 음식을 만들고 먹을 때 필요한 식재료와 여러 도구와 시설, 정보, 습관, 공간들이 복잡하게 얽혀 있다. 이처럼 음식문화는 다양한 사람과 물질들이 만들어내는 복잡하고 혼합적인 네트워크로 이해된다. 이러한 음식-네트워크에서 인간 행위자들은 다른 인간 행위자들과의 사회적 관계를 구성할 뿐만 아니라 음식 그 자체 그리

2) 이 그림은 핀치와 바이커(Pinch and Bijker, 1987)가 자전거 기술을 둘러싼 다양한 사회집단과 이들이 느낀 문제점과 해결책의 네트워크를 묘사하기 위해 제시한 그림과 비교해 볼 수 있다(홍성욱, 2010c, 135 참조).

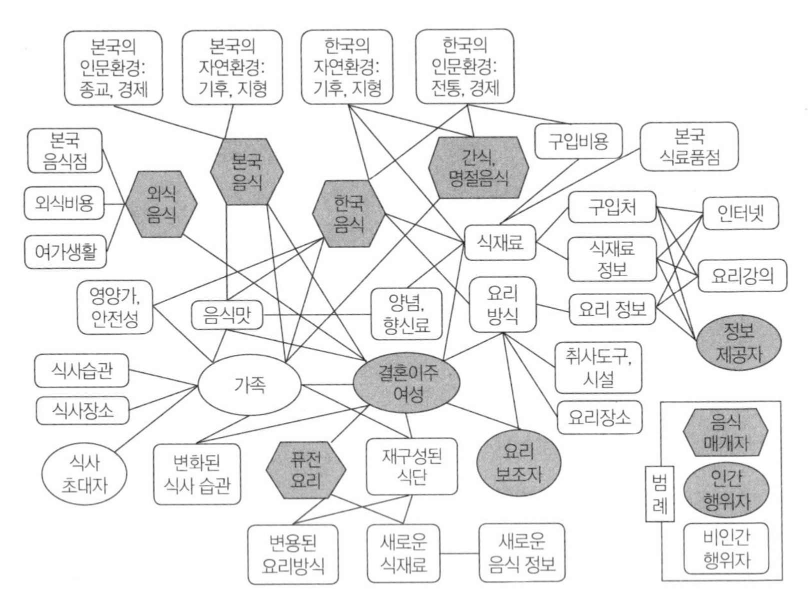

〈그림 4.1〉 초국적 결혼이주가정의 음식-네트워크

고 그 음식을 만들거나 먹는 과정에서 필요한 다양한 도구, 시설, 정보, 습관, 심지어 음식의 맛, 영양가들과 관계를 형성한다. ANT에서 잘 알려진 사례로 도로의 신호등이 자동차 운전자의 행동을 규정하듯이, 음식의 맛이나 영양가는 음식을 만들거나 먹는 사람들의 행동을 일정하게 규정한다. 이처럼 ANT에 의하면, 인간만이 행동하는 것이 아니라 음식도 행동한다. 즉 인간 행위자와 비인간 행위자는 상호 대칭적이고 상호 구성적인 관계를 가진다. 초국적 결혼이주가정에서 결혼이주여성과 가족들이 음식을 만들고 먹지만, 이 음식들은 또한 그 가족의 사회공간적 관계를 재구성하게 된다. 음식-네트워크를 구성하는 이질적 실체들은 단순히 혼합되는 것이 아니라 실체들 간 상호구성적 관계를 통해 식재료나 요리 방식을 변화시키고 식단을 새롭게 구성하거나 또는 새로운 퓨전음식을 만들어내면서 자신을 유지·변화시켜 나간다.

물론 이러한 점은 인간 행위자가 개인적으로 가지는 음식 기호나 습관을 완전히 부정하는 것은 아니다. 결혼이주여성은 본국에서 체화한 음식문화에 따라 자신이 선호하는 음식이 있으며 한국에서도 식재료가 있다면 이를 만들어 먹을 수도 있을 것이다. 그러나 한국으로 이주한 후 가정을 꾸리고 일상생활을 영위하기 위하여 결혼이주여성은 자신이 선호하는 음식과 요리 방식, 여타 식습관이나 식문화를 포기하거나 바꾸게 된다. 이러한 음식-네트워크 속에서 결혼이주여성은 음식을 매개로 다른 사람들과 갈등/조화의 관계를 가지면서 가정의 음식-네트워크라는 집합체를 유지·변화시켜 나간다. 이러한 점에서 ANT는 음식문화의 변화를 분석하는 단위로 음식을 만들고 먹는 인간 행위자들의 개별적 특성이나 이들이 만들어 먹는 음식 그 자체가 어떻게 변화하는가에 초점을 두기보다는 음식-가족의 집합체, 즉 음식을 둘러싸고 구성되는 가정 아상블라주를 연구대상으로 설정하고 이를 고찰하도록 한다.

또한 ANT는 행위자-네트워크가 작동하는 공간적 측면에 많은 관심을 가지도록 한다. 즉 음식-네트워크로 구성된 어떤 아상블라주는 물리적 공간을 점할 뿐만 아니라 그 네트워크로 구성된 일정한 장소성 또는 네트워크 공간을 가진다. 즉 결혼이주가정에서 음식 만들기와 먹기는 사회적 관계뿐 아니라 공간적 관계로서 장소성을 내포한다. 음식을 만드는 부엌이나 음식을 먹는 주방은 결혼이주여성과 그 가족들이 한편으로 친밀한 관계가 형성되거나 또는 다른 한편으로 음식의 정체성을 둘러싸고 암묵적인 긴장과 권력관계가 형성되는 장소이기도 하다. 초국적 이주여성과 결혼하기 전 가정은 전통적인 한국 음식문화의 질서와 습관(식재료와 요리방식, 그리고 밥 주식과 몇 가지 반찬으로 구성된 식단 등)으로 구성된 안정된 공간을 구성하고 있었을 것이다. 그러나 결혼이주여성이 가족의 일원으로 음식-네트워크에 참여하게 되면서, 음식을 만들고 먹는 방식에 변화가 생기게 된다. 그러면 다른 가족 구성원들과 결혼이주여성 간에 어떤 긴장과 갈등이 형성되고 타협과정을 통해 점차 새롭게 안정된 음식-네트워크(그리고 그 공간)가 구축되게 된다. 헤서링턴(Hetherington, 1997)과 머독(Murdoch, 1998)에 의하면, 전자의 네트워크에 의해 편성된 공간은 '처방(prescription)의 공간', 그리고 후자에 의해 편성된 공간은 '협상(negotiation)의

공간'이라고 지칭된다.[3)]

물론 음식-네트워크에 함의된 공간성은 이보다 더 복잡한 위상학적 복잡성(topological complexity)을 함의한다(Law and Mol, 2001; 제2장 참조). 결혼이주여성이 만들어내는 이질적 음식은 본국에서 그 음식 자체가 지리적으로 이동한 것이 아니라, 그 음식의 성분(식재료)과 요리방법, 그리고 맛(느낌)으로 이동한 것이다. 이러한 점에서 결혼이주여성이 한국에서 구입한 식재료와 요리기구를 사용하여 만들어낸 본국 음식은 본국 음식 그 자체가 아니라 어떤 변형된 본국 음식이라는 점에서, 이렇게 만들어진 본국 음식-네트워크는 본국 음식과 유사한 맛과 정취를 느낄 수 있도록 하는 유사성 또는 '유동적 공간'을 형성한다. 또한 이러한 음식-네트워크의 위상학적 특성은 이른바 '부재의 출현'을 함의한다(Mansvelt, 2009). 결혼이주여성은 지금-여기에서 본국의 음식을 만들어내지만, 이는 저기-먼 곳에 있는 보이지 않는 음식문화(고향의 가족들뿐 아니라 그곳의 음식 습관과 요리 방식 등)와 연결되어 있다. 이러한 점들에서 음식-네트워크에 함의된 위상학적 공간 개념은 좀 더 정밀하게 개념화되고, 다양한 경험적 연구들에도 적합하게 응용될 수 있어야 할 것이다.

3 결혼이주가정의 음식 만들기와 행위자-네트워크

초국적 결혼이주가정의 음식문화는 크게 두 가지 영역, 즉 음식 만들기와 음식 먹기로 구분될 수 있다(김영주, 2009). 이 두 영역은 서술의 편의상 분리될 수 있지만, 이들은 긴밀하게 상호 연계되어 있다. 음식을 만드는 행위는 그 자체

3) 예를 들어 맥도날드 매장은 다양한 인간 및 비인간 행위자들로 구성된 네트워크 공간이라 할 수 있다. 이곳에서 사람들이 관행적으로 메뉴에 따라 표준화된 제품을 주문할 경우, 매장은 표준화된 네트워크에 따라 규정되는 '처방의 공간'이라고 할 수 있다. 그러나 만약 양파 알레르기가 있는 사람이 양파를 뺀 햄버거를 주문할 경우, 네트워크에 따른 규정이 더 이상 작동하지 않게 되고 어떤 협상이 필요하게 된다. 이렇게 될 때, 매장은 어떤 '협상의 공간'으로 전환하게 된다.

〈표 4.1〉 심층면접 응답자의 특성

	출신국, 지역	연령	결혼 기간	가족관계		기타 (결혼과정, 남편·본인 직장 등)
				본국	한국	
Q	베트남, 티사비탄 (소읍)	32	9	부모, 형제 2명	남편, 딸 1명	결혼중개업체, 남편 성서공단
P	베트남, 하우얀 (시골)	28	9	부모, 형제 3명	남편, 자녀 2명	결혼정보회사, 남편 성서공단, 종교: 불교에서 기독교로 개종
M	필리핀, 마닐라 근교	불명	9	부모, 동생 2명 (前남편 자녀 2)	남편, 자녀 2명 (前아내 자녀 1)	대학 재학 중 결혼·이혼 후 연애 재혼, 남편 국제결혼사무실, 영어강사
N	필리핀, (불확실)	불명	12	부모, 형제 7명	남편, 자녀 2명	현지 직장 만남, 남편 의류수출 종사, 필리핀 결혼, 거주 후 이주
B	우즈베키스탄, 타슈켄트	37	10	모, 형제 5명	남편, 자녀 2명	남편 여행 중 친구 소개, 남편 현재 직장 불명, 본인 현재 직장 다님.
S	캄보디아, 도시 (지명 불명)	28	9	부모, 형제 2명	남편, 자녀 2명	남편 현지직장 만남, 남편 현재 휴직, 본인 포도 재배·판매

주: 인터뷰는 2015년 7~8월에 대구 성서공단 주변지역과 경산 지역에서 이루어졌음.

로 음식의 식재료와 사용할 도구 및 요리하는 방법 등을 선택할 수 있는 권한을 가질 뿐 아니라 음식을 먹을 수 있는 권리를 가지도록 한다. 그러나 경험적으로 볼 때 실제 가정에서 음식 만드는 과정과 음식 먹는 과정은 흔히 다른 사회적 관계를 전제로 하고 시공간적으로 분리되기도 한다. ANT에 근거하여 초국적 결혼이주가정에서 이루어지는 음식 만들기와 음식 먹기에 관한 분석은 특히 양 영역에서 음식을 매개로 형성되는 음식-네트워크와 이를 통한 문화적 경계 넘기를 전제로 하지만, 여기서는 이들을 순차적으로 분리하여 서술하고자 한다. 분석을 위한 자료는 임의적으로 선정된 대상자 여섯 명과의 인터뷰(심층면접)를 통해 수집되었으며, 면접자들의 특성은 〈표 4.1〉과 같으며, 다음에 표기된 인용문들은 해당 면접자들의 인터뷰에서 발췌한 것이다.

인터뷰를 통해 경험적 자료를 수집한 대상자들 가운데, 베트남의 작은 지방 도시 출신의 결혼이주여성인 Q 씨는 본국에서 10살 때부터 밥과 반찬 요리를 하기 시작했다. Q 씨의 요리하기는 바쁜 부모의 일손을 돕기 위한 매개 수단이었다. 그러나 어린 나이에 베트남 방식으로 밥하는 것은 쉽지 않았다. 베트남에서는 전기밥솥이 없고 부엌 아궁이에서 나무를 태워서 밥을 했다. 밥하는 방식은 "한국과 달라서 물이 끓으면 밥이 다 되어간다는 것을 알고 물을 비우는데, 이때 어린 나이에 매우 위험"했다. 이처럼 부엌은 어린 Q 씨에게는 위험한 공간이었지만, Q 씨는 현장(부엌)에 없는 부모를 위해 밥을 했다. 반찬은 강에서 잡은 물고기를 주로 사용하여 튀기거나 국을 끓이거나 조림을 해서 먹는다. 나물은 한국처럼 무쳐먹지 않고 볶아 먹으며, 양념으로 미원, 소금, 후추 외에 새우나 멸치 액젓을 사용했다. 액젓 만드는 작업은 주로 할머니가 하고, Q 씨는 만들어 놓은 액젓을 요리에 사용했다. 이처럼 Q 씨가 본국에서 생선이나 나물을 요리하는 과정에는 이 과정 자체에서는 현존하지 않는 자연과 할머니가 식재료를 통해 출현하거나 아무런 매개물도 없이 부모도 개입한다. 즉 Q 씨의 음식 만들기에서 형성되는 음식-네트워크는 부엌 아궁이, 나무, 쌀, 물, 물고기, 야채, 양념 등뿐 아니라 현장에는 없는 부모, 할머니, 자연(강, 들판)으로 구성된다. Q 씨는 이 같은 일상적 음식 만들기의 네트워크를 통해 먹을 음식을 장만할 뿐 아니라 이 과정에서 자신의 음식 습관과 정체성 그리고 가족들과의 사회적 관계와 자연과의 유기적 관계를 체화한다.

한국에서 Q 씨의 음식 만들기는 베트남에서 하는 것보다 쉽다. 한국에서는 주택 내 부엌에서 전기밥솥으로 밥을 한다. 처음부터 물을 알맞게 넣기 때문에, 도중에 물을 반쯤 비워야 할 위험도 없다. 그래도 처음에는 시어머니 집에서 살면서, 2년 정도 시어머니에게 혼나가면서 한국 음식을 배웠다. 음식 솜씨가 좋은 시어머니는 된장찌개, 부침개, 잡채, 김치찌개 등 다양한 한국 음식들을 가르쳐주었다. 부엌은 결혼이주여성인 외국인 며느리와 한국인 시어머니가 음식 만들기를 통해 상호 소통하는 공간이 된다. Q 씨는 나중에는 혼자 요리할 수 있게 되자, 남편은 회사 밥을 먹지 않고 자신이 해준 밥만 먹는다고 한다. Q 씨는 현재 시어머니 집에서 나와 살면서, 요리 수업을 듣고 있다. 복지관에서 진행하는 수업은 아이와 함께 가야만 참석 가능하다. 인터뷰 당일, Q 씨는 열무김치와 열무 비빔밥을 만드는 법을 배웠는데, 자신이 만들어 너무 맛있었지만, 딸아이는 매워서 잘 먹지 못했다고 한다. 한국에서 가장 즐겨 만드는 음식은 잡채, 어묵, 삼겹살볶음인데, 딸이 좋아하기 때문에 자신도 자꾸 그것을 하게 되고, 그러다 보니 잡채가 한국에서 가장 좋아하는 음식이 되었다. 이처럼 음식 만들기는 Q 씨와 시어머니, 남편 그리고 자녀와의 돈독한 관계를 만들어주는 매우 중요한 매개체이다.

그러나 Q 씨는 집에서 베트남 음식도 가끔 만든다. 특히 시어머니와 남편, 딸도 매콤달콤한 베트남식 샤브샤브를 좋아한다. 반떼오 빵도 가족들이 좋아하는데, 한국의 만두처럼 만들어 먹는다. Q 씨에 의하면, 베트남 음식 가운데 고기조림, 국과 같이 복잡한 방식으로 요리하는 음식들이 많다(복잡한 방식으로 요리하는 한국 음식을 만들어 본 경험은 없는 것처럼 보인다). 특히 장례식이나 결혼식 때 친척이나 이웃 사람들에게 한국처럼 음식점에서 만든 음식을 주는 것이 아니라, (과거 한국에서처럼) 집에서 예식을 하기 때문에 집에서 만든 음식들을 대접한다. 예식 때 배운 샤브샤브 만들기는 Q 씨의 한국 가정에서 재현된다. 물론 한국에서 만드는 베트남식 음식은 본국의 음식과는 다르다. 동일한 식재료라고 할지라도 베트남과 한국에서 구하는 것은 다를 것이며, 만드는 방법도 알거나 모르는 사이에 '한국의 음식처럼' 만들게 될 것이다. 그러나 한국에서 먹는 베트남식 샤보샤브는 베트남의 샤브샤브와 비슷한 맛과 느낌(특히 잔치 분위기)이 배어있다. 이러한 점에서, 한국에서 만들어 먹는 샤브샤브 음식-네트워크는 '유동적 공간성'을 재현한다. 요컨대 한국의 결혼이주가정에서 음식 만들기 과정에서 형성되는 음식-네트워크와 그 장소성은 본국에서 형성했던 것과는 상당히 다르지만, Q 씨의 음식 만들기 과정은 가족들과의 원활한 관계를 유지·발전시키기 위한 중요한 동맹군으로 작동한다.

또 다른 베트남 농촌 출신의 결혼이주여성, P 씨는 Q 씨와 비슷하게 어린 시절을 농촌의 강가 마을에서 살았기 때문에, 본국에서 음식-네트워크를 구성하는 거의 대부분의 식재료는 사서 먹지 않고 강에서 직접 잡은 물고기나 들판에서 채취한 야생초들로 이루어졌다. 이러한 식재료는 삶과 자연을 연결하는 중요한 매개물이었다. 뿐만 아니라 P 씨의 음식 만들기와 먹기는 그 자신과 가족들의 일상생활의 시공간 리듬과 밀접하게 연계되어 있었다.

> 평소에는 두 끼, 농사철에는 세 끼 식사를 해요. 집집마다 다르긴 하지만, 농사할 때는 새벽 다섯 시에 아침식사를 하며 나가서 일하다가 낮에 열한 시나 열두 시쯤 밥을 먹고 두 시쯤 일을 나가서 여섯 시에 저녁을 먹어요. 지금은 고향에 전기가 있지만, 어릴 때는 전기가 없었기 때문에, 이른 저녁을 먹고 자요. … 농사를 하지 않을 때는 네 시 반 정도에 저녁을 먹고 일곱 시 이전에 자지요.(P 씨 인터뷰)

P 씨도 여덟 살 때부터 밥을 하기 시작했다. 언니들이 농사를 하러 가면 가족들을 대신하여 자신이 밥을 했다. 그러나 P 씨는 음식을 만드는 공간에서 큰 위험성을 느끼지 않았던 것 같다. 왜냐하면 "아버지는 요리를 잘 못했지만, 베트남에서는 온 가족이 모두 가사 일에 참여"하기 때문이다. P 씨는 잠자는 집과 주방 사이에 나뭇잎으로 지붕을 올려놓은 공간에 아버지가 만들어 준 아궁이(화덕 3개)를 이용하여 요리를 했다. P 씨는 친구 결혼 후 도시에 와서 가정부 일을 잠깐하면서 가스레인지를 사용하여 음식을 만든다는 사실을 처음 알았다. 고향에서 생선회를 먹지 않았던 Q 씨와 비슷하게, P 씨도 한국에서 가장 이해되지 않은 부분은 날것을 그냥 먹는다는 것이다. 날것을 그냥 먹지 않고 익혀 먹는 음식습관은 물론 음식을 쉽게 상하게 하는 기후의 영향, "절대 살아 있는 생물을 날 것으로 먹지 않"는 종교적 믿음, 그리고 냉장고가 없는 사회경제적 조건 때

문이었다. 이처럼 모든 것을 익혀 먹는 음식 습관은 음식 만들기 과정을 규정하지만, 만약 냉장고가 음식-네트워크에 새로운 행위자로 개입하게 될 경우 자연환경이나 종교적 환경의 규정력은 달라질 것이다.

P 씨도 한국에 온 후 2년 정도 시어머니와 함께 살면서 한국 음식 만드는 법을 배웠다. 요즘은 음식을 하다가, 모르는 것은 인터넷 검색을 하며 배워가고 있다. 한국에서 음식 만들기를 위해 필요한 식재료는 대부분 시장에서 사서 쓴다. 한국에서는 일주일에 한 번 정도 장을 보고, 주로 아이들이 좋아하는 두부나 생선을 많이 산다. 본국에서 P 씨의 음식 만들기는 강가나 들판에서 구한 식재료를 통해 자연의 정보와 변화를 알 수 있었다면, 한국에서 음식 만들기는 식재료에 관한 시장 정보와 음식에 대한 가족들의 기호나 식감을 반영한다. P 씨의 말에 의하면, 한국에서도 베트남 채소를 많이 팔고 있는데, 대구 와룡시장은 외국 사람이 없으면 장사를 하지 못할 정도로 아시아 시장을 형성하고 있다고 한다. 한국에 온 후 처음에는 시어머니가 베트남 요리를 해보라고 했지만, 요리를 해서 먹지는 못했다. 왜냐하면 "어머니가 같이 있기 때문에, 베트남 음식을 만들기가 어려웠"기 때문이다. 음식을 만드는 부엌에서 겉으로는 시어머니와 호의적 관계에 있는 것처럼 보이지만, 실제 음식 만든 과정, 즉 음식-네트워크에서 P 씨의 행동은 시어머니와의 권력관계에 의해 억제된다. 이러한 관계는 상당히 지속적이다. P 씨는 "지금은 자신이 요리를 전담하지만, 시어머니의 잔소리가 여전히 심한 편"이라고 말한다. 이런 이유로 베트남 음식을 가끔 먹고 싶을 때 해먹기는 하지만, 자주 하지는 않는다. 같은 베트남 출신의 Q 씨와는 달리 P 씨의 경우는 베트남 음식이 음식 만드는 장소의 분위기나 가족들과 관계를 친밀하게 만드는 매개자 역할을 하지는 못한다.

필리핀의 대도시 출신인 M 씨는 본국의 초중등학교에서부터 대학교에 다닐 때까지 주로 음식을 사서 먹었기 때문에, 본국에서 음식을 해 본 경험이 거의 없다. 물론 M 씨의 집안에는 따로 부엌과 주방이 있고, 가스레인지, 싱크대 등이 있어서 현재 살고 있는 한국 부엌과 별 차이가 없다. 그러나 M 씨는 본국에서 음식 만들기에 관한 경험을 거의 말하지 않았다. 뿐만 아니라, M 씨는 "필리핀 고향 집에서는 밥은 엄마나 아빠가 했지만, 나머지 부분들은 도우미 아줌마의 도움을 받았어요. … 필리핀과 달리 한국이 힘든 점은 필리핀에서는 조금만 돈이 있으면 도우미 아줌마를 쓸 수 있었는데, 한국에 와서는 도우미 아줌마 없이 빨래, 요리 등을 다 해야 해서 힘들다"고 한다. M 씨는 본국에서 음식 만들기를 위한 음식-네트워크에 거의 참여하지 않았고, 음식 만들기 네트워크는 음식 먹기 네트워크와는 분리되어 있었다.

이러한 음식-네트워크의 특성은 한국에서 M 씨의 음식-네트워크 형성 과정에도 영향을 미친다. M 씨는 한국에 온 후에도 (한국) 음식을 못해서 1년쯤은 남편이 해주는 밥을 먹었다. 시어머니도 함께 거주했지만, 나이가 많았기 때문에 음식을 못했고, M 씨의 말에 의하면 "아마 시어머니가 젊었을 때도 음식을 하지 않았을 것"이라고 한다. 남편은 음식을 잘했는데, M 씨는 한국 음식 만드는 법을 남편으로부터 배웠다. 그러나 M 씨는 지금도 가정에서 음식을 만드는 데 큰 관심을 두지 않는 것처럼 보인다. M 씨는 한국 음식을 다 만들 수 있다고 하지만, 김치 같은 것은 만들어도 맛이 없기 때문에 남편이 담아서 먹는다고 한다. P 씨의 경우와 비슷하게(시어머니의 개입 여부와는 무관하게) M 씨의 가정에서 형성되는 음식-네트워크의 연계성은 상당히 느슨하며, 실제 공동체적 장소를 형성하는데 별로 기능을 하지 않고 있다.

그러나 또 다른 필리핀 출신의 N 씨는 필리핀 음식과 한국 음식을 상당히 잘 만들고, M 씨에 비해 음식에 대해 훨씬 민감하다. 그리고 다소 객관적 입장에서 한국 음식 만들기와 필리핀 음식 만들기를 세부적으로 비교 설명하고자 한다. N 씨에 의하면, 요리 방식에서, "음식할 때 여기[한국]는 … 아침에 요리하면 항상 하루 종일 먹어요. 우리나라[필리핀]는 아침에 요리하면 아침에 다 먹고, 점심에 요리하면 점심에 먹고, 남아도 조금 밖에 안 남아요. 근데 한국은 항상… 많이 해서 오래 먹어요. 우리나라는 한국처럼 반찬 음식이 많지 않아요. 우리는 항상 구운 생선 하나, 아니면 국 하나. 그러니까 국하고 구운 생선이나 돼지고기

하나만 있으면 돼요." 요리 방법은 "다 비슷하기는 해도… 조금씩 다르"다. 한국에서 음식을 만드는 방식이 본국에서 음식 만드는 방법과 공통적이거나 유사성을 가질 경우 더 선호된다. 필리핀에서는 주로 많이 볶아 먹는데, 한국에서도 볶음밥을 많이 해 먹는다. 그러나 일부 식재료나 양념은 다소 다르다. "한국에서는 과일 샐러드에 연유를 잘 안 넣지만, 우리[필리핀]는 많이 넣어요." 또 다른 음식에도 "우리는 고춧가루를 많이 안 넣지만, 마늘은 많이 넣어요. … 한국에서는 요리할 때, 마늘을 많이 넣지만, 한국은 주로 간 마늘을 넣는데 우리는 간 마늘을 안 넣고, 주로 잘라서 넣어요."

음식에 대한 이러한 민감성은 음식 만들기와 먹기 과정에서 형성되는 음식-네트워크에 더 많은 관심을 가지고 적극적인 역할을 하도록 한다. 이와 같은 음식-네트워크의 차이에 대한 민감성은 한국 음식이 아니라 필리핀 음식을 '우리' 음식이라고 지칭할 정도로 음식에 대한 정체성을 확인하도록 한다. 하지만 N 씨는 한국에 오기 전부터 남편과 남편의 친구로부터 한국 음식 만드는 법을 배웠다. 한국에 온 이후 김치 만드는 법은 남편에게 배웠고, 그 외는 남편의 사촌한테 많이 배웠다. 또한 충청도에 있을 때 딸의 한국어 선생님이 N 씨의 친정어머니와 같은 나이라 '양엄마'로 삼았는데, "양엄마가 요리사였어요. 그래서 여러 종류를 많이 가르쳐줬어요." N 씨의 한국 음식 만들기 학습은 사회적 관계를 형성하는데 중요한 매체로 작동했다. 그러나 같은 한국 음식을 만드는 것인데도 외국에서 배웠을 때는 재료와 맛이 다르다고 느낀다. "김치찌개도 거기에서는 약간 하얗게 먹었는데, 여기서는 빨간 거예요." N 씨는 같은 김치찌개라고 불리는 음식이라도 장소에 따라 약간씩 다른 재료와 맛을 가지지만, 김치는 대표적 한국 음식이라는 동일한 분위기를 자아낸다고 말한다.

음식을 만드는 사람도 필리핀과 한국 간에는 차이가 있다. 이 차이는 개인적이기도 하고 동시에 사회적이며, 국가적이기도 한다. 필리핀에서 결혼하고 8년 동안 살 때, "남편은 한국 음식을 많이 해주었다. 하지만 필리핀에서 살 때는 도우미 있었으니까, … 남편이 막 많이 해주지는 않았어요." N 씨는 본국에서 필리핀 음식을 많이 해 본 것처럼 보이지는 않으며, 그의 친정어머니도 요리를 잘 하지 못하고, 대신 아버지가 음식 만들기를 담당했다. 그러나 N 씨는 음식에 민감하고, 적극적이며, 음식-네트워크가 어떻게 형성되고 어떤 역할을 하는가에 대해 관심이 많다. N 씨는 일상적으로 집에서는 항상 몇 개의 요리를 한다. 남편을 위한 한국 음식 그리고 아이들을 위해서 또 다른 두세 가지 음식을 준비한다. 주로 메인 요리에 신경을 쓰고, 반찬은 많이 하지 않는다. 반면, 대구 인근에 따로 살고 있는 시어머니는 "아플 때 오고, 아님 한 번씩" 온다. "시어머니 오면 음식 많이 해요. 근데 지금 우리 어머니가 장이 안 좋거든요. 짜게 먹으면 안 돼요. 뭐 안 되는 음식도 많아요. 소고기는 안 돼요. 돼지고기는 돼요. 이런 거죠. 어머니가 오시면 그냥 드시고 싶은 거 물어보고 요리하고 그래요." 며느리와 시어머니 간 전통적 관계에 더하여 시어머니의 개인적 건강상태가 요리하는 음식의 종류를 규정한다.

N 씨는 한국에서도 필리핀 음식을 많이 해 먹는다. "아이들도 가족들도 다 좋아해요. 특히 큰 딸의 경우는 '엄마 레체 플랑 만들어 주세요'라는 말도 많이 해요. 지금은 [큰 딸이] 혼자도 만들어 먹어요. 젤리는 파우더, 설탕, 우유만 넣어 만들어 먹으면 되니까… 파우더는 아시아 마켓에서 사고, 필리핀에 한번 갈 때 이걸 엄청 많이 사와요." 레체 플랑(Leche Flan)이란 필리핀에서 많이 먹는 스페인식 디저트 간식(일종의 우유 푸딩)으로, 가족들 간 관계를 친밀하게 할 뿐만 아니라 실제 필리핀과 한국을 물리적으로 연결시켜 주는 역할을 담당하기도 한다. 그 외 N 씨가 필리핀 음식을 만들 때는 주로 베트남 가게에서 식재료를 구입한다. "어제는 양창하이라고 돼지고기를 말아서 해먹는 요리를 했어요. 이건 돼지고기, 양파, 당근이 들어가고, 피 같은 건 아시안 마켓에서 사서 먹어요. 저는 진량에서 안 사요. 항상 뭐가 없잖아요. 그래서 경산 베트남 가게에 필리핀 것도 팔아서 거기서 사요. 경산 시장 안에. 거기에 가면 어떤 날엔 사람이 많고, 식당도 하고, 베트남 음식을 팔아서…." N 씨의 식재료 구입과정은 한국의 시장 정보를 얻는 중요한 계기로 작동한다.

우즈베키스탄 출신의 B 씨는 13살 정도로 어릴 때부터 집에서 요리를 하기 시작했다. 다른 베트남 출신 결혼이주여성들과 비슷하다. B 씨가 이렇게 일찍 요리를 하기 시작한 것은 우즈베키스탄의 문화이기도 하지만, 특히 5남매 중 첫째였기 때문에 더 일찍 요리를 시작했다. 그러나 우즈베키스탄에서 B 씨가 살았던 집은 베트남 가정과는 달리 아파트였고, 한국과 거의 비슷하게 가스레인지를 사용하고 조리도구나 연료 등도 큰 차이가 없다. 다른 점은 우즈베키스탄에서는 위생에 대해 더 많은 신경을 쓴다는 점이다. B 씨의 고향에서는 한국의 칼국수 같은 밀가루 음식을 주로 만들지만, 나이가 들면서 점차 어려운 음식을 만들게 되었다. 주식은 밀가루 음식이고, 쌀이 들어가는 음식을 만들기도 한다. 한국에서 국에 밥을 말아 먹는 것처럼, 국에 밥을 넣고 끓이는데, 녹두, 감자, 당근 그리고 양고기나 소고기를 함께 넣는다. B 씨는 "본국에서 이런 죽(또는 국) 종류와 함께 먹는 빵은 처음에는 가게에서 사먹었는데… 조금 여유가 생기면서 직접 빵을 만들어 먹었다"고 한다. 가게에서 사는 빵은 방부제가 들어있지만, 집에서 만드는 빵은 그렇지 않고 웰빙 음식이기 때문이다. 필리핀의 경우와는 달리 우즈베키스탄의 음식-네트워크는 상업적으로 판매하는 빵보다 가정에서 만드는 빵과 더 높은 결합도를 가진다.

B 씨는 어릴 때 부모님과 함께 빵을 만들어 본 경험이 있고, 이런 경험을 바탕으로 인터넷이나 친구들과 네트워크를 공유하면서 빵 만드는 방법을 배웠다. 그러나 B 씨가 한국에 온 이후, 처음에는 시어머니가 음식 하는 법을 가르쳐주지 않았다. B 씨의 한국 가정 분위기는

> 영어학원에서 일했기 때문에 늦게 오면 밤 10시라 음식을 배울 시간도 없었고,… 아버님이 6시 30분에 나가기 때문에 아침도 일찍 해야 해서 도울 수 없었어요. 언제든지 필요할 때 부르시라고 했지만 시어머님이 아마 지금 생각에는 [음식을] 빨리빨리 해야 하는데 가르쳐주는 게 더 귀찮아서 음식 하는 법에 대해 가르쳐주지 않은 것 같아요.(B 씨 인터뷰)

B 씨는 그 이후에 집에 있을 기회가 있을 땐 가끔 책이나 인터넷을 통해 한국 요리 방법을 배웠고 남편이 좀 가르쳐주기도 했다. B 씨는 원래 다른 나라 음식에 관심이 많았기 때문에, 한국 음식 만들기가 두렵거나 어렵다고 생각하지는 않았다. 3~4년이 지나 직접 요리를 하게 되었는데, 주로 남편에게 물어보고 남편과 함께 요리를 하였다. 하지만 영어강사로서의 역할은 B 씨의 음식-네트워크를 약화시키는 중요한 계기로 작동했다. B 씨는 주중에는 음식을 할 시간이 없었고, 주말에 간단한 김치찌개, 미역국 등을 요리하는 정도였지만, 일주일에 한 번이었기 때문에 요리 실력이 늘지 않았다.

음식을 만들기 위한 식재료도 3~4년 전까지는 시어머니가 다 구입했기 때문에, B 씨는 장을 어떻게 보는지를 잘 몰랐다. 음식-네트워크에서 제외된 B 씨는 이를 통해 시장 정보를 얻을 수 있는 기회조차 차단되었다. B 씨는 요즘 직접 장을 보고, 우즈베키스탄 음식재료를 매우 가끔 사와서 먹기도 한다. 직접 만드는 것은 주로 만두, 파프리카 요리(쌀, 고기, 양파를 넣어서 찐 음식) 등이고 남편과 시어머니도 좋아한다고 한다. 우즈베키스탄 음식은 자주 해먹지는 못하지만, 지금은 한국 음식이 더 편하고 익숙하기 때문에 문제가 없다. B 씨는 "나이가 들수록 고국으로 돌아가고 싶은 생각에 외로움을 다소 느끼지만, 따로 그립거나 먹고 싶은 음식은 없고… 우즈베키스탄 음식과 한국 음식을 접목한 퓨전 음식은 사실상 없다"고 말한다. B 씨는 나름대로 음식 만들기에 관심을 가지지만, 실제 가정에서 음식 만들기에 적극 참여할 의지와 시간이 없기 때문에 B 씨의 음식-네트워크와 장소성은 약하고, 큰 역할을 하지 못한다.

캄보디아 도시근교지역 출신인 S 씨는 자매들 가운데 둘째라서 어릴 때 열두 살 정도부터 요리를 시작했다. 요리법은 주로 엄마한테 배웠는데, 한국 사람처럼 캄보디아에서도 남자들은 집안일을 잘 돕지 않는다. 대부분 남편은 돈 벌고, 부인은 살림을 한다. S 씨가 고향에서 음식을 한 장소는 집안이긴 하지만 개방되어 있다. 불을 피워 요리를 하기 때문에, 방에서 요리를 할 수 없다. 요리하는 장소에는 간단한 도구들이 있고, 개방되어 있기 때문에 누구나 접근이 가능하다. S 씨는 식재료를 일부 시장에서 구입하고 일부는 집 주변에서 재배했다. 고향에서 음식을 만들어 먹으려면 부지런해야 했다. "아침하고 점심하고 저녁하고, 왜냐하면 날씨가 덥기 때문에, 한국처럼 잘사는 집은 냉장고 있지만 일반 집은 거의 없거든요. 그래서 날씨 더우니까 음식을 아침에 만들고 저녁까지 못 먹어요. 그래서 한 끼 한 끼 다 만들어야 해요." 끼니마다 요리를 하기 위해, 매일 오전에는 장보러 갔다. 어릴 때는 집에 물이 없어서 사서 썼고, 가스레인지 없이 불을 피워서 요리를 했다. 반찬은 많지 않고, 한두 가지 정도 만들고 여러 명이 먹기 때문에 남기는 게 거의 없다.

S 씨는 현재 한국에서 농사일을 하고 재배한 작물들을 시장에 내다 팔기도 한다. S 씨는 사실 캄보디아에서 농사를 한 번도 지어본 적이 없다. "힘들죠. 이런 거 안 해 봤는데 애들도 키우고 같이하니까…." 농사는 포도, 고추, 고구마, 대추, 야채 등이다. 야채는 잘 안 사 먹고, 밑반찬은 조금씩 아이들이 좋아하는 걸로 사 먹는다. S 씨는 한국 아파트에서 생활하기 때문에, 음식 만들기는 다른 가정들과 같다. 하지만, 시부모님은 70세가 넘고 일도 하기 어려운 상태이다. 9년 전 결혼해서 막 왔을 때는 2년 정도 음식 만드는 법을 배우고 나니까, 시어머니는 음식 만드는 데서 손을 놓았다고 한다. "시어머니는 2년 정도만 도와주시고. 음식은 그냥 오뎅국, 된장국 이런 거 주로 끓이는 거 위주로. 시어머니가 잘 가르쳐 줬어요. 또 다문화 가정이니까 공부도 많이 가고, 혜택도 많이 보잖아요. 그래서 많이 배웠거든요. 그래서 많이 알고, 또 스스로도 잘하려고 다 하니까. 그러니까 시어머니가 손 뺐죠. 그래서 살림 다하고…." 그 이후 S 씨는 다문화센터에 가거나 하면서 음식 만드는 법과 맛을 조금씩 더 배웠다. 또 다문화센터에서 알게 된 친구들이랑 카톡을 통해 요리하는 것도 많이 공유한다.

S 씨는 밥을 주로 먹고 국은 항상 있어야 한다고 생각한다. 하지만 샌드위치 같은 것도 잘 해 먹고, 빵, 갈비탕 같은 것 잘하고, 찜닭도 잘한다고 한다. 여름철에는 국수를 자주 먹지만, 캄보디아식이 아니라 한국 잔치국수이다. "캄보디아 음식은 안 해요. 한국 음식 다 잘 먹어요. 캄보디아 음식은 잘 안 해 먹어요.

재료가 없어서. 아시안 마트가 있지만 제가 혼자만 먹으니까. 그렇게 중요하다고 생각 안 해요. 주로 많이는 안 해요. 솔직히 그냥 한국 음식을 많이 해요." 사실 S 씨는 캄보디아에서 일상적으로 먹는 것 외에 다른 전통음식을 잘하지 못한다. 간혹 죽이나 쌀국수를 할 때, 캄보디아식으로 카레를 넣어서 그냥 노랗게 만드는 정도이다. 캄보디아에 있을 때 요리에는 큰 관심을 둘 수 없었다. 왜냐하면 커서는 음식이나 집안일보다는 주로 공장에서 돈을 벌어야 했기 때문이다. 하지만 2년 전쯤부터는 워낙 바빠서 다문화센터에도 안 다니고 있다. "농사지을 때는 거의 못가니까. 겨울에도 다른 데 일 가고 하니까. 알바도 하고. 식당에 가서 그냥 알바. … 남편은 집안일은 잘 안 도와줘요." S 씨의 음식 만들기 네트워크는 본국과 한국에서 각각 다른 장소성을 가지지만, 양 지역에서 음식-네트워크를 통한 사회적 연계성은 그렇게 중요하지 않다.

4 결혼이주가정의 음식 먹기와 문화적 경계 넘기

음식 먹기는 음식 만들기와 긴밀한 관계를 가지지만, 사회적 관계나 시공간적 경험에서 흔히 분리될 수 있고, 심지어 사먹을 경우는 음식 만드는 행위와 완전히 별개의 네트워크로 구성된다. 음식 만들기는 기본적으로 식재료와 주방도구들어 필요하고, 가족 가운데 한두 사람만 참여하거나 요리 보조자의 도움을 받을 수 있다. 반면 음식 먹기는 개인의 생존을 위한 필수적 행위이며, 가족구성원이 함께 참석한다. 물론 음식 먹는 습관은 함께 먹는 사람들과의 사회적 관계나 가정의 경제적 수준과 일반적 생활양식(여가와 외식 간 관계)에 좌우된다. 특히 결혼이주여성이 가부장적인 한국 가정에서 음식 먹는 습관에 영향을 미치기는 겉으로는 어려운 것처럼 보인다. 그러나 결혼이주여성이 한국 가정에 정착하여 생활하면서 시간이 경과함에 따라, 실제 어떤 음식을 어떻게 만들어 먹을 것인가에 대한 영향력은 점차 커지며, 이러한 식습관에 대한 영향력의 확대를 통해 함께 먹는 사람들과의 사회적 관계와 그 장소성도 변화시키게 되면서, 문화적 경계도 넘어서게 된다.

Q 씨가 고향에서 일상적으로 식사를 할 때는 가족들이 음식을 가운데 두고 둘러앉아서 함께 먹는데, 만든 음식을 먹을 만큼만 떠 와서 먹는다. 음식이 남을 때는 개밥으로 준다. 집에서 키우는 가축도 음식 먹기 네트워크의 한 구성원이다. Q 씨의 음식 먹는 습관은 한편으로 베트남에서 체화된 습관을 어느 정도 벗어났지만 그렇다고 완전히 벗어난 것이 아니다. 한국에 온 베트남 사람들은 한국 젓갈을 좋아하고 많이 먹지만, 자신은 비리고 짤 뿐 아니라 썩는 냄새가 지독하고 징그러워서 먹을 수 없었다. 그러나 생선회의 경우는 다르다. 처음 한국에 왔을 때 생선회를 먹는 것을 전혀 이해할 수 없었는데, 베트남에서 회를 먹어본 적이 한 번도 없었기 때문이다. 그러나 몇 번 먹어본 후로는 맛있게 느껴져서 이제는 잘 먹게 되었다. 음식 먹기 네트워크의 구성과 이를 통한 문화적 경계 넘기는 개인적 식성과 음식의 재료에 따라 차이를 보인다.

김치의 경우도 그러하다. Q 씨의 고향에는 빨간색 음식이 전혀 없는데, 한국에 처음 와서 요리들이 다 빨간색이라 놀랐다고 한다. "처음에는 한국 음식 가운데 고춧가루 들어간 것들은 먹지 않았지만, 대부분 다 고춧가루 들어간 것이기 때문에 … [하지만] 배가 고파서 먹지 않을 수가 없었다"고 한다. "그래도 먹을 수밖에 없었기 때문에, 열심히 먹었는데, 지금은 김치가 맛있고, 최고"라고 생각한다. 그리고 "된장찌개, 청국장 이런 것도 냄새가 심해서 먹지 못했지만, 남편이 먹도록 해야 했기 때문에 요리할 수밖에 없었는데, 처음에는 맛을 보지 않고 요리만 해 주었다." Q 씨는 자신의 생존을 위해서 뿐 아니라 가정의 사회적 관계를 유지하기 위해 한국 음식의 요리를 했고, "그러다가 남편이 먹는 음식이 맛이 없으면 어쩌나 생각하고는 조금씩 먹기 시작"했다. Q 씨는 이와 같이 음식 문화의 경계를 넘기 위해 스스로 고통을 참고 노력한 점도 있지만, 처음에는 시어머니와 상당한 갈등도 있었다. Q 씨는 한국에서 음식 먹는 과정에서 형성된 음식-네트워크와 그 분위기를 다음과 같이 묘사한다.

"처음에 어머니가 좋아하는 음식 중에 자꾸 맛없는 음식을 먹으라고 하셔서 화가 많이 났었어요. 한국에서 처음 먹은 음식 중에 밀가루에 묻혀서 준 나물이 있었는데 그 음식은 지금 생각해도 너무 냄새 났어요. 그게 이름은 모르겠고 시장에 보이지도 않는데, 작은 잎을 가진 나물이었는데 그것 때문에 시어머니한테도 혼나고 했었지만 그 이후에는 자연스럽게 반찬으로 먹지 않게 되었어요. 어머니가 자신 때문에 먹지 않는 것인지 아니면, 시장에 안 팔아서 못 먹는 것인지는 잘 모르겠지만 지금은 [가족들이] 먹지 않게 되었어요"(Q 씨 인터뷰).

이처럼 Q 씨가 한국 음식 먹기 네트워크에 적응하기 위해서, 즉 가정에서 음식을 둘러싼 타협의 공간을 재구성하기 위해 상당한 시간이 걸렸고 또 고통과 갈등을 감수해야 했다. 이런 과정을 겪으면서, Q 씨는 "이제 한국 음식 가운데 꺼리는 것이 없"다고 한다. 하지만 이 과정에서 이름도 모르는 '밀가루에 묻혀 만든 나물' 음식은 어떤 이유 때문인지 잘 알지 못하는 사이에 사라지면서, 재구성된 음식-네트워크가 안정된 것이다.

Q 씨는 아직 베트남 음식을 그리워한다. 한국에서 베트남 음식은 부재의 출현이며, 유동적 공간을 만들어낸다. 처음에 한국 와서 가장 먹고 싶었던 음식은 돼지족발 국인데, 한국의 사골국과 유사하지만 한국처럼 오랫동안 끓이지 않고 살코기가 많은 다리를 넣고 조금 끓여서 먹는다. 베트남 음식이 먹고 싶을 때는, 그냥 베트남 식당에 가서 쌀국수를 사 먹거나 국수를 사와서 돼지족발 국에 쌀국수를 만들어 먹기도 한다. Q 씨에게 베트남 음식 먹기는 본인의 음식 정체성을 확인하도록 하지만, 또한 남편에게 고마운 느낌을 가지도록 하는 것이다. "남편이 베트남 음식을 먹어봐 줄 때 제일 고마웠어요. 맛은 없고 입맛에 안 맞았겠지만, 맛있게 먹어주어 많이 고마웠어요. 지금은 어머니도 잘 먹어요." Q 씨는 먹는 음식 때문에 남편이나 시어머니와 다툰 적은 없다고 말한다. "다른 집에서는 그런 경우도 있다고 하는데, 남편이나 가족이 베트남 요리를 잘 먹어서 좋아요. 혼자 먹으면 외롭기 때문에… 이런 음식도 있구나 궁금하네… 이렇

게 생각해 주면 좋아요." Q 씨의 음식 먹기는 외로움을 느끼도록 하는 장소성을 만들 수도 있지만, 자신의 가족들은 그렇지 않기 때문에 고마운 마음을 가지도록 한다. Q 씨 가족의 음식문화 경계 넘기는 Q 씨 자신의 사회적 경계 넘기를 가능하게 한다.

같은 베트남 출신의 P 씨는 한국에서 음식 먹기 과정에서 Q 씨와 비슷한 분위기와 느낌을 겪었다. P 씨는 한국에 처음 와서 한 달 만에 몸무게가 4kg 늘었다고 한다. "보통은 빠지겠지만, 어머니가 밥을 많이 퍼주시고는 다 먹으라고 하시니까… 눈치가 보여서 다 먹었더니 살이 쪘어요. 그런 부분이 좀 힘들긴 했어요." 베트남에서는 자기 그릇에 음식을 덜어 먹기 때문에 먹을 만큼만 덜어서 먹고 음식을 잘 남기지 않는다는 점은 Q 씨와 P 씨 공통된다. 또한 특정 음식인 김치에 대해서도 공통된 관계성을 보인다. 하지만 생선회는 아직 차이를 보인다. 즉 P 씨의 입맛에 가장 맞는 한국 음식은 김치이다. "베트남에 김치가 없기는 하지만 새콤한 맛이 좋다. 자신이 본래 새콤한 맛을 좋아했고, 어머니 김치가 맵지 않았기 때문"이라고 한다. 이러한 점은 한국 음식인 김치가 베트남의 음식문화에서는 찾아 볼 수 없지만, P 씨 본인이 가지는 식감과 어머니가 만든 김치 맛이 조응하였기 때문이라고 할 수 있다. 반면에 한국에서 가장 먹기 힘들었던 음식은 생선회이다. "베트남에서는 회를 먹지 않는데… 자신의 고향에서는 생고기를 먹으면 귀신이라는 말이 있기 때문에 생고기를 먹지 않는다"고 한다.

이러한 자연 및 문화 환경의 거시적 조건들은 개인의 음식 기호에 다양하게 영향을 미친다. 다른 한편, P 씨의 고향 집이 가지는 미시적 장소성도 중요한 역할을 담당한다. P 씨의 고향 집에서는 식사를 하는 주방은 거실이 있는 집과는 분리되어 요리를 하는 공간 옆에 있는데, 둥근 나무로 만든 식탁이나 평상이 마련되어 있다. 식구가 모두 함께 평상 위에 둘러앉아 밥을 먹고, 식사 후에 어머니는 설거지를 하고, 아버지와 다른 가족들은 담소를 한다. P 씨는 지금 한국 가정에서 요리를 집안에서 하는 것은 좋고, 설거지도 베트남과는 달리 싱크대에서 서서 할 수 있는 것은 좋지만, "필리핀에서의 식사가 지금의 식사 분위기보다 더 좋았"다고 생각한다. "지금은 남편이 일을 해서 밥도 함께 잘 못 먹지만… 어릴 때는 평상에서 놀고, 웃고, 이야기했는데 … 주방이 늘 가족과 함께하는 공간으로 기억"된다.

P 씨의 한국 가정에서 아침은 주로 먹지 않거나 간밤에 볶음밥을 해 놓고 아침에 다시 볶기만 해서 먹는다. 주로 새우나 채소, 소고기를 넣어서 볶아주는데, 아이들은 고기를 좋아해서 햄이나 고기를 많이 넣는다. 하지만 "혼자 있을 때는 점심을 잘 먹지 않고, 저녁을 하다보면 너무 힘들어서 잘 안 먹게 된다"고 한다. 그러나 P 씨 남편의 음식습관은 P 씨의 걱정을 많이 덜어준다. "남편은 음식이 짜면 물 넣어서 먹고, 싱거우면 소금 넣어서 먹으면 된다는 식이라 음식 하기가 편하고 … 별 걱정이 없다." 뿐만 아니라 음식은 P 씨가 임신과정에서 겪었던 고통을 심화/완화시켜주고, 남편과의 관계를 더욱 돈독하게 하는 매체이기도 했다. P 씨가 아이를 가졌을 때 베트남 음식을 먹고 싶었지만, "한국에도 베트남 음식점이 많이 있다는 사실을 몰랐기 때문에 입덧으로 많은 고생을 했"다고 한다. 하지만 당시 남편은 주로 삼계탕을 많이 사주었는데, 임신 중에 가장 좋아했던 음식이었다. 남편이 삼계탕을 자주 사주었고, 실제 맛이 있었기 때문이기도 하지만, "베트남에서 먹어 본 닭죽과 다르지만 비슷하게 익숙한 맛"이었기 때문이기도 했다. 즉 한국의 삼계탕은 베트남에서 먹어 본 닭죽과 '다르지만 비슷하게 익숙한' 음식-네트워크를 구성하면서 P 씨의 신체적, 문화적 경계 넘기에 이바지했다.

P 씨는 한국에서 베트남 음식을 다른 사람들이 해 줄때는 먹지만, 음식을 맛있게 하지는 못한다. 가끔 돼지고기 조림을 먹고 싶어서 직접 요리를 하기도 하지만 자신이 하면 너무 짜서 실패하는 날에는 할 수 없이 주로 자신이 다 먹는다. 돼지고기 조림의 음식-네트워크가 제대로 재현되지 않는 것이다. 사실 P 씨는 아이들이 어릴 때는 여유가 없었기 때문에 베트남 요리를 하질 못했다. 하지만 아이들은 외할머니(초청비자로 입국한 P 씨의 친정어머니로, 현재 다른 지역에서 일을 하고 있다고 함)가 해준 베트남 음식을 좋아한다. 어머니도 베트

남 요리를 좋아하는 편인데, 가장 좋아하는 것은 돼지고기 완자에 완두콩과 토마토소스를 넣어서 만든 요리이다. 아주버님도 집에 자주 놀러오는데 올 때마다 돼지고기를 사오면, P 씨가 직접 갈아서 베트남 식으로 요리를 해주면 좋아한다. 베트남식 돼지고기 요리는 한국의 가정에서 재영역화된다. 수천 킬로미터를 이동한 베트남식 요리방식이 가족들 간 음식-네트워크를 재구성하면서 P 씨가 사회적, 문화적 경계를 넘을 수 있도록 해주는 핵심 행위자가 된다.

필리핀에서 대도시 근교에서 생활했던 M 씨는 대학 1학년 때 갑작스러운 임신으로 결혼을 한 후에도 대학을 다녔기 때문에, 아침밥은 거의 먹지 않고 학교 카페테리아에서 간식처럼 하루에도 여러 번 식사를 했다. 이러한 식사 습관은 초·중등학교에서부터 시작되었는데, 간혹 학교에 가까운 집에 가서 점심을 먹고 다시 학교에 가는 경우도 있었지만, 대부분 학교 카페테리아에서 점심을 해결했다. 필리핀에서도 밥을 해 먹지만, 필리핀 사람들은 대체로 일주일에 한 번 정도 외식을 하는데, 주로 값이 비싸지 않은 졸리비(Jolibee: 필리핀의 패스트푸드 음식점)를 이용한다. 그러나 P 씨는 요즘 한국에서 졸리비를 자주 안 먹어서 입에 잘 안 맞다고 한다. "너무 짜요. 피자헛이나 이런 곳들도 너무 짜요. 오랜 시간 지나다 보니 한국 음식에 입맛이 맞춰진 것 같아요. 처음엔 입에 안 맞던 것들이 점차 맛있어지고, 내가 좋아했던 필리핀 음식들이 이제는 맛이 없게 느껴져요." 한국의 음식 맛은 M 씨의 음식-네트워크에서 식감을 측정하는 상대적 기준이 되었고, 이를 통해 M 씨는 이미 음식의 문화적 경계를 상당히 넘어선 것처럼 보인다.

M 씨는 한국에 온 직후에는 주로 남편이 해주는 음식을 먹었다. M 씨는 필리핀에 있을 때 가끔 한국 음식을 먹어본 적이 있다. 언니가 대학을 다닐 때 한국에 가서 한 달 동안 거주했는데 그 후 돌아와서 가끔씩 김밥과 김치를 만들어 주었기 때문이다. 즉 언니가 M 씨와 한국 음식을 매개한 것이다. 물론 필리핀 마닐라에는 한국 식당이 많기 때문에 한국 음식을 많이 접해 보았다. M 씨가 한국에서 가장 좋아하는 음식은 면 종류(칼국수, 냉면 등)이다. 이는 필리핀에서 면

을 많이 먹기 때문이 아니라 그냥 본인이 좋아하기 때문이라고 한다. 하지만 M 씨의 경우 한국의 음식습관은 M 씨의 가정 공동체 생활에서 아직도 갈등을 유발하는 요인이 되고 있다. M 씨가 한국의 음식습관과 접하면서 겪었던 제일 어려웠던 점은 다른 사람들과 국 종류를 함께 먹는 것이다. "시어머니는 '내가 더럽냐, 같이 왜 안 먹느냐'라고 뭐라고 할 때도 있지만, 그래도 [M 씨는] 아직까지 그 부분을 고치기 어려워" 국을 같이 먹지 않고 따로 먹고 있다. M 씨의 남편은 M 씨가 "싫어하는 음식들을 먹이려고 자주" 시도하는데, "처음에는 조금 힘들기도" 했다고 한다. 음식을 먹는 공간에서 가족들이 M 씨에게 한국의 음식문화에 동화되도록 어떻게 강제하는가, 그리고 M 씨가 이에 어떻게 대응하는가를 생생하게 보여준다. 그러나 이러한 장면은 M 씨가 음식문화의 경계 넘기에 실패했다고 단정하도록 하는 것은 아니다.

M 씨는 한국 음식에 다소 익숙해졌지만, 아직 한국 음식 만들기나 먹기에 적응한 것이 아니며, 그렇다고 필리핀 음식을 좋아하는 것도 아니다. 필리핀 음식을 먹고 싶을 때는 반셋(필리핀 잡채), 아도보 등을 먹지만 자주 먹는 것은 아니다. 필리핀 음식점에도 잘 가질 않는다. "서울에는 필리핀 음식점이 많은데, 여기[대구]는 필리핀 음식점이 별로 없어서, 가면 사람들이 너무 많아서 잘 안 가게 된다." 아마도 M 씨는 한국이나 필리핀의 고유한 음식 또는 이들을 혼합한 음식에 적응하기보다는 패스트푸드 형식의 서구화된 음식을 선호하는 것처럼 보인다. 뿐만 아니라 M 씨는 음식문화에 대해 그렇게 민감하지 않다. M 씨는 한국에서 한 10년 살다보니 문화가 많이 바뀌고, 남편과도 많이 싸우면서 지낸다고 한다. M 씨의 음식문화 경계 넘기는 오히려 다른 계기를 통해 이루어진다. "내가 언젠가 늙고, 일을 할 수 없을 때, 누군가가 나를 도와줄 수 없다면, 돈을 모아야 한다. … 그리고 나는 한국에서 개인 보험도 들고 있다. … 필리핀 사람들 80퍼센트 또는 100퍼센트 정도는 그런 걱정 없이 죽을 때까지 일을 한다. 그런 점이 나는 많이 달라졌다."

같은 필리핀 출신이지만 N 씨는 음식을 만들거나 먹는 데는 거의 아무런 어려움도 없고, 음식이 사회적 관계를 긴밀하게 하는 중요한 매개수단임을 잘 인식하고 있다. N 씨의 말에 의하면, "다른 집 아이들은 한국 음식 먹기 힘들어 하기도 한다는데, 우리 아이들은 뭐 다 잘 먹어요. 선생님들도 우리 아이가 말을 안 하면 외국인 다문화아이인줄 몰라요." 한국 음식을 잘 먹는 것, 즉 음식의 문화적 경계를 잘 넘어서는 것은 사회적 경계를 넘어서는 계기가 된다. 같은 맥락에서 N 씨는 친구 아이 생일파티에도 항상 참여한다.

필리핀은 생일 파티를 많이 해요. 잔치. 한국에는 크리스마스 때나 생일이나 이럴 때, (분위기가) 한국과 필리핀이 달라요. (한국에서는) 케이크와 미역국만 있으면 끝이잖아요. 근데 우리나라는 집에서 엄마가 여러 음식 만들어요. 여러 음식 만들고, 친구들 부르고, 필리핀은 다 집에서 잔치를 해요. 여기는 옆집 사람도 모르잖아요. 근데 우리나라는 한 빌리지 전체를 다 알아요. 그래서 그건 좀 차이가 나요.(N 씨 인터뷰)

N 씨에 의하면, 한국에 와 있는 필리핀 친구들은 다 파티를 한다고 한다. 그러나 생활파티가 가지는 역할은 지역과 개인에 따라 상당한 차이를 보인다. N 씨가 충청도에 있을 때는 다문화센터를 가지 않았고, 사귀는 사람들도 대부분 같은 아파트에 사는 사람, 아니면 아이 학교 친구 엄마 이런 식이었고, 만나면 주로 드라마 얘기를 하면서 친해졌다고 한다. 그러나 대구 인근의 경산에 와서 다문화센터를 나가면서 필리핀 사람들을 많이 사귀게 되었고 서로서로 생일파티를 챙겨주게 되었다. 또한 N 씨는 안 바쁠 때는 아이들 생일파티를 꼭 해주지만, 아이의 성격에 따라 다른 분위기라고 한다. "둘째는 파티 좋아해요. 그래서 자기 생일 때마다 친구들 불러서 해요. 저도 집에서 요리하고 하는 거 좋아하니까. 근데 첫째는 그냥 자기 좋아하는 음식만 해주면 돼요. 자기는 파티하는 거 싫대요." 그런데 N 씨가 충청도에 있을 때는 생일 파티를 위해 요리도 하고 맛있는 거 해먹기도 했는데, 경산으로 이주한 이후에는 그렇지 못하다고 한다. "요즘

은 일을 하니까 아이들이 엄마가 집에 있으면 좋겠다는 말을 할 때 마음이 아프죠." 하지만 N 씨에게 한국의 음식문화에 대한 적응은 이주자의 자랑거리로 간주된다. "한국 음식이랑 적응이랑은 조금 관련이 있다고 생각해요. 한국 음식을 잘 먹고 잘 만든다는 건 이주자들 사이에서는 자랑거리죠. 그래도 저는 자랑은 안 해요."

B 씨의 고향인 우즈베키스탄에서도 일상적으로 하루에 세끼를 먹는다. 보통 죽 아니면 국, 물국수 같은 것과 빵, 샐러드를 함께 먹었다. 하지만 B 씨가 한국에서 가장 어렵게 느끼는 점은 하루 세끼 모두 밥을 먹는다는 점이다. 특히 한국 빵은 매우 달기 때문에 대부분의 우즈베키스탄 사람들이 한국 빵을 좋아하지 않는다. 또한 우즈베키스탄에서는 아침에 매일 빵을 사서 먹지만, 며칠씩 보관하여 먹는 한국 빵은 방부제가 들어가기 때문에 매우 좋지 않은 음식으로 여겨진다(B 씨는 방부제가 들어간 빵을 '가짜빵'이라고 지칭한다). 한국에 오기 전에 우즈베키스탄에서 한국 음식은 초코파이 외에 먹어본 것이 없다. 북한 음식점이나 고려인들이 만드는 음식을 먹기는 했지만, 한국 음식과는 다르게 우즈베키스탄 사람들의 입맛에 맞게 바꾼 것처럼 보인다. 이런 이유로 B 씨는 한국에 온 후 처음에는 다른 음식이 입맛에 맞지 않아서 치킨만 많이 먹었다고 한다. "한국 음식이 맛이 없다고 하기보다는 익숙하지 않고, 처음 먹어보는 음식에 대한 거부감도 있었기 때문"인데, 자신은 어느 정도 다른 나라 음식에 대한 거부감이 덜한 편이었음에도 불구하고 처음에는 다소 힘든 점이었다. 한국에 와서 먹은 밥은 처음에는 맛이 없었지만, 김치는 본래 매운 것을 좋아하기 때문에 괜찮았다. 된장은 3년 동안 먹지 않았는데, 어느 날부터 맛있어졌고, 이제는 한 냄비도 혼자 다 먹을 수 있다고 한다. 이제는 우즈베키스탄 갈 때 된장과 김치를 가지고 갈 것이라고 한다. 한국 음식이 지리적 경계를 넘어서 우즈베키스탄으로 이동하게 되었다.

B 씨는 아침에 무조건 밥을 먹어야 하는 게 싫어서 그냥 밥을 먹지 않고 잔다고 한다. B 씨의 시어머니는 저녁 늦게 들어오는 B 씨가 아침 늦게까지 자는 것

을 이해해 주기는 했으나, 아침을 먹지 않는 것에 대해 걱정한다. 그래서,

"처음에는 일부러 고생하는 시어머니를 위해 아침밥을 먹으려 했으나, 고향에서는 정해진 시간에 아침을 먹는 것이 아니라 자유롭게 시간을 자기가 정해서 준비해져 있는 음식을 차려먹거나 직접 요리해 먹었기 때문에 이런 부분이 다소 어려워요. … 그리고 고향에서는 밥을 소파나 바닥 등 자신이 먹고 싶은 곳에서 자유롭게 먹지만, 어른이 먼저 밥을 먹고 난 후에 밥을 먹는 질서는 지금 한국 풍습보다 더 엄격해요"(B 씨 인터뷰).

이처럼 우즈베키스탄의 일상생활에서 음식 먹기의 시간과 공간 질서는 상당히 자유롭다. 반면 음식 먹기의 사회적 질서는 상당히 엄하다. 그 외 우즈베키스탄에서도 필라프를 제외하고 다른 음식들은 주로 가족들이 함께 먹기 때문에, 한국에서 몇 가지 음식을 제외하고 음식들을 나눠먹는 것에 대해서는 별 거부감이 없다.

또 다른 면은 우즈베키스탄에서는 "밖에서 손님이 많이 오고" 환대하는 문화가 있다. "그러나 한국에서는 시어머니와 함께 살기 때문에 손님을 초대할 수 없고 그런 점이 좀 불편하다. … 우즈베키스탄은 사람들을 불러서 음식을 나눠먹거나 깜짝 손님들이 많이 오기 때문에 그런 문화를 한국에서는 할 수 없는 것이 불만"스럽다고 한다. 그러나 사실 B 씨는 한국에서 결혼한 이주여성들과는 잘 어울리지 않는다. 왜냐하면 B 씨는 음식문화의 경계를 넘지 못한 상태에서, 사회적 관계의 경계를 넘기란 매우 어렵다고 생각하기 때문이다.

결혼한 지 얼마 안 된 사람들과는 어울리지 않아요. 그 시기에는 자신처럼 음식도 맞지 않고 모든 것에 대해 적응하지 못한 상태이기 때문에 당연히 스트레스가 과다하고 사람이 침울할 수밖에 없다고 생각해요. 그것을 도와주고 싶지 않다는 것은 아니지만, 나와 다른 오래된 친구들은 이미 겪고 해결한 문제이기

때문에 또다시 그런 것을 보며 같이 힘들어 하는 것은 원하지 않아요. … 그렇기 때문에 자신은 한국에 온 지 얼마 되지 않은 사람들을 만나는 것을 좋아하지 않아요. 한국에서의 음식 스트레스는 처음에는 분명히 크기 때문 ….(B 씨 인터뷰)

캄보디아 출신의 S 씨는 베트남 출신의 결혼이주여성들과 비슷한 유형을 보인다. 한국에 오는 사람들 중에 음식이 안 맞는 사람들이 많겠지만, 자신은 괜찮다고 한다. 그래도 S 씨에게 생선회는 한국에 처음 와서 제일 먹기 어려웠던 음식이다. 고향에서 생선은 회로 먹지 않고 익혀서 먹는다. "회는 한국에 와서 처음 먹어봤어요. 이상했어요. 살아있는 느낌. 근데 이제는 회가 먹고 싶고, 회가 입에 땡기고, 또 회를 좋아하게 됐어요." 한국 음식 가운데 S 씨가 제일 좋아하는 음식은 해물탕이다. "해물탕을 캄보디아에서는 잘 안 먹어봤거든요. 그래서 좋아해요. 주로 캄보디아에서는 야채, 돼지고기로 국을 끓여 먹었었는데…." S 씨는 음식을 자신과 가족의 건강과 관련시킨다. "건강에 좋은 음식이 좋아요. 그런데 (다문화센터에) 가서 배우면 … 한국의 대표 음식이 김치, 된장 이런 건데, 이런 게 건강에 좋다고 하더라고요." 그러나 과일은 캄보디아가 더 맛있고, 음식 만들 때도 사용한다. "캄보디아는 레몬, 망고 이런 거 넣어서 새콤달콤하게 많이 먹어요. (한국) 백김치처럼… 캄보디아는 더운 나라라서 열대과일이 한국하고는 많이 달라요. 과일이 더 맛있어요. 한국은 과일이 비싸요." S 씨의 음식문화 경계 넘기는 절충적이고, 그 이유는 다양하다. 해물탕은 본국에 없기 때문에, 김치나 된장은 (본국에 없을 뿐만 아니라) 건강에 좋아서 친밀성을 느낀다. 그러나 과일은 한국 과일이 비싸고 캄보디아 과일은 더 맛있다고 평가한다.

S 씨의 고향에서 특별한 간식 또는 명절 때 많이 먹는 음식은 바나나 잎으로 하는 요리이다. 캄보디아에서는 모두 불교를 믿으니까, 절에 음식을 하나씩 해가서 스님에게 대접하고 친척들과 같이 먹기도 한다. 한국에서 시어머니가 절에 다니는 게 다행이라고 생각한다. 그리고 제사 음식은 S 씨가 다 한다. "어머니를 모시고 사니까 안 할 수가 없어요." 한국에서 캄보디아 음식은 집에서 간

혹 해 먹지만, 따로 캄보디아 음식을 만드는 것이 아니라, 배추를 사서 간장만 넣고 고춧가루 안 넣고 하얀 국으로 해 먹는다. S 씨의 말에 의하면, 경산 하양에 가면 베트남과 태국 음식 파는 곳이 있는데, 그곳에서 파는 음식이 캄보디아 음식과 식재료(특히 야채)와 맛이 거의 비슷하다. 그러나 이 시장에는 잘 가지 않고, 친구들하고 회비를 내서, 아시아마트에서 재료를 사와서 집에서 해 먹는다. "그게 유일하게 캄보디아 음식 먹는 거예요." B 씨와는 달리, S 씨가 간혹 집에서 본국 음식을 만들어 먹는 것은 그 자체에 의의를 두기보다는 한국에서 본국 출신 결혼이주여성들과 친밀한 관계를 유지하기 위함이다.

5 결론

음식은 인간 생존을 위해 필수적일 뿐 아니라 사회적 관계의 형성에 중요한 매체가 된다. 음식을 만들고 먹는 일은 이에 참여하는 사람들과 이를 위해 필요한 식재료, 요리 도구와 방법, 식습관 등에 의해 조건 지어진다. 즉 음식 만들기와 먹기는 함께 참여하는 사람들과 연계된 물질 및 제도들로 구성된 음식-네트워크를 형성한다. ANT는 이와 같이 음식을 만들고 먹는 과정에서 형성되는 인간 및 비인간 행위자들의 역할과 특성을 이해하는데 중요한 방법론으로 원용될 수 있다. 특히 본국에서 일정한 음식습관을 체화한 초국적 결혼이주여성이 한국 가정의 이질적 음식문화를 접하면서, 겪게 되는 음식문화의 혼종화 과정은 ANT를 통해 상당히 유의하게 분석될 수 있다.

다른 한편 음식을 만들고 먹는 일은 거시적 자연 및 인문 환경에 직·간접적인 영향을 받으며, 그 자체로 일정한 미시적 장소성에 규정되지만 또한 이를 재형성한다. 특히 초국적 결혼이주여성들은 새로 정착하게 된 지역의 자연 및 인문 환경뿐 아니라 자신이 구성하는 가정의 사회적 관계와 장소성을 형성하면서 갈등과 조화를 겪게 된다. 물론 이들은 새로 구성된 가정의 사회공간적 관계로서 음식-네트워크에 일방적으로 편입되는 것이 아니라, 그 네트워크 속에서 다양한 음식 행위자들을 매개로 자신의 역할과 다른 가족 구성원이나 물질적 제도적 세부 요소들을 변화시켜 음식-네트워크를 재구성하게 된다. 이 과정에서 본국에서 체화된 결혼이주여성의 음식문화는 한국의 가정에서 형성되는 음식-네트워크에서 특정한 방식이나 형태로 변용 또는 재현될(또는 그렇지 않을 수) 있다.

이 장은 이러한 점에서 특히 두 가지 사항, 즉 ANT의 유의성과 음식문화의 자연 및 인문 환경 및 지리적 이동과 장소성의 변화를 강조하고, 이에 바탕을 두고 초국적 결혼이주여성이 한국의 가정에서 형성하는 음식-네트워크와 이를 통한 문화적 경계 넘기를 분석하고자 했다. 경험적 분석을 위한 자료 수집과정에서 인터뷰를 수행한 결혼이주여성은 여섯 명에 불과했지만, 본국 및 한국 가정에서 이들의 음식 만들기와 먹기 과정에서 형성된 음식-네트워크는 서로 공통점이나 유사성을 가지면서도 각각 매우 다른 형태와 형식으로 구성되고 있음을 알 수 있었다. 세세한 부분들에서 차이를 전제로 유의한 연구 결과들을 요약하면 다음과 같다.

첫째, 음식은 하나의 단일한 요소로 구성되는 어떤 대상물이 아니라 음식을 만들고 먹는 과정에서 개입하는 다양한 인간과 비인간(물질과 제도 등) 행위자들로 구성된 네트워크 또는 다중적이고 혼종적인 요소들의 집합체로 이해되어야 한다. 이러한 이해는 물론 ANT에서 이미 제시된 개념을 원용한 것이다. 특히 음식-네트워크의 개념은 이를 구성하는 인간 및 비인간 행위자들 간 상호구성적이라는 점을 이해할 수 있도록 한다. 달리 말해, 음식 만들기와 먹기 과정은 가족의 구성원이나 가정의 장소성에 의해 조건지어지지만, 또한 동시에 (특히 장기적으로) 가정의 사회공간적 관계를 재구성한다.

둘째, 결혼이주가정에서 형성되는 음식-네트워크에 관한 연구는 이를 형성·재형성하는 과정에서 미시적 권력(또는 역으로 소통 나아가 애착) 관계가 어떻게 작동하는가를 고찰할 수 있도록 한다. 음식-네트워크를 통해 작동하는 권력관계는 어떤 주어진 힘에 의해 폭력적으로 행사되기보다는 음식을 만드는 방법, 음식 먹는 습관, 또는 먹는 음식의 유형을 매개로 (노골적 또는 암묵적으로) 강제된다. 결혼이주여성은 기존의 음식-네트워크에 편입되어 일방적으로 동화되기 보다는 다양한 방법으로 이에 대응하고자 한다. 이 과정에서 기존의 음식-네트워크를 구성하는 인간 및 비인간 요소들(시어머니 또는 기피하는 특정 음식)이 사라지거나 약화되고, 새로운 요소들(결혼이주여성 또는 본국 음식)로 대체되기도 한다. 이러한 점에서 음식-네트워크는 긴장과 갈등, 타협과 조화가 교차하는 권력의 장으로 작동한다고 주장된다.

셋째, 음식-네트워크는 거시-미시적 공간환경을 전제로 한다. 음식을 만들고 먹는 방법은 한편으로 거시적인 자연 및 인문 환경에 직·간접적인 영향을 받으며, 다른 한편으로 음식을 만들고 먹는 행동은 이러한 행동이 이루어지는 미시적 장소에 의해 정해진다. 이와 같이 음식문화에 영향을 미치거나 조건지우는 거시적 환경이나 미시적 장소는 음식문화를 결정하는 것이 아니라, 음식-네트워크를 구성하는 다른 다양한 요소들과 함께 한 행위자로 작동한다. 이에 따라 다른 인간 및 비인간 행위자들(예를 들어 냉장고의 유무)이 어떻게 연계되고 작동하는가에 따라 환경이나 장소의 영향력은 달라지고, 재구성될 수 있다.

넷째, 결혼이주가정의 음식-네트워크는 다중적으로 (그리고 다규모적으로) 형성되는 초국적 음식문화의 공간적 이동성과 장소성을 반영한다. 본국에서 형성된 음식문화를 체화한 결혼이주여성은 지리적 이동을 통해 다른 장소에서 음식문화를 재현할 수 있다. 이 과정에서 음식 자체가 이동하는 것이 아니라 음식을 만들고 먹는 방법(즉 음식 레시피)이 이동하여 재현된 것이다. 본국 음식이 어떻게 재현될 것인가는 새로 구성된 가정의 지역 환경과 장소성에 의해 직·간접적으로 영향을 받게 된다. 이러한 점에서 한국 가정에서 재현되는 본국 음식과 이를 포함한 음식-네트워크의 재구성은 ANT의 위상학적 공간개념에서 제시된 유동적 공간의 생성 또는 '부재의 출현' 공간의 형성(또는 존재하지 않는 것을 존재하게 하는 복제물, 즉 보드리야르의 시뮬라크르)이라고 할 수 있다.

• 참고문헌 •

강재호, 2015, 『지리 레시피: 음식으로 풀어 쓴 지리이야기』, 황금비율.

김병연, 2015, "소비의 관계적 지리와 윤리적 지리교육", 『대한지리학회지』, 50(2), pp.239~254.

김숙진, 2016, "아상블라주의 개념과 지리학적 함의", 『대한지리학회지』, 51(3), pp.311~326.

김영주, 2009, "음식으로 본 한국 여성결혼이민자의 문화적 갈등과 적응 전략", 『농촌사회』, 19(1), pp.121~160.

김정현, 2015, "도시형 다문화가정 결혼이주여성의 문화적응과 식생활행태 분석", 『한국가정과교육학회지』, 27(4), pp.173~189.

김종훈·곽도화, 2010, "여성결혼이민자들의 연령별 출생지별 식습관에 대한 조사: 부산지역을 중심으로", 『동북아관광연구』, 8(1), pp.77~97.

김학희, 2005, "지리교육 소재로서 음식의 확장성에 대한 연구", 『한국지리환경교육학회지』, 13(3), pp.375~391.

김환석, 2011, "행위자-연결망 이론에서 보는 과학기술과 민주주의", 『동향과 전망』, 83, pp.11~46.

김효진, 2010, "국제결혼 이주여성의 모국 음식문화 공유와 전파", 서울대 지리학과 석사학위논문.

문옥표, 2012, "한국인의 식생활 속의 다문화 실천: 국제결혼 가정을 중심으로", 『한국문화인류학』, 45(2), pp.109~148.

박경환, 2014, "글로벌 시대 인문지리학에 있어서 행위자-네트워크이론의 적용 가능성", 『한국도시지리학회지』, 17(1), pp.57~78.

박상미, 2003, "맛과 취향의 정체성과 경계 넘기: 전지구화 과정 속의 음식문화", 『현상과 인식』, 27(3), pp.53~70.

박재환 외 저, 일상성 일상생활연구회 편, 2009, 『일상과 음식』, 한울.

이수진·장로베르 피트, 2010, "장 로베르 피트: 음식의 지리학이 빚어내는 국토문화경관", 『국토』, 1월호, pp.89~101.

이정숙, 2012, "다문화가정 결혼이주여성의 식생활 적응에 영향을 미치는 요인", 『한국식품영양과학회지』, 41(6), pp.807~815.

이희상, 2012, "글로벌푸드/로컬푸드 담론을 통한 장소의 관계적 이해", 『한국지리환경교육학회지』, 20(1), pp.45~61.

최병두, 2015, "행위자-네트워크이론과 위상학적 공간 개념", 『공간과 사회』, 25(3), pp.125~172.

최병두, 2017, "초국적 노동이주의 행위자-네트워크와 아상블라주", 『공간과 사회』, 27(1).

pp.156~204.
한윤희·신원선·김지나, 2011, "여성결혼이민자의 한국 식생활 적응요인 및 식행동 연구", 『비교한국학』, 19(1), pp.115~159.
허지은, 2011, "지리교육에서 음식을 활용한 다문화교육의 교수학습 방안", 고려대학교 교육대학원 석사학위논문.
홍성욱 편, 2010a, 『인간·사물·동맹』, 그린비.
홍성욱, 2010b, "7가지 테제로 이해하는 ANT", 홍성욱 편, 『인간·사물·동맹』, 그린비, pp.15~35,
홍성욱, 2010c, "인간과 기계에 대한 '발칙한' 생각–ANT의 기술론", 홍성욱 편, 『인간·사물·동맹』, 그린비, pp.125~154.
Cook, I., Crang, P. and Thorpe, M., 1999, "Eating into Britishness: multicultural imaginaries and the identity politics of food", in S. Roseneil and J. Seymour (eds), *Practising Identities: Power and Resistance*, Macmillan, Basingstoke, pp.223~248.
Abbots, E-J. and Lavis, A. (eds), 2013, *Why We Eat, How We Eat: Contemporary Encounters between Foods and Bodies*, Ashgate.
Collins, F. L., 2008, "Of kimchi and coffee: globalisation, transnationalism and familiarity in culinary consumption", *Social & Cultural Geography*, 9(2), pp.151~169.
Duruz, J., 2010, "Floating food: Eating 'Asia' in kitchens of the diaspora", *Emotion, Space and Society*, 3(1), pp.45~49.
Feagan, R., 2007, "The place of food: mapping out the 'local' in local food systems", *Progress in Human Geography*, 31(1), pp.23~42.
Hetherington, K., 1997, "Museum topology and the will to connect", *Journal of Material Culture*, 2(2), pp.199~218.
Law, J., and Mol, A., 2001, "Situating technoscience: An inquiry into spatialities", *Environment and Planning D: Society & Space*, 19, pp.609~621.
Longhurst, R., 2011, "Embodied geographies of food, belonging and hope in multicultural Hamilton, Aotearoa New Zealand", *Geoforum*, 43(2), pp.325~331.
Mansvelt, J., 2009, "Geographies of consumption: engaging with absent presences", *Progress in Human Geography*, 1~10(DOI: 10.1177/0309132509339934).
Mol, A., 2008, "I eat an apple: on theorizing subjectivities", *Subjectivity*, 22, pp.28~37.
Mol, A., 2010, "Actor-network theory: sensitive terms and enduring tensions", *Kölner Zeitschrift für Soziologie und Sozialpsychologie, Sonderheft*, 50, pp.253~269.
Murdoch, J., 1998, "The spaces of actor-network theory", *Geoforum*, 29(4), pp.357~374.
Pinch, T. J. and Bijker, W. E., 1987, "The social construction of facts and artifacts: or how the sociology of science and the sociology of technology might benefit each other", in

Bijker, W. E., Hughes, T. P., and Pinch, T. J (eds), *The Social Construction of Technological Systemss*, MIT Press, Cambridge Mass., pp.17~50.

제3부

ANT와 초국적 이주여성의 삶의 재구성

5 장

결혼-관광-유학의 동맹과 신체-공간의 재구성: 아시아 여성 이주자들의 사례

이희영

매개, 전환, 변형에 의해 만들어진 세계에서 공간과 시간은 증식한다.

(Latour, 1997: 178)

1 '결혼이주여성'이라는 블랙박스

국제결혼은 '국경을 넘어 사랑'을 실현한 것으로 이해된다. 전통적인 정략결혼과 구별되는 개인 사이의 '낭만적 사랑'에 대한 서구적 관념이 전 지구적으로 확산되면서, 공간적 압축/확장을 내포한 사랑은 동경의 대상이었다. 이런 관점에서 국제결혼은 이주의 일반화를 포함하는 '근대'의 실천양식이기도 하였다. 그러나 한국전쟁 전후 늘어난 미군과 결혼한 한국 여성들에 대한 사회적 의심과 비난은 순혈주의, 인종차별주의, 남성 가부장제 등과 결합하여 이중 삼중의 사회적 낙인을 형성하였다(박경태, 2008). 대중매체에 실리는 소수의 상층계급 혹은 서구 선남선녀의 국제결혼은 '낭만적 사랑'이 실현된 것이라면, 미군과 결혼한 한국여성의 그것은 반도덕적, 잡종적인 것으로 질타의 대상이 되었다. 이들의 다수는 해외로 이주하는 등 오랫동안 한국 사회에서 드러나지 않았다.

그런데 1990년대를 거치면서 한국 사회로의 '결혼이주'가 급증하였고, 이는 늘어난 해외이주/이입과 관련된 새로운 사회현상들 중 하나로 이해되고 있다.[1] 이를 통해 중국, 필리핀, 베트남, 캄보디아 등 동남아 국가 출신의 여성들 다수가 한국 사회로 이주하게 되었다. 2000년대에 들어서 이들은 소위 '결혼이주여

1) 국제이주로 인한 한국 가족의 변화를 입국과 출국 양자의 관점에서 조망한 연구의 예로 다음이 있다(조은, 2008). 이 연구에서는 '기러기 가족'을 한국 사회의 신자유주의적 사회구조화에 따른 가족 위기의 결과로, '다문화 가족'을 지구적 차원의 가족위기에 대응하는 가족전략으로 이해한다.

성'으로 불리며, 일자리를 위해 이주한 노동자들과 달리 한국 다문화정책의 주요 대상으로 '조명'되고 있다.[2] 그러나 한국 사회의 공론 속에서 이들은 여전히 중개업체에게 '속아서' 결혼한 여성, 사랑이 아니라 한국 남성의 '돈' 때문에 결혼한 여성, 한국 남성에 의한 인권침해의 피해자 혹은 국제적인 사기결혼의 당사자라는 낙인을 통해 재현되고 있는 실정이다. 각 분과학문의 이해관심으로 분절된 학술연구에서도 이와 유사한 한계를 드러내기도 한다.[3]

이주/ 결혼이주란 신자유주의적 경제구조 혹은 개인의 단순한 공간이동으로 환원될 수 없는 복합적인 사회현상이다. 개인은 경제적, 사회역사적, 문화적 삶의 배경 속에서 자신이 살던 장소경험, 기억, 체화된 문화양식들을 가지고 새로운 공간으로 이주하게 된다. 이것은 세계 경험의 전유체인 몸(body/Leib)을 가지고 새로운 거주(Wohnen), 즉 삶을 시작하는 것이며, 동시에 다양한 규모와 차원에서 특정한 방식으로 새로운 공간이 생산되는 과정이다. 따라서 현대사회의 이주를 인구학적 차원의 통계나 정치경제적 차원의 노동시장구조 혹은 사회복지 정책 등의 관점으로 분리하여 설명하는 것은 제한적인 시각이라고 할 수 있다. 이러한 문제의식을 바탕으로 이 연구는 최근 국제결혼을 통해 한국 사회로 이주한 여성들의 삶의 과정에서 형성/변화하는 주요 행위자-네트워크에 대한 고찰을 시도하였다.[4] 이를 통해 한국 사회에서 '결혼이주여성'이라는 호명이 블랙박스(black box)로[5] 작동함으로써 드러나지 못하는 여성들의 다양한 존

---

2) 한국 정부는 2006년 '다문화 다종족 사회로의 전환'을 선언하고, 이주자의 '사회통합'을 위한 지원방안을 모색하였다. 2007년에는 재한외국인처우기본법, 2008년에는 다문화가족지원법을 마련하였다. 이에 의하면 결혼이주자가 속한 가족은 '다문화가족'으로 분류되어 사회통합 정책의 주요 대상이다. 반면 한국 체류 외국인의 절대 다수를 차지하는 외국인 노동자들은 이와 같은 사회정책에서 배제되어 있다.

3) 이주여성들에 대한 다수의 연구는 이들을 정책수행의 대상으로 보고 적응/부적응, 성공/실패의 정도를 파악하는 태도를 취한다. 이러한 태도는 이주여성들을 '중심'인 한국 사회에 동화되어야 하는 수동적 존재로 전제한다는 점에서 한계를 갖는다. '통합' 혹은 '공존' 등의 용어를 사용하는 연구들 중에서도 이주여성들을 복지수혜자로만 바라보는 온정주의적 관점을 드러내기도 한다.

4) 행위자-네트워크이론(actor network theory, 이하 ANT로 표기함)에 대해서는 2절에서 논의할 것이다.

재적 위치, 희망, 고뇌 및 다양한 협상과 번역(translation)[6]의 경험, 그리고 국가 간 경계를 횡단하는 결혼이주를 통해 실현되고 있는 새로운 삶의 양식과 사회의 변화과정을 다층적으로 이해할 수 있는 길을 모색하고자 하였다. 이 연구에서 제기하는 기본적인 질문은 다음과 같다. 한국 사회에서 '결혼이주여성'으로 불리는 이들은 누구이며, 어떤 삶의 배경 속에서 국제결혼의 행위자-네트워크와 결합하게 되는가? 구술자들과 연관된 결혼이주의 행위자-네트워크가 형성되는 과정에서 결합되는 인간, 비인간 행위자들은 무엇이며, 이것은 어떤 특징을 드러내는가? 본국과 한국 사회 등을 횡단하며 형성되는 여성들의 결혼이주의 행위자-네트워크와 신체-공간은 현재 한국 사회의 역동적인 재구조화와 관련하여 무엇을 시사하는가?

2 결혼이주자의 '신체공간'과 행위자-네트워크 기술하기

1) 결혼이주(marriage migration)와 기존 연구의 검토

'결혼이주'란 결혼을 매개로 수행되는 이주 양식으로 국가 간 경계를 횡단하는 결혼(cross border marriage)과 결합되기도 한다. 다양한 이주 형태 중에서 이미 결혼관계에 있는 같은 국적의 가족구성원들이 연쇄 이주하는 경우와 서로 다른 국적을 가진 개인들이 국제결혼을 함으로써 한 파트너의 국가로 이주

5) ANT에서 블랙박스란 잡종적 네트워크가 하나의 행위자나 대상으로 단순화되어 접혀진 상태(folding)를 지칭한다. 따라서 사람들은 블랙박스 속의 복합적 결합과 동맹의 행위자-네트워크는 보지 못하고 외부의 입/출력에만 의존하는 대상으로 취급하게 된다. 최근 '다문화사회' 혹은 '다문화정책' 등도 이런 관점에서 볼 수 있다.

6) 이 글에서 번역이란 수없이 다양한 인간과 비인간 행위자들 사이에서 특정 행위자의 이해와 의도가 다른 행위자의 언어로 치환되는 프레임의 형성과정을 뜻하는 것으로, 매개(mediation) 등과 더불어 행위자-네트워크가 형성되는 과정 그 자체를 의미한다.

하게 되는 경우를 모두 포함한다. 각국의 결혼이주에 대한 기존 연구들은 노동 등을 목적으로 하는 이주와 결혼을 매개로 한 이주의 경계가 중첩되거나 혼종되어 있음을 보여준다(Piper & Roces, 2003; Freeman, 2011; Kreckel, 2013; Treibel, 1999; Yang & Lu 2010). 근대의 실현과정에서 결혼이주의 공통적인 패턴은 부유하고 산업화된 국가의 남성과 빈곤하고 덜 산업화된 국가의 여성 사이에 이루어지며, 거의 대부분의 여성이 남성 출신국으로 이주한다는 점이다. 이러한 결혼이주의 양식이 형성되는 배경으로는 지구적 차원의 불평등한 자본의 실현과 각 로컬 내에서의 젠더불평등이 결합하게 된다는 점을 들 수 있다. 빈곤국 출신의 여성들은 자신과 가족이 처한 경제적 어려움으로부터 탈출할 수 있는 하나의 방식으로 국제결혼을 선택하게 되며, 이는 딸이 가족부양의 의무를 지도록 하는 출신국의 가부장적 젠더구성과 결합되어 있다.[7] 이런 맥락에서 결혼이주여성의 절대 다수가 여성의 주요 송출지역인 아시아 출신이라는 점을 이해할 수 있다.

최근 아시아지역 결혼이주의 새로운 특징은 아시아에서 아시아 국가로의 이주가 급증하였다는 점이다(Yang & Lu, 2010). 이는 아시아권 내에서의 경제적 위계화가 강화된 결과이며, 특히 필리핀, 베트남, 캄보디아에 대한 국제개발원조 등이 이루어지면서 각국 내에서 심화된 사회적 문제가 결혼이주로 치환되고 있는 것이다. 1990년대를 거치며 한국 사회에 등장한 결혼이주의 사회, 역사적 특징은 다른 인종 사이의 결혼이 국가/지방정부 차원의 개입과 중개로 촉발되었다는 점이며, 해외로의 결혼이주가 아니라 국내로의 이주가 급증하였다는 점이다. 20세기 초 하와이와 멕시코로 이주한 한국 남성들이 자신의 배우자를 한국에서 데려가 이루어진 혼인(소위 사진결혼)이 있었다(서호철, 2011). 일본남성과 결혼한 한국여성의 해외이주 또한 새로운 현상이 아니다.[8] 이와 비

7) 유럽의 결혼이주에서 보이는 특징은 전적으로 상업화된 중개업체 및 인터넷을 통해 매개되고 있으며, 결혼이주가 노동이주와 중첩될 뿐만 아니라 다양한 형태의 성매매와 결합되어 있다는 점이다. 성매매 합법화 정책을 시행하고 있는 독일의 결혼이주에 대해서는 다음을 참조하라(Kreckel, 2013).

교하여 최근 급증한 결혼이주는 한국 남성과 아시아 출신의 여성 사이에서 광범하게 이루어지고 있으며, 이들이 한국 사회로 이주한다는 점에서 차이를 갖는다.[9] 2013년 11월 현재 전체 15만여 명의 결혼이주자들 중 여성이 85.5%(12만 8천여 명)이며, 국적별로는 중국(한국계 포함)이 58.8%, 베트남 26.5%, 일본 8.1%, 필리핀 6.9%, 캄보디아 3.0% 순이다(2014.01 법무부 통계). 이들 중 반수 이상(53.3%)이 서울 및 인천·경기지역에 거주하고, 다음으로는 부산·경남지역(10.9%), 대구·경북지역(8.2%) 등 전국 각 지역에 살고 있다.

지금까지 이루어진 아시아 지역 결혼이주에 대한 기존 연구의 성과를 정리해 보면 다음과 같다. 첫째, 결혼이주는 세계적 차원의 불균등한 신자유주의적 구조조정과 연관된 '이주의 여성화'라는 관점에서 고찰할 필요가 있다(김현미, 2006; 2010; 이혜경, 2005; 이혜경 외, 2006; 정현주, 2009; 황정미, 2009; Piper, 2008). 신자유주의적 자본축적의 과정은 경제적 위계화와 젠더화를 심화시키며, 세계적 차원에서 남녀 노동력의 특정한 이동과 순환의 흐름을 생산한다. 이 과정에서 경제적 위계의 아래쪽에 위치한 나라의 여성들이 과거와 달리 생계부양자의 자격으로 젠더화된 노동공간(가사노동, 병원 및 식당 등의 서비스업, 성을 포함한 유흥산업 등) 및 국제결혼을 통해 이주하고 있다는 점이다. 둘째, 노동이주와 결혼이주는 명확히 분리할 수 없는 상호연관을 가지고 있으며, 이주 과정에서 여성이주자들의 '행위성'에 주목할 필요가 있다. 세계적 자본질서와 노동흐름의 관점에서만 결혼이주를 이해하게 될 때 드러나는 문제는 이주여성들이 이와 같은 구조의 희생자로 이해되는 경향이다. 반면 세계, 지역

---

8) 1980년대부터 일본 남성과 결혼한 외국인 여성의 수가 급증하였는데, 1980년 당시 이들 중 한국인 여성이 차지하는 비중은 56%였다. 2000년의 경우 중국, 필리핀, 한국 출신의 비율이 전체 외국인 아내 중 83.4%를 차지한다(Liaw et al., 2010, 55~56).

9) 1990년대 초반까지 국제결혼의 주류는 한국 여성들이 외국인 남성과 결혼하여 해외로 이주하는 것이었다. 그러나 1992년부터 한국 남성과 외국인 여성의 국제결혼이 급증하기 시작하였고, 1995년부터는 후자가 전자를 앞지르기 시작하였다. 1992년 중국 및 베트남과의 수교가 이루어진 후부터 농촌의 시, 군 등의 지방자치단체가 공식사업으로 한국 남성들의 국제결혼을 주선하기 시작하였다. 초기 결혼이주에 대한 대표적인 연구 성과로는 다음을 참조하라(이혜경, 2005; 김현미 2006).

적 경제구조의 차원만이 아니라, 결혼이주여성들의 혼종적 이주경험에 주목한 국내외의 연구들은 이들이 이주와 결혼의 과정에서 자신과 가족의 삶을 기획하고, 협상하는 행위성을 보여주었다(Constable(eds.), 2005; 김정선, 2010; 김혜선, 2012; Freeman, 2011). 즉 결혼이주는 초국적 이동과 관계의 확장 속에서 여성들이 선택할 수 있는 하나의 삶의 양식이자 가족 만들기의 전략으로 이해할 필요가 있다. 셋째, 여성들의 결혼/이주에 대한 연구에서 세계 경제적 구조 혹은 개인적 삶의 전략과 더불어 작동하는 국가 및 제도의 역할(Wray, 2011; 김정선·김재원, 2010; 새머스, 2009/2013)과 공간에 대한 이해(정현주, 2008)가 필요하다는 점이다. 최근 사회학과 지리학 분야에서의 연구들(우명숙·이나영, 2013; 조현미, 2013; 박규택, 2013)은 결혼이주자들의 공간적, 생애시간적 연결성, 송출국과 정착국에서의 초국적 혹은 관계적 공간의 형성과정에 대해 고찰함으로써, 결혼관계 그 자체에 매몰되었던 결혼이주 연구의 외연을 확장하고, 깊이를 심화시킬 수 있는 가능성을 시사하고 있다.

이 연구에서는 이러한 기존 연구의 성과를 바탕으로 아시아 지역에서 인간 및 비인간 행위자들이 복합적으로 상호결합(inter connected)함으로써 형성되는 결혼이주의 행위자-네트워크들을 고찰하였다. 이를 통해 이주여성들의 삶의 과정에서 지속적으로 (재)형성되고 있는 '신체-공간'에 주목하게 되었으며, '낭만적 사랑'과 '중개된 결혼', '좋은' 결혼과 돈을 위한 '나쁜' 결혼이라는 이분법적 구도를 넘어서 현재 한국 사회의 국제결혼 및 결혼이주의 현상을 이해하고자 하였다.

2) 연구방법으로서의 행위자-네트워크 기술하기와 '신체 공간'

지금까지 논의한 문제의식을 담아내기 위한 연구방법/론으로 이 연구에서는 행위자-네트워크이론(actor-network theory, 이하 ANT로 표기함)의 성과를 수용하였다. 인간에 의한 '사회적인 것'의 형성과 객관적인 것으로서의 '자연적인 것'이라는 근대과학의 이분법에 대한 비판을 핵심으로 하는 ANT에서 사회 현실은 끊임없이 유동하며 변화하는 인간과 비인간 행위자들의 잡종적 네트워크의 형성과 소멸이라는 관점에서 이해된다.[10] 이에 따르면 인간 사회의 어떤 것도 순수하게 사회문화적이거나, 온전히 자연과학, 기술적인 것은 존재하지 않는다. 모든 기술, 과학적 수행의 과정에는 인간행위자들의 규범과 가치에 의한 개입이 특정한 역할을 형성하며, 모든 사회, 역사적 과정 속에는 자연 환경적 조건과 기술 통신수단, 각종 행정규범과 법, 제도 등의 사물행위자들이 개입하여 잡종적 네트워크를 형성하게 된다(Latour, 2005). 이처럼 복합적이며 유동하는 현실의 행위자-네트워크를 특정한 관점과 연구방법으로 재단하지 않고 포착하기 위해 '행위자를 추적'할 것을 요청한다. 이를 위해 중요한 것은 특정한 연구방법에 의한 기계적 분석과정을 극복하는 것이다(Law, 2010, 11).[11] 이 연구에서는 이와 같은 문제의식을 기초로 '결혼이주여성'들을 둘러싼 다양한 규모의 인간 및 비인간 행위자들을 포착하고, 이들의 교차와 매개, 동맹/반역을 통해 형성되거나 소멸하는 행위자-네트워크를 추적하고자 하였다. 이를 위해 구술생애사 연구와 인류학적 민속방법론(ethnomethodology)을 활용하였다. 여성들의 삶의 경로와 경제, 사회, 문화적 조건, 이들 상호간의 협상과 타협의 방식 및 경험의 내용에 다가가기 위해 구술 자료, 참여관찰 기록지, 기타 문헌 및 이미지 자료에 대한 심층 분석을 수행하고, 이를 기초로 이주여성들의 결혼이주와 연관된 복합적 행위자-네트워크를 기술(description of Actor-Network)하였다.

이와 같은 국제결혼의 행위자-네트워크가 전개되는 과정을 추적하는 과정에서 주목하게 된 것은 여성들의 이주과정에서 전개되는 새로운 공간의 형성과

---

10) ANT의 주요 이론과 사례 연구 결과를 한국에 소개한 자료로는 다음을 참고하라(김환석, 2005; 브루노 라투르 외, 2010).

11) 존 로는 기존의 연구방법이 내포하는 방법론적 헤게모니와 규범적인 관행들을 비판한다. 이런 점에서 그는 반-방법의 관점을 강조한다. 사회과학 연구의 과제는 매번의 연구과정에서 좀 더 포괄적이고, 상호 연관적이며, 겸손하고 느린 연구방법을 찾기 위해 노력하는 것이라고 본다(Law, 2010).

공간전유의 양식들이다. 즉 인간행위자들과 다양한 비인간행위자들(학력, 경제조건, 기후 등의 자연조건, 문화양식, 교육제도 등)이 상호적 매개, 변형, 전환의 과정을 통해 딱딱하고 굳어진 물리적 공간이 아닌, 새로운 신체-공간을 형성해가는 과정에 주목하게 되었다. 이와 관련된 주요 문제의식은 다음이다. 첫째, 이곳에서 저곳으로의 이동을 포괄하는 이주는 기존 연구가 지적하는 바와 같이 지도상의 장소이동이나 공간적 운동만을 의미하지 않는다. 이주는 '의미 있는' 사건, 상처, 단절, 생산을 의미한다(Treibel, 1999; 2011, 12). 이주는 당사자들의 세계지향, 행동방식, 그리고 새로운 장소의 행위자들과의 만남과 잡음 속에서 관계 및 공간이 생산되는 복잡하고 다층적 사건들의 연속적 과정이다. 둘째, 이 연구에서 언급하는 공간은 유클리드 기하학과 지도학적 지리학을 기반으로 우리에게 고정적 실체적으로 주어진 텅 빈, 용기(그릇)로서의 공간이 아니라, 시간과 공간을 이행할 수 있는 행위자(actant)들의 교차와 잡음을 통해 생성되고, 추적 가능하게 될 행위자-네트워크로서의 공간이다. 이런 관점에서 이 연구는 근대과학의 단일하고 균질적인 공간론에서 벗어나고자 한다. 왜냐하면 이주의 과정에서 경험하고, 생성되는 공간들은 단일한 계량과 척도에 의해 균질화된 지도상의 공간이 아니기 때문이다. 셋째, 이 연구에서 공간은 인간과 비인간 행위자들의 상호작용의 결과로 형성되는 것으로, 신체가 교차하며 관련되는 서로 다른 방식의 결과로 이해한다. 따라서 공간은 다양한 이동물들의 역전가능하거나 혹은 역전불가능한 전위(displacement)로 추적할 수 있다. 매개, 전환, 변형에 의해 만들어진 세계에서 공간과 시간은 증식한다(Latour, 1997, 174~178). 이와 같은 공간의 특성을 강조하기 위하여 이 연구에서는 '신체-공간'이라는 표현을 사용할 것이다. 신체-공간이란 육화된 정신으로서의 신체가 만들어지는 공간이자, 신체를 통해 만들어지는 공간이다.[12] 즉 신체-공간은 개인이 모든 감각을 통해 자신을 둘러싼 잡종적인 인간/비인간행위자를 지각하

12) '신체-공간'은 메를로-퐁티가 역설하는 '신체의 현상학', 즉 신체를 통한 체험과 실존적 공간의 지각이라는 관점을 수용한 개념이다(메를로-퐁티, 1945/2002).

여, 투사하고, 이해하며 생산하는 체험의 공간이다. 동시에 이 체험의 공간은 신체에 준거함으로써, 구체적인 실재로서의 비인간행위자들과 개인의 상호적 교직으로 탄생한다.

3 국경을 횡단하는 여성들과 '신체-공간'의 재구성

1) 경북지역 이주여성들과의 만남

이 연구에 참여한 구술자들은 모두 경북 경산시에 거주하고 있는 여성들이다.[13] 현재 30대인 여성이 네 명이고 20대인 여성이 네 명이다. 이들은 19~29살이던 시기에 결혼하였고, 2000년대에 한국으로 입국하여 현재까지 살고 있다. 출신 국가로는 일본, 중국, 베트남, 캄보디아 여성이 각 2명씩이다. 이들은 모두 필자가 속한 연구소가 2011~2013년에 수행한 교육에 참여한 경험이 있으며, 전화로 이루어진 인터뷰 요청을 수락하여 연구에 참여하게 되었다. 이들은 상대적으로 한국어에 능숙하고, 적극적인 활동성을 보여주었던 참여자들이다.

〈표 5.1〉의 인적 사항 외에 구술 자료에 기초한 혼인형태를 살펴보면, 4명의 여성들(유 씨, 사 씨, 오 씨, 전 씨)은 한국인 남편들의 유학(일본과 중국)과 직업상의 방문(관광업)을 계기로 만나 결혼하였다. 그 외 4명의 여성들은 중개업체를 통해 결혼하였다. 현재 구술자들의 남편 중 포도농사를 짓고 있는 1명을 제외한 3명은 지방도시에서 상업, 중장비기사 혹은 아파트 경비원 등으로, 초기 국제결혼의 주요 대상이었던 '농촌총각'의 범주에서 벗어나 있다. 이를 통해 중개에 의한 국제결혼이 지자체 주도의 가부장적 프로젝트에서 개인적인 결혼형

13) 2013년 현재 경북지역에는 총 7,187명의 국제결혼 이주여성이 살고 있다. 현장조사를 했던 경산지역에는 한국계를 포함한 중국(256명), 베트남(241명), 필리핀(39명), 캄보디아(35명), 일본(28명) 출신의 여성들, 총 574명이 거주하고 있다(법무부, 2013년 12월 31일『통계월보』).

〈표 5.1〉 구술자 인적사항[15)]

	이름(가명)	출신국/지역	출생	원가족	학력	직업(전/현)	결혼(나이)지역	한국입국	자녀/남편직업
1	황 씨	중국/흑룡강성	1974 (39)	4녀 중 둘째	전문대 졸	1994~2002 병원사무직/사무계약직	2002(28) 중국	2003 대구	1남1녀/전기기사
2	오 씨	중국/ G성	1982 (31)	1남2녀 중 장녀	전문대 졸	2002~2004 무역회사원/중국어교사	2004(22) 중국	2011 청도	1남1녀/무직
3	레 씨	캄보디아 캄풍차	1987 (26)	1남2녀 중 장녀	중졸	2001~2003 공장; 장사/무	2007(20) 캄풍차	2007 경산	1남1녀/농업
4	전 씨	캄보디아 뽀이벳	1988 (25)	1남4녀 중 넷째	고졸	2005~2007 호텔직원/무	2008(20) 뽀이벳	2008 함안	2남/ 중장비 기사
5	배 씨	베트남/하우양	1990 (23)	1남1녀	중졸	2008~2009 미용 견습생/플로리스트	2009(19) 베트남	2009 경산	1녀/ 경비
6	민 씨	베트남/하우양	1989 (24)	3남2녀 중 막내	고졸 2007	졸업 후 결혼 준비/무	2009(20) 베트남	2010 경산	1남1녀/중장비 기사
7	유 씨	일본/S	1979 (34)	2남1녀	대졸	2000~2010 치위생사/무	2008(29) 부산	2010 수원	1남/연구원
8	사 씨	일본/K	1983 (30)	1남1녀	대졸	2007~2011 교직원/일본어교사	2011(28) 대구	2011 경산	없음/연구원

태로 확장되고 있음을 확인할 수 있다.[14)] 위의 구술자들 외에 2명의 이주민을 위한 NGO 활동가(50대 남성: A, 40대 여성: B)와 2명의 교육기관 활동가(40대 여성: C, 30대 여성: D)를 인터뷰하였다. 이들과의 인터뷰 내용은 다음의 사례 분석에서 해석 자료로 활용하였다.

14) 초기 한중 국제결혼이 한국 농촌 지역 남성을 위한 혼인전략의 성격을 띠었으나, 시간이 지나면서 도시지역 하층 출신 남성의 만혼 또는 재혼 전략으로 변화하는 경향을 보인다(이혜경, 2005, 101).
15) 구술자의 인적사항을 보호하기 위하여 모든 이름과 부분적인 지역을 바꾸었다.

2) '한국바람'과 중국유학의 교차

(1) '친족공동체'와 중개결혼의 결합

구술자 황 씨는 1974년 중국 흑룡강성에 살던 조선족 가족의 4녀 중 둘째 딸로 출생하였다. 구술자의 아버지는 함경북도에서 태어나 중국으로 이주한 조선족의 아들이며 어머니는 경북 하양이 고향이었던 증조할아버지가 일제 강점기에 중국으로 이주하여 정착한 조선족 집안의 딸이었다. 전문대학을 졸업한 구술자는 만 20세가 되던 1994년부터 아버지의 소개로 병원 원무과에서 계약직으로 일하였다(황 씨 구술녹취록, 2013, 30). 2001년 구술자는 정규직 전환이 이루어지지 않자 다니던 병원의 원무과를 그만두고, 잠깐 동안 장사를 하였으나 어려움을 겪으며 정리하였다. 생애 이력에 의하면 구술자가 병원을 그만두기 전인 1990년대 말, 같은 병원의 구급차 기사로 일하던 구술자의 아버지는 남한으로 이주하여 인천지역에서 '근로자처럼' 일하고 있었다. 그는 구술자에게 한국으로의 국제결혼을 권유하였다.

한국과 중국 사이에 인적 교류가 재개된 것은 1988년 올림픽을 전후로 한 시기이며, 1992년 한-중 수교 이후 인적, 물적 교류가 급증하였다.[16] 한국과 중국 사이의 수교와 임금격차가 노동력 이동의 주요한 행위요소로 작동하였다. 기존 연구에 의하면 최근 조선족의 한국 이주는 1980년대 말부터 한국 정부의 제도적 규제가 본격화되기 이전인 1993년까지의 1기와 산업연수원생 제도 등이 도입된 1994년 이후의 2기로 나눌 수 있다.[17] 구술자의 아버지는 한중 수교 이후

16) 일제하에서 중국으로 이주했던 조선족 중 중국의 동북3성(길림성, 요령성, 흑룡강성) 주변에 정착했던 사람들은 190만 명에 이른다. 이들은 현대사 속에서 내륙의 대도시(북한, 남한, 일본, 미국, 중국 연해)로 이주를 거듭하였다. 1980년 중국의 개혁개방과 한중수교, 국제결혼 등을 계기로 남한으로 이주한 조선족은 현재 50여만 명으로 추산된다("조선족 대이주 100년", 『한겨레』, 2011.11.04).

17) 남쪽에 친척을 두고 있던 흑룡강성 사람들을 중심으로 한국에서 장사를 하여 큰돈을 벌기도 했던 1기의 경험을 통해 1994년부터 중국 조선족 사회에 '한국바람'이 불기 시작하였다. 2기에는 강화된 규제 등으로 인해 한국이주를 위한 중개비용이 증가하고, 다양한 이주 전략이 확산되었다(이혜경 외, 2006, 268~270).

조선족 노동이주가 급증하던 2기에 한국으로 이주하여 노동하고 있었던 것으로 보인다. 또한 조선족에 대한 한국 정부의 규제가 강화되자 위장결혼을 통한 이주가 이루어지고 있었다. 1996년 위장결혼이 큰 사회적인 문제로 등장하게 되자 이로 인한 쌍방의 피해를 줄이고, 노동시장을 규제하기 위하여 한중 당국은 양해각서를 체결하고,[18] 1998년 6월에는 국적법을 개정하여 일정 기간 혼인 상태를 검증하도록 하였다.[19] 그러나 급증하는 이주희망자들의 요구에 부응하는 중개조직들의 결성과 합법 비합법 '관행' 등이 결합하여 중국에서 한국으로의 결혼 및 노동이주의 행위자-네트워크가 형성되고 있었다.[20]

2002년 구술자는 사촌여동생과 함께 다른 도시의 친척집에 머물던 중, 중개인을 통해 현재 남편을 만났다. 당시 구술자의 남편은 2남 중 차남으로 대학을 졸업하고 만 32세의 나이에 경북지역에서 자영업을 하고 있었다. 1990년대 중반 대학을 졸업하고 사회로 나가자 시작된 경제위기로 인해 안정된 직업을 구하기 어렵게 되자 자영업을 하게 되었고, 30대를 넘기면서 파트너를 구하기 위해 국제결혼을 결심한 것으로 보인다. 황 씨의 결혼과정에서 흥미로운 점은 남편의 '출신지역'이 구술자의 가족에게 중요한 요소로 고려되고 있는 과정이다. 맞선을 본 다음날 이루어진 가족 상견례에서 경북 하양에 가족의 고향을 둔 구술자의 어머니는 경상도 출신인 남편에게 큰 호감을 보였고, 구술자 또한 맞선에서 상대방의 출신지역에 대한 관심을 표현하였다(황 씨 구술녹취록, 2013, 2~3). 구술자는 2013년 공식인터뷰가 끝난 뒤 한 시간 여에 걸쳐 외가의 가족

18) 이 양해각서는 2003년 7월 1일 폐지되었는데 이 기간에 국제결혼을 한 여성들은 중국 내에서 혼인신고 후 공증을 받아서 한국대사관에 혼인신청을 하여야 하는 등 까다로운 결혼절차를 수행해야 했다.

19) 이전까지 한국 남성과 결혼한 외국인 여성들은 결혼 후 즉시 한국 국적을 얻을 수 있었으나 1998년 국적법 개정에 따라 국제 결혼한 외국인 남녀 모두 2년의 시간 유예를 두고 국적 취득을 할 수 있게 되었다.

20) 한국으로의 이주를 원하는 개인들은 한국의 수정된 국적법 및 입국허가에 관한 조항들에 맞추어 자신들에게 필요한 서류를 '만들기도' 하였고 이와 같은 관행이 광범하게 퍼져있었던 것으로 보인다(이혜경 외, 2006; Freeman, 2011).

사에 대해 언급하였다. 이에 의하면 처음 중국으로 이주했던 고조할아버지가 고향인 경북 하양에 양자로 맡기고 간 딸이 한중 수교 직후인 1990년대 말 KBS 라디오를 통해 중국에 있을 가족을 찾는다는 방송을 하였고, 이를 구술자의 가족들이 들었으나 방송된 한국의 주소를 제대로 받아 적지 못해 만나지 못하였다. 1990년대 말 흑룡강성 조선족 사회에서 친척들의 초청장을 가지고 한국을 방문하는 것이 큰 특혜요 '바람'이었던 상황에 비추어본다면, 성사되지 못한 '가족상봉'은 한국에서 자신들을 초청해 줄 수 있는 친척과의 연결망을 형성하지 못한 것이라고 할 수 있다. 구체적으로는 많은 중개 비용을 지불하지 않고도 한국에 입국하여 일할 수 있는 기회를 상실한 것이다. 따라서 가족들의 안타까움은 더욱 컸을 것으로 짐작된다. 이런 사실에 비추어 구술자의 가족과 한국은 한중 수교와 더불어 활성화된 가족찾기 라디오 방송을 계기로 상상의 '동포'가 아닌 가까운 친척공동체로 결합하게 된 것으로 보인다. 지금까지 살펴본 삶의 맥락에서 2002년 구술자와 경상도 출신 남편과의 중개 결혼은 한국으로의 이주를 열망하던 구술자의 가족이 단절되었던 한국 고향과의 관계 맺기를 실현한 것이라고 할 수 있다. 2002년 10월 맞선을 본 구술자는 까다로운 국제결혼에 관한 규정에 따라 절차를 밟은 후 2003년 8월 한국에 공식 입국하였다. 다음해에 첫 아들을 출산하였고, 이어서 한국 국적도 취득하였다.

(2) 중국으로의 유학과 한국으로의 역이주

한중 국제결혼의 다른 사례인 오 씨는 1982년 중국 북서부 지역에서 한족 집안의 1남 2녀 중 장녀로 태어났다. 구술자는 2002년 전문대학을 졸업한 후 홍콩 근처 K시에 있는 한 의류회사에 사무직으로 입사하였다. 당시 회사의 사장은 한국계 미국인이었고, 한국인 남성이 매니저로 일하고 있었다. 현재 구술자의 남편이 된 당시 한국인 매니저는 1969년 경북지역에서 출생하여 1990년대 말 의대를 졸업한 후 중국의 한의학을 공부하기 위해 북경대학으로 유학을 떠났다.

1992년 한중 수교 이후 한국에서 중국으로의 이주도 급증하였다. 개방된 '죽의 장막'에 대한 경제적 이해와 학술적 관심 속에서 기업과 노동인구 및 유학생들이 중국으로 이주하였다.[21] 세계적인 권위를 가진 중국의 한의학을 비롯해 다양한 학술분야에 대한 관심 속에서 한국인의 중국 유학과 기업 교류가 이어졌다. 그런데 구술자의 남편이 유학을 시작한지 2년이 되는 해에 중국 한의사 자격증이 한국에서 인정되지 않는다는 결정이 나자 학업을 중단하고 한국계 사장이 운영하는 무역회사에서 경영자로 일하고 있었다.[22] 그는 한-중 차원의 제도 변화로 인해 삶의 진로를 변경하게 된 것이다.

구술자 오 씨와 한국인 남편은 2002년 같은 회사의 상사와 부하직원의 관계로 만났다가, 당시 34세로 구술자보다 열세 살 연상이었던 남편의 적극적인 구애로 연애를 시작하였다. 두 사람은 2004년에 동거를 시작하였고 결혼하게 되었다. 이후 두 사람은 1남 1녀의 자녀를 두고 2011년까지 중국에서 생활하였다. 그런데 중국에서 디자인 회사를 운영하던 남편이 사업상 어려움을 겪자 구술자의 가족은 중국에서의 생활을 정리하고 한국 경북지역의 시댁으로 이주하였다. 2013년 인터뷰에서 구술자 오 씨는 결혼 후 중국에서 보낸 6~7년간의 생활을 힘들고 어려웠던 시절로 기억하였다. 또한 사례 분석에서 중요한 점은 사업을 위해 매일 술, 담배와 연관된 생활을 하며, 부부와 자녀가 서로 얼굴도 보지 못하고 지냈던 불행한 시절에 구술자가 포도농사를 지으며 살고 있던 한국 시골마을의 시댁을 '대안의 공간'으로 선취하고 있는 것이다. '너무 바쁘게 담배피

21) 한중 수교 이후 중국으로 이주한 한국인은 1992년 4만 3천여 명에서 1995년 40만여 명, 2000년에는 100만 명, 2005년에는 300만 명에 달했다. 또한 1992년 138명이던 중국 유학생은 1994년에 4,942명, 1996년에 11,443명, 2002년에 27,723명, 2005년에 49,734명으로 급증하였다(2014년 출입국관리통계연보). 1992년 한중수교 직후에 이루어진 1세대 중국유학생에 이어 1996~1997년이 경과하면서 소위 중국유학의 붐이 형성된 것으로 보인다.

22) 전 세계가 중국의 중의학을 인정하고 있지만, 한국에서서는 "외국에는 보건복지부 장관이 인정하는 한의과대학이 하나도 없다"는 보건복지부의 원칙이 여전히 통용되고 있다. 또 2001년 9월 서울 행정고등법원 판결문에서 "중의학은 한의학과 본질적으로 다른 학문이다"라는 입장을 밝힌 이후로 중의사 자격증을 가지고 한국에서 한의사로 진료할 수 있는 길이 봉쇄되었다.

고 술 마시며 힘들었던 그곳'에 비해 언젠가 방문했던 시댁의 한국 시골마을을 '깨끗하고 공기 좋고 건강한 생활을 할 수 있는 곳'으로 상상하고 있다(오 씨 구술녹취록, 2013, 5). 새로운 생활에 대한 열망을 가지고 구술자는 남편을 설득하여 중국의 대도시에서 한국의 시골마을로 역이주를 하였다. 사례 분석에 의하면 구술자는 중국 시장에서 외국인인 남편이 '인종화'의 차별로 어려움을 겪게 되자,[23] 남편의 나라인 한국 사회에 자신의 미래를 투사하게 된 것으로 보인다.

앞에서 살펴본 구술자 황 씨와 오 씨의 국제결혼은 한중 수교를 계기로 활성화된 경제, 정치 문화적 교류의 흐름 속에서 각각 연애와 중개업체를 통해 이루어진 혼인이다. 통계상으로 두 사례 모두 2000년대 초반 한국인 남성과 혼인한 중국 국적의 여성으로 파악되겠지만, 흥미로운 점은 비슷한 시기에 중국과 남한 사이에 노동 및 유학이라고 하는 서로 다른 이주의 행위자-네트워크가 쌍방향으로 형성되고 있었다는 점이며, 이와 같은 잡종적 이주 행위자의 '동맹관계' 속에서 대졸 출신의 20~30대 한/중 남녀 사이에 서로 다른 경로를 통해 가족관계가 형성된 것이다.

3) 중개 결혼, 관광 그리고 '낭만적 사랑'의 혼종적 전개

(1) 동남아 관광과 국제결혼의 접합

구술자 전 씨는 1988년, 캄보디아에서 1남 4녀 중 넷째 딸로 태어났다. 구술자의 어린 시기는 캄보디아가 오래된 내전을 지속하고 있던 시기로, 물적 자원의 파괴와 정치적 혼란으로 인해 생활상의 어려움을 겪어야 했던 것으로 보인다.[24] 어머니가 10년 아래의 남동생을 임신했던 1997년경, 가족들은 태국 국경

23) '인종화'란 사회집단 내에서 경쟁이 발생할 때 정주국의 주류집단이 사회적 능력이나 조건이 아니라 이주민 집단의 인종, 민족, 국적 등을 근거로 심리적, 물리적 차별을 정당화하는 현상을 뜻한다. 이를 '새로운 봉건화 전략'이라고 부르기도 한다(Elias, 1990).

24) 오랜 프랑스의 식민지 지배(1863~1953)로부터 독립한 캄보디아는 이후 30여 년간 내전에 시달렸다. 특히 크메르 루즈(Khmer Rouge) 정권(1975~1979)의 학정에 의해 수많은 인적, 물적 자원을 잃

지방인 뽀이벳(Poipet)으로 이사하였다.

태국과 캄보디아의 중부 국경도시인 뽀이벳이 본격적인 관광도시로 알려지기 시작한 것은 1990년대 이후이다. 캄보디아 정부는 프랑스 식민지시기에 정립된 앙코르 유적들을 1992년 유네스코 세계문화유산으로 등재한 후, 국제전시를 수행하였다.[25] 이와 같은 앙코르 유적을 중심으로 한 관광 사업이 크게 확대되어 2004년에는 앙코르를 방문하는 관광객이 1백만 명에 달하기도 하였는데, 그중 한국 관광객이 주요 비중을 차지하였다(김은영, 2011, 17). 현재까지 관광업은 섬유업에 이어서 캄보디아의 주요한 경제적 수입원이다. 관광개발이라는 국가적 실천과 자본의 투자는 문화의 상품화를 극대화함으로써 해당 지역의 공간과 문화를 '초지역적인 특성(trans locality)'을 갖도록 한다. 관광지는 타자인 관광객의 문화적 호기심과 이국적 취향 및 연관된 편이를 충족시키지 않으면 안 되기 때문이다.[26] 앙코르 와트(Angkor Wat)를 중심으로 한 관광사업이 번창하면서 태국에서 앙코르 와트가 있는 씨엠립(Siem Reap)으로 가기 위해서 반드시 거쳐야 하는 뽀이벳이 주요한 관광지로 성장하게 되었다. 이런 변화 속에서 구술자의 가족들은 경제활동 기회를 얻기 위해 이곳으로 옮겨온 것으로 보인다. 구술 자료에 의하면 이 지역의 수많은 관광호텔들이 태국 자본에 의해 운영되고 있으며, 뽀이벳 지역주민의 절대 다수는 태국 자본의 관광 사업에 참여하며 생계를 유지하고 있다. 구술자의 언니, 형부를 포함한 가족들도 마찬가

음으로써 자생적인 국가 기반을 마련하는 데 어려움을 겪었다. 1991년 10월 23일 이루어진 캄보디아 3개 정파의 휴전과 자유 총선 등을 포함하는 파리평화협정 이후 비로소 국제기구의 원조를 바탕으로 경제적 토대를 마련하고 있다[한국국제협력단(KOICA), 2012: 122]. 2007년 현재 캄보디아의 1인당 GDP는 대략 600불로, OECD 개발원조위원회의 최빈개도국에 속한다.

25) 2004년에는 서울에서도 〈앙코르와트 보물전〉이 열렸고, 한국에서 캄보디아 관광 붐이 형성되는 하나의 배경이 되었다. 탈식민지 캄보디아 정부가 식민지 유산인 앙코르 시대에 기반을 둔 크메르 정체성을 현재화하는 것에 대한 비판적 연구로 김은영(2011)을 참고하라.

26) 관광은 공간적으로 떨어져 있던 관광하는 주체와 그들을 맞이하는 객체를 연결하고 매개하는 사회적 실천이다. 이를 통해 경제와 문화, 토대와 상부구조, 지역과 세계, 중심과 실천, 근대와 전통 등 근대적인 반명제들이 매개되고 통합되는 매우 특수한 근대양식이다(닝 왕, 2004, 329).

지였던 것으로 보인다. 2005년 고등학교를 졸업한 구술자 또한 뽀이벳의 한 관광호텔에 취직하였다.

한국과 캄보디아 사이에 교류가 시작된 것은 구술자의 가족이 뽀이벳으로 이사했던 1997년 이루어진 공식수교 이후이다. 1990년대 말부터 한국에서 이 지역으로의 관광과 정책적 차원의 교류가 활성화되었다. 1989년 해외여행이 자유화된 이후 한국인의 해외 관광객 수는 2000년 500여만 명에서 2007년 1,330만 명으로 꾸준히 증가하였다. 그 중 동남아로의 해외 관광객 수는 2000년 45만여 명에서 2007년 320여만 명으로 7배 이상 증가하였다(한국관광공사).[27] 이와 연관된 관광분야의 직, 간접적인 종사자들도 급속히 늘어나게 되었는데, 당시 구술자의 남편은 동남아시아 관광 서비스 분야에서 일하던 중 캄보디아를 자주 방문하였다. 특히 독일에서 월드컵이 열리고 있던 2006년 7월경, 뽀이벳의 한 호텔을 방문하였다가 처음 구술자를 만나게 되었다. 2013년 인터뷰에서 쾌활한 인상의 구술자 남편은 전 씨와의 만남을 "월드컵이 맺어준" 극적인 사건으로 소개하였다.

2006년 처음 구술자를 만난 뒤 남편은 1년이 넘게 '국제결혼'을 해도 될 것인가에 대해서 고민하고, 가족 및 주변의 지인들과 상의했다. 경남 농촌지역에서 살고 있던 남편의 부모와 가족들은 모두 "네가 무엇이 부족해서 외국여자와 결혼을 하느냐"며 강하게 반대하였다. 그럼에도 불구하고 남편이 국제결혼을 결심하게 된 것은 수년간 관광 사업을 하며 간접적으로 경험한 캄보디아의 여성들과 문화뿐만 아니라, 태국 여성과 결혼하여 10년째 태국에서 살고 있는 지인의 조언이 크게 작용한 것으로 보인다. 두 사람은 캄보디아 정부가 국제결혼을 잠정적으로 금지하기 직전인 2008년 2월 결혼한 후 같은 해 6월에 한국으로 입

27) 한국 사회에 동남아시아 음식(특히 베트남과 태국 음식)과 동남아로의 관광문화가 번성하게 된 것은 1997년 동아시아 금융위기를 공동으로 경험하게 되면서 형성된 한국 및 동남아 국가 사이의 조직적 협력관계가 주요한 배경이 되었다. 1997년 제1차 APT 정상회담이 열린 이후 중국과 일본에 대항한 아세안 국가들의 협력활동이 강화되었다(김홍구, 2011, 119~121).

국하였다.[28)]

(2) 중개결혼과 '낭만적 사랑'의 전개[29)]

한국-캄보디아 국제결혼의 다른 사례인 구술자 레 씨는 전 씨와 비슷한 시기인 1987년 캄보디아 수도 프놈펜의 북서쪽에 위치한 캄퐁참(Kampong Cham)에서 1남 2녀 중 장녀로 태어났다. 레 씨는 초등학교를 거쳐 중학교를 졸업한 2001년, 10대 중반의 나이 때부터 가족생계를 위해 인근 공장에서 일했다. 구술자가 만 16살이 되던 2003년에는 태국 국경지역인 뽀이벳으로 가서 3년 동안 장사를 했다. 태국 국경을 넘어가서 간단한 과자와 과일을 사온 뒤, 뽀이벳의 관광객들에게 판매하여 중개이익을 남기는 것이었다. 레 씨가 이곳에서 장사를 시작하게 된 것은 앞에서 살펴본 바와 같이 이곳에 관광 사업이 번창하게 되었기 때문이다.

1997년 한국과 캄보디아 사이에 공식적인 수교가 이루어진 이후 두 국가 사이에 경제 및 관관정책 등을 통한 교류가 증대되었을 뿐만 아니라, 2000년대 중반이 되면서 캄보디아 여성들과 한국 남성들 사이에 국제결혼이 이루어지기 시작하였다. 2006년 베트남 정부의 국제결혼 관련 규정 강화로 베트밤 여성과의 국제결혼 조건이 어려워지면서, 캄보디아 여성들이 중개업체의 대안으로 떠오르게 된 것이 중요한 배경이라고 한다(김정선·김재원, 2010, 319). 특히 2006년

28) 캄보디아 정부는 국제결혼을 통한 인권침해가 사회적으로 문제가 되자 2008년 3월 27일 국제결혼 관련 업무를 잠정적으로 중단한다고 발표하였다. 2008년 11월 3일 '캄보디아 국민과 외국인과의 결혼방식과 절차에 관한 시행령'을 제정하고 국제결혼 관련 업무가 재개될 때까지 캄보디아 내 모든 국제결혼이 중단되었다(김정선·김재원, 2010, 320~321). 또한 2010년 3월 8일에도 캄보디아 국제결혼은 다시 중단되었다가 2010년 4월 중순경 본격적인 법 제도의 정비 없이 재개되는 등 캄보디아의 원칙 없는 이주제도는 상업적 중개업체에 의해 주도되고 있는 실정이다.

29) 중개를 통해 한국 남성과 국제결혼을 한 최소비교의 사례로는 베트남 출신의 민 씨와 배 씨의 경우가 있다. 이들은 2009~2010년 결혼한 경우로 베트남 정부의 국제결혼에 관한 규제 법안이 마련된 이후에 이주한 세대로, 두 사람 모두 이미 베트남 사회에서 확대된 개인적인 네트워크를 통해 맞선을 보았다.

에 394건에 불과하던 캄보디아 여성과의 국제결혼이 2007년 1804건으로 급증하였다. 이 시기 캄보디아 여성과 결혼하는 외국인의 80%가 한국인이었다(김정선 · 김재원, 2010, 319, 각주 18).

한국과의 국제결혼이 급증하던 2007년, 만 20세였던 레 씨는 이모의 권유로 국제결혼 중개업체를 통해 한국 남자와 선을 보게 되었다. 사례 분석에 의하면 구술자가 한국으로의 중개결혼을 수용하게 된 것은, 경제적으로 어려운 형편에서 '자유롭고 살기 좋은 곳으로 탈출하고 싶은 욕구'가 크게 작용했으며, 한국으로 결혼해서 간 이모 딸의 긍정적 평가 때문이었다. 나아가 중요했던 것은 수년간 뽀이뻿 지역에서 장사를 했던 구술자 스스로의 경험이었던 것으로 보인다. 멋지게 차려입고 '근대적 자부심'을 가진 채 오고가는 수많은 한국인 관광객들은 뽀이뻿과 한국 사회를 접속시키는 매개이며, 이를 통해 구술자는 한국 남성과의 국제결혼을 가능한 삶의 방식으로 고려하게 된 것으로 보인다. 당시 구술자의 남편은 만 35세(1972년생)로 경북지역에서 포도 농사를 짓는 부부의 독자였다. 그는 고등학교를 졸업한 후 인근 지역의 회사에 취직하기도 하였으나 경제사정이 어려워지면서 회사가 폐업을 하자 직장을 그만두게 되었다고 한다. 이런 조건에서 결혼할 기회를 얻지 못한 구술자의 남편은 목돈을 지불하고 중개업체를 통해 국제결혼을 하게 된 것으로 보인다. 두 사람은 중개업체의 국제결혼 관례에 따라 며칠 사이에 결혼식을 올리고, 신혼여행을 다녀왔다.

어떤 날 하루 비 많이 왔는데, 사장님이 집에 같이 가서 그 시간 보내주시는 거예요. 신랑이 저녁시간에 밥 다 먹고 그래서 앉아서 놀면서 손을 잡으면서, 있잖아요, **자기 어떻게 생각하는지 모르고, 보고 싶어 하는지, 헤어지는 시간 다 되는데,** 손을 잡으면서 비도 오는데, 기억 잘 안 나는데(웃음), 그래가지고 신랑이 많이 그때, 그때 **자기 맘은 좋은 거 있잖아요, 돈도 많이, 그런 거 다 주시더라고요. 더 있으면 더 주고 싶은데, 내가 너무 만나보니까 이렇게 사랑스럽다고. 돈도 조금밖에 못 줘서 너무 미안하다고** 이야기하시더라고요(웃음), 그때 기억 많이 나요 비도 많이 오고[고

딕 저자 강조].(레 씨 구술녹취록, 2013, 7)

위의 텍스트에서 구술자는 2007년 9월, 결혼식 후 남편이 한국으로 떠나기 전, 사장이 특별히 배려하여 함께 보냈던 어느 '비오는 밤'을 묘사하고 있다. 구술자는 6여 년 전의 상황을 '현재의 시점'으로 불러와서 자신의 손을 잡으며 사랑하는 마음을 전하는 남편의 이야기를 전달하고 있다. 위의 마지막 부분에서 강조하고 있는 바와 같이 구술자는 이 '비오는 밤'에 이루어진 남편과의 의미 있는 대화와 감정을 자주 현재의 기억으로 불러내는 것으로 보인다. '사랑스런' 자신에게 돈을 비롯해 가진 것을 모두 주고 싶어 하던 당시 남편의 마음을 진심으로 받아들였고, 이후에도 자주 이를 기억함으로써 남편과 자신의 사랑을 반복하여 확인하는 것이다. 특별히 많은 비가 내렸던 이날 밤의 이 장소는 구술자가 국경너머 한국에서 온 남편과의 결혼을 '낭만적 사랑'으로 경험하게 되는 '마술적' 공간과 시간이다. 구술 자료에 의하면 구술자의 남편은 화장도 하지 않은 구술자의 순수하고 착한 인상에 끌렸고, 구술자 또한 상대적으로 젊고 자신에게 돈과 사랑하는 마음을 전달하는 남편에게 호감을 느끼게 되었던 것으로 보인다. 레 씨는 2007년 10월, 한국 비자를 받아서 입국하였다.

지금까지 살펴본 전 씨와 레 씨의 국제결혼 사례는 한국 남성과 캄보디아 출신 여성 사이의 혼인으로 레 씨가 국제결혼 중개업체의 맞선을 통해 남편과 만나게 된 반면, 전 씨는 관광업을 위해 방문한 남편과의 우연적인 만남을 통해 상대적으로 긴 시간 동안 친밀한 관계를 형성하였다는 점에서 차이가 있다. 그러나 레 씨의 혼인이 한국/ 캄보디아 국제결혼 중개업체를 통해 성사되었으나, 짧은 기간 '낭만적 사랑'으로 전환된 관계임을 간과할 수 없다.

4) 일본유학과 '부족세대' 그리고 한류의 동맹

(1) 탈출을 꿈꾸는 '부족세대'와 한국 유학생의 만남

1983년 일본 남부 항구도시에서 출생한 사 씨는 1990년대 일본 텔레비전으로 방영된 미국 드라마(이하 미드)를 통해 '다른 세계(other world)'를 동경하게 되었다. 2013년 인터뷰에서 구술자는 드라마 속의 미국 청소년들이 "운전도 하고, 예쁜 차도 타고, 남자친구 여자친구와 파티 같은 데도 가는" 모습에 "충격"을 받고 그 세계로 가기 위해 영어공부를 열심히 하게 되었다고 했다(사 씨 구술 녹취록, 2013, 3). 인터뷰 초기 이야기의 전반부에서 사 씨는 자신을 중학교 시절 캐나다 어학연수(1996), 고등학교 때 미국 어학연수(1999), 대학교에서 영어학과를 전공하며 뉴질랜드 어학연수(2002~2003)를 한 후, 직장 생활을 하던 중 외국인 남편을 만나(2007), 결혼하고 한국에서 살게 된 사람으로 소개하였다. 즉 자신의 한일 국제결혼을 청소년 시절부터 가졌던 '다른 세계'에 대한 동경의 결과로 설명하였다.

일본의 학교 규율에 저항하던 청소년들은 1970년대 이후 다양한 하위문화를 형성하기 시작하였다. 1980년대의 오타쿠 족을 거쳐 1990년대에는 상업적으로 재구조화된 일본의 기성사회에 저항하는 청소년 문화가 소위 '부족'들의 형성으로 이어졌다. 이들은 적극적으로 자신들의 지리적 공간을 만들어간다는 점에서 이전의 '족'과 다른 '부족'으로 명명되기도 하였다(우에노 도시야, 2002). 구술자 사 씨는 일본 청소년 중 '부족'세대의 일원으로 당시 중개된 '미드'를 매개로 상상된 외부 세계에 자신의 이상을 투사하며 정체성을 형성하였던 것으로 보인다. 위의 이력에서 짐작하는 바와 같이 구술자는 중학교, 고등학교, 대학 시절 우수한 영어성적을 바탕으로 캐나다, 미국, 뉴질랜드로 어학연수를 다녀왔고, 대학을 졸업한 후인 2007년 한 대학 내 국제교류센터의 사무직으로 취직하였다. 얼마 후 구술자가 현재의 한국인 남편을 만난 것은 한 '외국인들과의 파티'에서였다.

한국과 일본 사이의 교류는 1965년 한일국교 정상화 이후 꾸준히 지속되었다. 1989년 여행자유화를 계기로 유학생이 급증하여 1992년에는 4만여 명으로 늘어나기도 했으나, 이후 평균 3만여 명이 해마다 일본으로 유학을 가고 있다(2014 출입국 관리통계연보). 이와 같은 일본 유학의 흐름 속에서 2007년 당시 구술자의 남편은 일본 대학의 박사과정에 진학한 유학생이었다. 특히 일본에 온지 3개월 밖에 되지 않아 일본말이 서툴렀고, 두 사람은 힘들게 일본어로 소통하며 친숙해지게 되었다고 한다. 2010년 남자친구가 유학을 끝내고 한국으로 귀국하여 취업하자, 구술자는 강하게 반대하는 부모들을 설득하여 2011년 한국으로 입국한 후 결혼하였다.

(2) 일본 유학과 한류의 접속

한일 국제결혼의 다른 사례인 유 씨는 1979년 후쿠시마 인근 도시에서 2녀 중 장녀로 출생했다. 아버지는 사업을 하고 어머니는 전업주부였던 소시민 집안에서 성장했으며, 앞에서 살펴본 사 씨와 마찬가지로 1990년대에 일본 사회에서 10대를 보낸 세대에 속한다. 1999년 전문대학을 졸업한 구술자는 2000년 대학 부설 치과의 치위생사로 취업하였다. 이곳에서 일하던 중 2004년, 구술자의 직장이 있던 대학의 박사과정으로 유학을 온 현재의 한국인 남편을 만났다. 당시 남편은 치과 치료를 받기 위해 방문한 환자였고, 구술자는 치위생사로서 남편을 치료하는 역할을 하면서 친밀한 관계가 되었다고 한다. 사례 분석에 의하면 유 씨는 당시 유행하던 한국드라마를 통해 한국 남성을 '막연히 동경'하게 되었으며, 한국 문화에 대한 호기심 등이 두 사람 사이의 친밀성을 형성하는 데 큰 역할을 하게 된 것으로 보인다(유 씨 구술녹취록, 2013, 3).

일본에서 한국 텔레비전 드라마를 중심으로 하는 한류가 형성되기 시작한 것은 2000년대에 들어서이다. 1998년 한일문화개방 이후 한국의 영화(2000년 〈쉬리〉, 2001년 〈JSA〉 등)가 일본으로 수입되기 시작하였다. 한류에 가장 큰 영향을 미친 드라마는 2002년 한국에서 방영된 〈겨울연가〉와 2005년 〈대장금〉

을 들 수 있다. 전자는 대만을 거쳐 일본의 NHK 위성방송, 이후 지상파 방송을 통해 방영되면서 일본 중, 노년 여성들에게 신드롬을 일으켰고, 한국 관광의 붐을 형성하기도 하였다.

유 씨는 어려운 환경에서 성장하여 목표를 가지고 노력하는 당시 한국 남자친구의 '강인한 모습'에 끌렸다고 한다. 두 사람은 2006년부터 동거를 하였으나, 구술자 부모님들이 결혼에 반대하여 어려움이 많았다고 한다. 2008년 남자친구가 박사과정을 끝내고 일본 대학에 취업하자 두 사람은 남편의 고향에서 가까운 부산에서 결혼식을 하고, 일본에서 생활하였다. 2009년 구술자는 첫 아들을 임신하면서 직장을 그만두었다. 2010년 남편이 한국에 취업을 하게 되면서 경기도 지역으로 이주하였다가, 2011년에는 경북지역으로 이사하였다.

사 씨와 유 씨의 한일 국제결혼의 사례에서는 공통적으로 한국인 남성들의 일본유학이 중요한 행위자로 결합하고 있다. 증가하는 일본으로의 유학인구와 더불어 1990년대 미국 텔레비전 드라마와 2000년대 초 한국 텔레비전 드라마가 한/일 파트너 사이의 친밀감을 형성하는 데 주요한 행위자로 작용하고 있다.[30] 나아가 두 사례 모두 여성 구술자들이 자신의 직장을 그만두고, 남편의 출신국인 한국으로 이주하였는데, 이와 같은 국제결혼의 행위자-네트워크 형성과정에서는 일본과 한국의 경제력 차이보다 전통적인 젠더역할에서 중요한 의미를 갖는 남성가부장의 경제적 조건이 강력한 행위자로 작동하고 있음을 알 수 있다. 즉 일본대학의 박사학위를 가진 남편들이 경쟁에서 좀 더 유리한 위치에 설 수 있는 한국 사회의 직업구조가 중요한 이입의 동인으로 작용하고 있는 것이다.

30) 한일 국제결혼으로 이주해 오는 일본 여성은 1980년대를 경과하며 증가하였다. 특히 2000년대에는 매년 1천여 명 정도의 일본 여성들이 결혼을 통해 한국으로 이주하고 있다. 이들 중에는 종교를 통해 결혼하는 사례들도 있다(김석란, 2008, 288f.).

5) 신체 감각의 반역, 전이 그리고 구별짓기

(1) 신체-공간의 반역과 전이(shift)

사 씨에게 한국에서의 결혼생활은 사춘기 때부터 꿈꾸던 '동경의 세계'와는 전혀 다른 경험이었다. 중학교 시절부터 동경하던 '다른 세계'로 온 구술자는 말과 음식 등 한국의 낯선 문화 속에서 매일 '울거나 몸과 정신상태가 모두 좋지 않은' 일상을 경험하게 된 것이다(사 씨 구술녹취록, 2013, 2). 사 씨의 일상생활에서 중요한 변화는 신체적 경험인데, 가장 기본적인 물과 포장마차의 음식, 자장면 등을 잘 소화하지 못해 결혼 직후부터 "한 달에 한 번 정도는 병원 응급실"에 가는 생활을 하다가 2013년 5월에는 맹장염으로 입원하여 수술을 받았다(사 씨 구술녹취록, 2013, 13~14). 사 씨는 인터뷰에서 조심스럽게 일본과 한국의 식습관과 문화의 차이가 자신에게 '더러운' 감각을 환기시키고 있음을 인정하였다. 그리고 자신이 이런 표현을 쓰는 것에 대해서 수차례 "미안하다"고 하였다. 구술자는 개인 중심의 일본 사람들은 개별 그릇으로 식사를 함으로써 일상적인 위생관념을 실현하고 있는 반면, 한국 사람들은 공동체를 강조하며 개인의 입으로 들어간 숟가락으로 공동의 음식을 먹음으로써 비위생적인 생활을 하는 대립적인 관계로 묘사하였다(사 씨 구술녹취록, 2013, 27). 다시 말해 구술자는 한국 사회의 가족관계와 일상적 공간을 의학적 처방과 같은 특별한 '면역조치' 없이는 받아들이기 어려운 곳으로 경험하고 있는 것이다. 또한 질병은 신체의 단순한 '기능 저하'를 뜻하지 않는다. 자아(self)가 활성화된 마음(mind)에 생기는 상처는 신체의 무기력으로 드러나며, 신체적 장애는 마음의 우울로 이어지기도 한다. 이런 관점에서 사 씨의 장염 등을 단순한 의학적 요인(바이러스 등)으로 환원하기보다는 구술자가 낯선 한국 사회의 일상문화와 협상하는 과정에서 겪는 심각한 신체적·정신적 어려움으로 이해해야 할 것이다. 또 다른 일본인인 유 씨는 한국 사회를 자신의 부모세대가 생활했던 과거의 공간과 유사한 것으로 '해석'하고 있다. 유 씨에게 현재 살고 있는 지역의 모든 일상적 요소

(상점의 물건들, 노점상, 놀이방식 등)들이 일본에서의 그것과 비교되면서 '덜 발달한 것'으로 느껴지고 있다. 과거 어머니로부터 듣던 수십 년 전 일본의 시골과 현재 한국의 일상공간이 겹쳐지면서 세대 격차만큼의 '물질적 차이'를 느끼고 있는 것이다(유 씨 구술녹취록, 2013, 23).

캄보디아에서 이주한 레 씨의 경우에도 한국의 경북지역은 '어딘지를 짐작할 수 없는' 공간이었다. 구술자가 정주했던 캄보디아의 삶 속에서 형성된 신체적 정향이 작동하지 않을 만큼 미지의 공간이자, 신체적 피로를 이기지 못해 토하고 쓰러질 정도로 먼 곳이었다. 사례 분석에 의하면 비행기와 버스를 타고 캄보디아에서 경북지역까지 오는 이주의 과정에서 느낀 구술자의 신체적 피로와 거리감은 언어적 소통이 불가능한 조건 때문에 가중되었던 것으로 보인다. 어디로 얼마만큼 가야할지 모르는 그곳은 '남편'과도 소통이 불가능한 공간으로서 구술자의 신체적, 언어적, 정서적 자유를 보장하지 않는 장소로 체감된 듯하다. 그러나 그가 처음 도착한 10월 경북지역의 시댁은 사방에 "포도가 주렁주렁" 열려있는 풍요로운 곳으로 가시화되고 있다. 그에게 처음 도착한 시댁은 알 수 없는 낯선 곳이었으나, 먹을 것이 풍족하고 여유가 있는 곳으로 체험된 듯하다(레 씨 구술녹취록, 2013, 6).

레 씨는 최소한의 언어도 이해하지 못한 채 시작한 낯선 한국 생활 속에서 적극적으로 음식을 전유하였다. 개인의 신체와 가장 직접적이고 내밀하게 연관된 음식이 달라 잘 먹을 수도 없고 음식 재료를 구할 곳도 없는 경북 시골마을에서 '그냥' 겨울을 보내는 동안 구술자는 스스로 "그래도 참아서, 내가 잘 먹어야 되겠다"는 결심을 하고 음식을 먹기 시작하였다고 한다(레 씨 구술녹취록, 2013, 7). 구술자는 도착 후 시작된 겨울을 보내는 동안, 말도 통하지 않는 시부모님과 남편에게 어떤 도움도 기대할 수 없는 상황에서 살아가야 하는 현실을 체감하고, 낯선 음식을 적극적으로 '받아들이기로' 한 것이다. 구술자는 삶의 원기와 활동을 위해 한국 음식에 대한 신체적 거리감을 적극적으로 좁혀나갔을 뿐만 아니라, 시어머니의 행동을 따라하며 스스로 가족들을 위한 한국 음식을 만들기 시작했고, 이제는 "못 먹는 음식이 없"게 되었다.

(2) 사회적 차별과 여성들의 '구별짓기'

구술자들은 가족 내에서 경험하는 낯선 음식과 언어적 소통뿐만 아니라 공통적으로 지역사회의 '차가운 눈초리'로 인해 스스로 위축되는 체험을 하였다. 결국 이들의 신체-공간은 가족과 집안으로 제한되기도 하였다.

> 임신을 했는데 열이 나고 막 너무 아픈 거예요. 밥도 하기 싫고 집에서, 남편은 일하러 나가고 저 혼자 집에서 (있는데) 나가기 무서워요, 나갈 데도 없고. 나가면 다 쳐다보는 거 같아서, 문 앞에도 안나가봤어요. … 남편 친구들이 우리 집에 놀러오잖아요 중국에서 왔다고 놀러와요 그때는 제가 진짜, 동물 원숭이 보는 것 같이 그런 느낌 있잖아요. … 한마디도 못 알아들었는데, 나를 놀리는 거 아닌가, 그런 생각도 들었어요.(황 씨 구술녹취록, 2013, 8~9)

2003년 한국의 경북지역으로 이주한 황 씨의 경우 조선족 출신으로, 제3자가 보기에 '외모'의 차이가 거의 나지 않는데도 불구하고, 한국 사회로부터 고립, 배제되는 체험을 강하게 하였다. 위의 텍스트에서 구술자는 '동물원에 갇힌 채 지나가는 사람들의 구경거리가 되고 있는 원숭이'로 자신을 비유하고 있다. 이러한 체험은 무엇보다 언어적 소통이 제대로 이루어지지 않아 상대방의 행동과 표정을 '잘못 해석'한 탓이기도 했을 것이다. 언어적 소통이 원활하지 않아서 겪는 이주자들의 불안과 공포는 공통적인 것으로 보인다.[31] 뿐만 아니라 한국에서 생활하는 조선족의 위치가 '긍정적'이지 않다는 구술자의 직, 간접적인 이해가 위의 텍스트에서 보이는 구술자의 부정적인 체험에 주요한 맥락이 되었을 것이다. 결국 임신으로 몸이 아픈 상황에서도 구술자의 공간은 '문 안'으로 제한

31) 2011년 이주한 구술자 사 씨의 경우에도 제대로 알아듣지 못하거나 대답하지 못할 것이라는 불안으로 인해 전화도 받지 않고 집안으로 자신의 공간을 제한하였다(사 씨 구술녹취록, 2013, 14; 23).

되어 있다. 타자의 상호인정이 이루어지지 않은 일상 속에서 '위축된 자아의 공간'은 남편 이외의 타자가 부재한 외로운 장소가 되고 있는 것이다.

구술자들 중 상대적으로 피부색이나 외모 등에서 한국인과 차이를 보이는 경우 이와 같은 부정적 체험은 좀 더 일상화되는 경향이 있다(전 씨 구술녹취록, 2013, 12). 또한 주목할 점은 '중개결혼'을 한 여성에 대한 한국 사회의 차별과 낙인으로 인해 이주여성들 사이에 상대적 구별 짓기가 강화되는 경향이 있다는 점이다(유 씨 구술녹취록, 2013, 11). 캄보디아 출신의 전 씨와 일본 출신의 유 씨는 인터뷰에서 각각 자신들이 체험한 한국 사회의 부정적 시선을 소개하였다. 이 속에서 지적하고 있는 바는 남편과 '사랑'하여 (연애) 결혼한 자신들을 '돈' 때문에 결혼한 사람들로 오해하는 한국 사람들의 태도이다. 나아가 유 씨는 "다문화 가족이라도 결혼 때문에 하는 사람도 있고 연애하다가 오시는 분도 있고 여러 사람이 있지만 다문화가족이라는 한마디로 [모두] 힘들고 고생을 하고 살고 있는 것"으로 이해하는 한국 사회의 태도에 대해서 항의하고 있다(유 씨 구술녹취록, 2013, 12). 즉 다문화 가족을 '힘들게 살다가 돈 때문에 결혼한 다문화가족'과 '연애하다가 결혼하여 이주한 가족'으로 구별한 후 자신들은 후자에 속하는 사람들임을 강조하고 있는 것이다. 이런 항변은 무엇보다 자신의 경험을 정확히 나타내고자 하는 것이지만, '다문화 가족'에 대한 사회적 차별과 배제의 시선 자체를 비판하기보다는 '자신들에 대한 오인'을 교정하기 위한 항변에 머물 수 있으며, 나아가 이런 시선을 회피하기 위해 스스로를 구별 짓고자 하는 암묵적 태도가 이주여성들 사이의 연대를 가로막는 역할을 할 수도 있다는 점이다.

앞에서 살펴본 한국 사회에 대한 서로 다른 신체적 경험에 따라 일상적인 '거리두기'를 하고 있는 소위 선진국 출신의 이주자들에게 '다문화 가족'에 대한 사회적 낙인과 차별은 더욱 심한 '사회적 지위 하락'을 의미하는 것으로 보인다. 이런 맥락 속에서 한국 사회의 '다문화 가족'에 대한 암묵적 낙인과 차별이 계층적 위계와 더불어 이주여성들 사이에서의 구별 짓기로 전이될 가능성이 있으며, 이는 결국 이주여성과 한국여성들 사이의 연대뿐만 아니라, 이주여성들 사이의 연대 또한 위협할 가능성이 크다는 것을 의미한다.

6) '거기'로 투사된 미래와 '여기'에서 접속하는 초국적 신체-공간

(1) '거기'의 문화자본과 두 곳의 영주권리

일본 유학을 했던 한국 남성들과 결혼하여 한국으로 이주한 유 씨와 사 씨는 2013년 여름 인터뷰를 할 무렵 공통적으로 일본 방문을 계획하고 있었다. 8월 13~15일인 일본 추석 명절을 치르기 위해서였다. 2010년 한국으로 이주한 유 씨 부부는 주요 명절을 전후하여 1년에 2~3번씩 일본의 친정을 방문하여 1달 정도씩 체류하고 있다. 2009년과 2011년 출산한 두 아이는 일본에서 1~2주가 지나면 일본말을 하다가, 한국에 돌아오면 한국말을 다시 시작하는데 어려움을 겪기도 한다고 했다. 이런 과정을 통해 아이들은 일본어와 한국어를 동시에 배우고 있는 것으로 보인다.

한국에 온 지 3년 정도가 되는 이 부부는 평소에 일본어로 대화를 한다. 유 씨가 한국어를 어느 정도 할 수 있지만, 계속 일본어로 대화를 한다고 했다. 2011년 이주한 사 씨의 경우는 집안에서의 대화를 통해 한국어를 배우고 싶은데, 남편이 한국어 사용법을 자세히 설명하는 것을 귀찮아하기 때문에 일본어로 대화를 하고 있다고 한다. 남편들의 경우 일본어로 대화가 가능하므로 굳이 아내와 한국어를 해야 할 필요를 느끼지 못할 뿐만 아니라, 유학을 통해 전유한 '일본어'를 혹시 있을지도 모르는 미래의 필요를 위해 보존하고자 하는 욕구가 있는 것으로 짐작된다.

유 씨는 뭔가 어려운 일이 생기면 일단 일본의 부모님들과 의논한다. 경북지역에서 어업에 종사하고 있는 시부모님의 경우 생업 때문에 도움을 받기가 어렵기도 하지만, 정서적으로 멀리 있는 친정 부모님이 훨씬 가깝기 때문이다. 2011년 3월 일본 후쿠시마 지역에 지진과 쓰나미로 원전사고가 발생했을 당시 구술자는 둘째 아이를 임신하고 있었는데, 입덧으로 한국 음식을 먹지 못해 일본을 방문할 계획이었다. 몇 달 후 출산했을 때는 친정어머니가 한국을 방문하여 한 달간 간호를 했다고 한다. 유 씨의 고향인 S시가 후쿠시마 원전 사고지역과 아주 가까운 곳임에도 불구하고 아이와 부부의 정기적인 고향 방문과 체류는 이어지고 있다. 반면 유 씨는 시댁 가족들 이외에 가깝게 지내는 한국 친구들을 사귀지는 못하고 있다.

2011년 결혼하여 한국으로 이주한 사 씨는 2013년 현재까지 출산을 계획하지 못하고 있다. 결혼 이후 시댁으로부터 암묵적인 출산 압력을 받고 있으나 건강상태와 직장문제 등으로 계속 미루고 있다고 한다. 더욱 중요한 것은 두 사람이 출산 이후 아이를 어디서 양육할 것인지에 대해서 구체적인 결정을 하지 못하고 있기 때문이라고 한다(사 씨 구술녹취록, 2013, 24). 즉 자신들이 정주할 미래의 공간에 대한 전망이 불투명한 것이다.

유 씨와 사 씨 부부는 공통적으로 각자의 국적을 보유한 채 영주권만 취득하기로 결정하였다. 일본인과 한국인이라는 각자의 '뿌리'와 '정체성'을 바꿀 수 없다는 데 남편과 합의하였다고 한다. 따라서 이 부부들의 경우 최소한 두 개의 나라에서 '영주'할 수 있는 체류권만을 가지고 있는 것이다. 2세들의 경우 일본과 한국의 속인주의에 기초한 국적법에 의해 어느 한쪽 부모의 국적을 취득하게 될 것으로 보이지만, 이에 대한 전망은 국적뿐만 아니라 이후의 교육문제와 결합되어 있는 것으로 보인다. 흥미로운 점은 두 부부 모두 자녀들이 일본어를 전유하고, 일본에서 교육 받기를 희망하고 있다. 일본 유학 경험을 가진 남편들은 자녀들에게 자신이 경험한 '교육자본'을 전수하게 되기를 바라며, 이를 통해 한국 사회 내에서 좀 더 좋은 사회적 지위를 가질 수 있기를 기대한다. 다만 이와 같은 전망을 현실화시키는데 어려움은 남성 가부장의 직장문제이다. '외국인'인 남편들이 일본 사회에서 안정적인 직장을 얻기가 어려운 조건 때문에 수년 전 한국 사회로 이주하였고, 적어도 남성 가장의 경제활동이 지속되는 동안에는 한국에서 생활하게 될 것으로 보인다. 그러나 이들 부부의 일상은 언젠가 돌아가게 될 '거기'로서의 일본과 밀접한 네트워크를 형성하고 있다. 즉 두 부부가 공통으로 경험했던 과거의 공간인 일본이 미래의 공간으로 매개되면서 현실에서의 일상적 네트워크 또한 '거기'와의 연관 속에서 형성되고 있는 것이다.

(2) 여기의 가족과 거기의 친척 공동체

한국에서의 생활경험이 쌓이면서 황 씨를 비롯한 다른 구술자는 한국과 본국 사이의 교류를 활발히 조직하고 있다. 한국에 이주한 지 가장 오래된 황 씨의 경우 "이제는 중국에 가면 불편해서 금방 내 집으로 돌아오고 싶은 생각이 든다"고 했다(구술녹취록, 2013, 21; 25). 지금도 중국 음식과 친구들이 생각나기는 하지만 중국에 가서 살고 싶은 생각은 없다고 했다. 구술자가 강조하는 중국과 한국의 가장 큰 차이는 '중국에는 문제가 생겼을 때 호소할 수 있는 법과 제도가 없다'는 점이다(구술녹취록, 2013, 22). 구술자는 아이가 유치원을 다니기 시작한 2008년부터 지역 단체에서 제공하는 강좌에 참석하여 각종 자격증을 취득했으며, 뛰어난 한국어 실력과 활동력을 기반으로 현재 이주여성지원 조직에서 일하고 있다.

구술자가 한국으로 올 당시 인천지역에서 일을 하고 있던 구술자의 아버지는 1년 뒤인 2004년 중국으로 귀국하였다. 2008년 구술자는 형부와 제부를 한국으로 초청하여 "일할 수 있도록" 했다. 형부는 한국에서 5년 동안 일하다가 귀국하였고, 제부는 2013년 현재까지 한국에 체류 중이다.[32] 그동안 일한 덕분에 최근 동생부부는 중국에 집을 샀고, 구술자는 중국의 가족들이 마련한 집을 자신의 든든한 방문지로 생각하고 있다. 동시에 그는 자신의 부모 형제가 가능하면 한국에 와서 살기를 희망한다. 구술자의 경험에 의하면 '한국이 돈벌기는 힘들

32) 베트남에서 이주한 민 씨와 배 씨의 경우에도 결혼 후 자신의 부모를 한국으로 초청하였다. 그런데 베트남 법에 의하면 남자들의 경우 만 55세가 넘어야 해외 출국이 가능하여 어머니만 입국하였다고 한다. 한국으로 입국한 배 씨의 어머니는 한국에 있던 친척 집에 기거하며 수개월째 노동하고 있다. 이처럼 구술자들의 입국 후 가족과 친척들의 방문이 중장기적인 노동이주로 이어지는 것은 공통적인 사항인 것으로 보인다.

지만 사는 것은 중국보다 훨씬 낫다'. 평소 구술자는 중국의 가족들에게 화장품과 전기제품 등을 보내고, 중국의 맛있는 깨, 검은 콩, 옥수수 등의 농산품을 받아서 먹고 있다. 혈압이 높아서 고생하는 동생을 한국에 데려와 치료하고 싶은 희망도 가지고 있다.

2007년 캄보디아에서 한국으로 이주한 레 씨의 경우 2008년 봄부터 지역의 한국어 교실뿐만 아니라 지역의 각 교육기관에서 수행하는 거의 모든 교육에 참여하며 인터넷 강좌, 요리, 가야금과 거문고 연주를 배우고 전국 각지로의 여행에 동행하였다. 이를 통해 구술자는 시부모가 있는 시골집으로부터 벗어나 '자유'를 누릴 수 있었다. 2010년 남편과 큰 딸을 데리고 고향을 방문한 레 씨는 모두가 떠난 뒤 혼자 남아 아버지를 모시는 있는 여동생의 처지를 '안쓰럽게' 생각하였다. 특히 '여자'인 동생이 어머니 없이 '술 마시는' 아버지를 모시고 사는 것을 방치할 수 없다고 판단하였다. 뿐만 아니라 "캄보디아 남자와 결혼시키면 안 되겠다"는 판단을 하였다. 구술 자료에 의하면 아버지는 오랫동안 가족의 생계를 위해 기여하지 않으면서 술을 마시며 어머니와 자신들에게 직, 간접적인 폭력을 행사해왔던 것으로 보인다(레 씨 구술녹취록, 2013, 10). 구술자의 여동생은 2011년 남편이 소개한 친구의 동생과 결혼하여 울산에서 생활하고 있다.

구술자는 인터뷰에서 캄보디아의 고향집과 자신의 현재를 연결시키며 이야기하였다. 이에 의하면 고향집에는 현재 생활하는 한국의 시골집과 비교하여 가스레인지, 싱크대 등이 없는 곳으로 묘사되고 있다. 흥미로운 점은 이러한 묘사가 그곳에 살고 있는 아버지를 염려하는 관점에서가 아니라, 한국생활에 익숙해진 구술자의 어려움을 설명하기 위한 관점에서 이루어지고 있다는 점이다. 또한 구술자가 고향집을 가족들이 '놀러갈 수 있는 장소'로 상상하고 있다는 점이다(레 씨 구술녹취록, 2013, 19). 다른 구술 자료에 의하면 구술자의 남편은 자주 구술자에게 캄보디아에서 "어디 놀러 가면 좋다, 가고 싶다"고 하며 구체적인 정보를 찾고 구술자에게 정확한 상황을 물어보고 있다(레 씨 구술녹취록, 2013, 18). 이런 점에서 구술자의 가족에게 캄보디아는 의무적으로 가족을 방문하는 곳만이 아니라, 농한기가 되면 해외여행을 하며 휴가를 보낼 수 있는 '대안의 장소'가 되고 있는 것으로 짐작된다.

이 절에서 살펴본 중국과 캄보디아 출신의 구술자들은 공통적으로 자신들의 미래를 한국을 중심으로 기획하고 있다. 일상적인 먹거리의 교류에서부터 가족 친지의 방문주선 등을 통해 현재의 정주공간과 본국의 고향집이 긴밀히 결합하고 있다. 이를 통해 이주여성들의 신체-공간은 초국적 행위자-네트워크의 특성을 드러내고 있다. 또한 앞 절에서 소개한 유 씨와 사 씨의 가족이 미래공간을 일본 사회에 투사함으로써 현재 여기서의 행위자-네트워크보다 일본의 교육자본과 그곳의 인적 네트워크가 더욱 큰 힘을 가지고 있는 반면, 이 절에서 소개한 구술자들은 현재 '여기'에서의 삶의 공간을 중심으로 본국인 '거기'와의 활발한 인적 물적 교류를 조직함으로써 현재와 미래의 공간이 교직되고 있다. 또한 이들은 이미 한국 국적을 취득했거나, 이후의 국적 취득에 대해서도 긍정적인 태도를 가지고 있다.

4 아시아 여성들의 결혼/이주의 잡종적 행위자-네트워크

이 연구에서는 2000년대에 국제결혼을 통해 한국의 지역사회로 이주하여 생활하고 있는 여성들의 삶을 통해 이들의 국제결혼과 연관된 행위자-네트워크를 추적, 재구성하였다. 나아가 한국 사회의 일상 속에서 형성되는 이들의 신체-공간의 특성을 고찰하였다. 지금까지 살펴본 사례 연구의 결과를 정리하면 다음과 같다.

첫째, 연구방법론의 관점에서 이 연구는 이주여성들의 국제결혼과 일상생활이 이루어지는 과정을 행위자-네트워크의 (재)구성이라는 관점에서 고찰함으로써, 인간행위자들뿐만 아니라 동아시아 지역에서의 국가 간 연합조직(APT), 관광정책 및 기업의 진출, 학력인정제도 및 유학시장의 형성, 미디어와 한류 등과 같은 비인간 행위자들이 서로 다른 규모에서 결합하고, 교차하는 과정을 포착하였다. 이를 통해 1990년대 중반을 거치면서 한국, 중국, 일본 캄보디아 지역의 결혼이주와 연관된 다규모적 제도와 정책을 좀 더 구체적으로 드러내고자 하였다. 구체적으로는 1992년 한중 수교 이후 중국 국적 개인들의 한국으로의 결혼/이주와 교차하는 중국으로의 이주/유학의 흐름 및 역이주의 사례는 중국으로부터의 결혼이주를 '한국바람'이라는 단일한 시각이 아니라, 한중 사이를 교차하는 복합적이고 잡종적인 관계의 지평에서 바라보아야 함을 시사한다. 다음으로 한국-캄보디아 국제결혼의 경우 1990년대부터 전개된 캄보디아 정부의 관광정책과 관광자본의 주요한 활동무대인 뽀이뻿이라는 '초지역적 공간'이 중요한 행위자로 결합하고 있다. 동시에 여행자유화 이후 급증한 한국의 해외관광과 정책적인 관광사업의 확대를 통해 '이동하는 개인들'이 국제결혼의 중요한 매개자이다. 한일 국제결혼의 행위자-네트워크에서는 1990년대 일본 부족세대와 대중매체 및 '한국드라가'가 일본으로 유학한 한국 남성들과의 친밀성 형성에 중요한 행위자로 결합하고 있다.

둘째, 이 연구에서는 동일한 지역사회에 살고 있는 결혼이주여성들의 삶과 경험을 고찰함으로써 출신국가별로 이루어진 기존 연구에서 드러나지 못했던 출신국가별 비교의 관점을 확보할 수 있었다. 나아가 동일한 지역사회 내에서 생활하는 이주여성들 사이의 '관계'를 이해할 수 있는 단초가 되었다. 세계, 지역별 경제구조의 관점에서 결혼이주는 상대적인 빈곤국에서 부유한 국가로 이동한다. 이 연구에서 살펴본 한·조선족 및 한·캄보디아 결혼의 경우 양국 사이의 경제적 격차가 기본적인 행위 요소로 작동하고 있다. 반면 한·일 결혼의 경우 국가 간 경제력보다 젠더위계가 더욱 강하게 작동하고 있다. 일본유학을 계기로 만났던 두 사람은 남성 가부장의 경제활동 공간을 따라 한국으로 이주하였다. 즉 일본대학 박사학위를 직업시장에서 좀 더 잘 활용할 수 있는 공간을 찾아 한국으로 이주하였다. 또한 한·중 결혼의 경우에도 중국시장에서 남편의 사업이 어려움에 처하자 시부모의 정착지가 있는 한국의 시골마을로 역이주하였다. 다음으로 한국의 지역사회에 정착한 여성들의 신체–공간이 갖는 특성에 의하면 한·조선족, 한·캄보디아, 한·베트남 결혼의 경우 한국의 일상공간을 중심으로 본국의 가족과 자원이 복합적으로 결합하는 초국적 행위자–네트워크가 형성되고 있다. 이들의 미래는 현재 머물고 있는 지역사회와 장소 및 본국의 가족들과 공간이 갖는 장점을 다층적으로 결합하는 방식으로 구성되고 있다. 반면 한·일, 한·중 결혼의 경우 남편들의 경제활동이 이루어지는 기간의 현재공간과 노년의 미래공간이 상대적으로 분리되어 구성되며, 현재의 신체공간은 미래의 전망이 투사된 일본 사회와의 물질적, 문화적, 정서적 결합 속에서 형성되는 특징을 갖는다.

셋째, 이주여성들의 신체–공간 속에서 남성의 학력과 지위, 여성의 출신국가에 따라 일정한 계급적 위계가 드러나고 있으며, 특히 여성들의 결혼 유형(연애결혼, 중개결혼)이 한국 사회의 차별 및 배제문화에 의해 '계층적' 위계로 전화하는 경향이 있다. 이 연구의 사례 속에서 유학을 배경으로 국제결혼을 한 사례(한/일, 한/중)의 경우 남녀 모두 대졸 출신이며, 해외유학을 지원하는 가족의 경제력을 가지고 있다는 점에서 중간 계층으로서의 특징을 보여준다. 한/일 결혼의 경우 여성의 출신국이 갖는 경제력까지 결합하여 경제적, 문화적 우위를 경험하는 것으로 보인다. 다른 한편 중개결혼에 대한 한국 사회의 낙인과 차별문화가 여성들 사이의 관계를 '결혼유형'에 따라 위계화 시키고 있다. 연애결혼을 한 여성들의 경우 '결혼이주여성'은 '중개 결혼한 여성'이라는 사회적 낙인에 저항하기 위해 스스로를 다른 여성들과 '구별 짓는' 전략을 택하게 되며, 이는 결국 이주여성과 한국여성들 사이의 연대뿐만 아니라 이주여성들 사이의 연대를 위협하는 힘으로 작동할 가능성을 시사한다.

넷째, 이주여성들의 국제결혼과 신체–공간의 구성에 대한 이 연구의 사례들은 중개/결혼이 가진 혼종적 특성을 보여준다. 이를 통해 중개결혼과 연애결혼, 좋은 결혼과 나쁜 결혼, 사랑과 돈이라는 이분법적 관점의 한계를 드러내고 있다. 중개결혼은 '돈 때문에 하게 된, 사랑이 결여된 결혼'이라고 하는 한국 사회의 편견과 달리 사례 연구는(특히 레 씨의 사례) 중개결혼의 과정에서 형성되는 '낭만적 사랑'의 시간과 공간을 보여준다. 동시에 연애결혼을 한 부부들이 경제적 이익과 조건을 극대화하기 위해 선택하는 전략적 행위들을 보여준다. 즉 전적으로 경제적 이해만으로 이루어진 중개결혼과 순수하게 낭만적인 사랑으로 이루어진 연애결혼이라는 이분법적 도식은 개인의 정서, 신체, 경험, 경제적 능력, 물질적 조건, 문화적 지평 등의 복합적 요소들이 결합하여 형성되는 사랑과 결혼의 현실을 이해할 수 있는 가능성을 차단하게 될 것이다. 역사적으로 낭만적 사랑과 결혼이 결합된 것은 근대의 현상이다. 다시 말해 오랫동안 정략적인 결혼제도는 가부장제의 성립과 정착 과정에서 사회적 교환이자 구조화의 기제로 작용하였다(레비-스트로스). 혼인제도는 사회구조의 기본제도인 가족형성의 기제로서 계급, 계층적 구조와 결합하면서 구성되어왔다(엥겔스). 근대의 혼인에 낭만적 사랑이 결합하게 된 것은 신분으로부터 해방된 '개인'의 등장을 통해 비로소 가능해졌다. 그럼에도 불구하고 자본주의 사회의 현실적 가족관계는 계급/계층적 위계와 결합하며 '낭만적 사랑'이라는 이상과 달리 사랑과 정략의 잡종적 동맹이라는 특징을 보여준다. 이런 관점에서 중개결혼과 연애결혼을 정략결혼과 순수한 결혼 혹은 '좋은 결혼과 나쁜 결혼'이라는 이분법적 구도로 바라보는 것은 지극히 편협한 태도라고 할 수 있으며, 결국 이를 통해 결혼이주여성들을 '본질화'하는 한계에 이르게 된다.

다섯째, 이주여성들의 삶에 대한 사례 분석을 통해 이 연구는 한국 사회에서 '결혼이주여성'이라는 호칭으로 환원되었던 여성들의 삶이 내장하고 있는 복합적, 잡종적인 결혼이주의 행위자-네트워크를 드러내고, 그 과정에서 형성되는 신체-공간의 특성을 고찰하였다. 지금까지 한국 사회에서 '빈곤한 동남아시아 국가에서 중개업체를 통해 결혼한 불쌍한 여성들'로 획일화된 상식과 달리 사례 연구를 통해 살펴본 결혼이주의 행위자-네트워크들은 국가 간 수교를 통해서 확장된 기회와 개인들의 좋은 삶에 대한 열망, 역사적, 가족사적 기대, 해당 지역사회의 젠더구조, 정부의 경제 및 문화정책, 대중매체, 한류, 관광산업, 유학시장의 폭발 등이 한 방향으로 전개되는 것이 아니라, 계층과 젠더 등을 매개하며 상호 교차 혹은 역행하면서, 결합 혹은 갈등하는 특성을 보여주고 있다. 이런 관점에서 여성들의 국제결혼의 행위자-네트워크가 갖는 다양성과 신체-공간이 구성하는 특성에 대한 추적과 기록은 '결혼이주여성'이라는 블랙박스를 해체하고 좋은 삶의 열망으로 살아가는 여성들의 삶을 이해하기 위한 노력의 일환이다.

• 참고문헌 •

김석란, 2008, "한일 국제결혼을 통해 본 문화적 갈등에 관한 연구", 『일어일문학』, 37, pp.287~299.

김영옥 외, 2009, 『국경을 넘는 아시아여성들』, 이화여자대학교 출판부.

김은영, 2011, "프랑스의 '문명화 소명'과 탈식민지화된 캄보디아 정체성의 아이러니", 『한국프랑스학논집』, 73, pp.249~271.

김정선, 2010, "아래로부터의 초국적 귀속의 정치학: 필리핀 결혼이주여성의 경험을 중심으로", 『한국여성학』, 26(2), pp.1~39.

김정선·김재원, 2010, "결혼중개업의 관리에 관한 법률, 의미 없지만 유효한 법", 『경제와 사회』, 86, pp.305~383.

김현미, 2006, "국제결혼의 전지구적 젠더 정치학: 한국 남성과 베트남 여성의 사례를 중심으로", 『경제와 사회』, 70, pp.10~37.

김현미, 2010, "글로벌 신자유주의 경제질서와 이동하는 여성들", 『여성과 평화』, 5, pp.121~142.

김현미 외, 2008, "'안전한 결혼 이주?' 몽골 여성들의 한국으로의 이주과정과 경험", 『한국여성학』, 24(1), pp.121~155.

김혜선, 2012, "초국가적 가족의 형성과 가족유대: 베트남 결혼이주여성을 중심으로", 이화여자대학교 사회학과 박사학위 논문.

김환석, 2005, "행위자-연결망 이론(Actor-Network Theory)에 대한 이해", 『과학기술과 사회』, 한국과학기술학회 윈터스쿨, pp.137~157.

김홍구, 2011, "초 국가주의적 문화의 이동과 한국 속 '동남아 현상'", 『한국태국학회논총』, 18(1), pp.113~159.

닉 빙엄·나이절 스리프트, 2000/2013, "여행자를 위한 몇 가지 새로운 지침: 브뤼노 라투르와 미셸 세르의 지리학", 마이클 크랭·나이절 스리프트, 『공간적 사유』, 에코리브르, pp.469~502

닝 왕, 2004, 이진형 옮김, 『관광과 근대성-사회학적 분석』, 일신사.

데이비드 하비, 2000/2001, 최병두 역, "세계적 공간에서 신체와 정치적 개인에 관하여", 『희망의 공간』, 한울, pp.141~186.

마이클 새머스, 2009/2013, 이영민 외 역, 『이주』, 푸른길.

브루노 라투르 외, 2010, 홍성욱 엮음, 『인간·사물·동맹. 행위자-네트워크이론과 테크노사이언스』, 이음.

박경태, 2008, 『소수자와 한국 사회』, 후마니타스.

박규택, 2013, "관계적 공간에서 결혼 이주여성의 삶", 『한국지역지리학회지』, 19(2), pp.203~

222.
서호철, 2011, "국제결혼 중개장치의 형성. 몇 가지 역사적 계기들", 『사회와 역사』, 91, pp.99~129.
우명숙·이나영, 2013, "'조선족' 기혼여성의 초국적 이주와 생애과정 변동: 시간성과 공간성의 교차 지점에서", 『한국 사회학』, 47(5), pp.139~169.
우에노 도시야, 2002, "1990년대 일본의 '도시부족'과 '미디어부족'에 대하여", 조한혜정 외 엮음, 『왜, 지금, 청소년?, 또하나의 문화』, pp.110~135.
이혜경, 2005, "혼인이주와 혼인이주 가정의 문제와 대응", 『한국인구학』, 28(1), pp.73~106.
이혜경 외, 2006, "이주의 여성화와 초국가적 가족: 조선족 사례를 중심으로", 『한국사회학』, 40(5), pp.258~298.
정현주, 2008, "이주, 젠더, 스케일: 페미니스트 이주 연구의 새로운 지형과 쟁점", 『대한지리학회지』, 43(6), pp.894~913.
정현주, 2009, "경계를 가로지르는 결혼과 여성의 에이전시: 국제결혼이주연구에서 에이전시를 둘러싼 이론적 쟁점에 대한 비판적 고찰", 『한국도시지리학회지』, 12(1), pp.109~121.
조 은, 2008, "신자유주의 세계화와 가족정치의 지형", 『한국여성학』, 24(2), pp.5~37.
조현미, 2013, "베트남 북부지역의 국제결혼의 증가와 초국가적 사회공간", 『한국지역지리학회지』, 19(3), pp.494~513.
한국국제협력단(KOICA), 2012, "캄보디아 현대사와 국제개발원조의 흐름", 『국제개발협력』, 1, pp.119~134
황정미, 2009, "'이주의 여성화' 현상과 한국 내 결혼이주에 대한 이론적 고찰", 『페미니즘연구』, 9(2), pp.1~37.
Constable, Nicole(ed.), 2005, *Cross-Border Marriages: Gender and Mobility in Transnational Asia*, Philadelpia: Uni. of Pennsylvania Press.
Elias, Norbert, 1990, "Zur Theorie von Etablierten-Aussenseiter-Beziehungen", In: Elias, Norbert & John L. Scotson, *Etablierte und Aussenseiter*, Frankfurt am Main: Suhrkamp Verlag, pp.7~56.
Freeman, Caren, 2011, *Making and Faking Kinship. Marriage and Labor Migration between China and South Korea*, Ithaca and London: Cornell Uni. Press.
Kreckel, Jennifer, 2013, *Heiratsmigration. Geschlecht und Ethnizität*, Marburg: Tectum Verlag.
Latour, Bruno, 1997, "Trains of Thought: Piaget, Formalism, and The Fifth Dimension", *Common Knowledge*, 6(3), pp.170~191.
Latour, Bruno, 2005, *Reassembling the Social. An Introduction to Actor-Network-Theory*, New York: Oxford University Press.
Law, John, 2010, *After Method. Mess in Social Science Research*, London & New York: Rout-

ledge.

Liaw, Kao-Lee et al., 2010, "Feminization of Immigration in Japan: Material and Job Opportunities." In: Yang & Lu(Eds.), *Asian-Cross-border Marriage Migration. Demographic Patterns and Social Issues*, Amsterdam: Amsterdam Uni. Press, pp.49~86.

Niesner, Elvira, 2000, *Wer ist Fremd? Ethnische Herkunft, Familie und Gesellschaft*, Frankfurt am Main: Opladen.

Piper, Nicola, 2008, "Feminised Migration in East and Southeast Asia and the Securing of Livelihoods", In: ders.(Eds.), *New Perspectives on Gender and Migration. Livelihood, Rights and Entitlements*, New York & London: Routledge.

Piper, Nicola; Roces, Mina(Eds.), 2003, *Wife or Worker? Asian Women and Migration*, Lanham et all.: Rowman & Littlefield Publischers, INC.

Teibel, Annette, 1999/ 2011, *Migration in modernen Gesellschaften. Soziale Folgen von Einwanderung, Gastarbeit und Flucht*, Weinheim & Muenchen: Juventa Verlag.

Waldis, Barbara; Byron, Reginald(Eds.), 2006, *Migration and Marriage. Heterogamy and Homogamy in Changing World*, Zuerich: LIT Verlag.

Wray, Helena, 2011, *Regulating Marriage Migration into the UK. A Stranger in the Home*, Surrey in England: Ashgate.

Yang, Wen-Shen; Lu, Melody Chia-Wen(Eds.), 2010, *Asian-Cross-border Marriage Migration. Demographic Patterns and Social Issues*, Amsterdam: Amsterdam Uni. Press.

기타 자료

한국관광공사(http://korean.visitkorea.or.kr).

결혼이주여성의 미디어 행위자-네트워크와 삶의 전환

김연희·이교일*

* 이교일, 보조연구원으로 기여

1 초국적 이주에서 미디어테크놀로지는 무엇인가?

국경을 넘는 인구 이동이 자본의 이동, 교통수단과 미디어테크놀로지의 발달과 함께 지속적으로 증가하고 있다. 그동안 초국적 이주자들은 본국과 새로운 정착지 간의 지리적, 시간적 분리로 인해 어디에도 속하지 않는 변경인으로 여겨졌다. 그러나 최근에는 초국적 이동(transnational mobility)이라는 시각에서 이주자들은 새로운 삶을 개척하는 능동적 행위자이며, 하나의 정체성을 넘어서 다양한 정체성을 구성하는 사람들로 인식되고 있다. 이 연구는 초국적 이주자들을 능동적 행위자로 바라보는 최근의 이론적 동향을 받아들이면서, 여성들이 어떻게 이주를 결정하고, 새로운 사회에 적응하고, 새로운 삶의 주체로서 태어나는지에 대해 관심을 가진다. 특히 초국적 이동을 촉발하고 새로운 주체로 거듭나는 과정에서 미디어테크놀로지와 이주자의 상호작용에 주목하고자 한다.

초국적 이주자들이 능동적으로 새로운 삶을 개척하는 과정은 기존의 사회적 관계로부터 다른 사회적 네트워크로 이동하거나 그것을 새롭게 구축하는 과정으로 볼 수 있다. 이러한 이동과 정착과정은 사람을 통해서(inter-human), 텔레비전과 소셜네트워크와 같은 미디어를 통해서도(inter-media) 이루어진다. 기존의 많은 연구들이 미디어테크놀로지가 초국적 이주와 정착과정에서 본국 가족으로부터와 동일국가 출신자들로부터의 심리·정서적 지지를 얻고, 정착과정의 다양한 역할 수행 과정에 필요한 지식과 정보를 획득하며, 사회적 관계를 확장하는 데 중요한 역할을 하는 것을 보여주었다(김영순·임지혜·정경희·박봉수, 2014; 박미숙·김영순, 2013; 최진희·주정민, 2014). 그러나 이들 초국적 이주와 미디어테크놀로지에 관한 선행연구들은 미디어테크놀로지를 결혼이주여성들이 적응과정에서 사용하는 수단으로 인식하고 그 용도와 효용에 주로 초점을 두었다는 한계를 보여주고 있다.

최근의 괄목할 만한 기술 발전으로 인해 미디어테크놀로지는 더 이상 정보와 소통의 도구로서의 역할에만 그치지 않고 현대인의 삶 전체에 지대한 변화를 가져오고 있다. 즉 컴퓨터와 인터넷이 만들어내는 사이버 공간은 사람들의 시·공간적 경험을 바꾸고 있고, 이는 예상치 않았던 인간관계의 양식과 질에도 변화를 가져오고 있다(Alam & Imran, 2015; Bonini, 2011). 따라서 결혼이주여성들과 미디어테크놀로지의 관계를 볼 때, 소통과 정보획득, 관계형성의 도구로서의 역할을 넘어서 이들이 맺는 다양한 관계와 이 관계에서의 상호작용이 결혼이주여성의 삶에 미치는 지대한 영향에 주목할 필요가 있다.

미디어생태이론은 이러한 현상을 설명하는 데 유용한 관점을 제시한다. 미디어생태이론에 따르면 현대사회에서 미디어의 괄목할 만한 변화는 단순히 테크놀로지가 변화하는 것을 훨씬 넘어 더 이상 기술이나 도구로만 볼 수 없고, 인간의 경험 공간을 재구조화하고, 인간의 지각, 이해, 감성 및 행동 반응에 영향을 미치는 중요한 요소가 되고 있다(임상훈·권성호, 2014). 미디어가 더 이상 인간에 의해 사용 여부나 어떻게 사용할지에 대한 통제가 가능한 단순한 기술이나 도구가 아니라 개인의 삶에 지대한 영향을 미치는 환경으로 보는 미디어생태이론의 관점은 사회현상을 테크놀로지와 인간과의 관계의 혼합된 사회기술적 체계로 보는 행위자-네트워크이론(actor network theory; 이하 ANT로 표기함)과 매우 유사함을 볼 수 있다. 그런 점에서 이 연구가 결혼이주여성의 삶에서 미디어테크놀로지의 역할을 이해하는데 ANT는 유용한 분석적 도구를 제공한다고 하겠다.

최근의 괄목할 만한 기술 발전으로 인해 미디어테크놀로지는 더 이상 정보와 소통의 도구로서의 역할에만 그치지 않고 현대인의 삶 전체에 지대한 변화를 가져오고 있다. 컴퓨터와 인터넷이 만들어내는 사이버 공간은 사람들의 시·공간적 경험을 바꾸고 있고, 이는 예상치 않았던 인간관계의 양식과 질에도 변화를 가져오고 있다. 따라서 결혼이주여성들과 미디어테크놀로지의 관계를 볼 때, 소통과 정보획득, 관계형성 도구로서의 역할을 넘어서 이들이 맺는 다양한 관계와 이 관계에서 상호작용이 결혼이주여성의 삶에 미치는 영향에 주목할 필요가 있다.

결혼이주여성의 삶에서 미디어테크놀로지의 역할을 이해하는데 ANT는 유용한 개념적 분석틀을 제공한다. ANT는 우리가 사회를 제대로 이해하기 위해서는 테크놀로지, 기계, 문화콘텐츠, 법과 제도, 이미지, 텍스트, 담론 등과 같은 '비인간'의 행위성(agency)에 주목해야 한다고 주장한다. 기존의 이론들이 사회적 현상을 이해하는 데 인간의 행위만을 다루었던 것에 비해 ANT는 사회란 인간과 비인간 행위자들의 이질적 결합을 통해 구성되는 네트워크의 세계로 본다. 인간뿐만 아니라 비인간(non-human)도 변화의 중개자이며 대등한 존재로 분석되어야 한다는 입장을 취한다는 점에서 다른 일반 네트워크 분석과 차별화된다.

ANT는 인간의 행위능력은 인간과 비인간으로 구성된 혼종적(hybrid)인 네트워크상 행위자들의 상호작용, 즉 '관계의 효과'에서 비롯된다고 본다(홍성욱, 2010, 21). 네트워크상의 인간, 비인간 행위자들은 상호작용을 통해 본래 개별 행위자의 모습과 다른 새로운 행위성을 만들어내는데(Latour, 1999, 176), 개인이 어떤 행위자들과 어떤 관계를 맺는가에 따라 이들 행위자가 형성하는 네트워크의 안정성이나 네트워크가 행사할 수 있는 영향력이 달라진다고 주장한다.

위와 같은 관점에서 볼 때, 결혼이주여성들이 텔레비전, 컴퓨터, 인터넷과 같은 미디어테크놀로지와 관계 맺기를 할 때, 이들은 단순히 기계나 테크놀로지를 '사용'하는 것이 아니라 일련의 행위자-네트워크에 연결되는 것이다. 이주여성이 이런 행위자-네트워크와 관계하기 시작할 때, 이들 간의 복잡한 상호작용이 이 여성의 가치와 규범, 대인관계 양식, 이상향(ideals), 미래에 대한 계획, 사회적 관계망, 자아정체성 등에 변화를 가져 오며 그들의 삶에 근본적인 변화를 촉발하는 행위자라고 할 수 있다.

이상의 문제의식과 기존 연구의 검토에 기초해서 이 연구는 초국적 이주과정에서 이주자들이 새로운 삶의 네트워크를 형성하는 과정에서 미디어테크놀로지가 하나의 행위자로서 이주자들의 삶에 어떤 역할을 하는가라는 연구문제를 설정하였다. 이 연구문제에 대한 답을 얻기 위해 첫째, 결혼이주여성이 이주의 다양한 단계에서 어떤 미디어테크놀로지 행위자들과 관계하는가? 둘째, 결혼이주여성들의 미디어테크놀로지 행위자-네트워크에는 어떤 행위자들이 참여하는가? 셋째, 이들 미디어테크놀로지 행위자-네트워크는 결혼이주여성의 삶에 어떤 변화를 가져오는가? 라는 하위 질문을 갖고 접근하고자 한다. 이 연구를 위해 결혼이주여성의 네트워크 및 미디어에 대한 기존 연구와 ANT를 검토하여 이 연구 분석의 개념적 틀을 마련하고, 심층면접을 통해 수집한 자료를 분석하여 위의 질문들에 대한 답을 구하고자 하였다.

2 초국적 이주와 미디어테크놀로지의 역할에 관한 기존의 논의

이주자들이 새로운 사회로 이동하면서 새로운 사회적 네트워크로 들어가게 되는 것은 의심의 여지가 없다. 초국적 이주에 관한 많은 연구들이 사회적 네트워크 이론을 채용해서 결혼이주여성의 이주와 정착과정을 분석하였다. 사회적 네트워크 이론은 이주와 정착을 설명하는데 이주자 개인과 이들이 속한 지역사회의 집합적 역량으로 문화적 자본(이주의 기회, 통로에 대한 정보와 관계망)과 사회적 자본(개인, 가족, 지인들과의 관계망, 정착지 지역사회 내에서 상호부조, 신뢰 형성 등)의 역할을 강조하였다(Portes & Dewind, 2004; Boyd, 1989).

초국적 이주자의 사회적 네트워크의 역할에 주목한 기존 연구들 가운데 많은 연구들이 미디어테크놀로지의 역할에 주목하고 있었다. 이들 연구는 결혼이주여성이 도구로서의 미디어테크놀로지를 통하여 한국어 습득, 생활 정보 습득, 여가, 사회화 등의 한국에서 적응에 필요한 다양한 지식과 정보의 필요를 충족시키고, 참여 기회를 만들고 있다는 점을 발견하였다(홍종배·유승관, 2014; 오대영·안진경, 2011; 최진희·주정민, 2014; 박미숙·김영순, 2015; 김경미, 2013; 임희경 외, 2012). 최병두·정유리(2015)가 지적했듯이 미디어테크놀로지는 결혼이주여성이 이주국에서 네트워크를 확장하는 도구가 될 뿐만 아니라, 모국의 가족과 친척, 친구들과의 초국적 사회적 네트워크를 형성하고 유지하는 데 매우 유용한 도구임을 보여주고 있다(김영순 외, 2014; 설진배 외, 2013; 최진희·주정민, 2014). 해외의 이주자 연구에서도 인터넷이나 소셜미디어와 같은 미디어테크놀로지가 초국적 관계를 유지하는 비용을 낮추어주고, 정보와 지지를 얻는데 효과적인 수단으로서의 이주자들의 삶에서 중요한 역할에 주목하였다(Bonini, 2011; Madianou & Miller, 2012; Law & Peng, 2007; Hiller & Franz, 2004; Dekker & Engbersen, 2012).

위에서 살펴보았듯이, 초국적 이주와 사회적 관계의 형성에서 미디어테크놀로지의 역할은 첫째 정보와 지식의 습득, 둘째 본국과의 초국적 네트워크 구축 및 유지, 셋째 정착지에서 사회적 참여의 기회 확대 등에 기여한다. 그러나 이들 연구가 기존 사회적 관계의 유지와, 새로운 사회적 관계의 형성에 미디어가 긍정적 역할을 하고 있음을 밝혔지만, 이주자 자신들이 새로운 삶의 경험을 재구성하고 정체성의 전환을 경험하는 실체적 변화에 대해서는 부분적 시사점을 밝히는데 그치고 있었다. 이것은 이들 연구가 이주과정에서 미디어테크놀로지의 역할, 다시 말해 어떤 긍정적 역할을 하는가라는 식으로 도구적 관점으로만 보았기 때문에 생겨난 한계라고 할 수 있을 것이다.

한편, 초국적 이동을 보는 또 다른 관점으로 초국가주의 이론(Transnation-alism theory)은 이주자들의 지속적인 초국적 이동(transnational mobility)과 초국적 정체성(transnational identity)을 가능케 하는 이주자의 행동(actions)

과 경험에 주목할 것을 강조한다(Portes, Escobar & Radford, 2007; Vertovec, 2004). 초국적 이주자들은 이주과정에서 시간적, 공간적 전환(temporal and spatial transformation)을 경험하는데, 이러한 경험과 과거에 대한 사회적 기억(social memories)을 기반으로 자신들의 새로운 정체성을 구성한다고 한다. 이러한 전환의 경험 중에 이들이 취하는 태도나 삶의 선택들이 이들의 정체성 형성과 궁극에는 새로운 환경에서 적응에 직접적인 영향을 미치는 것으로 나타났다(Chen, Zhang, Zhang & Yang, 2014).

문제제기에서 논의했듯이 이 연구는 미디어테크놀로지와 그 네트워크가 문화적, 사회적 자본을 획득하는 도구적 매개체로서 역할을 넘어서서 초국적 이주자와 상호작용을 할 때 이들의 삶과 정체성에 의미 있는 변화를 가져올 것으로 본다. 이 연구는 미디어테크놀로지가 하나의 행위자로서 이주여성들과 어떻게 상호작용하는지, 이러한 상호작용을 통해 초국적 이주의 시작과 정착과정에서 이주여성들의 삶에서 어떤 역할을 하였는가라는 질문에 대한 답을 구하고자 하였다.

3 행위자-네트워크이론: 결혼이주여성과 미디어테크놀로지 관계를 보는 관점

결혼이주여성의 초국적 이주와 정착과정에서 미디어테크놀로지가 어떤 역할을 하는가라는 질문을 제기하면서 이 연구는 미디어테크놀로지를 하나의 행위주체로 보고 이주여성과 미디어테크놀로지라는 두 행위주체 간의 상호작용으로 초국적 이주 현상을 이해하려는 관점을 채택하였다. 이러한 인식론적 관점에 잘 어울리는 개념틀이 ANT라고 할 수 있다.

ANT는 일상의 삶에 테크놀로지가 깊이 침투되어 있는 현대의 사회현상을 이해하는데 새로운 유용한 관점을 제시해 준다. ANT는 인간, 사회, 자연을 인문학, 사회과학, 자연과학에서 각각 별개의 연구대상으로 보는 분리된 관점을 거부하고 세상을 혼종적(heterogeneous) 존재로 이해한다. ANT는 인간의 의도, 의지가 존재해야 어떤 행위가 발생한다고 생각하는 기존의 이원론적 철학적 입장에서 벗어나 다양한 비인간 행위자들(테크놀로지, 건물, 통계자료, 문서, 문화 콘텐츠 등)도 인간과 대등한 행위능력(agency)을 갖고 있는 것으로 본다(Latour, 2005).

결혼이주여성과 미디어테크놀로지 간의 상호작용을 분석하기 위해 활용된 ANT의 주요 개념들은 다음과 같다. 첫째, 행위자-네트워크는 어떤 행위자의 본래적 특성보다는 다양한 행위자들과 어떻게 연결되어 있는가, 행위자들 간에 어떤 상호작용을 하는 가에 따라 행위능력에 변화가 생긴다고 본다. 즉 행위자들의 행위능력은 행위자들 간의 관계(association)가 만들어내는 힘, 조직화의 효과에 있다고 하였다(Munro, 2009; Latour, 1987; Callon, 2005, 4; Callon & Caliskan, 2005, 24~25). 인간 행위자가 기술적 도구들(technical devices)—기자재, 공간 배열 등—과 결합되어 사회-기술적 행위자들의 집합(socio-technical assemblage)을 이룰 때, 이 행위자-네트워크는 개개 행위자들의 행위능력과 급진적으로 다른 행위능력을 갖게 된다는 것이다. 여기에서 비인간행위자들로는 테크놀로지뿐만 아니라 텍스트, 이미지, 법과 제도, 통계자료, 담론 등을 들 수 있다.

둘째, ANT는 행위자들 간의 상호작용을 연결하거나 분리하는 행위자들의 번역(translation)과 행동화(action) 역량에 주목한다. 번역은 한 행위자가 어떤 네트워크 속에 편입될 때, 누구와 관계를 맺고, 어떻게 묶일 것인가를 결정하고, 네트워크로서 다른 행위자와 관계를 계속 유지할지, 또는 와해시킬지를 결정하는 과정이다. 번역 과정이 성공하려면 한 행위자가 갖고 있는 이해(interest)나 의도를 다른 행위자의 이해와 의도에 부합시키기 위하여 협상과 조정을 해야 한다. 번역 과정을 통해 좀 더 지속적이고 안정적인 네트워크 구축이 될 때, 네트워크상의 행위자들은 서로 더 큰 영향을 미칠 수 있게 된다. 인간과 비인간의 혼종적 환경에서 다양한 비인간 행위자들은 중요한 중간자(intermediaries)나 매개자(mediators)[1]로서 인간 행위자들을 연결하거나 분리하는 행동화 역량을 갖고 있다고 본다.

셋째, ANT는 어떤 단일개체처럼 보이는 행위자 뒤에는 실제 다양한 행위자로 구성된 네트워크가 존재하는데 이는 평소에 거의 드러나지 않는다고 주장한다. 행위자-네트워크 연구는 단순화되어 단일개체처럼 보이는 현상의 이면에 관여되어 있는 다양한 인간·비인간 행위자를 판별해내고 이들이 서로에게 어떤 행위를 해왔는가를 상세하게 기술하는 과정, 즉 블랙박스의 해체가 연구의 중심이라고 규정하였다. 이 연구는 '결혼이주여성들이 활용하는 미디어테크놀로지'라는 단순하게 블랙박스화된 현상의 이면에 얼기설기 엮여 관계하고 있는 다양한 인간, 비인간 행위자들을 파악하고 이들 행위자들 간의 상호작용이 결혼이주여성의 적응과 정체성 형성에 어떤 변화를 가져오는가를 파악하는 작업이다.

4 연구과정과 결과

1) 연구과정

본 연구의 자료수집 절차와 방법을 기술하면 다음과 같다. 연구자는 2014년 1월부터 2015년 2월까지 결혼이주여성을 만나 면접을 진행하였다. 미디어테크놀로지 활용이 좀 더 활발할 것으로 예측되는 결혼이주여성들을 만나기 위해 교육부 지원 하에 진행된 이중언어강사 양성과정을 수료한 결혼이주여성들을 연구 참여자로 모집하였으며, 이들로부터 추가적인 연구 참여자를 소개 받

1) 여러 다른 행위자들을 중재하는 과정에서 자신도 변화하는 중재자를 매개자로, 자신은 변하지 않고 중재만을 담당하는 것을 중간자로 구별해서 사용한다(Latour, 2005).

아 면접을 진행하는 눈덩이 표집방식을 선택하였다. 이러한 과정을 통해 총 7명의 결혼이주여성과 심층면접을 진행하였다. 면접의 주된 내용은 결혼이주여성이 한국 사회에 입국하기 전과 이후에 미디어테크놀로지와의 경험에 대해 질문하였으며, 한국 사회 적응과정에 다양한 미디어테크놀로지들을 활용하면서 이들의 삶과 정체성에 어떤 변화가 있었는지를 파악하고자 하였다.

이 연구를 수행하기 전 대학의 생명윤리심의위원회의 심사를 거치고 승인을 얻었다. 면접을 시작하기 전 연구 참여자들에게 연구의 목적, 자료 수집절차, 음성 녹음, 중단 결정의 자유, 비밀보장, 익명 처리 등 연구의 내용과 절차에 대한 충분하게 설명한 뒤 연구 참여에 동의를 얻었다. 면접 시에 연구 참여자의 적극적인 참여를 위해 사례비를 제공하였다.

연구 참여자는 중국 출신의 결혼이주여성으로 제한하였다. 중국 출신으로 제한한 이유는 첫째, 중국인(한국계 중국인과 한족 중국인)이 전체 결혼이주여성의 50% 이상을 차지하고 있는 것으로 나타나(통계청, 2016) 가장 큰 송출국인 중국으로부터 온 이주여성들을 선택하였다. 둘째, 초국적 미디어테크놀로지의 활용 정도는 출신국가의 미디어테크놀로지 발전 수준과 긴밀한 관련이 있기에 유사한 조건하의 연구대상자들을 비교 분석하기 위하여 한 국가로 제한하였다.

이 연구의 주된 자료수집 방법은 심층면접이다. 모든 면접은 매회 1시간 30분 이상 진행되었고, 각각 1~3회기 면접을 진행하였다. 심층면접 과정에서는 연구 참여자의 미디어테크놀로지와의 접촉 경험에 대해 다양한 경험을 듣기 위하여 반구조화된 질문을 하였다. 면접 질문은 "한국에 대한 정보를 어떻게 듣게 되었습니까?" "한국으로 이주를 결정하는 과정에서 미디어는 어떠한 역할을 했습니까?" "한국으로 이주 후 적응하는 과정에서 미디어는 어떠한 역할을 했습니까?" "한국 사회에 적응하는 단계에 따라 자주 활용하는 미디어는 달라졌습니까?" 등이었다.

본 연구의 자료 분석방법은 녹취 전사 자료를 반복해서 읽으면서 중요한 단어와 문장을 추출하여 주제별 부호화(coding)를 하고, 의미를 분석하는 과정으

〈표 6.1〉 연구 참여자 약력[34)]

사례 번호	이름	한국 거주기간	배우자 유무	자녀 수	직업	출신 국적 (현재 국적)	거주지역
1	김숙희	16년	유	2	이중언어 강사	중국	안동시
2	김미숙	17년	유	2	이중언어 강사	중국	대구광역시
3	박미숙	8년	유	1	이중언어 강사	중국(한국)	구미시
4	권숙희	18년	유(재혼)	4	통번역사	중국	영천시
5	기진희	18년	유	2	이중언어 강사	중국	경산시
6	안미연	12년	유	1	이중언어 강사	중국	의성군
7	강기숙	8년	유	2	이중언어 강사	중국	영천시

로 진행되었다. 이러한 과정에서 결혼이주여성이 한국에 입국하기 전 미디어의 경험, 한국에 입국한 이후 미디어테크놀로지의 경험 등을 시간적 순서에 따라 정리할 수 있었고, 이들의 미디어테크놀로지와 관련된 삶의 주요경험들을 파악할 수 있었다. 각각의 범주 내에서 사례 간 연관되거나 반복되는 현상을 작은 범주로 생성하였다. 마지막으로 다시 자료들을 읽으며 빠지거나 대조되는 부분이 없는지 확인하였다. 공동연구자가 도출한 범주와 개념을 검토하고 이견이 있는 경우 논의를 거쳐 재분류함으로써 연구의 타당도를 높이고자 하였다.

본 연구 참여에 동의한 연구 참여자의 약력은 〈표 6.1〉과 같다. 연구 참여자의 인적 사항은 사생활 보호를 위해서 가명을 사용하였고, 연구 결과와 직접적

2) 연구 참여자의 신변 보호를 위하여 모든 인명과 지명을 가능한 익명으로 처리하였으며, 연구 참여자에 따라 특정 사실은 부분 생략하거나 수정하였다.

관련이 없는 인적 사항은 생략하거나 일부 변경하였다. 〈표 6.1〉에서 소개되는 일곱 명의 연구 참여자는 한국계 중국 여성 여섯 명과 한족 여성 한 명이다. 연구 참여자들은 한국 거주기간이 8년 이상으로 면접과정에 충분한 언어능력과 문화적 이해도를 갖고 있었으며, 한국에서 다양한 적응의 단계를 경험하면서 미디어테크놀로지 활용의 변화과정을 논의할 수 있었다. 사례 7은 이주노동자로 입국해 한국 남성과 결혼하였고, 사례 5는 중국에 유학한 남편과 중국어 교사-학생의 관계로 만나 결혼하여 이주하였고, 다른 다섯 명은 결혼중개업을 통해 결혼하게 되었다.

2) 분석 결과

(1) 한국의 발견: 미화와 선망

연구 참여자들은 미디어를 통해 한국을 만났다. 텔레비전에서 본 한국은 '올림픽 개최지'였고, '좋은 전자제품과 고급 화장품'이 넘치고, 드라마 속의 사람들은 모두 '화려한 집에 살고 세련된 옷을 입고' 있는 아름답고 풍요로운 곳이었다. 이들의 눈에 비친 한국 사람들은 정서적으로 '자유로운' 사람들이었다. 그래서 결혼이주여성들에게 한국은 기회만 있다면 가보고 싶은 나라로 선망이었다.

① 텔레비전과 관계 맺기: 척박한 현실과 텔레비전 속의 화려한 삶

경제적 어려움, 가족관계에서의 갈등, 열악한 환경 등 척박한 삶에 고단했던 연구 참여자들을 매료시킨 것은 TV나 비디오의 영상에 비쳐진 한국의 모습이었다. 한국에서 개최된 국제 스포츠 이벤트나 한국의 영화, TV드라마, 음원 등 대중문화 속에 그려진 한국인의 삶은 매우 화려한 모습들이었다. 영상물 속에서 본 한국을 '선진국의 위상'을 가진 나라, '화려함', '풍요로움', '세련됨', '자유로움' 등으로 구술자들은 표현하였다. 이들의 표현에는 자신들의 고단한 삶에서 충족되지 않은 욕구가 묻어 있었다.

제가 한 달 월급을 받아가 20만 원어치 (텔레비전) 장비를 사서, 우리 집에 손님을 다 초대해서 올림픽을 봤어요.… 노래는 한국 거를 들었어요. 송대관, 태진아, 설운도, 현철….(안미연)

누가 스포츠댄스 비데오를 갖고 와서… 너무 화려한 춤하고 관중들 있잖아요. 그런 모습들이 우리랑 너무 달랐어요… 한국은 참 풍요롭고 깨끗하고 자유롭다는 느낌… 정서적으로.(김미숙)

… 아침 드라마 볼 때, 사장님, 사모님 이렇게 집을 보여주는 데요…. 미용 이런데도 관심이 있고 옷 입는 거 디자인 이런 걸 보면 너무 너무 멋있는 거예요.(안미연)

연구 참여자들이 한국 텔레비전 드라마나 영화, 음악 등에 매료되었을 때, 이들은 거대한 한류문화콘텐츠 제작산업, 배포산업, 국제사회에서 한국의 위상을 높이려는 한국 정부의 문화정책 등이 포함된 미디어테크놀로지 행위자-네트워크에 편입되고 있었다. 한류문화콘텐츠 사업은 관광, 한국 상품 판매에 막대한 산업적 시너지 효과와 국가이미지 창출에 중요한 역할을 해온(안지현·정철, 2014) 강력한 행위자이다. 텔레비전으로 대표된 미디어테크놀로지 행위자들이 전달하는 한국 이미지들은 이들 여성들의 척박한 삶이 주는 고단함, 외로움, 탈출구에 대한 열망, 새로운 삶에 대한 호기심 등과 같은 내적 욕구에 위로와 희망과 해방감의 약속으로 다가왔던 것으로 보인다.

② 텔레비전의 동맹들: 귀환이주노동자와 한국 상품

미디어테크놀로지 행위자-네트워크에서 쉽게 드러나지 않는 행위자들로는 한국에 다녀온 친척이나 귀환이주노동자들이다. 그들은 그들이 보고 온 한국에 대해 칭찬을 아끼지 않았다. 일반적으로 이주지에서 귀환한 사람들은 이주 경험과 떠나온 세계에 대해서 미화된 기억을 보고하는 경향이 있다고 한다(채수홍, 2014). 그러나 이들이 연구 참여자들에게 하는 말들은 미디어테크놀로지 행위자-네트워크가 보여주는 '한국의 약속'에 대한 재확인으로 인식되었다.

> 한국이 돈 벌기에 좋다, 한국은 잘사는 나라다… 라는 이야기를 많이 들었어요. 어느 순간 나도 한국에 가고 싶다. 한국이라는 나라가 궁금하다 라고 생각을 하기 시작했죠.(김미숙)
>
> 갔다 온 사람들이 너무 다 좋은 얘기만 해주고 잘사는 나라…. 너무 화려하고 참 좋다고…. 먼지도 많이 없고 세탁기, 청소기가 일을 다해주고….(김미숙)
>
> 오기 전에는…그냥 땅바닥에서 돈을 줍는다는 그런 환상이 가득한 나라?(박미숙)

한국 상품들도 미디어테크놀로지 행위자-네트워크가 형성한 한국의 이미지-풍요로움, 세련됨-를 재강화하는 행위자였다. 중국에 있는 일본 사람이 한국산 전기밥솥을 쓰는 것을 보고 한국의 발전상이 얼마나 대단한지 더욱 실감할 수 있었다. 연구 참여자들은 네트워크에 비쳐진 한국사람, 한국의 삶이 사실이라고 확신하게 되었다.

> 어릴 때는 막연하게 '그래, 한국은 잘사는 나라인가 보다'라고 생각했었드랬죠. 그런데 이들이 가지고 온 물건 있잖아요. (한국) 갔다 온 사람들은 좋은 물건 많이 가져오고 돈도 여유롭게 쓰고…. 전자제품도 들여오고 시계나 화장품, 카메라 등… 그런 것들을 보면 물건이 좋아 보이는 거예요.(김미숙)

한국에서 일하다 온 사람들과 한국 상품들도 연구 참여자들이 미디어테크놀로지 행위자-네트워크에 포섭되는데 기여하였다. 연구 참여자들은 이제 텔레비전, 비디오, 라디오들이 보여준 한국에 대한 장밋빛 그림들의 진위를 확인하려는 충분한 노력을 하였기에 한국을 잘 알게 되었고 현실적인 기대를 한다고 생각하였다.

한국에 대해 알고자 했던 저는 밥을 사주더라도 따라 다니면서 (한국에 대해) 알아보려 했어요.(안미연)

드라마처럼 살지는 않아도 본인이 정말 열심히 한다면 살기에 괜찮은 나라라고 생각하고….(박미숙)

한국에 다녀온 사람들에게서 간간히 부정적 상황들에 대하여 듣기도 했지만, 이미 미디어테크놀로지 행위자-네트워크가 만들어낸 한국의 이미지에 포획되어 한국행을 꿈꾸는 여성들에게 그런 말들은 잘 들리지 않았다.

악덕업주 만나면 월급도 못 받고 일만 해줄 수 있다, 그런 얘기 듣고 그냥 음 나가야지. 그런 생각이… 나쁜 거는 두고 좋은 거는 더 크게 보이고….(김미숙)

위에서처럼 척박한 삶의 현실에 고단하고 답답하였던 여성들에게 텔레비전과의 만남은 한국행에 대한 선망의 시작점이었다. 텔레비전과 같은 미디어 매체는 수신자가 필요로 하는 정보를 채워주고자 하는 속성을 가지고 있는데, 동시에 수신자의 이용 동기에 따라 이러한 정보의 활용이 크게 달라질 수 있다(성동규 · 임성원, 2014). 한류 열풍을 만들어낸 한류 문화산업은 강력한 문화적 유인물들을 갖고 사람들의 환상에 어필하는 거대한 행위자였다. 이들 연구 참여자들은 빈곤, 갈등, 상실과 같은 고단한 현실로부터의 도피를 갈망하였고 미디어테크놀로지 행위자-네트워크는 그들이 무엇을 꿈꿀 수 있는지, 그런 것들을 어떻게 얻을 수 있을지를 상상할 수 있게 하였고 행동으로 옮기는 것을 추동하였다. 연구 참여자들은 한국에 대한 장밋빛 그림에 배치되는 정보는 최소화하거나 회피하면서 자신들의 한국행의 결심을 굳히기 시작하는 것을 볼 수 있다.

여성들의 한국행이 실현되기 위해서는 마지막으로 미디어테크놀로지 행위자-네트워크에 초국적 이동을 가능케 하는 제도가 결합이 되어야 했다. 여성들은 이들의 이동을 도울 수 있는 세 통로-유학, 노동이주, 국제결혼-중 결혼이

가장 용이한 통로라고 판단하는 것을 볼 수 있다.

그때는 어리니까 결혼 생각은 못하고 그냥 유학이라도 가고 싶었죠. 한국은 엄마의 나라니까… 그리고 일본도 가고 싶었어요. 일본하고 한국하고 제가 두 개를 택했어요…. 오빠가 유학 못가면 좋은 사람 있으면 결혼해도 괜찮다…. 그래서 오빠가 아는 사람을 통해서 소개했어요.(안미연)

미디어테크놀로지 행위자-네트워크가 여성들의 초국적 이동을 가능케 하기 위해서는 거시적 차원의 행위자의 참여가 필요하였다. 한·중 국교 수교가 이루어졌고, 이 시기에 한국 내의 도시화, 국내 인구이동(internal migration), 노동시장의 변화는 이후 외국인의 한국으로 이주기회를 크게 확대하였다. 그 중 국제결혼은 여성으로서 초국가적 이주를 하는데 가장 신속한 경로였다(김혜선, 2014). 연구 참여자 중 다섯 명의 여성들은 결혼중개업체나 지인들의 소개를 통해 만난 한국남자들과 짧은 교제 기간을 거쳐 결혼하여 한국에 들어왔다. 김미숙 씨는 재중동포 취업비자로 한국에 들어왔으나 체류기간이 끝나갈 무렵 한국인과 결혼하여 정착하게 되었고 기진희 씨는 중국에 유학 온 한국인과 결혼해서 이주하게 되었다.

중국에서 딱 한 번 만났는데 일어서지도 안하고 앉아서 만났어요. 제가 마음에 없어서 돌아섰는데 남자 되는 사람이 또 연락해서… 저는 직장을 따졌어요. 공무원이라고 하더라고요. (그런데) 아니더라구요.(안미연)

이 연구를 위해 인터뷰한 여성들에게 미디어테크놀로지 행위자-네트워크는 정보와 엔터테인먼트를 제공하는 단순한 네모난 기계 상자인 텔레비전만이 아니었다. 미디어테크놀로지 행위자-네트워크는 연구 참여자들에게 현재의 삶 이외의 새로운 삶의 방식, 사람들과 관계의 양식, 미학의 기준, 향유할 수 있는 행복은 어떤 것들이 있는지 가능성의 공간을 확장시켰다. 많은 사람들은 그림 상자가 주는 일시적인 환상과 즐거움에 만족하고 관계를 끝냈지만 연구 참여자들은 그 가능성을 실현하기 위하여 초국적 이주 네트워크와 관계를 맺었다. 한국과 중국 간의 국교수교는 인적 교류를 용이하게 하였고, 장가들기 힘든 농촌 총각들의 문제를 동족인 조선족 여성과의 결혼주선을 통해 해결하려는 지방자치단체, 문화교류단체 등의 가부장적이고 온정주의적인 행동, 그 뒤를 이어 우후죽순으로 생긴 국제결혼중개업소들은 국제결혼이주라는 행위자-네트워크가 구축되는데 기여하였다. 이들 행위자-네트워크에 편입되면서 연구 참여자들은 눈가리개를 쓰고 집는 것과 같은 매우 제한적인 조건에서도 '안정성'이나 '성실함' '착함'과 같은 기준을 배우자 선택과정에 적용하고자 하였으나 그 결과는 예측하기 어려웠다.

(2) 한국의 재발견: 당혹감과 재탈출하기

① 텔레비전과의 새로운 관계 맺기

연구 참여자들이 만난 한국 생활은 고국에서 텔레비전에서 보던 것과는 매우 달랐다. "(정신적) 붕괴 상태"를 가져올 정도로 한국에서 배우자들의 경제적 상황은 열악했고, 문화적 차이로 인하여 발생하게 되는 배우자·시댁과의 갈등, 언어 문제, 사회적 소외와 차별로 인하여 한국 사회 적응은 충격으로 다가왔다. 농촌에 거주하는 결혼이주여성들은 도시지역에 거주하는 결혼이주여성보다도 지리적 특성으로 인하여 외부와의 단절 경험은 더 절실했다. 거기에 다양한 심리적, 사회적 부적응 문제를 안고 있는 배우자들의 모습도 발견하였다. 대도시의 화려함도, 경제적 풍요도, 기회의 땅도, 정서적 자유로움도 허상이었음을 곧 깨닫게 된다.

> 너무 가난한 집에 와가 정말 덩그런 이불하나, 베개 하나 두고 신혼생활 하라는 거예요. 들어가니까 이불에 이건 완전 원시적이잖아요. 자고 일어나서 밥 먹

고 그러자는 거잖아.(전향난)

도시를 다 지나 자꾸 산 위로 올라가니 무서웠어요. 이건 중국에서 보던 한국과 너무 달라도 많이 다른 거예요. 촌이라 이웃이라고는 옆집에 사는 나이 많은 할머니 밖에 없어요. 기가 막힌데…. 시어머니가 잘해주어서 견뎠어요.(안미연)

남편이 늦게까지 집에 오지 않는 날은 길에 서서 피투성이 되어 오는 모습 상상하면서 떨었어요. 늘 술 마시고는 싸워서 터지거나, 오토바이 사고 내 여기 저기 부러지고….(김숙희)

왔는데 막상 취직하려고 보니 취직이 안되더라고요. 그래서 초반에는 약간 붕괴상태가 왔다고 해야 하나… 정말 거짓말 하나도 안 보태고 두 달 동안은 계속 전화를 했어요. … '저 중국에서 왔는데요.' 그러면 '저희는 외국인 안 써요.' 이러고 끊어버리더라고요.(박미숙)

연구 참여자들은 당혹스러움을 넘어 두렵기까지 한 현실에 대처하는데 그들이 가장 쉽게 접근할 수 있는 텔레비전과 다시 관계를 맺기 시작하였다. 오대영(2013)에 따르면 미디어를 이용하는 데에서 미디어의 습관적 이용은 흔하며, 이들은 매체에 대한 충성도가 높다고 하였다. 텔레비전은 단순한 도구이기에 쉽게 이용할 수 있는 장점도 갖고 있다.

마음이 불안하니까 자꾸 쇼핑에 빠지더라고요. 그렇다고 내가 내 몸 치장하는데 쇼핑하는 게 아니고 너무 가난한 집에 와 가… 애 놓고. 너무 힘들어서, 난 그 자체가 싫어가지고 TV에 빠지다 보니까 홈쇼핑, 막 물건을 사들이는 거야. 필요 없는 제빵기하고 다 사들여요.(권숙희)

조성호·박희숙(2009)의 연구에 따르면 사회적으로 고립된 결혼이주여성은 외로움과 일상을 채우기 위해 가장 먼저 텔레비전을 선택하는 것으로 나타났다. 과거에 텔레비전은 뉴스, 예능 프로그램, 스포츠 등 정보전달과 여가/즐거움 등의 기능을 하였으나, 텔레비전에 '홈쇼핑'이 들어옴으로 인하여 '소비를 통한 만족감'의 기능이 추가되었다. 연구 참여자 권숙희 씨는 정서적 외로움과 '허기'를 해결해 줄 듯한 '홈쇼핑' 기능과 연대를 선택하였다. 홈쇼핑은 새로운 세계였고, 모르던 물건, 선망하던 상품을 눈으로 보고 가질 수 있는 기회를 제공하였다. 그 대가는 혹독함을 나중에 깨달았지만 말이다.

또 미디어와의 다른 상호작용 사례도 발견할 수 있었다. 구술자 박미숙 씨는 본국 가족에 대한 경제적 책임을 느끼는데 결혼한 후 계획보다 빨리 임신을 하게 되고, 외국인이기에 취업도 여의치 않다는 사실을 알게 되면서 "(멘탈) 붕괴"를 경험하게 된다. 쉽게 자신을 신뢰하지 않는 배우자와의 관계도 순탄치 않아 구술자는 마치 '덫에 걸린' 것 같다는 경험을 한다. 이러한 상황 속에서 구술자는 배우자와의 관계 회복을 위하여 텔레비전의 지식 기능을 적극적으로 활용하였다.

> TV에 부부 화해 프로그램 그런 거…. 어떻게 소통을 해야 되는지? 말을 어떻게 해야 하는지? 그걸 굉장히 열심히 봤어요. 보고 남편이 있을 시간에 그런 걸 하면 같이 보자고 일부러 잡아당기고 그랬어요. 그러니까 남편도 '아! 여자들은 어떻게 해야 좋아하는구나.' 하고 나중엔 자기 스스로 검색을 하며 배우더라고요.(박미숙)

이 연구의 참여자들이 모국에 있을 때 텔레비전은 일시적인 환상일지언정 '코리안 드림'이란 새로운 삶의 형태와 양식을 보여주고 이를 삶에 실현하는 행동화로 이끈 행위자-네트워크의 표면적인 행위자였던 것처럼, 새로운 사회로 들어오면서 텔레비전 쇼핑채널이 소비를 자극하는 매개체라거나 교육채널이 지식과 정보를 얻는 매체라는 설명으로만은 충분치 못하다. 오히려 ANT가 시사하듯이 텔레비전 테크놀로지가 하나의 행위자로서 이주여성과 상호작용을 통해 이들에게 새로운 삶의 실천과 의미를 창출하는 것을 볼 수 있다. 인터뷰 사례가 보여주듯 홀로 떨어진 이주여성은 텔레비전 쇼핑채널을 통해 한국의 소비문화의 세계로 들어가게 되었고, 새로운 사회의 소비문화가 제시하는 '원시적'이지 않은 가정의 모습을 자신의 삶에 재현하고자 하였다. 여기에는 산뜻한 극세사 이불을 덮고, 제빵기계가 있는 부엌이 있어야 했다. 쇼핑채널이 약속하는 패션의 세계도 내 몸과 스타일에 대한 이미지, 판타지를 가져다주게 되었다. 여기에서 결혼이주여성이 외로워서 그것을 견디기 위해 쇼핑에 빠졌다는 식의 이해는 틀린 것은 아니지만 여성의 삶 내부에서 일어나는 삶과 자신에 대한 내면적 변화와 그에 따른 일련의 선택들이 관계한 행위자-네트워크에 의해 형성되고 있음을 이해하여야 한다.

두 번째 이주여성의 사례 역시 아내와 대화하는데 익숙지 못하고, 어려서부터 내면화한 가부장성을 지닌 한국인 남편과 텔레비전 프로그램을 같이 시청하고, 그 프로그램이 보여주는 관계의 새로운 의미와 양식을 자신들의 삶 안에서 실천하면서 스스로의 삶의 전환이 일어나는 과정을 잘 보여주는 것을 볼 수 있다. 여기에서도 텔레비전은 정보와 삶의 가이드로서의 일상적인 이해를 넘어서 이주여성과 상호작용을 통해 새로운 의미와 실천을 이끌어낸 행위자임을 보여주고 있다.

② 컴퓨터 · 온라인 미디어와의 관계 맺기: 전환적 경험

연구 참여자들이 한국에 이주하게 된 것은 텔레비전을 통해 새로운 삶의 양식과 의미를 발견하고 새로운 행위자-네트워크로 관계를 확대시키면서 꿈을 가능성의 공간으로 옮길 수 있었기 때문이었다. 그러나 이들은 사회적인 소외를 경험하거나, 모성과 가사라는 전통적 역할에 갇히거나, 좌절되는 구직경험에 직면한다. 이때 컴퓨터란 새로운 미디어테크놀로지 행위자는 그들에게 새로운 세계의 문을 열어주었다.

연구 참여자들이 컴퓨터와 관계를 맺는데 여러 비인간 행위자들이 중개자 역할을 하였다. 한국 정부의 다문화가족지원정책은 중요한 행위자였다. 결혼이주

여성에게 집중된 다문화가족 정책은 중앙정부 부처와 지자체, 사회서비스 기관 등 여러 주체들을 통해 다양한 초기정착지원을 하였는데 그 중 컴퓨터 교육을 한국어 교육과 함께 기본교육 프로그램으로 제공함으로써 컴퓨터가 결혼이주 여성들의 미디어테크놀로지 행위자-네트워크에 편입되기 용이하게 하였다.

'자격증'을 중요시하는 한국 사회의 분위기도 또 다른 주요 행위자였다. 연구 참여자들은 컴퓨터 자격증은 한국 사회에서 생존하기 위해 갖춰야 할 최소한의 '스펙'으로 인식하였다. 한 연구 참여자는 중국에서도 컴퓨터를 활용하는 업무에 수년간 종사했었는데 어느 한 곳에서도 자격증이 취업의 최소한 요건이었던 적이 없었다고 한다. 그러나 한국에서는 자격증을 따야 취업의 문턱에라도 갈 수 있다고 인식했다. 그래서 한 연구 참여자는 한 달 치 월급을 투자하여 '지식의 창고'의 문이 될 컴퓨터를 마련하였고, 다른 구술자는 1년 넘게 다양한 국비지원 직원훈련 프로그램을 통해서 '자격증'을 따고는 "이젠 한국 사람처럼 살 수 있겠다"고 생각하기도 하였다. 그러나 컴퓨터와의 관계를 방해하는 행위자도 있었다. '너무 많이 아는 것은 좋지 않은데…'라고 하는 남편의 커져가는 불신과 위기의식을 잠재워야 했다.

연구 참여자들은 컴퓨터는 채 피지 않은 코리안 드림의 가능성을 들여다볼 수 있게 하는 창문 역할을 하였고, 가족이란 울타리의 억압에서 자유로워지고, 자기 발전에 대한 기대를 자극해주는 사람들과의 만남의 기회도 열어주었다고 보고하였다. 컴퓨터와 그 뒤를 이어 온라인 미디어와의 네트워크를 이들은 삶의 지평의 변화(topological change)를 가져오는 전환적 경험이었다고 인식하였다. 연구 참여자들이 보고한 경험들은 크게 초공간적 전환(trans-spatial transformation), 초시간적 전환(trans-temporal transformation)과 정체성의 전환(identity transformation)의 경험으로 요약할 수 있겠다.

㉠ 초공간적 전환(Trans-spatial transformation)

연구 참여자들은 한국에서 적응에 필요한 가장 중요한 행위자로 컴퓨터를 지적하였다. 남편, 컴퓨터 학원, 다문화가족지원센터 등 컴퓨터를 접하게 된 경로는 다양했지만, 컴퓨터는 넓은 세상으로 문을 열어준, 삶의 지평을 넓혀준 행위자였다고 보고하였다.

i) 시야의 확장

연구 참여자 안미연 씨는 상당히 소외된 시골지역에 살고 있었는데 가족들이 그녀가 외출을 하는 것도, 본국 가족에게 전화하는 것도 탐탁지 않게 생각하여 '아나 키우며 갇힌' 삶을 살고 있었다. 남편을 통해 컴퓨터 사용하는 방법을 배우고 나서 가장 처음 해본 것은 구글 맵을 통해 먼 곳의 열린 세상을 보는 것이었다.

> 한국에 와서 6개월 만에 컴퓨터를 샀어요… 교통을 많이 봤어요. 서울의 지하철, 버스 노선도… 큰 건물도 보고… 서울의 발전된 모습을… 시골에 살면서도 서울을 막 동경하는 거예요….(안미연)
>
> 그냥 일하고 한정되어 있던 세상, 좁은 세상 말고 이거보다 더 많은 기회를 보게 해줬고요.(권숙희)

연구 참여자들은 컴퓨터가 삶의 지경을 확장시켜준 고마운 행위자였다고 인식하였는가 하면, 어떤 배우자들에게는 불안과 경계심을 주는 행위자였다. 결혼이주여성이 다양한 정보를 얻음으로써 전통적인 가족의 테두리에 만족하지 않을 것이라 염려하는 남편은 결혼이주여성이 컴퓨터와 관계하는데 걸림돌이 되기도 하였다.

> 남편한테서 (컴퓨터) 배웠는데 '정보 같은 거 직접적으로 너무 많이 알면 안 돼' 하더라고요… 제가 자존심이 상해 가지고… 너무 많이 알면 밖으로 나가니까 이렇게 생각했어요.(안미연)

ii) 초국경적 인간관계

컴퓨터를 통해 이어진 인터넷은 결혼이주여성에게 모국의 가족, 친척, 친구들과의 거리와 비용이란 장애물을 뛰어 넘어 초국경적 소통과 정서적 연대를 가능케 하였다. 화상전화는 서로의 얼굴을 보고 실제 삶을 화상으로 생생하게 보여줄 수 있어 공간적 거리를 좁히고 정서적 교감을 용이하게 하여 이들의 '언 마음'을 녹이는 역할을 하였다.

고향 그리울 때 한 번씩 안 가도 마음의 안정을 좀 찾는 거… 집에 들어가면 전화해요… 인제 나 지금 들어가니까 할배! 외삼촌한테 화상 영상하게 해주라 그래.(권숙희)

화상을 켜놓고 있다는 자체가, 얼굴 볼 수 있다는 자체가 이국땅에서 추운데…. 추위가 덜한 것 같아요. 그 시간이 와이프가 젤 편안해 보인데요, 남편이 봤을 때….(김숙희)

인터넷은 개인적 소통뿐만 아니라 모국의 뉴스를 실시간 접할 수 있게 함으로써 공간적으로 공동체 공간의 경계를 확장시켰다. 인터넷은 모국과 쌍방향적 정보와 소통의 흐름을 가능케 하여(이상훈·김은규, 2005) 결혼이주여성이 정서적으로나 사회적으로 한국과 중국을 동시에 경험하는 초국적 이주자로서의 삶을 가능케 하였다.

그런가 하면 연구 참여자들 대부분이 가족에 대한 경제적, 심리적 짐을 지고 고국을 떠나왔으며, 그 짐은 멍에와 같이 새로운 세계에서도 이들을 누르고 있었다. 그러나 컴퓨터가 열어주는 삶의 경험들은 그들과 모국가족이나 친지들과의 관계에 대한 인식과 행동의 전환을 가져다주었다는 점에 주목할 필요가 있다. 강한 의무감과 책임이란 전통적인 가족관에서 점차 벗어나 관계의 방식과 관계의 속성이 자신의 욕구에 부합하는지 여부에 따라 'on' & 'off' 할 수 있고 자신의 통제하에 있는 영역이라고 인식하는 독립적 행위자로 변화하는 것을 볼 수 있다.

화상 전화 켤 때는 위로 받고 싶어서 키는 거잖아요. 할 때마다 힘들다 어떻다 하면 안 키면 되는 거고….(김숙희)

iii) 경계 없는, 그러나 분할된 사이버 공간

이 연구의 참여자들은 인터넷을 통한 사이버 공간은 국가의 경계도 없지만 '이주자'라는 신분적 경계도 없는, 네티즌으로 누구와도 대등하게 입장할 수 있는 차별 없는 공간이라는 것을 발견하였다. 연구 참여자들은 한국 입국 초기에 구직활동을 하는 과정에서 외국인이라는 이유로 거절을 많이 당했고 이웃들의 보이지 않는 차별과 소외를 경험하기도 하였지만 인터넷 공간에서는 익명성이 주는 자유로움과, 관계형성에 드는 비용도 적다는 것을 발견하였다.

사람과 사람이 만났을 때 어느 정도 친분을 쌓아야만 정보를 얻을 수 있잖아요. 그렇지만 인터넷은 친분을 쌓고 그런 거 없이 자신이 원하면 정보를 얻을 수 있으니까요… 저한테 인터넷은 굉장히 소중한 친구였죠. 지금도 여전하고. 거긴 장벽과 차별이 없는 공간.(박미숙)

연구 참여자들은 다양한 사이버 공간에서 언제 누구와 어떻게 네트워크 할지를 필요에 따라 취사선택하고, 다른 행위자들을 이에 따라 분할배치하며 사이버 공간을 넘나들었다. 어떤 연구 참여자는 이주 초기에 이주여성들의 카페에서 그녀가 필요한 정서적 지지와 육아와 취업 등에 관한 정보를 얻었다고 한다. 이 연구 참여자는 이주여성 카페에서 유사한 경험을 한 사람들 간의 '공감'이란 자원에 힘을 얻어 다음 단계의 적응과 도전을 준비할 수 있었다고 보고하였다. 네티즌의 익명성을 띠고 점차 사이버 공간에서 영역을 확장해가며 일반 한국인들을 위한 취업정보 사이트, 교육정보 사이트로 이동하기도 하였다. 사이버 공간에서 어떤 행위자-네트워크와 어떻게 관계할 것인가는 연구 참여자들이 자신들의 정체성, 삶의 욕구, 해결방안의 규정에 따른 전략적이고 자율적인 선택 사안이었다.

> 이민자들의 카페는 교류와 소통을 할 수 있는 공간, 공감을 할 수 있는… 처음 3년까지는 동병상련하는 의존의 공간이었다면 그 다음에는 정보를 얻고자 하는 공간… 지금은 가끔 하는 정도….(박미숙)
>
> 한국 분들하고만 어울려서 지냈기 때문에 이주여성들과 인터넷 카페는 거의 안 하지요. 초기에는 내가 한국 사람으로 살아가려면 다문화와 접하는 것보다도 안 접하고… 지금은 다문화 쪽에서 일하니까 많이 접해 보려고.(김미숙)

결혼이주여성들은 텔레비전, 컴퓨터, 인터넷 다음으로 스마트폰을 중요한 행위자로 지적하였다. 스마트폰은 이용자의 일상생활에 더욱 밀접하게 맞닿아 있으면서 온라인뿐만 아니라 실생활 속 대인관계의 변화를 이끌어냈다(최세경·곽규태·이봉규, 2012). 연구 참여자들은 스마트폰 앱들이 가진 장단점에 따라 선별적으로 활용하며 교류의 장을 확장하는 것을 보여주었다. 중국 출신의 이주여성들이나 모국의 친척들과 교류를 위해서는 'WeChat'이나 'QQ'를 활용하고, 한국 내에서 사적인 소통은 카카오톡, 카카오스토리를 많이 활용하였다.

그런가 하면 한 연구 참여자는 페이스 북이란 사이버 공간과 관계하면서 초국적 문화 중개자(cultural mediator)로서 자신의 역할을 효과적으로 구축하고 있다. 이 연구 참여자는 요즘 국제화가 학교나 지자체의 주요 평가지표 중 하나이기에 교사나 지방 공무원들이 국제교류 활동을 개발해야 할 필요가 있다는 것과, 이런 사회적 분위기에서 자신의 문화적 배경과 본국과의 인맥은 한국 사회에서 자산이 되고 있다는 점을 잘 인식하게 되었다. 그래서 한·중 문화콘텐츠와 문화교류 사업을 자신만의 적소(niche)로 보고, 자신의 이중 문화 배경을 적극적으로 상품화하고 있다. 흥미로운 것은 이 연구 참여자는 페이스북이 중국에서는 차단되어 있어서 실제 한·중 교류의 장으로 적절하지 않다는 것을 알지만, 그녀의 주된 청중은 한국에 있는 중국문화의 소비자들임을 알기에 문화교류의 장으로 페이스북을 선택하였다. 페이스북, 트위터와 같은 SNS가 문화 콘텐츠 형성과 초국적 공유에는 가장 효과적인 공간이라는 점을(이지은·성동규, 2013) 잘 활용하고 있는 것으로 보인다. 이 연구 참여자는 자신의 페이스북에 참여할 수 있는 인간 행위자들을 '아무나'가 아닌 공무원, 교사, 교수, 시인, 화백, 종교인 등과 같은 '특별한 분들'로 선별하고 있고, 중국의 고전 한시, 서화들과 같은 문화 콘텐츠들로 자신의 '사이버 전시장'을 품격 있게 꾸미고, 여기에 자신의 예술단의 공연 사진을 함께 게시하였다. 전략적으로 선별된 인간행위자들과 중국의 유명한 고전 문화콘텐츠와 자신의 한국과 중국의 청소년 예술단 교류활동을 한 행위자-네트워크에 배치함으로써 연구 참여자는 한·중 문화의 시대와 공간을 넘나드는 문화적 매개자로서 역할을 효과적으로 부각시키고 있는 것을 볼 수 있다.

> 그 페이스북 '한중 문화권'을 제가 만들었어요. 페이스북은 제가 초대해야 들어올 수 있어요. 공개된 그룹이 아니기 때문에…. 왜냐하면 거기는 전부 한국의 교수님들, 화백, 문화인들 많고… 거기서 중국어, 한국어도 있고…대만 사람들도 있고 홍콩 사람도 있고. 점점점점 커지고….(기진희)

iv) 사이버 러닝: 더 높은 대기층으로 날게 하는 발판

연구 참여자들은 컴퓨터, 인터넷, SNS 등과의 관계 형성을 통하여 인간, 비인간 행위자들과의 네트워크를 확장시킬 수 있었다. 그러나 곧 연구 참여자들은 한국이 학력과 자격증 사회라는 것을 알게 되고 한국의 '주류 사회'에 진입하기 위해서는 대학졸업장이란 공식화된 제도와도 '관계 맺기'가 필요함을 깨닫는다. 이주여성 선배들로부터 방송통신대학이 자신들에게 진입장벽은 낮으면서도 대학 학력을 취득할 수 있게 하는 주류사회로의 중개자이고 자아실현으로

도약의 발판이 되었다고 인식하였다. 미디어테크놀로지 행위자-네트워크를 통해 여성이 자신의 삶의 전환을 경험하면서 자신을 보는 시각이 바뀌면서 의구심을 갖던 남편도 점차 연구 참여자의 네트워크 확장에 걸림돌이 되기보다는 등 뒤에서 부는 바람이 되겠다고 한다.

방송통신대는 정식으로 한국 사회에 입성을 하는 관문인 것 같아요…. 조금 더 한국에서 주류사회로 들어간다는 거예요…. 카페도 있고… 학교 OT, MT 참석하면서 인간관계도 많이 확장되었어요.(김미숙)

(대학은) 내가 안개 속에서 걸어 나오게 한….(김숙희)

남편도 자기는 결혼을 해서 여자가 자기 때문에 날개가 꺾이는 것은 바라지 않는다고 하면서 날 수 있는 데까지 날아 보라고.(박미숙)

이 연구 참여자들은 화상전화, 인터넷, 스마트폰, SNS, 사이버 러닝 등의 행위자들이 갖고 있는 특성과 이들이 연결할 수 있는 행위자-네트워크에 따라 적절히 선별적으로 활용하면서 자신들의 초국가적 삶의 경험을 확장하고 새로운 정체성을 형성해 가는 것을 볼 수 있다. 자신들의 삶의 지향에 따라 지역사회와 초국적 공간에 있는 다양한 행위자-네트워크들에 편입하기도 하고, 차단하기도 하며 관계 맺기와 이동을 지속적으로 하고 있음을 알 수 있다. 이들이 독립적이고 자율적 행위자로서 정체성을 보여주면서 다른 행위자들—배우자, 지역 공무원 등—의 상호작용에도 변화가 생기기 시작하는 것을 볼 수 있다.

㉡ 초시간적 전환(Trans-temporal transformation)

연구 참여자들에게 컴퓨터와의 만남은 물리적, 사회적 공간을 확장시키는 경험이었을 뿐만 아니라 사회적 시간을 넘나드는 경험이기도 하였다. 컴퓨터는 이웃할머니들의 해묵은 역사이야기들로부터 새로운 정보와 지식의 보고로 이동을 가능하게 했고, 과거의 깊은 그림자에서 미래의 희망으로 이동하는 계기를 마련하는 기회들을 열어 주었다. 아직 아날로그 시대의 본국 학사관리체제가 잡았던 발목이 풀리고 디지털 시대에서 기회의 문들이 열리기도 하였다.

i) 청나라 소설에서 21세기 지식창고로

연구 참여자 안미연 씨는 산 위의 외진 지역에 살게 되었다. 가족들이 일하러 나간 후에 주변에 이웃이라곤 나이든 할머니 두 분뿐이었다. 한 할머니가 자신이 살아온 한국의 근대사를 '중국 댁'에게 말해주는 것을 좋아했다. 그러나 코리안 드림을 꿈꾸고 온 '중국 댁'은 컴퓨터를 통해 배울 수 있는 산골 밖의 삶—도시, 큰 건물, 다양한 삶의 방식, 기회 등—에 대한 정보와 지식이 더 경이롭고 호기심으로 가슴 뛰게 하는 것이었다.

> 할머니하고 점심 만들어 먹고 한국 역사를 들으니까…. 마치 중국에 청나라 소설책 읽는 거 같았어요…. 하지만 컴퓨터가 저한테는 중요한 거예요. 제가 이걸 (컴퓨터) 사면서 두근두근했죠…. 컴퓨터는 지식창고라는 생각이 들었어요! 컴퓨터 때문에 제가 살아난 그런 기분이 나요.(안미연)

ii) 과거의 망령에서 미래의 희망으로

연구 참여자 김숙희 씨는 원가족의 삶의 무게를 도맡았던 맏딸이었다. 가족에 대한 책임으로 자신을 상실한 채 살다 한국으로 시집을 왔는데 남편도 과거의 상처에 아직도 함몰되어 있는 것을 발견한다. 이들은 과거의 상처에서 벗어나지 못하고 오랫동안 자기 비하, 음주, 자기 파괴적인 행동, 다툼 속에서 허우적거렸다.

> 예전엔 나를 귀하게 생각하지 않았어요. 저는 심지어 엄마 우는 거 보기 싫어서 내 몸을 팔까 생각도 했어요…. (남편도) 되게 힘들게 살았대요…. 시집 와서도 또 그런 슬픈 사람 만났잖아요…. 저 아저씨 술 마시고 싸우고 다닐 때 내가

팔자가 더럽지 그런 생각을 했었는데….(김숙희)

컴퓨터-인터넷-외부 세상으로 연결된 행위자-네트워크는 연구 참여자를 다시 대학으로 이어 주었고, 교육과정 중에 들어 있는 상담과목, 교수들과의 관계들을 통해 그녀는 점차 자신을 매고 있는 과거의 사슬을 보게 되었다. 또 다문화 인터넷 공간에서의 나눔, 교육과정에서 만난 동료들 안에서 자신의 모습도 보았지만 자신의 미래에 대한 희망과 목표도 구체적으로 그릴 수 있게 되었다. 구술자 자신이 과거의 상처에서 회복되면서 남편도 과거에서 헤어 나올 수 있게 돕게 되었다. 이제 두 사람은 새로 시작하는 다문화 가족들에게 미래의 희망 안내자 역할을 하고 있다.

저처럼 대부분 사람들이 친정에 얽매인 사람들 많아요. 그런데 ○○○교수님이 내가 안 도와줘도 친정식구 안 굶어 죽는다고 너무 거기에 얽매여 있지 말라고 그 말씀을 할 때, 제가 여기가 뻥 뚫리는 거 같았어요….(김숙희)

'우리 집에 와서 밥 한 끼 먹자' 해요. 이러면 신랑, 각시, 아 데리고 와서 밥 한 끼 먹고 언젠가는 우리도 이렇게 살 수 있겠다는 희망 가졌으면 해서….(김숙희)

iii) 수기기록부(아날로그)에 갇힘에서 전산(디지털)시스템의 자유함으로

연구 참여자 박미숙 씨는 어렸을 때 선생님이 되고 싶었다. 중국에서 접어야 했던 꿈을 컴퓨터가 맺어준 다양한 행위자-네트워크를 통해서 대학진학에 도전하고 싶어졌다. 그런데 한국에서 대학에 진학하려면 본국의 졸업증명이 필요한데, 아직도 수기 기록부에 의존하는 중국의 학사 시스템은 완고하게 본인이 오지 않으면 '졸업장'을 주지 않겠다고 하였다. 가족들이 학교를 방문하고 '돈을 써서라도' 받아보려 했으나 용이치 않아 발을 동동 구르게 하였다.

졸업한 학교인데…, 이모도 갔다 오고 엄마도 학교에 갔다 오고 했는데…, 자기네들이 귀찮다고 (학력을) 안 살려주는 거예요…. 제 이메일을 4년 만에 열어본 친구가 어떻게 어떻게 해서 고등학교 선생님하고 연락이 닿아서 졸업장을 간신히 찾게 된 거죠.(박미숙)

방송통신대학 졸업학력은 연구 참여자 박미숙씨가 이중언어강사, 다문화이해 강사로서 취업의 문을 열어주었다. 이런 경험들은 어렸을 적에 접은 교사의 꿈이 실현가능하겠다는 생각을 갖게 하였고, 이는 교육대학원 진학으로 연결되었다.

중국에서는 뭐라고 해야 되지? 막막함? 장벽?…. 그런데 여기 와서 기회가 열리는 걸 느꼈어요…. 내가 점점 좋아지고 있구나, 나도 괜찮은 사람이구나, 나를 실현할 기회가 있구나.(박미숙)

㉢ 정체성의 전환

연구 참여자들은 이주 초기에 자신들이 한국에서 할 수 있는 역할은 가사나 단순 노동일뿐이라고 생각하였다. 그러나 컴퓨터와의 만남과 미디어테크놀로지 행위자-네트워크는 그동안 연구 참여자들을 짓누르던 두려움과 절망의 무게를 서서히 걷히게 하였다. 새로 습득한 파워포인트 기술은 성공적인 중국어 강사로서 자신의 모습을 상상하게 하였고, 새로 취득한 컴퓨터 자격증은 멀게만 느껴졌던 취업목표들이 손에 잡힐 만큼 가깝게 보이게 하였다.

나의 가치를 찾고 싶었어요. '나도 뭔가 할 수 있는 게 있을 텐데… 컴퓨터를 배우면서 접한 분들이 더 발전해 있는 모습을 보고 좀 더 나은 생활을 하려면 내가 좀 더 다른 걸 배워야 되겠다 생각했고….(김미숙)

야쿠르트 아줌마를 4년 해봤는데요…. 컴퓨터라는 게 더 높고 넓은 세상을

(보여주었어요). 아 내가 식당 말고 정말 할 수 있는 일이 많구나! 단순한 기계가 아니에요, 컴퓨터는. 문을 열어준 도구에요…. 내가 이렇게 고급스러운 직업을 갖고 있구나 느낀 게 뭐냐 하면요. (다문화강사로) 50분 강의하니 10만 원을 주시는 거에요.(권숙희)

이 나라 사람들이 배운 만큼 어느 정도 기초를 다지고 나니까…. '할 수 있을까?'에서 '할 수 있지 않을까!'로 바뀌었다고 해야 되나….(박미숙)

이주 초기에 연구 참여자들은 자신들의 중국 배경을 버리고 한국문화와 생활양식을 최대한 빨리 습득하는 것이 한국에서 적응에 도움이 될 것이라고 생각하였다. 그래서 어떤 연구 참여자는 이주여성 카페나 중국출신 여성들과의 관계를 단절하기도 하였다. 그러나 연구 참여자들의 자존감이 회복되면서 이들은 자신들의 중국/한국의 이중 문화 정체성이 큰 자산임을 깨닫기 시작한다. 특히, 국제사회에서 중국의 정치·경제적 위상이 급격히 부상하면서 중국어가 그들의 삶을 개선하는데 중요한 행위자가 될 수 있음을 인식하게 된다. 이 시기에 한국 정부의 다문화 정책이 동화주의에서 글로벌 인적자원 담론[3]으로 바뀐 것도 이들의 확대된 역할과 한국인 이웃들의 시선 변화에 영향을 준 거시적 맥락의 행위자였다. 컴퓨터-인터넷-자격증과 학위-중국의 위상 변화-다문화정책담론 변화로 연결된 행위자-네트워크는 연구 참여자들에게 '이중언어강사'라는 새로운 정체성과 기회를 부여하는 것을 볼 수 있다.

근데 다문화 쪽으로 하면 제가 조금 더 발전할 수 있는 그런 게 있을 것 같은 생각이 들어서… 내가 이제 살아왔던 이야기를 해 주는 것도 재미있고, 중국어, 내가 잘하는 거 애들한테 가르쳐 주는 것도 재미있어요… 내가 가르치고 있다는 이 자체가 좋았어요.(김미숙)

3) 글로벌인적자원론은 다문화가정자녀의 이중언어 가족환경조성과 쌍방적 문화이해를 지원하는 프로그램이 급격히 확장되는 계기를 마련하였다(여가부, 2016).

중국 댁'에서 '중국어 선생님', 그리고 이젠 은인이라는 소리까지….[4] (김숙희)

연구 참여자들의 자기인식과 사회적 활동 영역이 변화하면서 이들은 출신국가, 이주자, 국제결혼여성, 수혜자 등과 같은 몇 가지 외형적 특징으로 그들의 정체성이 규정되길 원치 않는다는 것을 깨달았다. 초기에 한국인으로 수용되고 싶은 욕구가 컸는데 이제는 이전보다 훨씬 확장되고 개별화된 자아로 인식되길 원하고, 모국과 이주국 사이의 초국적 이주자로서 정체성에서 더 확장된 여러 사람들과 어우러져 사는 초국적 정체성이 만들어져 가는 것을 볼 수 있다.

'결혼이주여성'이란 건 이 사람들이 가지고 있는 정체성의 요만큼이잖아요. 사고방식이든, 가치관이든 나를 규정하는 굉장히 많은 것들이 있는데 그 이름 하나로….' … 나 ○○○로 살고 싶지 그 앞에 다른 수식어가 붙어 살 이유가 없잖아요.(김숙희)

이젠 남의 시선 그리 신경 안 써요. 그냥 내 자신에 대해서 편안해졌다고 해야 하나…. 도움을 받는 대상자였는데 이제는 도움을 줄 수도 있는, 그래서 주고받는 관계… 초기에는 주로 한국 사람들과 관계가 활발하였으나 지금은 외국인, 조선족, 한국인 굳이 경계가 없이….(박미숙)

5 결론: 결혼이주여성의 미디어행위자-네트워크 블랙박스의 해체

〈그림 6.1〉은 지금까지 결혼이주여성과 미디어 행위자-네트워크라는 블랙

4) 구술자 김숙희 씨는 학생들에게 중국어를 가르치는데 학생 중에 중국의 유명 대학에 입학한 학생들이 많아지면서 학부모와 제자들로부터 존중과 감사를 받게 되었다고 한다.

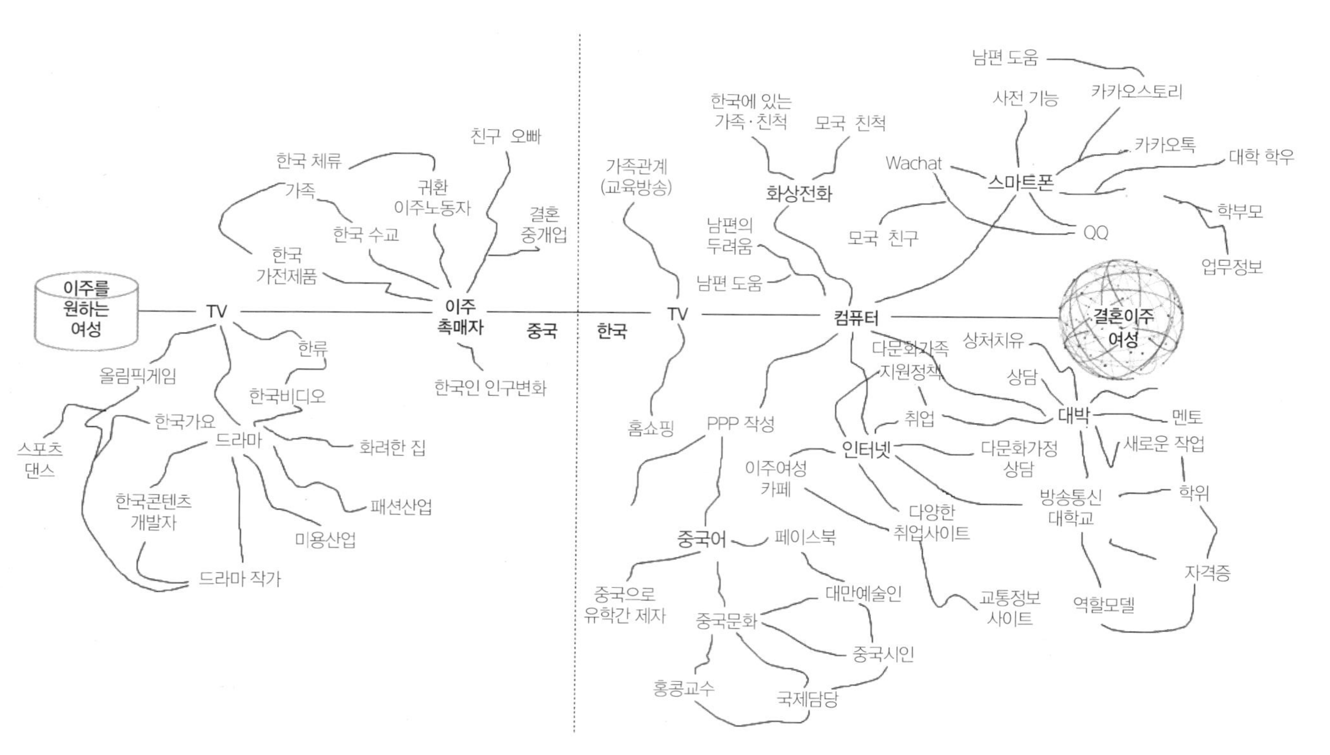

〈그림 6.1〉 결혼이주여성과 미디어와의 네트워크 블랙박스 해체 결과

박스를 해체한 결과를 그림으로 요약한 것이다.

인간은 누구나 자신의 삶을 향상시키고자 하는 욕구가 있다. 전 지구적 이동이 점차 용이해지면서 이주 행위도 개인의 삶을 개선하는 한 전략적 선택이 되고 있다. 가용한 자원이 많지 않은 여성들에게 결혼이주는 제한된 대안 중 하나일 것이다. 이 연구는 미디어테크놀로지가 외국인 여성의 한국으로의 이주결정과 적응과정에 어떤 역할을 하였을까? 라는 질문으로 시작하였다. 자주 미디어에 비쳐진 미화된 한국과 코리언 드림이 이주결정에 기여하였다거나, 결혼이주여성들의 정착과 자립에 컴퓨터 교육(computer literacy education)이 중요한 정착지원 전략이라는 주장을 듣게 된다. 이 연구를 통해 이러한 단순화된 관찰, 즉 블랙박스화된 현상의 이면에 관계하는 다양한 차원의 행위자들과 그들 간의 상호작용이 결혼이주여성의 이주와 한국살이에서의 역할을 발견할 수 있었다.

이 연구에서 결혼이주여성의 미디어테크놀로지 행위자-네트워크란 블랙박스를 해체함으로써 결혼이주여성의 미디어 행위자-네트워크상의 주요 노드(nodes)에 위치한 행위자들을 발견할 수 있었고, 이들은 〈그림 6.1〉에 고딕으로 표시하였다. 이주 전에는 텔레비전이주촉매자라는 단출한 노드와 그에 연결된 행위자들이 있었다. 이주 후에는 이주 전과 마찬가지로 텔레비전이 첫 주요 미디어 행위자였으나 이들 여성들이 텔레비전과 관계 맺기를 하면서 이들의 미디어 행위자-네트워크에는 인터넷, 화상전화, 스마트폰, 방송통신대학 등이 들어왔으며, 이들 주요 노드에 위치한 행위자들이 다른 인간·비인간 행위자들과 관계 맺기로 급속히 확장하는 것을 볼 수 있다. 이러한 미디어 행위자-네트워크는 결혼이주여성의 초국적 삶의 경험 속에서 삶과 관계의 의미에 대한 인식, 관계의 실천양식, 정체성 등과 같은 주요 영역에서 전환을 가져오는데 중요한 역할을 수행한다는 것을 발견할 수 있었다.

인터뷰 대상자들은 본국에서 한국 텔레비전과 비디오와 같은 미디어들을 통해서 한국에 관한 정보를 얻었고 이를 토대로 이주결정을 하였다. 결혼이주여성들이 본국에서 선택할 수 있는 한국 문화콘텐츠는 정확한 정보제공이라는 속성보다는 지역 소비자들의 엔터테인먼트를 주된 목적으로 한류문화콘텐츠 공급자들에 의해 선별된 것이었고 일방향적으로 정보가 주어지는 관계였다. 인터뷰 대상자들이 한류문화콘텐츠를 파는 미디어 행위자-네트워크에 편입되었을 때 의도하지 않았던 결과 중 하나는 이 여성들의 한국으로의 이주행위였다.

외국 여성들이 텔레비전과 관계 맺기를 할 때, 이 여성은 단순히 한 기계를 활용하는 것이 아니었다. 텔레비전 행위자-네트워크에는 여러 강력한 숨겨진 행위자들이 이면에 숨겨져 있었다. 엔터테인먼트 제작사, 패션 산업, 미용 산업, 가전제품·화장품·카메라와 같은 한국 상품 등의 비인간 행위자들도 있었고, 이상화된 한류스타들, 한국을 방문하고 온 지인, 귀환 이주노동자, 유학생과 같은 인간 행위자들도 있었다. 이들은 미디어에 재현된 한국의 이미지, 한국인의 삶의 방식과 관계의 양식 등이 현실인 것처럼 믿는 여성들의 인식을 재강화하였다. 한·중 국교 수교, 한국 사회의 노동력과 여성배우자 부족이라는 거시적 상황과, 이러한 수요를 충족시키고자 재빠르게 형성된 결혼중개업 등은 여성들이 이주라는 삶에서 새로운 행위전략을 선택하고 실현하게 한 매개자 역할을 하였다. 미디어 행위자-네트워크상의 여러 행위자들은 이들 여성들에게 자신들의 삶을 개선할 새로운 대안으로 이주에 대한 생각을 행동으로 전환시키는데 조력하였다. 이들에게 미디어가 재현한 한국의 모습이 얼마나 정확한지를 확인할 수 있는 대안적 정보원이 있거나 이들이 미디어 정보를 변별하는 능력(media literacy)은 매우 제한적이었기에 이들은 마치 어둠 속에서 더듬어 물건을 집듯이 자신들의 미래를 결정하는 선택을 하게 되었다.

한국으로 이주 후에도 인터뷰 대상자들은 텔레비전과의 관계를 통해 세상을 보았다. 그러나 고립된 상황에서 텔레비전과 일방향적 상호작용의 관계는 곧 컴퓨터와의 만남으로 그 영향력이 줄었다. 컴퓨터, 인터넷, 스마트폰, SNS와 같은 미디어테크놀로지는 이들 여성들을 사회적 격리에서 나와 좀 더 쌍방향적인 사회적 상호작용을 가능하게 하였고, 이들에게 시공간적 경험의 영역을 크게 확장시켜주었다. 미디어테크놀로지는 본국의 가족과 지인들과 초국경적 소통을 가능케 한다거나 지리적 제약 없이 다양한 사람들과의 관계를 가능케 하는 새로운 공간적 경험을 가져다주었을 뿐만 아니라 사회적 공간도 크게 변화시켰다. 다변화된 미디어테크놀로지 행위자들은 인터뷰 대상자들에게 사이버 공간을 열어주었고, 사이버 공간에서 확보할 수 있는 정보와 형성된 인적 네트워크는 현실 공간으로도 쉽게 이전될 수도 있었다. 인터뷰 대상자들의 온라인 공간에서 경험이 일상생활 공간과 맞물렸을 때 더 큰 효과를 가져서 새로운 차원의 인간관계와 기회의 창이 확장되기 시작하는 것을 볼 수 있었다. 이는 행위자-네트워크상에서 비인간 행위자의 행위성이 중요하지만 인간 행위자들의 관계망이 갖는 중요성을 보여주었다.

인터뷰 대상자들은 아날로그적 사회가 주었던 위계성, 폐쇄성, 장벽, 단절의 경험으로부터 미디어테크놀로지 행위자-네트워크가 열어준 디지털 사회로의 이동을 통해 용이한 이동성, 수평성, 개방성, 자유로움 , 가능성 등을 경험하였다고 보고하였다. 이는 인터뷰 대상자들의 상상력, 기회, 관계, 자아실현의 영역을 확장하는 전환적 경험이었다. 또 인터뷰 대상자들은 사이버 공간에서 관계 형성 경험을 통해 이전의 인간관계에 대한 인식도 재해석하게 되었다. 전통적인 가부장적 가족관계에서 여성에게 강조되었던 책임, 의무, 희생에서 점차 자유로워지고 자신의 욕구와 열망, 잠재력에 대하여 생각하게 되었고, 좀 더 능동적인 삶의 주체로서 관계 방식을 새로이 시도하는 것을 보여주었다. 미디어테크놀로지 행위자-네트워크를 통해 열린 새로운 시공간적 경험은 이들 여성들에게 세상과, 사람들과의 관계에 대한 인식과 행위양식을 변화시켰다.

인터뷰 대상자들은 미디어테크놀로지 행위자-네트워크가 가져온 시공간적 삶의 지형에서의 변화를 경험하면서 자신들에 대한 정체성에 대하여 재인식하게 되는 것을 볼 수 있다. 사이버 공간에서 네티즌으로서 향유하는 자유와 수평적 관계의 경험은 위축되었던 자아상을 회복시켰다. 인터뷰 대상자들이 미디어테크놀로지 행위자-네트워크를 통해 사회적 관계를 확장하고, 그 과정에서 일련의 성공의 경험을 축적해가면서, 이들은 더 이상 고립되고, '허기진', '추운' 이주자나 온정의 수혜자, '결혼이주여성'으로만 규정되기보다는 자율적이고 능동적인 한 고유한 개인으로서 인정받길 원하였다. 또한 이들은 국적이나 인종, 법적 지위 등을 넘어 많은 사람들과 공감할 수 있는 '초국적자'로서 정체성과 행위양식을 형성해 가는 것을 볼 수 있다.

이 연구는 '결혼이주여성의 미디어테크놀로지 활용'이라고 쉽게 단순화하기 쉬운 현상—ANT에서 소위 '블랙박스'화된 현상—을 해체함으로써 이 행위자-네트워크에 참여한 다양한 수준의 비인간 행위자들을 파악하고, 이들 행위자들 간의 상호작용 속에서 미디어테크놀로지가 여성들의 삶에 갖는 의미와 역할을 발견할 수 있었다. 결혼이주여성의 미디어테크놀로지 행위자-네트워크 안에는 한·중 국교 수교, 중국의 위상 변화, 한국 사회의 인구변화와 이동, 문화의 초국가적 이동과 상품화, 한국의 다문화가족 정책과 정책 담론, 학력사회와 같은 거시적 행위자들도 있고, 조직기구의 평가지표, 다문화교육프로그램, 자격증제도, 외국어 교육과 유학 열풍 등과 같은 중범위적 수준의 행위자들도 미디어테크놀로지와 결혼이주여성들과의 상호작용에 영향을 미치는 행위자들임을 발견할 수 있었다. 물론, 여기에 미시적 수준에서 결혼이주여성 자신의 행위성(agency)과 이들과 관계하는 많은 인간 행위자들의 행위양식, 사회적 규범도 네트워크의 안정성과 영향력의 정도에 중요한 역할을 하는 행위자였음에 틀림없다.

이 연구는 빠르게 변화해가는 현대사회에서 테크놀로지가 개입되지 않은 인간의 삶을 생각할 수 없다는 점을 인식하면서 과학과 사회가 분리된 별개의 연구대상으로 보는 이분법적 사고의 틀에서 나와 인간 행위자뿐만 아니라 다양한 비인간 행위자의 행위성이 사회현상에 미치는 영향을 살펴보았고 이는 기존의 사회과학 연구들과 차별화되는 관점을 제시하였다는 점에서 연구의 의의를 갖는다고 하겠다. 또한 이 연구를 통해서 결혼이주여성의 이주와 적응과정에 미디어테크놀로지뿐만 아니라 다양한 거시적, 중위적, 미시적 수준의 인간·비인간 행위자들의 존재와 영향력을 행사하고 있음을 드러냄으로서 변화하는 사회적 현상을 분석하는데 좋은 개념적, 방법론적 접근법을 제시하는 ANT가 새로운 이론적 관점으로 유용함을 보여주었다.

이 연구 결과는 다문화가족을 위한 사회서비스에 대한 실천적 함의와 시사점도 보여준다. 첫째, 사회서비스와 관련된 연구들에서는 서비스 대상자나 그 가족들의 특성을 이해하고 이에 기반을 둔 대인서비스 전략들(개별 상담, 사례관리, 교육서비스 등)에 관한 논의들이 주로 다루어져왔다(김이선·김민정·한건수, 2006; 김정선, 2009; 설진배 외, 2013). 그러나 이 연구는 컴퓨터 교육, 자격증 취득 프로그램, 취업기술 훈련 등과 같이 외형적으로 단순히 정보와 기술, 지식의 전달에 초점을 둔 사회적 개입도 개인의 자아관, 세계관, 삶의 경험의 의미, 대인관계의 양식 등 인간의 내면적 변화를 중재하는 행위능력을 갖고 있음을 보여주었다. 이러한 연구 결과를 통해 자격증 취득, 한국어 능력 등급과 같은 구체적 변화가 새로운 행위자들의 네트워크를 열어주고, 이들과의 상호작용을 통해 애초 예상된 변화를 훨씬 뛰어넘는 내적 전환경험을 할 수 있음을 볼 때, 이주여성의 역량강화는 다면적 접근으로 성취 가능하다는 것을 인식할 필요가 있다.

둘째, 이 연구 결과는 여성의 역량강화와 정체성의 전환과정에 교육이란 행위자가 강력한 매개자로서의 역할을 하는 것을 볼 수 있었다. 교육의 경험이 이주여성들의 정체성의 전환을 가져 올 뿐만 아니라 이들이 관계하는 행위자-네트워크를 확장시킴으로써 이들에게 가능성의 지평을 확대시키는 것을 볼 수 있다. 다문화가족지원 정책에서 이주여성의 초기적응 지원서비스에 포함된 교육적 요소들과 그 이후 고등교육의 기회로 발돋움하는 것이 이주여성들의 사회경제적 계층이동이나 자아실현의 기회 확장에 효과적인 사회적 개입 전략임을 보여주었다.

셋째, 이 연구 결과는 사회서비스 개입 자체 외에도, 서비스의 성과에 긍정, 부정적인 영향력을 미칠 수 있는 여러 비인간 행위자들—정책 담론, 이주 관련법, 사회서비스 정책, 지역사회의 문화와 규범 등—의 존재와 그들의 행위성을 인식하는데 기여하였다. 정책 담론에 따라 서비스 개입의 대상, 서비스의 내용, 개입의 목표 등이 달리 결정되며, 지역사회가 갖고 있는 규범이나 문화는 이런 정책담론을 재강화하거나 약화시키는 역할을 할 수도 있다. 서비스 기관이 서비스 대상자를 무엇이라고 호명하는가, 사회가 무엇을 중요한 가치로 보는가 등이 서비스 행위자-네트워크의 행위성에 영향력을 가질 수 있다. 이러한 다양한 행위자들의 영향력과 영향력 행사의 기제를 파악함으로써 사회적 개입의 긍정적 성과를 최대화할 수 있음을 보여주었다.

이 연구는 결혼이주여성의 이주와 적응을 이해하기 위하여 이들의 초국적 경험에 깊숙이 관여하고 있는 미디어테크놀로지의 역할을 이해하고자 하였기에 미디어테크놀로지를 적극적으로 활용하는 사람들의 경험에 초점을 두었다. 그래서 미디어테크놀로지 교육과 사회참여에서 배제되었던 개인들의 경험을 이해하는 데 한계가 있다고 하겠다. 후속 연구에서는 미디어테크놀로지 활용에서 배제되는 개인들의 경험과 배제의 메커니즘에 기여하는 행위자-네트워크에 대한 연구를 통해 이주여성들 간의 디지털 디바이드를 최소화하는 노력에 기여가 필요할 것으로 보인다.

• 참고문헌 •

김경미, 2013, “여성결혼이민자의 인터넷 이용과 한국 사회 적응”, 『정보사회와 미디어』, 25, pp.1~27.

김이선·김민정·한건수, 2006, 『여성결혼이민자의 문화적 갈등 경험과 소통 증진을 위한 정책 과제』, 한국여성개발원.

김영경, 2015, “결혼이주여성의 사이버 공동체 사회자본에 관한 연구”, 『민족연구』, 62, pp.4~26.

김영순·임지혜·정경희·박봉수, 2014, “결혼이주여성의 초국적 유대관계에 나타난 정체성 협상의 커뮤니케이션”, 『커뮤니케이션 이론』, 10(3), pp.36~96.

김정선, 2009, “필리핀 결혼이주여성의 귀속의 정치학”, 이화여자대학교 박사학위청구논문.

김태원, 2014, “생활세계와 이방인으로서의 결혼이주민”, 『현대사회와 다문화』, 4(1), pp.1~26.

김혜선, 2014, 『글로벌 이주와 초국가적 가족유대』, 경기도 파주: 이담북스.

박미숙·김영순, 2015, “입국초기 결혼이주여성의 스마트폰 이용 경험에 관한 연구”, 『여가학연구』, 13(1), pp.1~27.

설진배·김소희·송은희, 2013, “결혼이주여성의 사회적 연결망과 초국가적 정체성: 한국생활적응과정을 중심으로”, 『아태연구』, 20(3), pp.229~260.

성동규·임성원, 2006, “모바일미디어 콘텐츠 활용 연구: 위성 DMB 초기 수용자의 이용 행태를 중심으로”, 『한국방송학보』, 20, p.150.

안지현·정철, 2014, “한류의 지속가능성과 한류문화콘텐츠의 성공과정에 대한 탐색적 고찰”, 『관광학연구』, 38(7), pp.215~238.

오대영, 2013, “여성결혼이민자의 미디어 이용량에 영향을 미치는 요인 연구: 인구사회학적 요인, 한국어 능력, 미디어 이용 요인을 중심으로”, 『방송과 커뮤니케이션』, 14(2), pp.119~156.

오대영·안진경, 2011, 『다문화 가정의 미디어 이용 실태 및 정책적 지원방안 연구』, 서울: 한국언론진흥재단.

이상훈·김은규, 2015, “문화접변과 미디어: 결혼이주여성들의 미디어 이용 경험과 다문화미디어교육 인식에 대한 연구”, 『언론과학연구』, 15(4), pp.205~244.

이지은·성동규, 2013, “페이스북 이용과 대인네트워크 변화에 대한 한·미 문화 간 비교 연구: 자아개념과 자기노출, 대인불안을 중심으로”, 『사회과학연구』, 24(1), pp.257~281.

임지혜·최정화, 2009, “미디어 이용 실태와 문화적응에 관한 연구: 국내 중국인유학생을 중심으로”, 『교육문화연구』, 15(2), pp.183~206.

임희경·안주아·신명희·황경아, 2012, “사회적 소수인으로서 여성결혼이민자의 미디어 접근과 이용에 대한 탐색적 연구”, 『커뮤니케이션학 연구』, 20(2), pp.5~27.

조성호 · 박희숙, 2009, “여성결혼이민자들의 텔레비전 이용 동기와 만족: 대도시 거주 여성 결혼이민자를 중심으로”, 『한국방송학보』, 23(6), pp.243~283.
최병두 · 정유리, 2015, “결혼이주자의 이주 및 정착과정에서 나타나는 사회적 네트워크 변화에 관한 연구”, 『현대사회와 다문화』, 5(1), pp.20~57.
최진희 · 주정민, 2014, “결혼 이주여성의 미디어 이용과 문화적응에 관한 탐색적 연구”, 『디아스포라연구』, 8(2), pp.7~39.
출입국 · 외국인정책본부, 2016, “외국국적동포 지역별 현황”.
홍종배 · 유승관, 2014, “다문화 소외계층의 미디어 이용과 정책방안에 관한 연구”, 『스피치와 커뮤니케이션』, 23, pp.7~38.
홍성욱, 2010, 『인간 · 사물 · 동맹: 행위자-네트워크이론과 테크노사이언스』, 서울: 이음.
Alam, K. & Imran, S., 2015, “The digital divide and social inclusion among refugee migrants: A case in regional Australia”, *Information Techonology and People*, 28(2), pp.344~365.
Bankston, C., 2014, “Immigrant Networks and Social Capita”, Cambridge, UK: Polity.
Bonnini, T., 2011, “The media as ‘home-making’ tools: LIfe story of a Filipino migrant in Milan”, *Media · Culture & Society*, 33(6), pp.869~883.
Boyd, M., 1989, “Family and personal networks in migration”, *International Migration Review*, 23(3), pp.638~670.
Callon, M., 2005, “Why virtualism paves the way to political impotence: A reply to Daniel Miller's critique of the Law of the markets”, *Economic Sociology*, 6(2), pp.3~20.
Callon, M. & Caliskan, K., 2005, “New and old directions in the anthropology of markets”, Paper presented to Werner-Gren Foundation for Anthropological Research, New York.
Chen, S., Zhang, Y., Zhang, H. & Yang, R., 2010, “The transformation, adaptation, and self-identity of new urban migrants”, *Chinese Sociology and Anthropology*, 43(1), pp.23~41.
Dekker, R. & Engbersen, G., 2014, “How social media transform migrant networks and facilitate migration”, *Global Networks*, 14(4), pp.401~418.
Hiller, H. & Franz, T., 2004, “New ties, old ties and lost ties: The use of the internet in diaspora”, *New Media & Society*, 6(6), pp.731~752.
Kim, H., 2014, “Immigrant network structure and perceived social capital”, *Development and Society*, 43(2), pp.351~379.
Latour, B., 1999, “Pandora's Hope, Essays on the reality of Science studies”, Cambridge: Harvard Uniersity Presss: Mass.
Latour, B., 1987, “Science in Action: How to follow scientists and engineers through Society”, Cambridge: Harvard University Press: MA.
Latour, B., 2005, “Reassembling the Social: An Introduction to Actor-Network-Theory”, New York: Oxford University Press.

Law, P. & Peng, Y., 2007, "Cellphones and the social lives of migratn workers in southern China", In R. Pertierra (Ed.), *The social construction and usage of communication technologies: Asian and European experiences* (pp.126~142), Phillipines: University of the Phillipines Press.

Madianou, M. & Miller, D., 2012, "New Media and Migration", New York: Routledge.

Munroe, R., 2009, "Actor Network Theory in Clegg", S. & Hauggard, M.(eds), *The Sage Handbook of Power*, London: The Sage Publication.

Portes, A. Escobar, C. & Radford, A., 2007, "Immigrant transnational organizations and development: a comparative study", *International Migration Review*, 41(1), pp.242~282.

Portes, A. & Dewind, J.(eds), 2004, "Conceptual and methodological developments in the study of international migration", *International Migration Review*, 38(3).

Vertovec, S., 2004, "Migrant transnationalism and modes of transformation", *International Migration Review*, 38(3), pp.970~1001.

Yoon, K., 2016, "The migrant lives of the digital generation", *Journal of Media and Cultural Studies*, 30(4), pp.369~380.

제4부

ANT와 초국적 이주자의 경험과 정체성의 전환

탈북-결혼이주-이주노동의 행위자-네트워크와 정체성의 변위: 북한 여성의 생애사 분석

이희영

1 분절된 시선을 넘어서

1990년대 중반을 지나며 한국 사회에 다양한 사회·문화적 배경을 가진 여성 이주자들이 등장하였다. 소위 탈북 여성, 결혼 이주여성, 조선족 여성이 대표적인 사례이다. 이와 같은 명칭은 이주여성들의 출신지역이나 혹은 이주의 목적에 따라 한국 사회에서 편의적으로 붙인 것으로, 이들을 바라보는 한국 사회의 제한적 시선을 보여주는 것이기도 하다. 왜냐하면 어떤 개인이든 조선족이라는 출신지역, 탈북 행위 혹은 결혼을 매개로 한 이주라고 하는 단일한 조건에 의해서 정의되거나, 그것으로 환원될 수 없기 때문이다. 그러나 지금까지 이루어진 한국 사회의 여성이주자들에 대한 대부분의 연구는 위와 같은 편의적 분류를 전제로 한 틀 속에 머물고 있다. 다시 말해 연구자의 관심에 따라 조선족 여성에 대한 연구, 탈북 여성에 대한 연구, 혹은 결혼을 매개로 한국 사회에 이주한 타 국적 출신의 여성들에 대한 연구로 영역을 나누어 진행하고 있으며, 이 과정에서 각각의 여성들을 단일한 정체성을 가진 집단으로 전제하고 있다. 즉 각각의 여성 집단은 탈북, 결혼이주, 조선족이라고 하는 하나의 조건에 의해 본질적 혹은 운명적으로 형성되는 정체성을 가질 것이라는 전제이다. 그러나 초국적 이주와 테크놀로지의 지배가 일상화된 21세기의 개인들은 본질적이고 단일하며 통일적인 정체성을 가진 존재가 아니라, 이질적이고 유동적이며 비선형적인 양식으로서의 정체성을 형성해나가고 있는 것으로 이해된다. 또한 이주여성에 대한 기존 연구들은 서로 다른 범주의 여성들이 가진 경험의 공통점 혹은 연관성에 주목하지 않고 있다. 이는 이주에 관한 기존 연구가 각 분과학문 혹은 지역 및 주제연구의 한계 속에서 진행되는 경향과 긴밀한 연관을 갖는다.

이러한 문제의식에서 이 장의 연구는 초국적 이주의 경험을 가진 북한 여성의 생애사 속에서 개인의 출신국가, 민족적 배경, 이주의 목적 등이 복합적으로 교차하는 과정에 주목하고자 한다. 나아가 초국적 이주의 과정을 통해 민족적, 정치적, 문화적 경계를 넘나들며 정체성이 재구성되는 과정을 심층적으로 기술하고자 한다. 이를 위해 다음 절에서는 먼저 한국 내 여성 이주자들에 대한 기존 연구를 비판적으로 검토하고, 이 글에서 수행한 연구방법에 대해 논의할 것이다. 다음으로 초국적 이주의 경험을 가진 북한 여성의 생애사를 재구성한 결과를 소개할 것이다. 마지막으로 사례 연구 결과가 갖는 함의를 초국적 이주여성에 관한 연구의 지평 속에서 고찰할 것이다. 이 장에서 제기된 주요한 질문은 다음과 같다. 첫째, 북한 여성들이 탈북하여 제3국으로 이주하는 과정에서 겪는 삶의 경험이 갖는 특징은 무엇인가? 둘째, 탈북의 경험과 초국적 이주의 경험이 교차하는 과정은 어떻게 구성되는가? 셋째, 초국적 이주의 경험을 통해 재구성되는 개인의 정체성이 갖는 특징은 무엇인가?

2 변위하는 정체성과 생애사 재구성

1) 이주여성의 정체성과 변위(transposition)

이주자의 정체성에 대한 논의[1]는 근대사회의 주요한 학술적 주제였다. 계급

1) 이 글에서 논의하는 정체성과 변위라는 개념은 다음 장에서 소개할 사례의 특징을 좀 더 잘 설명하기 위한 이론적 장치이다. 다시 말해 이 연구는 정체성과 변위에 맞는 사례를 찾은 것이 아니라, 탈북 경험을 가진 개인에 대한 사례 연구를 진행하는 과정에서 구술자의 경험이 갖는 특징을 기술하기 위한

과 땅으로부터 해방된 '자유로운' 근대적 노동자들의 이주와 이를 고려한 '사회적 통합'이 사회학의 고전적인 관심이었기 때문이다. 이와 같은 고전적인 근대과학에서 이방인은 국가의 경계를 넘어서 방랑하는 자로서 '오는 것과 가는 것의 분리 상태'를 완전히 극복하지 못한 '낯선 존재'로 파악된다. 즉 이주자는 정착한 공동체의 문화에 완전히 동화되지 못한 채 국외자의 거리를 유지하고 있으며, 이질적인 특성을 공동체 안으로 끌어들일 가능성이 있는 존재인 것이다(Simmel, 1908/1992). 왜냐하면 이들은 자신들이 살아온 생애 경험 속에서 토박이들이 가지고 있는 '상식의 세계'를 다르게 해석하는 틀을 가지고 있으며, 따라서 정착한 공동체의 토박이들이 향유하는 생활세계의 일상적인 생각을 당연하게 받아들이기보다는 의문을 제기하기 때문이다(Schütz, 1972). 이와 같은 이론들은 이주자가 갖게 되는 '낯선 자'로의 사회적 위치를 이해하는데 중요한 관점을 제공하지만, 개인이 출생하고 성장한 출신국 내에서의 경험에 기초하여 형성된 정체성을 '중심'에 두고 이주의 경험을 낯설고 이질적인 것으로 바라보는 한계를 보여준다. 즉 개인의 정체성에 대한 정상모델을 암묵적으로 토박이들의 정체성으로 전제하고 이를 통해 이주자를 바라보고 있으며, 특정한 시기를 통해 완성된 개인의 정체성이 이주를 통해 '분리'를 겪게 된다는 관점을 전제하고 있다는 한계를 보인다.

초국적 이주가 전면화된 현대사회에서 본질적이고 고정된 실체로 이해되는 정체성의 개념은 많은 경우 사회적 차별과 배제의 근거가 되는 것으로 비판된다(Riegel, 2004, 124). 개인 정체성은 생애의 특정 시기에 완성되어 고정되는 것이 아니라, 생애 전 과정을 통해 구성되는 것으로 이해된다. 예를 들어 미드(Mead, 1963)의 상호인정의 개념에 기초하여 개인의 정체성을 설명하는 인정투쟁(struggle for recognition)에 관한 논의(Honneth, 1992; Taylor, 1995)는 차이의 정치학이라는 관점에서 이주민의 정체성을 설명할 수 있는 가능성을 제

개념으로 '정체성과 변위'에 대해서 논의하게 되었다. 다만 일반적인 학술논문의 형식에 맞추기 위해 이론적 논의가 사례 연구에 선행하여 소개되었음을 밝혀둔다.

공한다. 미드에 의하면 사회 속의 개인은 타자와 공유하는 상호주관적인 '인정'을 통해 자신의 정체성을 형성한다. 부단한 타자와의 상호작용을 통해 진행되는 사회화의 과정에서 개인은 자신에 대한 사회적 요구의 수행과 협상 혹은 갈등, 자신의 요구에 대한 사회적 인정과 갈등, 혹은 타협과 협상 등의 경험, 즉 타자와의 상호인정의 과정을 통해 자신의 정체성을 형성하게 된다. 이처럼 개인이 권리인정 관계의 확장을 위해 전력을 다하게 되는 행위기제에 기초한 사회적 실천양식을 호네스는 인정투쟁으로 정의한다(Honneth, 1992, 136). 즉 개인의 인정투쟁 과정은 곧 정체성의 구성과정이라고 할 수 있다. 인정투쟁론의 관점에 따르면 개인의 정체성은 직·간접적으로 상호작용을 하는 일반화된 타자와의 인정투쟁 과정을 통해 구성되며, 따라서 상호작용의 내용에 따라 끊임없이 변화하는 특성을 갖는다. 이처럼 인정투쟁에 관한 이론은 한 사회 내에 존재하는 소수자들에 대한 사회적 인정과 자기인정을 통해 정체성이 재구성되는 과정을 보여준다는 점에서 의의가 있다. 그러나 인정투쟁론은 암묵적으로 근대적 국민국가 내에서의 인정투쟁을 전제함으로써 초국적 이주자들의 국경횡단 경험을 통해 형성되는 삶의 복합적인 특성을 포괄하기 어려운 한계를 지적하지 않을 수 없다.

요컨대 초국적 이주자의 삶과 정체성의 문제를 적극적으로 사유하기 위해 전지구적 차원에서의 이동과 재이동의 경험이 개인에게 요구하는 기회와 위험(chance and risk)들을 정체성의 차원에서 적극적으로 담아내기 위한 새로운 틀이 필요하다고 할 수 있다. 나아가 여성이주자들이 경험하는 중층적 젠더 권력의 특성을 고려할 수 있는 이론적 틀이 요구된다. 이런 관점에서 필자는 유목적 주체의 윤리를 여성주의 정치학의 관점에서 고민하는 브라이 도티의 '변위(transposition)'이라는 개념을 정체성을 구성하는 주요한 특성으로 이해하고자 한다. 그에 의하면 변위란 "질적인 의미에서 한 코드/장/축으로 도약하는 것"을 지칭한다. 즉 변위는 상호텍스트적이고 경계를 가로지르며 횡단하는 전이이다. 음악용어로 변위는 "불연속적이지만 조화를 이루는 패턴을 지닌 변주곡과 음조변환"을 의미한다. 그래서 그것은 지그재그로 왔다 갔다 하고 서로 가로지르는 사이내(in-between) 공간으로 창조된다(브라이도티, 2006/2011, 32~33). 유전학에서 변위는 도약과 반동에 의해서 진행되는 것처럼 보이지만 그 나름의 논리나 일관성을 가진 유전적 변이를 지칭하기도 한다. 이때 중요한 것은 이러한 논리 혹은 일관성이 유전자에 의해 사전적으로 결정되는 것이 아니라 세포 자체의 각 요소들 사이에 내재적이지만 요소들의 재배열에 우연적으로 작동한다는 점이다. 즉 세포의 각 요소들이 갖는 기능과 조직이 변이 가능하고 상호의존적이라는 점이다(위의 글, 34).

지금까지 살펴본 이론적 맥락 속에서 필자는 초국적 이주자의 정체성이 갖는 특성을 '변위'라는 개념으로 이해하고자 한다. 즉, '변위하는 정체성(transpositional identity)'이란 서로 다른 요소들의 상황적 우연성에 의해 발현하고, 도약하는 정체성의 상태를 뜻한다. 특히 서로 다른 초국적 이주의 과정에서 의미 있는 경험들의 층위가 '독특한 방식'으로 배치됨으로써 작동하는 삶의 양식을 지칭하고자 한다. 이처럼 정체성이 갖는 변위에 주목하는 관점은 변위를 경험하는 타자를 주변적 존재로 파악하는 것이 아니라 강력하고 대안적인 주체로 이해할 수 있는 가능성을 제공한다(위의 글, 93). 즉 성애화된 몸, 인종화된 몸, 자연화된 몸의 경험을 통해 정체성의 변위가 발생할 때 이러한 경험의 주체는 자신의 존재를 통해 성차별주의, 인종차별주의, 인간중심주의에 저항하며, 스스로 정치적 윤리적 변혁의 주체로 이동하게 되는 것이다.

2) 생애사 재구성의 함의

한국 사회에서 이주여성들에 대한 연구는 크게 탈북여성, 결혼이주여성, 여성 이주노동자의 범주로 구분되어 진행되고 있다.[2] 탈북여성에 대한 연구는 이

2) 한국 내 이주여성에 대한 연구 중 결혼이주와 노동이주의 복합적 연관성에 주목한 소수의 연구로는 다음을 참조하라(김현미, 2006; 이혜경 외, 2006; 황정미, 2011).

들이 식량위기로 인해 북한 국경을 비합법적으로 이탈했다고 하는 정치적 특성에 주목하여 '이주'의 경험에 대한 조명보다는 '탈북연구'의 지평 속에서 수행되고 있으며, 여성 이주노동자들에 대한 연구는 대부분 조선족 출신의 여성에 대한 연구로 분류되는 경향이 있다.

먼저 탈북여성에 대한 기존 연구를 살펴보면 첫째, 인권 침해의 피해자로 탈북 여성을 고찰한 연구가 있다. 이 연구들은 1990년대 중반 북한의 식량난을 계기로 북한 여성들이 불법 월경을 한 후 중국 및 제3국에서 겪는 인권침해의 상황들, 특히 이들이 직면했던 생존권의 위협에 초점을 두고 있다(김인성, 2005; 백영옥, 2002; 이임하, 2009; 이희영, 2009; 임순희, 2005; 좋은 벗들, 1999). 둘째, 남한 사회에 정착한 탈북 여성들의 적응실태에 관한 연구가 있다. 심리학적 관점에서 탈북여성의 남한 사회 적응을 고찰한 연구(조영아·전우택, 2005)와 탈북자 가족(윤인진 외, 2007)의 적응실태를 조사한 연구들은 탈북자들 사이에 존재하는 남성 중심적인 역할구조와 관계, 여성들의 존재의식의 변화 등을 보여주고 있다. 이들 연구는 대부분 탈북 여성들의 한국 사회 적응의 정도를 '동화(assimilation)'의 관점에서 고찰하고 있다는 점에서 한계가 있다. 이에 비해 탈북 여성들이 어떤 생애사적 경험을 하고 있으며, 한국 사회의 제도 및 문화와 어떤 상호작용을 하고 있는지, 이러한 복합적 일상 체험에 기초하여 어떤 사회적 정체성을 (재)구성하고 있는가에 대한 심층적인 연구는 상대적으로 일천하다고 할 수 있다.[3] 나아가 탈북여성들이 긴 이주의 과정에서 직면하는 다양한 공간과 인간관계를 통해 구성되는 정체성에 주목한 연구는 극히 소수에 불과하다.[4]

다음으로 결혼 이주여성들에 대한 각 학문분야에서의 기존 연구들은[5] 대부

3) 여성들의 정체성에 주목한 연구는 아니지만 이와 같은 관점에서 탈북자의 생애 경험과 정체성에 주목한 연구로는 다음을 참조하라(이희영, 2010a; 2010b; 조정아 외, 2010).

4) 최근 북한 여성들이 탈북 후 중국 및 제3국을 거쳐 한국에 정착하는 과정에서 형성되는 이성관계를 통해 (재)구성되는 정체성에 주목한 연구를 들 수 있다(이화진, 2011).

5) '결혼이주여성'은 1998년 국제결혼중개업이 등록제에서 자유업으로 변화된 것을 배경으로 중개업체가 급증하면서 대규모로 한국 사회에 등장하기 시작하였다. 2006년 한국 정부가 '다문화 다민족 사회

분 한국 사회 내 적응에 어려움을 겪는 '문제집단' 또는 처해 있는 상황에서 고통을 받는 '피해자'라는 관점에서 이들을 고찰하고 있으며, 따라서 주로 이들의 적응을 돕기 위한 정책적, 사회적 개입 방안을 논의하고 있다(차옥숭, 2008; 양옥경 외, 2009; 임수진 외, 2009; 정기선·한지은, 2009; 조윤오, 2010). 최근 결혼이주여성들이 거주하는 지역사회 내에서 사회활동을 경험하면서 정체성과 사회적 연대를 확장해가는 과정을 조명한 연구(이형하, 2010)가 이루어지고 있으나 극히 소수에 불과하다. 요컨대 결혼 이주여성에 관한 기존의 연구들은 이들이 겪고 있는 일상생활에서의 문제들을 드러내고 이들을 어떻게 지원할 것인가의 문제를 다루고 있다는 점에서 의의가 있으나, 기본적으로 이들을 '문제집단' 또는 정책적 시혜의 대상으로만 바라보고 있으며, 자민족 중심적이고 국가주의적 패러다임에 근거하고 있다는 한계를 갖는다.

다른 한편 조선족 여성들의 경우 앞에서 살펴본 탈북 여성 혹은 결혼 이주여성과 같이 이주의 계기 혹은 목적에 따라 분류된 집단이 아니라, 민족적 출신에 의해 분류되고 있다는 점에서 차이가 있다. 달리 말해 조선족 여성들은 한편으로 '조선민족'이며, 한국어를 구사할 수 있다는 점에서 결혼 이주여성과 구별되지만, 다른 한편 국적이 중화인민공화국이며 결혼 혹은 노동을 목적으로 한국사회에 이주한다는 점에서 결혼 이주여성과 공통점을 갖는다.[6] 조선족 여성들에 대한 기존 연구로는 크게 1990년대의 정착 및 생활실태에 대한 연구(정현욱, 1999; 강유진, 1999) 외에 한국 사회에서의 노동경험에 대한 연구(이송이 외, 2010; 이주영, 2005) 및 가족생활에 대한 연구(이혜경 외, 2006; 전신자, 2007;

로의 전환'을 선언하고 '여성 이민자 가족의 사회통합지원대책'과 '혼혈인 및 이주자 사회통합지원방안'을 토대로 본격적인 다문화 정책을 시행하고, 2008년 '다문화가정 지원법'이 제정되면서 결혼 이주여성과 그 가족들은 한국 정부의 다문화 정책의 중심 대상이 되었다. 더불어 이들에 대한 학술적 연구 또한 양적으로 급증하였다. 이 글에서는 각 학문영역의 몇 가지 연구 결과들을 대표 사례로 지적한다.

6) 조선족 여성들이 한국 사회에 등장하게 된 주요한 정치, 제도적 배경은 1992년 8월 이루어진 한·중 수교와 1998년 등록제였던 국제결혼중개업이 자유업으로 전환된 것이라고 할 수 있다. 외무부 통계에 의하면 1998년 한 해 동안 한국 남성과 결혼하기 위해 중국 소재 한국대사관에 비자를 신청한 조선족 여성의 수가 약 18,000여 명에 이른다(정현욱, 1999, 103).

이율이 · 양성은, 2010)를 들 수 있다. 이와 같은 연구들은 앞에서 살펴본 탈북 여성 및 결혼 이주여성에 대한 연구 경향에서와 마찬가지로 조선족 여성들을 '문제적'으로 바라보거나 적응 및 지원의 대상으로 바라보는 관점의 한계를 보여준다. 이와 달리 조선족 여성들이 정착한 지역사회 내에서 경험하는 다양한 사회활동을 통해 새로운 정체성과 삶의 의미를 구성하는 과정에 주목하는 시도는 극히 소수에 불과하다(최금해, 2006). 기존 연구 결과에 의하면 일부 조선족 여성들은 1990년대 초기 국제결혼을 통해 이주한 소위 결혼 이주여성의 범주에 속하며, 많은 경우 이주노동자로서 한국 사회의 하층계급을 구성하고 있다.[7] 그런데 한국 사회의 다문화가족지원법의 주요 대상이 결혼이민자 개인이 아니라 가족에 중심을 두고 있으며, 소위 '표준다문화가족'을 한국 남성과 외국 국적의 여성이 결혼하여 혈연적 자녀를 둔 경우만으로 제한하고 있어 절대 다수의 조선족 여성들은 한국 다문화정책의 대상에서 제외되어 있다(이해응, 2010, 843). 따라서 이들은 '이주'라는 관점에서 탈북 여성 혹은 결혼이주여성들과 공통된 사회적 위치에 있음에도 불구하고, 한국 정부의 정치적 이해관계와 '다문화정책'에 의해 배제되는 복합적 현실 속에 놓여있다.

지금까지 검토한 탈북 여성, 결혼이주여성 및 조선족 여성에 대한 기존 연구 결과를 정리하면 공통적으로 이들은 한국 사회 내에서 '피해자' 혹은 각종 시혜적 정책의 수혜 대상자로 정의되고 있다. 뿐만 아니라 한국 정부의 가부장적 다문화정책 및 자국민 중심주의적 제도에 의해 서로 다른 사회 집단으로 분류됨으로써 '분절된' 정체성을 강제당하고 있는 경향이 있다.[8] 예를 들어 조선족 여성의 경우 '결혼 이주여성'과 조선족 여성이라고 하는 서로 다른 사회적 분류 사이에서 갈등하게 되며, 탈북 여성의 경우에도 실질적으로 초국적 이주의 경험

7) 2009년 12월 현재 한국 사회에 거주하는 조선족의 숫자는 36만여 명으로 전체 이주민의 약 40%를 차지한다. 이중 단순 인력이 30여만 명이며, 결혼이민자가 3만 2천여 명, 귀화자가 약 2만여 명 정도로 추정된다(이해응, 2010, 849).

8) 한국 사회의 다문화정책 및 다문화주의가 갖는 문제와 한계를 비판한 연구로 다음을 참조하라(김정선, 2011; 김현미, 2008; 김혜순, 2007; 2008; 2010; 김희정, 2007).

을 배경으로 하고 있으나 남북한 사이의 정치적 상황에 의해 제도화된 '북한이탈주민지원법'의 대상으로만 분류되어 '예외적'인 위치를 스스로 고수하거나 강요받고 있다. 이 연구는 이와 같은 사회, 정치적 제도에 의해 분절적으로 규정된 정체성이 개인의 생애사적 경험 속에서 온전하게 단일한 것으로 구성될 수 있는가라는 질문에서 출발하였다. 즉 동아시아의 이주여성들을 탈북 여성, 결혼 이주여성 혹은 조선족 여성이라고 하는 서로 다른 범주로 구분하는 순간 발생하는 '미끄러짐', 즉 불일치성의 문제에 주목하고자 한다. 사례 연구에 의하면 한 개인의 생애 과정에서 이주의 경험이 복수로 등장하게 될 때 서로 다른 상황 속에서 개인은 상이한 합법적 지위와 인정/불인정의 위치를 경험하며, 이를 배경으로 반복적으로 자신(self)에 대한 새로운 의미들을 발견하고, 전유하게 되는 것으로 보인다.

이 연구는 한 여성의 생애사적 경험 속에 등장하는 서로 다른 사회적 위치와 정체성의 재구성 과정을 심층적으로 추적하고자 한다.[9] 이를 위해 질적 연구의 패러다임 속에서 발전한 생애사 재구성 방법론(이희영, 2005; 2007; 2010c) 및 텍스트 해석법(이희영, 2011)에 기초하여 한 여성의 초국적 이주의 경험들을 심층적으로 고찰할 것이다. 이를 통해 탈북행위, 이주의 목적 혹은 민족적 배경이라고 하는 서로 다른 임의의 범주에 의해 구분된 어떤 것으로 환원할 수 없는 한 여성의 정체성이 생애과정 속에서 끊임없이 재구성되는 과정을 고찰하고자 한다. 생애사 재구성 방법론에 의하면 개인의 생애사적 체험은 그것이 획득하는 특정한 의미(meaning)에 따라 특정한 방식으로 구성된다. 즉 수많은 생애사적 체험의 요소들은 각각 불변의 요소로 생애시간의 순서에 따라 시계열적으로 축적되는 것이 아니다. 각 체험의 내용들은 전 생애과정에서 생애사적 관점들에

9) 질적 연구의 패러다임에서는 사례의 '양'이 아니라, 사례 속에서 드러나는 경험의 내용에 주목한다. 즉 사례의 규모에 대한 선호와 사례들의 '평균'으로 객관성과 일반성을 추구하는 양적 연구의 패러다임과 달리, 질적 연구방법론에서는 사례를 통해 재구성한 '세계'에 대한 이해가 얼마나 상호 주관적 설득력을 담보하는지에 주목한다(이희영, 2005).

의해 끊임없이 재해석되는데, 이어지는 새로운 체험들이 삶에 대한 관점을 재구성할 뿐만 아니라 과거의 체험에 대한 재해석에 연관된다는 점에서 상호의존적이다. 따라서 개인의 체험이 갖는 의미와 정체성에 대한 이해는 특정한 시기의 단일한 사건 혹은 경험을 통해 이루어지기 어렵다. 예를 들어 이 연구에서 문제 삼는 여성들의 초국적 이주의 경험들이 갖는 의미는 여성들의 서로 다른 생애사적 위치에 따라 다르게 해석되며, 따라서 전체 생애사적 맥락 속에서 이해되어야 한다. 구체적으로 고난의 행군을 전후한 시기에 이루어진 개인의 탈북 행위가 개인의 생애사적 지평 중 어떤 맥락 속에 위치하는 가에 대한 이해와 탈북 이후 어떤 경험들과 결합하게 되는지의 맥락 속에서 고찰할 필요가 있는 것이다. 생애사 재구성 방법론의 이와 같은 문제의식은 앞에서 살펴본 변위하는 정체성에 대한 접근을 시도하는 이 연구의 목적과 인식론적, 방법론적으로 동형적 관계를 갖는다고 할 수 있다. 생애사 재구성 방법론은 정체성의 변위, 즉 서로 다른 생애사적 경험들이 상황적 우연성에 의해 발현하고 도약하는 정체성의 상태를 심층적으로 고찰할 수 있는 가능성을 제공한다. 다시 말해 서로 다른 생애시기에 이루어진 초국적 이주의 경험들이 '독특한 방식'으로 배치되고 결합함으로써 드러나는 '삶의 양식'으로 이해할 수 있는 정체성의 변위에 접근하기 위해 유의미한 방법론적 길을 제공한다.

3 중국-남한-북한을 넘나들었던 여성, 초국적 무역가

1) 두만강을 두 번 건너온 북한 여성과의 만남

이 연구는 2010~2012년 수행된 북한 이주민에 대한 구술생애사 연구 결과에 기초하고 있다. 2010년 통일연구원 및 관련 기관의 지원을 통해 알게 된 북한 이주민에 대한 구술인터뷰의 과정에서 구술자 김정순 씨를 처음 만나게 되

〈표 7.1〉 김정순 씨의 생애 이력[10]

연도	나이(만/세)	생애 이력	비고
1975	0	부친 대학교수, 모친 전업주부, 3남1녀 중 막내로 출생	부친, 중국에 친척을 둠
1997	22	평양 소재 대학 졸업	군복무, 당원
1998	23	**식량난으로 탈북**, 중국의 여러 지역에서 생활	
1999	24	조선족 양녀로 입양됨	**합법적 호구 마련**
2000	25	한국 남성과 국제결혼, **한국에 입국**	**여러 식당에서 노동함**
2002	27	양부모로부터 소정의 돈을 받은 후 중국행	**중국 조선족 신분**
		북한의 고향으로 돌아가 북한 남성과 결혼	
2003	28	아들 출산	
		중국을 오가며 밀무역, 생필품 장사	남편 대학 졸업을 지원
2004	29	북한의 경제개혁 조치로 파산, 장사	중국 화폐개혁
2008	33	'사람장사'의 와중에 역적죄로 체포	암 환자로 위장, 풀려남
2008	33	**12월 탈북**	**남편과 자녀 둘 동행**
2009	34	**남한 입국, 경남지역에 정착**	**임대주택**
2010	35	직업훈련 중 구술인터뷰	
2011	36	전문대학 중국어학과 입학	
		조카 두 명과 오빠 탈북, 한국 입국 조카 두 명을 부양하기 위해 일반주택으로 이사	오빠, 타 지역에 체류
2012	37	1월 2차 구술인터뷰	

었다. 당시 김정순 씨는 한국에 입국하여 소정의 교육을 받고 경남지역에 정착한 직후로, 직업훈련을 받고 있었다. 통일연구원을 통해 집으로 연락을 하자 구술자는 흔쾌히 인터뷰를 승낙했으며, 남편, 아들과 함께 살고 있는 구술자의 집

10) 구술자 보호를 위해 일부 내용을 수정하였음.

에서 인터뷰를 하게 되었다. 긴 생머리를 하나로 묶고 화장을 하지 않은 채 약간 마른 몸집을 한 구술자의 첫 인상은 '단정한' 느낌이었다. 전체 삶의 경험에 대한 구술의 과정에서 김정순 씨는 23살이었던 1998년 식량난을 피해 중국으로 탈북한 후 겪었던 초국적 이주의 경험과 북한에서의 삶을 거쳐 2009년 10여 년 만에 두 번째로 탈북하여 한국으로 입국하게 된 과정을 담담하게 전달하였다. 사례 재구성 과정에서 김정순 씨의 복합적인 초국적 이주의 경험에 주목하게 되었고, 이를 심층적으로 고찰하기 위하여 2012년 1월 다시 만나 구술 인터뷰를 하게 되었다. 그 사이 구술자는 조카 둘의 양육을 맡아서 큰 집으로 이사하였고, 첫 인터뷰를 했을 때보다 세련된 모습이었으며, 쾌활하고 활동적인 느낌을 주었다.

위 구술자 김정순 씨의 생애 이력에서 두드러지는 점은 고난의 행군시기였던 1998년 중국으로 월경한 이후부터 2009년 한국 사회에 입국할 때까지 북한, 중국, 남한 사이의 국경 횡단 경험이 반복되고 있다는 점이다. 특히 2009년 국정원 등의 수사를 거쳐 '탈북자'로 한국 사회에 정착하게 된 것이 구술자의 생애사적 경험 속에서 한국 사회로의 두 번째 이주였다는 점이다. 다음에서는 구술자의 체험된 생애사에 대한 재구성 결과를 토대로 구체적인 이주의 경험을 살펴보기로 하자.

2) 김일성 사회주의 사회의 '여성영웅'을 꿈꾸다

구술자의 인터뷰 자료를 통해 정리한 위의 약력에 의하면 구술자는 1970년대 중반 대학교수인 아버지와 전업주부인 어머니 사이에서 3남 1녀 중 막내로 태어났다. 구술자의 아버지는 이공계열의 대학교수로 북한 사회체제에 신심을 가진 연구자였던 것으로 짐작된다. 그런데 구술자의 아버지는 중국에서 출생하여 23살의 나이에 공부를 하기 위해 북한 사회로 이주하였으며, 남동생을 비롯한 친척들이 중국에 살고 있다는 조건 때문에 소위 '계급적'으로 북한 사회에서 '출세'하지 못하는 어려움이 있었던 것으로 추정된다.[11] 구술자의 어머니 또한 당원으로서 공장노동을 하다가 퇴직했다고 한다.

사례 분석에 의하면 1975년 함경도지역 대학교수의 외동딸로 태어난 구술자는 유복한 가족 환경 속에서 성장한 것으로 보인다. 아버지의 직장인 대학을 통해 북한 정부가 모든 생필품을 공급하였으므로 어린시기에는 특별히 생활상의 어려움을 경험하지 못했다고 한다. 구술자는 1992년 뛰어난 학업능력으로 고등중학교를 최우등으로 졸업하고, 당에 대한 충성도를 인정받아 북한 사회의 엘리트를 꿈꾸며 평양에 있는 10대 대학 중 하나로 진학하였다. 평양에서 대학을 다니던 시기 구술자는 평생 먹어보지 못하던 '이밥[쌀밥]'을 먹으며 정기적인 간식과 생필품을 제공받았다. 또한 북한 사회에서 외국 유학을 하고 돌아오는 등 최고의 학력을 가진 교수진으로부터 컴퓨터 교육을 포함한 '최고급의 교육'을 받았다고 한다.

> 대학 기간까지는 **진짜** 남부럽지 않게 그때까지는 **진짜** 남부럽지 않게 그 사회주의 사회에서 태어난 걸 **진짜** 그때는 긍지로 생각했어요. 대학을 졸업하면서는 포부로 **진짜** '김일성 사회주의 사회에서 난 여성영웅이 되겠다 하는 포부를 가지고 그렇게 살았거든요. 사회에 나와서 꿈도 **진짜** '무조건 내가 사회가 알아주는 삶을 산다. 일반적인 삶은 안 산다. 내가 **진짜** 부각되는 삶을 살겠다 이렇게 꿈도 꿨고 이렇게 살았는데….(김정순 구술녹취록, 2010/9).

위의 단락에서 구술자는 자신이 20대 초반 가졌던 미래에 대한 꿈과 포부를 반복하여 강조하고 있다. 대학교수의 외동딸이며 고향에서 적어도 중산계층에 속했던 구술자가 성인이 될 때까지 먹어보지 못했던 '이밥'을 먹으며 국가의 지원으로 소위 '컴퓨터 교육'을 비롯한 최고급의 교육을 받았던 '평양시민'으로서

11) 북한 사회에서는 출신 가족의 계급과 당에 대한 충성도에 근거하여 각 개인을 평가하고, 이에 근거하여 사회적 지위와 업무를 결정하는 소위 '계급정치'를 실시하고 있다.

의 경험(1992~1997)을 통해 구술자는 북한 사회의 '엘리트'로서 자신을 정체화했던 것으로 짐작된다. 위의 텍스트에서 반복되는 '진짜'는 평양에서의 대학 시절 사회주의 사회에 충성을 다했던 자신의 '진정성'을 현재 탈북자의 위치에서 다시금 확인하는 역할을 하는 것으로 보인다. 즉 탈북하여 남한 사회에 정착한 현재의 처지에서는 상상할 수 없는 지나간 청년시절의 '순진함'과 '열정'에 대한 강조이자, 30대 중반의 나이에 남한 사회에 정착한 현재 자신의 처지와 비교하여 느껴지는 엄청난 차이를 표현하는 것으로 추정된다. 1997년 북한 사회에서 최고의 교육을 받고 그에 상응하는 능력을 가진 여성으로서 김일성 사회주의 사회에서 최고의 인정인 '영웅'이 되는 것을 삶의 목표로 생각했던 구술자는 대학을 졸업하고 '중앙배치'를 받아 ○○ 관리국 지도원으로 관리업무를 시작했다고 한다. 능력을 인정받아 대학에서의 전공과 상관없이 중앙부서에 발탁된 것이다.

3) 식량난을 피해 중국으로 월경한 북한 여성 엘리트

북한 사회의 관례에 따라 세 명의 오빠들이 장기 군복무 후 대학에 입학할 무렵인 1997년, 구술자는 대학을 졸업하고 핵심조직의 관리원으로 사회생활을 시작하였다.

> 내가 뭐 97년도 졸업을 해가지고 1년… 1년 못됐지요. 결국은 졸업하자마자 일해가지고 1년 그저 한 6개월 정도만 내가 먹여 살리다가 그 이후로는 뭐 출근을 해도 먹을 게 없으니까 동네에서 다 죽어가도 그래도 뭐 좀 유지하던 게 내까지 떨어지니까 우리 집도 결국은 뭐 출근도 못하고 다(…) 다 중단이 되고, 직장에도 결국은 뭐 못나오면 '또 죽었구나.' 이렇게 생각했어요. 그때는… 죽은 게 분명하니까 굶어서 죽으니까… 출근을 못하면 '또 죽었구나.' 이렇게 생각을 했거든요. 그래서 내가 앉아서 솔직히 내 딴에는 그래도 진짜 최고로 살고 싶었

던 사람인데 이렇게 굶어죽기는 싫더라구요. 그래서 솔직히 우리 아버지랑 우리 어머니랑 80년대에 우리 중국에 있는 삼촌한테도 몇 번을 다녔어요. 중국에 대한 말을 이미 좀 들었었고 그래서 '아무래도 중국에 가서 나도 돈 좀 벌어가지고 오자.' 그런 생각을 해가지고 98년도에 내가 중국으로 들어왔던 거죠. 돈을 벌자고….(녹취록, 2010/12)

1997년 사회주의 북한 사회의 여성영웅을 꿈꾸며 직업 활동을 시작한 구술자는 1년이 채 되지 못해 배급 중지의 상황에 직면하게 되었다. 군복무 중인 오빠들과 퇴직한 부모님을 대신하여 실질적인 가장 역할을 하던 구술자가 직장으로부터 배급을 받지 못하게 된 것은, 구술자 가족 전체의 생계가 끊어진 것을 의미했다. 생계가 끊어져 직장에 출근하지 못하는 사람들 중 대부분은 아사하게 되는 상황이었던 것이다. 위 텍스트에서 구술자는 당시의 상황을 "진짜 최고로 살고 싶었던 사람"이었던 자신이 먹을 것이 없어 죽기 직전의 상황에 처한 것으로 대비시키고 있다. 즉 의식주와 관련된 본능적 욕구를 충족시키는 것을 넘어서 사회적 명예와 인정을 추구하던 자신이 급속한 북한 사회의 '미공급' 상황에 직면하여 목숨을 부지하기 어려운 처지에 놓이게 되었던 극단적 상황을 표현하고 있다. 사례 분석에 의하면 이러한 생존의 위기에서 구술자가 취할 수밖에 없었던 '현실적인 선택'은 비합법적인 월경이었다. 위의 텍스트에서 구술자가 '솔직히' 고백하고 있는 것은 중국에 있는 친척과의 '비공식적' 연계이다. 2012년의 2차 인터뷰 자료에 의하면 구술자의 부모는 1980년대부터 공식적으로 친척을 방문할 수 있는 기회를 얻어 중국을 오가며 비공식적으로 물건을 가져다 판매하였던 경험이 있었던 것이다. 생존 위기에 처한 구술자는 이와 같은 친척들의 도움을 받을 수 있으리라는 기대를 품고 중국으로 탈북하였던 것으로 보인다. 다시 말해 굶어 죽기 직전의 비참한 상황을 탈출하기 위해 할 수 있었던 유일한 선택이 중국의 친척들에게 도움을 청하러 가는 것이었다. 직장에 매인 남성들을 대신하여 식량위기에 처한 가족을 구하기 위해 딸인 구술자가 초국적 이주의 길을 택하게 되는 것은 전 지구적인 돌봄 노동의 선(global care chain)을 타고 여성들이 일자리를 찾아 나서게 되는 현상, 즉 '생존의 여성화(feminization of survival)'의 맥락으로 이해할 수 있다(황정미, 2009, 14~15). 다시 말해 배급 중단 상황에 처한 북한 사회에서 절대 다수의 여성들이 가족생계를 책임지고 월경을 하게 되는 현상은 전 지구적 자본주의의 위계 속에서 저개발국 여성들이 가족 및 친족을 대표하여 이주를 선택하는 것과 유사한 현상인 것이다. 그런데 북한 사회주의 체제의 엘리트였던 구술자가 합법적인 여행 허가서 없이 월경을 하여 중국 친척을 방문한다는 것은 평소라면 할 수 없는 행동이었을 것이다. 이것은 사회주의 여성영웅이 되기 위한 정치적 경력에 치명적인 오점이 될 것이기 때문이다. 그럼에도 불구하고 구술자가 탈북을 하게 된 당시의 상황을 좀 더 살펴보자.

> 그때 고난의 행군 시기 1년 정도 한 6개월 정도 굶어 봤어요. 진짜 한 달을 한 열흘을 굶어봤나? 진짜 강짜 못 먹고 물만 먹고 열흘을 굶으니까 진짜 일어도 못 나겠더라고요. 그때는… 그래서 우리 엄마가… 우리 엄마가 아니지, 오빠들이 들에 가서 개를 잡아 왔더라고요. 막 다니는 개를 잡아온 거 같애요. 그것도 먹지 못해가지고 사람이 못 먹는데 개가 먹을 게 어디 있어요. 그래가지고 그것도 못 먹어서 씩씩거리고 누워있는 거 어느 집에서 아마 잃어먹었겠지. 저 뭐 진짜 너무 못사는 집은 아니니까 그래도 개래도 아직까지 잘 살아있었고… 그 개를 갖다가 잡아가지고 먹었고, 그걸 먹고 두만강을 건넜던 거 같애요. '이렇게 하면 죽는다.' 싶어가지고… 그때가 제일 굶었던 아무래도 그때가 6개월이 제일 힘들었던 거 같애요. 그러면서 뭐 자라면서 대학 들어가고 음… 배급을 주기 전까지는 내 딴에는 진짜 이 사회주의 사회라는 게 너무 좋았고 이 사회에서 태어난 게 정말 긍지로 생각했고… 그때 교육 상태에서 내 머릿속에는 자본주의라 하는 그 교육은 진짜 깡통 들고 다니고 거지가 많고, 병들어서 죽어도 누가 상관을 안 하고… 그런 교육만 받고 자라가지고 얼마나 내가 우리 사회주의 사회

에 태어난 게 다행이라 싶어서 그런 생각을 하고 살았는데, 한 6개월 동안 굶고 나니까 생각이라는 게 없죠. 사람이 굶으면 무슨 생각도 없더라고요.(녹취록, 2010/31)

위의 자료에 의하면 구술자는 탈북하기 전 1년 전부터 점진적인 식량부족을 경험하고 있었던 것으로 보인다. 인터뷰에서 구술자는 6개월 동안 '미공급' 상황에서 집안의 물건을 가지고 나가서 팔거나 먹을 것으로 바꾸어서 겨우 끼니를 유지하다가 마지막 열흘 동안 물밖에 먹지 못하고 힘없이 누워있었던 당시 가족들의 처지를 반복적으로 묘사하였다. 대학 교수였던 아버지와 그 부인인 어머니, 그리고 평양 소재 대학을 우수한 성적으로 졸업하고 중앙부서에서 활동하던 구술자와 군 복무를 마친 오빠들이 물로 연명하며 힘없이 집안에 누워 있던 당시의 상황이 바로 구술자가 충성을 바치고자 맹세했던 북한 사회주의 체제의 1998년 현실이었던 것이다. 아사 직전의 가족들을 살린 것은 들판에 쓰러진 개의 육신이었다. 구술자의 가족은 생존의 본능으로 눈앞의 개를 취한 것이다. 6개월을 굶고 있던 구술자와 가족들의 생존본능이 '생각'을 이긴 것이다. 요컨대 구술자가 아사 직전의 상황에서 남의 개를 잡아서 먹고, 불법으로 국경을 넘어 중국으로 갔던 행위는 단지 불법으로 국가 사이의 경계를 넘은 것일 뿐만 아니라 사회주의 영웅으로서의 긍지와 윤리의 경계를 넘어가는 경험이었을 것으로 추측된다. 자신이 스스로 부여한 '사회적 생명'을 거스르는 선택을 한 것이다. 이러한 관점에서 구술자에게 1998년의 생존위기와 탈북의 경험은 중요한 생애사적 전환을 의미하는 것으로 보인다. 이 시기 구술자의 경험에서 중요한 점은 몸으로 경험한 죽음의 위기에 직면하여 정치, 사회적 생명의 우선성을 포기하고 육체적, 본능적 욕구를 충족시키기 위한 현실적인 선택으로서 탈북을 하게 된 것이다.

4) 매매혼의 경험과 가난하고 불쌍한 한족 남자들

2010년 인터뷰에서 구술자는 1998년 탈북에서 2008년 2차 탈북까지 10여 년의 시간을 '다르게 살았던 시기'로 표현하였다. 지금까지 살펴본 사례 분석에 의하면 구술자가 기대했던 '사회주의 여성영웅'으로서의 삶과 다른 경험을 했던 시기를 뜻하는 것으로 보인다. 다음에서 구술자는 탈북 직후의 경험에 대해서 담담히 서술하고 있다.

> 그저 무작정하고 강을 건너서 갔으니까 그 어떤 집이라고 들어갔는데 뭐 그 집에서 결국은 삼촌 집을 보내준다 하고… 그때 생각해보면 삼촌 집을 보내준다고 믿었는데 그게 아니더라고요. 며칠을 그러고 있으니까 옷도 갈아입히고 무슨 뭐 하더니 어떤 집에 데려다 준다고 우리 삼촌 집에 데려다준다고 하며 길을 떠나가지고는 그냥 결국은 팔렸죠, 그때부터는… 팔려가지고 뭐 지금 생각해보면 장춘이라는 거 같애요. 장춘이라는 곳으로 팔려가서 제가 그쪽에서 하도 북한에서 공부를 열심히 한 덕에 북한은 한문을 많이 배워줘요(…) '어, 내가 어떤 데 왔구나.' 하는 걸 내가 알아가지고 이렇게 오던 길을 기억해가지고 다행히 또 거기에서도 하룻밤 만에 또 도망을 쳤어요. 그래가지고 도망을 쳐가지고 올랐다가는 또 뭐 잡혀가지고 아무튼 한 서너 번은 잡혔다 또 살리고 이랬던 거 같애요.(녹취록, 2010/13).

사례 분석에 의하면 1998년 구술자는 브로커의 도움 없이 주변 사람들로부터 들은 정보를 가지고 두만강을 건너 중국으로 들어갔다. 그러나 국경 건너편에 도착하여 무작정 들어갔던 중국 사람의 집에 기숙하다가 결국은 많은 북한 여성들의 사례와 같이 매매혼을 당한 것으로 짐작된다.[12] 이미 두만강을 불법으

12) 사회주의 이념에 따라 매춘이 금지된 중국 사회에서는 주로 매매혼의 방식으로 '여성'들이 거래되고 이를 통해 동거관계가 형성되고 있다.

로 건너오는 북한 사람들이 증가하면서 국경 근처에는 도착하는 북한 사람들을 연계하는 브로커 조직이 형성되었고, 여성들의 경우 대부분 인근 한족 남성들에게 팔려가거나, 혹은 노인집안의 노동력으로 팔려가기도 하였다. 중국에 사는 친척을 찾아가 경제적 도움을 구할 목적으로 국경을 건너간 구술자 또한 주체적인 판단과 행동을 하기 어려운 상황에서 매매혼을 당한 것으로 보인다. 위의 텍스트에서 구술자는 당시 상황을 반복적으로 붙잡혀 매매되면 온갖 방법을 동원하여 도망쳤던 경우로 "서너 번은 잡혔다 또 살리고 이랬던" 것으로 묘사하고 있다. 즉 매매혼을 중계하는 브로커에 잡혀 '죽을 상태'가 된 자신을 온갖 기지를 발휘하여 살려냈던 상황들을 극도의 긴장과 위험 속에서 생사의 경계를 오갔던 경험으로 전달하고 있다. 주목할 점은 구술자가 이처럼 생사를 오갔던 자신의 극적인 경험을 감정이입을 배제한 채 단순한 행위의 반복인 것처럼 전달하고 있는 것이다. 마치 제3자의 일상적 사건을 전달하듯 무심히 언급하고 있다. 이와 같은 구술의 형식은 구술자가 암묵적으로 기억하고 싶지 않은 과거의 사건을 극도로 압축하여 전달함으로써 자신의 감정 소비를 제한하는 역할을 하며, 동시에 이와 관련된 상대방의 관심과 질문을 차단하는 역할을 하기도 한다. 요컨대 국경을 넘어간 구술자는 하룻밤 사이에 북한 사회의 엘리트 여성에서 비국민인 불법 체류자의 신세로 전락했으며, 결국 국적을 가진 남성들에게 성애화된 몸으로 매매되는 처지에 놓였던 것으로 짐작할 수 있다. 주목할 점은 무국적의 도망자 신세가 된 구술자가 체념하거나 포기하지 않고 거듭 탈출을 시도한 것이다.

> 나는 중국에 살면서 솔직히 중국에 그 있던 사람들한테는 솔직히 미안할 정도예요. 내 때문에 돈을 팔아서 데려갔다가 내가 또 달아나고 그래가지고 돈만 팔고… 솔직히 그 갔던 사람들은 잘사는 사람 없었거든요. 다 시골이고 농촌에… 농사짓고 사는 사람들인데 알아보면 그 팔린 사람들 나를 얼마나 샀나 하고 이렇게 자기네 돈을 이렇게 얼마에 샀다하고 말하거든요. 이렇게 샀다고 하

면 8천 원이나 됐겠죠. 8천 원이나 될지 만 원이나 이렇게 샀다고 하거든요. 그 사람들 생각해보면 지금 불쌍하죠. 지금 내가 그 사람들한테 한 번이래도 당했으면 괘씸하겠는데 너무 자기네한테 진짜 자기 사람처럼 받아들여가지고 키워가지고 솔직히 내 마음을 마음을 열어 열자고 많이 노력을 했는데 결국은 달아났으니까 미안하죠. 내 마음이 많이 미안하고 그래요. 중국에서 살던 일은 내가 당하는 게 없어가지고 솔직히 그 사람들한테는 미안하죠. 미안한 마음뿐이에요.(녹취록, 2010/29)

위의 텍스트에서 구술자는 1998년 도강하여 중국의 이곳저곳으로 팔려 다니던 상황을 사후적으로 평가하고 있다. 사례 분석의 과정에서 특징적인 것은 구술자가 돈을 지불하고 자신을 샀던 중국인들을 '불쌍한 사람들'로 바라보고 있는 점이다. 즉 구술자는 신체의 자유가 구속된 채 팔리는 육체가 되었던 자신이 아니라, 오히려 중국 변방의 시골에서 농사를 짓던 가난한 사람들이 모처럼 '여성'을 소유하기 위해 돈을 지불했으나 결국 돈과 여성을 모두 잃어야 했던 상황에 감정이입을 하고 있다. 나아가 비록 돈을 주고 자신을 샀으나 거칠게 대하지 않고 자신이 마음을 열기를 기다려주었던 그들에 대한 미안함을 표함으로써, 돈 없고 힘없는 절대 다수의 농민들에 대한 연민을 드러내고 있다. 아마도 이와 같은 구술자의 관점은 20대 초반 북한 중앙부서로 배치되었던 엘리트 여성이 아니라, 권리를 잃고 타인의 의지에 따라 팔려 다녔던 식량난민으로서의 경험 속에서 형성되었던 것으로 보인다.

5) 조선족 양딸로 한국 남성과 결혼하다

생애사 자료 분석에 의하면 구술자는 도강 후 1년 정도가 지날 무렵 조선족 남성에게 매매되었다. 그런데 한동안 잘 먹여주고 대우하던 조선족 남성은 구술자에게 흔치 않은 제안을 하였다고 한다.

조선말을 하시는 조선족이더라고요. 그분 그 아버지한테 팔려가 가지고는 뭐 아무 말도 안 해요. 뭐 데리고 가가지고 뭐 옷이나 갈아입히고 밥 맥이고 하던 데 몇, 몇 달이 흘러가지고는 호구도 해주고 안전하게… 내가 먹고살 수 있으니까 또 집에 오고 싶은 생각이 얼마나 많았겠어요. '빨리 돈을 좀 벌어가지고 집으로 좀 가야 되겠는데…'하고 생각을 하고 있는데, 내가 아버지보고 "아버지, 나 솔직히 이렇게 들어왔는데 북에 돈이래두 좀 보내야 되지 않나?" 하니까 그러면 내가 하란대로 하자고, **"너는 아무래도 북한 사람이니까 말도 모르고 하니까 여기에 이렇게 있다가는 북한 사람인 걸 동네에서 알기만이라도 하면 북송돼서 공안에 잡혀가지고 북송되니까 한국에 가라"** 그러더라고요. 그래서 한국에 간다는 말은 솔직히 이 앞에서도 얘기했지만 먹고 살자고 중국에 왔는데 한국에 간다는 생각을 하니까 무섭더라고요. 딱 역적이 되는 거 같애가지고… 지금 생각해보면 아무것도 아닌데, 오히려 그때 그렇게 와가지고 안 갔으면은 더 좋았을 건데 그때는 너무 무섭고 그래가지고 또 달아났어요. 그래가지고 부모님이 그때는 왜 이렇게 하는지 이해가 안가더라고요. 왜 나를 사가지고 이렇게 하는지… 물론 나는 내가 나를 한국에 가면 내가 자기들이 시키는 대로 하면 그저 돈을 준다는 그 말에 **'나는 돈을 가지면 다시 북에 가서 살 수 있다.' 하는 생각으로 그저 그거 하나 생각으로 그렇게 했죠. 어디 뭐 팔려 다니기도 싫고 이제는 돈을 벌어야 북에도 갈 수 있고 하는 그저 그 생각뿐인 거 같았어요.**(녹취록, 2010, 13~14)

구술 자료에 의하면 위 텍스트의 조선족은 아들 둘을 둔 50대 중반의 남성으로 매매혼이나 노동인력을 소유할 목적으로 돈을 지불한 것이 아니었던 것으로 보인다. 그 남성은 20대 초반이었던 구술자를 집으로 데려와 한동안 잘 대우한 후 양녀로 입양하였다. 즉 구술자는 조선족 가족의 양딸이 되어 합법적인 호구를 갖게 된 것이다. 아사의 위험에서 벗어나 조선족의 양딸이 된 구술자에게 남성이 제안한 것은 '한국으로 가는 것'이었다. 처음 구술자의 입장에서는 자신을 위해 많은 돈을 지불하고 양딸로 삼은 후 남한으로 보내려고 하는 양아버지의 의도를 이해하기 어려웠을 뿐만 아니라 적대국인 남한으로 가서 역적이 되는 것은 상상할 수 없는 일이라 처음에는 다시 조선족 가족으로부터 탈출하여 이곳저곳을 유랑했다고 한다. 그러나 중국 사회에서 불법체류자의 신분으로 갈 곳이 없었던 구술자는 조선족 가족에게 돌아가 결국 남한으로 가는 제안을 받아들이게 되었다. 북한을 이탈한 여성들 중 많은 경우 '매매혼' 등을 통해 중국 남성들과 동거관계를 형성하게 되는데 이 과정에서 여성들은 좀 더 안정적이고 자신을 보호할 수 있는 환경을 찾기 위해 '탈출과 저항'을 반복한다(이화진, 2011, 181). 탈출과 저항은 여성들이 초국적 이주의 과정에서 자신을 보호하기 위한 노력이자, 낯선 공간에서 삶을 지속하기 위한 방식인 것이다. 이런 관점에서 구술자 또한 탈출과 저항을 반복하며 고민한 끝에 중국조선족 양딸의 신분으로 결혼 중개업체를 통해 한국 남성과 결혼하여 남한으로 이주하기로 결정한 것이다.

일제 점령 시기 중국으로 이주하여 중국 동북 3성(길림성, 흑룡강성, 요령성)에 정착했던 조선인들은 대략 190만 명에 이른다. 이들은 중국과 한반도의 정치적 변화 속에서 북한, 한국, 일본, 미국, 중국연해, 내륙의 대도시 등으로 이주를 거듭하였다. 이들이 한국 사회에 본격적으로 등장하기 시작한 것은 1980년대 후반부터이다. 1980년 중국의 개혁개방과 1992년 한·중수교, 국제결혼의 급증을 계기로 현재 약 50만 명의 조선족이 한국 사회에서 살고 있다(한겨레, 2011.11.04). 특히 88올림픽을 통해 경제적으로 성장한 한국 사회를 알게 된 조선족들은 일자리를 찾아 한국으로 이주하기 시작하였다. 중국에 비해 임금이 몇 배 혹은 몇 십 배가 높은 한국의 시장이 큰 경제적 유인 조건이 되었으나 한국으로 진출하는 것이 쉽지 않은 상황에서 결혼은 국제 시장의 일반적 경우와 마찬가지로 한국으로 진출할 수 있는 '좋은 열쇠'가 되었다(벡-게른스하임, 2010, 149; 전신자, 2007, 60). 즉 조선족 여성이 한국 남성과 국제결혼을 할 경우 다른 비용을 들이지 않고 중국에 거주하는 부모와 친척을 초청할 수 있다는 점이 한중 결혼 기획의 중요한 요소가 되었던 것이다.

이와 같은 맥락에서 구술자를 양딸로 삼은 조선족 아버지는 구술자에게 한국으로 갈 것을 제안했던 것이다. 구체적으로 한중 국제결혼 중개업체를 통해 한국 남자와 선을 보고 결혼을 하여 한국에 간 후 자신들을 초청하도록 요청한 것이다. 구술자는 돈을 받아서 북한으로 돌아가기 위해 조선족 양아버지의 제안을 받아들였다. 또한 위의 텍스트에서 구술자는 양아버지의 제안을 받아들인 다른 이유가 "어디 뭐 팔려 다니기도 싫어서"라고 언급하고 있다. 즉 자신이 제안을 받아들이지 않을 경우 더 이상 그곳에 머물지 못하고 다른 곳으로 팔리게 되어 어떤 삶의 처지에 놓이게 될지 알 수 없는 불법체류 난민의 위치가 결국 적대국인 남한으로 가는 '위험'을 받아들인 것이다. 이러한 선택에는 만일 성공할 경우 큰돈을 벌어서 북한으로 돌아갈 수 있다는 희망이 크게 작용한 것으로 보인다. 이런 관점에서 구술자는 남한으로의 중개 결혼을 '팔려 다니는 것'이 아니라, 북한의 가족에게 돌아가기 위한 자신의 '선택'으로 해석하고 있다. 나아가 흥미로운 점은 구술자의 초국적 이주의 과정에서 '조선족'과 '남한 사람'이 의미 있는 타자로 등장하고 있다는 점이다. 1998~2000년 구술자가 중국에서 난민으로 생활하는 동안 다양한 환경 및 사람들과 조우했을 것으로 짐작된다. 그러나 구술자의 생애사에서 의미 있게 기억되는 두 집단이 '한국어'를 공유하는 사람들이라는 점이다. 북·중 국경지역에서 형성되는 탈북자들의 이주에 관한 연구는 이들의 이주가 무(無)에서 출발하는 것이 아니라 이미 오래 전부터 형성되어온 문화적, 언어적 커뮤니티를 토대로 하고 있다는 점을 강조한다. 또한 이들의 이주가 특정한 장소들로 연결된 선(line)이 아니라 친숙한 문화적, 언어적 공동체 내로의 이주를 통해 '경계를 만들어가는 과정'임을 강조한다(김성경, 2012). 김정순 씨의 초국적 이주의 과정 또한 이러한 관점에서 단순한 경계넘기가 아니라 새로운 경계 만들기로 이해할 수 있다.

> 예, 한국 사람을 만났어요. 제가… 중국에 있으면서 부모님들 어데서 소개로 뭐 데리고 오셨더라고요. 그래서 한국 분을 만나가지고 그 사람도 뭐 위장결혼

이니까 아마 부모님들한테 돈두 받고 아마 그런 식이었던 거 같애요. 와가지고 뭐 서류를 수속을 하고 하는 걸 다 아버지가 했으니까… 나는 뭐 진짜 **그저 형태만** 있으면 됐죠. 딸이다 하고 형태만 있으면 아버지가 다하고 그랬었으니까… 그런데 그 후에는 그 사람하고는 내가 일단 한국에 오고 부모들이 한국에 온 다음에는 아마 계약이 끝나는 거 같애요. 나는 내가 부모들이 얘기하는 게 부모들은 여기에서 여기에 일단 한국에 왔으니까 여기에서 우리가 하는 일을 이제 너는 신경 쓰지 말고 니가 여기 있다가 돈은 이미 받았으니까 가고 싶으면 아무 때나 너 마음대로 하라고 이제는 부모들도 나를 버렸고, 그 사람도 이제는 부모들하고 계약이 어떻게 돼있는지 몰라도 그분도 뭐 나를 안 찾더라고요. 그래서 나는… 일단은 와가지고 한… 두 달은 같이 그 집에서… 수속이 아직 채 안됐잖아요. 내가 먼저 오고 부모들이 오게 되더라고요. 그래가지고 그분하고 한두, 석 달 정도 같이 있으면서 부모들이 오는 수속을 했거든요. 그리고 부모님들하고 같이 앉은 자리에서 나는 "나는 이제 가겠으면 가고 뭐 마음대로 하고 이제 우리하고 인연은 끝났다"하고 헤어지게 하고.(녹취록, 2010/14)

위의 텍스트 분석에 의하면 이주 목적의 위장결혼과 관련된 세 가지의 계약관계가 등장한다. 먼저 구술자와 양아버지 사이의 계약이다. 불법체류 식량난민의 처지인 북한 여성 김정순 씨를 돈을 주고 사서 양딸로 삼은 조선족 양아버지는 중국의 조선족 자치주라고 하는 공간에서 절대적으로 우위의 위치를 점하고 있다. 양자 사이의 사회, 정치적 위치는 비국민과 국민, 성애화된 몸으로서의 상품과 상품을 구매한 사람, 양녀와 양아버지라고 하는 위계 속에 놓여있다. 양아버지의 제안을 받아들이지 않을 경우 다른 대안이 없었던 구술자는 위험을 무릅쓰고 남한으로의 위장 결혼을 받아들이는 대신 이후 중국 돈 2만 원이라는 거금을 받기로 하였다. 다음으로 조선족 양아버지와 한국 남성은 중국과 한국 사이의 초국적 이주의 네트워크 속에서 위장 결혼의 계약 당사자들이다. 한국 남성의 경우 자신이 속한 한국이라는 출신국이 갖는 경제적 위치에 의해 조선족 남성보다 유리한 위치를 갖는다. 따라서 잠깐 결혼에 동의해 주는 대가로 '임시 아내'와 일정한 금액의 돈을 받기로 약속한 것이다. 마지막으로 구술자와 한국 남성 사이의 계약이다. 북한과 남한 사이의 적대관계를 잘 아는 조선족 양아버지가 한국 남성에게 북한 출신인 구술자의 신분을 밝히지 않았을 것이다. 따라서 조선족 여성의 신분이 된 구술자와 남한 남성 사이의 관계는 한정된 계약 기간 내에서의 부부이다. 한국 사회의 모든 권리와 규범에 정통한 한국 남성에 비해 구술자는 조선족으로 신분을 위장한 채 남한 사회에 이주한 북한 여성이라는 이중, 삼중의 위험 속에서 계약을 성공시켜 돌아가기 위해서는 양아버지와 한국 남성의 요구를 최대한 수용해야하는 처지에 놓여 있다. 여기서 특히 중요한 점은 이 세 가지의 계약이 작동하는 배경에 북한과 중국 남한이라고 하는 동아시아 3국 사이의 정치적, 경제적 역관계와 함께 젠더권력이 작동한다는 점이다. 식량난에 처한 북한과 개혁개방의 경제체제로 전환한 중국, 그리고 본격적인 자본주의 체제를 가동 중인 남한이라고 하는 경제적 위계가 초국적 이주의 네트워크에서 밀고 당기는(push & pull) 중요한 힘으로 작동하고 있다. 동시에 생존을 위해 중국으로 월경한 구술자의 경우 '젊은 여성'이라고 하는 젠더적 위치에 의해 '성애화된 몸'으로 중국을 거쳐 남한 사회로 거래되고 있다. 즉 중국에서 남한으로 이주하기를 원하는 남성노동자들이 남한 사회로 입국하기 위한 중요한 열쇠로 '여성거래'라고 하는 고전적인 결혼제도(레비-스트로스)가 이용되고 있는 것이다. 결국 북한 출신의 식량난민인 구술자는 북한-중국-남한사이의 초국적 이주의 네트워크에서 가장 하위에 위치하고 있다.

6) 북한에서 온 결혼이주여성 혹은 이주노동자?

사례 분석에 의하면 구술자는 2001년 결혼중개업체를 통해 선을 본 한국 남성과 결혼하고 조선족 신분으로 한국에 입국하였다. 서너 달 동안 한국 남성과 함께 생활하며 조선족 양아버지를 비롯한 가족들이 입국할 수 있도록 초청 서류 등을 작성하고 기다린 후, 한국에 입국한 양아버지로부터 약속한 중국 돈 2만 위안을 받은 후 그들과의 관계를 청산하였다. 이후 구술자는 결혼 과정에서 알게 된 한 중국인 여성과 함께 생활하며 서울 강남지역의 식당에서 일했다.

그때까지는 내가 아는 애가 하나 있었어요. 아는 애가 하나 있어가지고 중국 애였는데 얘하고 같이 있다가 내가 식당에서 일을 했어요. 1년여 동안 있는 기간에 서울에 그 교대라는데 있었는데… 거기에서 한식집에서 일했었거든요. 일을 하다가 헤어져 가지고 그렇게 그 깨끗이 헤어져 가지고 일을 하다가 나는 2월 2002년 2월 달에 다시 중국으로 왔거든요. 여권은 있으니까… 그걸 가지고 그냥 갔었어요.(녹취록, 2010/14)

사례 분석에 의하면 구술자는 다수의 중국 여성들이 다양한 방법으로 한국에 들어와 일을 하면 중국 임금 서너 배 이상의 돈을 번다는 사실을 알게 되었고, 조선족 가족들과 계약 관계를 정리한 후 조선족 여성의 신분으로 한국 식당에서 열 달 정도 일을 한 것이다. 이 시기 구술자는 형식상 '결혼이주여성'이었으나, 실제 조선족 여성이주노동자로 생활한 것이다.[13] 구술자의 국제결혼이 조선족 가족에게 노동이주의 열쇠가 되었던 것처럼 구술자 또한 한국 남성의 부인이라는 '안정된 신분'으로 한국 식당에서 일할 수 있게 된 것이다. 이런 측면에서 여성들의 경우 결혼이주와 노동이주를 명확히 구분할 수 없는 경우가 많으며, 생애사적 체험 속에서도 혼재되어 있다. 텍스트 분석에 의하면 이 시기 구술자는 중국말을 잘하지 못해 자신의 신분이 드러나는 것을 두려워하여 극도로 소극적인 생활을 한 것으로 짐작된다. 오직 거처와 식당을 오가며 생활하였기 때문에 자신이 일하던 곳이 '교대역 근처'라는 것만 기억한다고 전했다. 비록 북한에서 알고 있던 남한 사회와 다른 모습을 적지 않은 기간에 직접 보고 체험하

13) 지금까지 한국 내 여성이주자에 대한 연구에서 여성들의 경우 결혼이주와 노동이주의 경험이 중첩되고 있다는 연구 결과로는 다음을 참조하라(김현미, 2006; 이혜경 외, 2006; 황정미, 2011).

였으나, 신분을 위장한 채 생활하고 있었으므로 '돈을 벌어 북한으로 돌아가야 한다'는 일념으로 생활하였던 것으로 보인다. 구술자는 번 돈의 거의 전부와 양아버지로부터 받은 계약금을 가지고 2002년 2월 '그냥' 중국으로 돌아갔다. 즉 조선족 여권을 가진 구술자가 비행기를 타고 중국과 한국의 국경을 오가는 것은 전혀 문제가 되지 않은 것이다. 그리고 탈북한지 4년 만에 거액의 돈을 가지고 두만강을 건너 고향의 가족들에게로 돌아갔다.

지금까지 살펴본 구술자의 이주 경험에서 중요한 특징은 초국적 이주의 매 과정에서 신분의 변화가 동반된다는 점이다. 처음 구술자가 도강을 하여 중국으로 들어온 후 조선족 가족에게 '매매'된 후에 구술자는 조선족 여성의 신분이 되었다. 이후 한국 남성과의 국제결혼을 통해 구술자는 한국 국적을 취득할 수 있는 위치가 되었다. 다시 말해 구술자는 국가 사이의 경계가 신분의 격차를 낳고 있으며, 여성의 몸이 이와 같은 격차를 이동시킬 수 있는(sift) 중요한 자원이라는 것을 직접 반복적으로 경험한 것이다.

7) '성공'하여 돌아와 백두산 혈통의 남자와 결혼한 여자

2002년 북한으로 돌아간 구술자는 우선 부모님의 중매로 결혼하였다. 구술자의 남편은 백두산 혈통집안의 아들로 군복무를 하고 돌아온 남성이었다. 당시 구술자는 27살로 소위 결혼적령기를 넘긴 나이였으나 대학교수 출신의 아버지가 가진 정치적 기반에다가 구술자가 한국에서 모은 '큰돈'을 기반으로 독립가옥을 마련하는 등 경제적 능력을 확보함으로써 토대가 좋은 집안의 아들과 결혼이 성사될 수 있었던 것으로 보인다. 구술자는 2003년 아들을 출산하여 양육하는 한편 자신의 '돈으로' 남편의 대학생활을 지원하였다. 이미 배급경제의 토대가 약화된 북한 사회에서 출신성분을 인정받아 대학에 갈 수 있게 되어도 모든 활동을 개인의 능력으로 해결해야 하는 상황에서 구술자는 능력 있는 아내로서 '외조'를 담당하였다. 이러한 생애사적 이력들은 북한으로 돌아간 구술자가 빠른 시간에 소위 '정상가족'을 구성한 것을 시사한다. 4년여의 이주기간을 주변 사람들에게 어떻게 설명했는지 정확히 알 수 없으나, 결국 구술자는 성공하여 고향에 돌아와 혈통 좋은 가문의 아들과 결혼한 여성으로 인정받은 것으로 보인다. 이런 과정에서 구술자의 '큰돈'이 중요한 역할을 하였던 것으로 짐작할 수 있다.

2012년 2차 인터뷰에서 구술자는 북한 정부가 2004년, 고난의 행군시기 '행방불명' 상태로 있었던 사람들을 정치적 사면을 하였으나, 결국 자신이 원했던 중앙부서에서 출세하는 데는 제한이 있었다고 토로하였다. 이런 조건에서 구술자는 경제력을 바탕으로 중국을 오가며 장사를 하였다. 중국의 도매시장에서 중국산 혹은 한국산 의복, 신발, 학용품 등 각종 생필품을 가져다가 북한의 소매상들에게 중개하는 것이다.

그거 뭐 간단하다니까요. 물건을 상품을 가져다가 내가 저는 연길에도 많이 다녔거든요. 연길에서 시장에 가서 물건을 다 이자처럼 일단은 우리 시장에서 필요한 물건들을 장사꾼들하고 해가지고 어떤 항목으로 학용품이면 학용품, 뭐 애기들 옷이면 애기들 옷, 그리고 뭐 애들이 필요한 애들들 옷, 신발, 무슨 이런 자동차 부속품 이런 것들은 딱 종목별로 필요한 걸 다 적어가지고 일단 그 사람들한테서 돈을… 돈을 주거든요. 이제는 뭐 10년을 넘어 거래를 했으니까… 돈을 받아가지고 중국에 가서 물건을 사… 서시장에 가서 다 샀거든요, 그때… 서시장에는 종합 음: 그런 도매 시장이죠. 도매 시장에 가서 다 사가지고 물건을 그때는 장백: 최소한 장백조를 버스로 하나 했는데 거기 사람들은 내가 너무 자주 다니니까 북한 사람이라는 건 상상도 안하거든요.(녹취록, 2012/11)

위의 텍스트에서 기술하고 있는 바와 같이 구술자는 연변지역에 사는 친척 동생들과 국경수비대의 보위부를 '끼고' 연변 서시장에서 북한으로 생필품을 중개하는 장사를 하였다. 친척 동생들의 도움으로 도매시장에서 구입한 물건들을 두만강 국경지역의 '뽀트'에 실어서 들어오면 국경수비대의 군인들이 알아서 물건을 보관하는 '정해진 장소'까지 운반해 주었다고 한다. 자신의 집에 물건을 둘 경우 여러 가지 위험이 있기 때문에 물건을 보관해주는 사람과 장소를 따로 구해두고 장사를 하였다.

1980년대 말부터 농촌지역을 중심으로 형성되기 시작한 북한 내 장마당은 2000년대 들어서 각 품목별로 전문화된 사(私)무역 조직으로 발전하였다.[14] 예를 들어 약초, 도자기, 금속 등을 거래하는 개인들은 의류, 식품 등의 영역에서 장사하기가 쉽지 않았다. 왜냐하면 다른 사람들의 경제활동을 침해하는 것으로 여겨지고, 각 분야의 거래선과 같은 노하우를 갖기 어려웠기 때문이다. 구술자의 경우 1980년대부터 중국의 친척집을 방문했던 부모님이 뚫어놓은 의류 및 생필품 거래선을 이용하여 규모가 조금 확대된 거래를 하기 시작한 것이다. 그러나 이와 같은 장사가 2000년대 중반을 거치며 경쟁이 치열해졌고, 합법적인 무역이 아니기 때문에 다양한 '위험' 요인이 있었다. 구술자 또한 이와 같은 경쟁 속에서 가져온 상품들이 잘 팔리지 않을 경우 손해를 보았을 뿐만 아니라 이익과 상관없이 국경을 '비법'으로 오갈 수 있도록 편의를 봐주고 있는 보위부 관련자들의 각종 요구를 들어주게 되면서 큰 손해를 보게 되었다. 또한 2009년 11월 30일 갑작스럽게 북한 당국이 화폐개혁을 단행하면서 구술자는 '큰 밑천'을 날리게 되었다고 한다.[15] 자신이 모아둔 돈을 모두 신권으로 교환하지 못했을 뿐만 아니라, 중국 무역을 하는 처지에서 신권의 가치가 폭락하여 장사를 하기가 어렵게 된 것이다.

경제적으로 어려움에 처하게 된 구술자는 그동안 피하던 '사람장사'를 시작하

---

14) 북한 정부는 2002년 7·1경제관리개선조치(이하 7·1조치)를 발표한 후 2003년 3월 기존의 농민시장을 개편한 종합시장제도를 도입했다(박희진, 2009, 238). 2010년 1월 인공위성 사진을 연구한 경제학자에 의하면 북한 전역에 200여 개의 장마당이 형성된 것으로 추정된다(노컷뉴스, 2010.01.27).

15) 화폐개혁 직후 달러화에 대한 북한 원화의 환율이 30원대였으나, 2011년 초 3000원대까지 상승하면서 주민들의 생활고가 극심한 것으로 평가된다. 더불어 자생적으로 형성되었던 민간 시장이 붕괴하고 화폐개혁의 정치적 목적이 실패한 것으로 추정된다(헤럴드경제, 2011.11.23).

게 되었다. 북한을 이탈해 중국 등 제3국에서 살고 있는 북한 사람들의 가족들에게 소식과 돈을 전하거나, 가능한 경우 중국으로 '나가는 것'을 중개하기 시작한 것이다.

> 돈을 보내시면 뭐 한국에서 200만 원을 100만 원을 보내시면 내가 거기에서 30만 원을 먹고 20만 원 먹고… 이 사람이 뭐 "20프로를 떼주세요." 하면 내가 20프로를 떼고 "30프로를 떼주세요" 하면 30프로… 그 사람들이 너무 감사해가지고 자기 부모를 몇 년 만에 만나고 동생을 몇 년 만에 만나고 하니까 솔직히 우리도 이렇게 한국에 와보면 실지 두고 온 형제가 얼마나 보고 싶어요. 오지도 못하는데 그 심정을 내가 아니까 여기 와서 한 1년을 살아봤으니까… 그때 그걸 내가 해야 되겠다는 생각을 했었거든요. 북에 가면서도 '내가 이제 앞으로 북에 가면 이제 꼭 이 일을 해야 되겠다.' 했던 일이니까 그때 그냥 그 일을 했었고, 사람들이 돈을 그렇게 부모님들한테나 형제들한테 보내준 돈에서 20프로 30프로 그 수수료로 먹었어요.(녹취록, 2010/17)

구술자가 중국을 오가며 생필품을 중개하던 중 '사람장사'를 제안한 사람은 중국에 살던 친척 조카들이었다고 한다. 중국 및 제3국에 체류하고 있는 '도강자'들의 가족을 찾아서 연결해주는 일이었다. 대부분의 북한 이탈주민들은 생계를 위해 '단기적' 목적으로 국경을 넘었으나 여러 가지 사정으로 다시 돌아오지 못하고 중국에 체류하거나, 남한을 비롯한 제3국으로 이주하게 되었다. 이런 처지의 북한이탈주민들에게 가장 절박한 것은 가족의 생사를 확인하고, 경제적 지원을 하거나 혹은 남겨진 자식, 남편 등의 가족을 데려오는 일이다. 위의 텍스트에 의하면 구술자는 중국을 오가는 과정에서 자연스럽게 '탈북 브로커' 역할을 하게 된 것으로 보인다. 남한에 정착한 탈북자의 가족을 찾아서 국경을 넘을 수 있도록 하면 전달된 돈의 20~30%를 받는 것으로, 정치적 위험이 크지만 큰 돈벌이가 되었던 것이다.

위의 텍스트에서 중요한 점은 구술자가 이 역할에 대해 적극적인 감정이입을 하고 있다는 점이다. 구술자는 위에서 조선족 여성의 신분으로 한국에 와서 결혼하여 지냈던 1년여 간의 경험을 언급하고 있다. 아마도 구술자는 한국 남편과의 관계를 정리하고 중국 여자 친구와 살며 서울 강남지역의 식당에서 일하는 동안 다양한 '정보'를 경험했던 것으로 보인다. 즉 당시 구술자는 조선족 여성의 신분으로 생활했지만 북한으로 돌아갈 계획을 가지고 있던 처지라 남한에 정착한 탈북자들이 가족을 만나고 싶어 하는 사정을 간접적으로 전해 들으며 소위 '이산'의 처지에 있는 사람들의 심정을 크게 공감할 수 있었던 것으로 보인다. 북한 주민의 입장에서 탈북자들은 '조국을 배신한 자'들이지만, 탈북하여 남한에까지 온 구술자의 경험, 즉 초국적 이주와 정치적 이념적 경계를 넘어본 경험을 가진 구술자의 관점에서는 '이산가족'의 처지를 깊이 공감할 수 있었던 것으로 보인다.

나도 떨어져서 살아보니까 솔직히 나는 갈 수 있다는 생각에 음…. '나는 무조건 가야 된다'는 생각을 했기 때문에 그런(가족을 데려올) 생각을 안 했는데 와서 보니까 진짜 부모가 그리운 거예요. 그때는 시집도 안 갔으니까 솔직히 제일 그리운 게 부모잖아요. 엄마 아버지가 너무 보고 싶은 거예요. 그래 나처럼 그때는 한국에 온 사람들 연결해주겠다는 생각 안하고 이렇게 중국이나… 아무튼 그때는 중국이라고 생각했어요. 중국에 와서 이렇게 있는 애들도 많겠으니까 나처럼 돌아온 애들은 괜찮은데 돌아오지 못한 애들은 부모를 도와주겠다 하는 그 마음이 얼마나… 나도 항상 그런데, 나는 그때 돌아갈 수도 있다는 생각을 했지만 만약에 돌아 못가면 꼭 부모를 도와주겠다 이런 생각을 했으니까 난 그저 내 마음이라 생각하고 그 일을 해야 되겠다 생각했지요." (녹취록, 2010/18)

위에서 구술자는 탈북하여 제3국에 정착한 사람들의 처지와 돈을 벌기 위해 국경을 넘었다가 중국에서 이곳저곳으로 팔려 다니던 당시 자신의 처지를 등치시키고 있다. 낯선 타국에서 온갖 위험과 고통을 온전히 혼자 감당해야 했던 당시 절절히 부모를 그리워했던 자신의 심정을 대입하여 '그 일'에 정당성을 부여하고 있다. 즉 '조국을 배신한 역적'들을 돕는 것이 아니라 살기 위해 국경을 넘어 가족들과 헤어진 탈북자들의 '소원'을 들어주는 일로 받아들이고 있는 것이다. 이런 관점에서 구술자의 '정치적 변위'를 짐작할 수 있다. 한때 북한 사회주의 사회의 여성영웅을 꿈꾸던 구술자가 북한, 중국, 남한의 경계를 오가는 초국적 이주의 경험을 통해 가족상봉을 요청하는 탈북자들을 이해하고, 이들의 탈북을 중개하고 있는 것이다.

2012년 인터뷰에서 구술자는 자신이 한국으로 보낸 사람들이 열 명이 넘는다고 하였다. 그러나 마지막에는 보위부의 감시를 모르고 사람들을 만나다가 체포되어 반역죄로 재판을 받게 되었다. 돈을 써서 극형을 면하기는 했으나 북한 사회에서 더 이상 살아갈 길이 막히자 구술자는 자신이 알고 있는 '선'을 찾아서 남한으로 왔다. 2001년 조선족 여성의 신분으로 방문하여 경험했던 남한이 구술자에게 하나의 대안이 된 것이다. 2001년 당시 '그냥 살고 싶었던 땅'이었으나 가족을 찾아서 북한으로 돌아갔던 구술자가 2008년 12월, 북한 사회에서 출세를 하거나 장사를 할 수 있는 가능성이 막히자 '살고 싶었던 땅'인 남한으로 이주한 것이다. 이러한 관점에서 구술자의 1차 남한 체류 경험이 중요한 생활세계의 확장이었던 것으로 짐작할 수 있다. 구술자에게 남한은 낯설고 위험한 곳이 아니라, 북한이탈주민의 다수가 살고 있고 북한 사회와 비교하여 개인의 경제활동을 억압하지 않는 '가능성의 공간'이었던 것이다.

8) 한국의 대학에서 중국 무역을 준비하다

남편과 아들 그리고 큰오빠와 함께 탈북한 구술자는 2009년 한국에 입국하였다. 처음 임대주택을 받아서 남편 및 아들과 생활하던 구술자는 2010년 큰 오빠의 자녀인 조카 둘의 양육을 책임지고 함께 생활하고 있다. 흥미로운 점은 구술자가 '탈북자'라고 하는 자신과 가족의 사회적 지위를 숨기지 않고 적극적으로 드러낼 뿐만 아니라, 이러한 지위를 최대한 합법적으로 '활용'하고 있다는 점이다. 자신이 책임지고 있는 세 아이의 영어 교육을 위해 지역 내 방과 후 놀이방 등에 '탈북자 자녀'라고 밝히고 교육비를 면제받고 있으며, 이를 계기로 큰 아이는 영어 보충 교육을 무료로 받고 있다.

구술자의 남편도 현재 탈북자임을 밝히고 전자회사의 생산직 노동자로 일하고 있다. 북한에서 대학을 졸업한 구술자의 남편은 기회가 될 때 '도면'을 봐 주기도 하는 등 과외 노동을 하기도 한다. 구술자의 표현에 의하면 남편이 "이제야 집안의 가장 노릇을 하고 있다." 그러나 앞에서 살펴본 바와 같이 구술자는 이미 수년에 걸쳐 중국과 남한에서 생활한 경험이 있을 뿐만 아니라, 가족들의 탈북 또한 구술자가 준비한 것으로 미루어 현재 남한에서의 가족 관계 속에서 구술자가 암묵적으로 '주도적인' 위치에 있는 것으로 짐작할 수 있다. 북한 사회에서 백두산 혈통의 집안 출신인 구술자의 남편은 형식적으로 '가장'이었으나 미지급 상태의 북한 사회에서 아무런 배급을 받아오지 못하였으므로, 중국을 오가며 장사를 했던 구술자가 실질적인 가장의 역할을 하였다. 또한 남한으로 이주한 구술자의 가족에게 '백두산 혈통'은 더 이상 의미가 없게 되었으며, 남편의 '상징적 가치'는 생산직 노동자의 '경제적 능력'으로 대체되었다.

다른 한편 구술자는 처음 북한 대학에서 전공했던 의류와 관련된 일을 하려고 학원을 다니기도 했으나 한국의 '패션'을 잘 알지 못해 그만두고 2011년 3월 한 전문대학의 중국어학과에 입학하여 한중통역사 시험 준비를 하고 있다. 등록금 전액을 면제 받았을 뿐만 아니라, 우수한 성적을 전제로 탈북자 지원단체에서 제공하는 장학금을 받고 있다. 한시적이지만 현재 구술자가 받고 있는 장학금은 남편의 월급보다 많다.

> 중국에도 좀 다녔던 경험도 있고 하니까 너무 생소하지 않았고, 중국어는 이제 졸업하고 나면 뭐 내가 어데서 뭐 전문적인 직업으로는 안 써 뭐 쓸 수는 없

어도 만약에 너무 뭐 중국으로 다니면서 뭐 지금은 생각은 조금 좀 장사를 좀 해볼까… 북한에서 하던 대로 그런 그거 해볼까 하는 생각으로 지금 하고 있거든요. 시간강사나 뭐 그런 것도 되면 좋고, 또 나이 제한이 또 받을까봐… 그쪽으로 좀 중국에 가서 뭐 물건을 나와 뭐 가져오고 뭐 하는 그런 것도 있거든요. 소상 소 그런 거 소규모적인 무역거래 그런 거… 에서 장사하는 분들도 또 많이 있으니까 그런 쪽으로 좀 해보면 쫌 되지 않겠나 싶어가지고 지금 그런 생각하고 있어요.(녹취록, 2012/3).

위의 텍스트에서 구술자는 과거 북한과 중국을 오가며 했던 장사의 경험과 관계들을 언급하고 있다. 구술자는 현재 전문대학 중국어학과의 2학년으로 졸업 후 중국 무역을 계획하고 있다. 20대에 탈북자의 신분으로 중국에서 생활하며 익혔던 중국어를 바탕으로 대학에서 공식 통역사 자격증을 취득하는 한편, 중국 무역을 하면서 형성했던 인적 네트워크와 경험을 바탕으로 합법적인 한중 무역을 계획하고 있는 것이다. 구술자는 현재 북한에 있는 두 오빠와 주말마다 통화하며 약간의 경제적 지원을 하고 있다. 뿐만 아니라 중국에 있는 친척들과도 긴밀히 연락하고 있는 것으로 보인다. 즉 1998년 중국으로 건너간 이후 2008년 북한을 다시 이탈할 때까지 구술자는 북한과 중국 그리고 남한의 국경을 '비합법적인' 방식으로 오가며 공간적, 문화적, 정치경제적 경험을 하였다. 2009년 남한으로 다시 입국하여 대한민국 국적을 갖게 된 구술자는 이제 과거의 이주 경험을 생애사적 자원으로 '합법적인' 무역활동을 구상하고 있다. 위의 텍스트에서 구체적으로 언급하지는 않았으나 구술자의 생애사적 경험의 공간인 중국-남한-북한의 경계를 오가는 인간과 사물의 네트워크를 기반으로 '무역거래'를 기획하고 있는 것으로 짐작된다.

9) 경계를 오가며 변위하는 정체성

지금까지 살펴본 김정순 씨의 사례가 갖는 특징을 정리하면 첫째, 대학교수의 딸로 성장하여 뛰어난 학업능력과 당에 대한 충성심을 바탕으로 평양 소재 대학을 졸업한 구술자는 1990년대 중반 북한의 식량난으로 생존의 위험에 직면하자 중국으로 이주하게 되면서 생애사적 전환을 경험하게 된다. 이처럼 딸인 구술자가 가족을 대표하여 비합법적 이주를 선택하는 것은 전 지구적 여성 이주의 특징인 '생존의 여성화' 맥락에서 이해할 수 있다. 결국 북한 사회주의 사회의 여성영웅을 꿈꾸던 구술자는 가족들이 아사에 직면하자 중국 사회로 이주하여 불법 체류 여성의 처지에 놓이게 됨으로써 급격한 생애사적 전환을 경험한다.

둘째, 1998년에서 2000년까지 중국에 머무는 동안 구술자는 매매혼을 통해 반복적으로 한족 남성들에게 팔려가는 경험을 하게 되며, 이 과정에서 '죽었다가 살아나는' 저항과 탈출을 반복함으로써 자신을 보호하기 위해 전력투구를 한다. 가부장적 사회주의 국가인 북한의 국경을 비합법적으로 벗어나 중국으로 이주하면서 비(非)국민이 된 구술자는 모든 시민적 권리를 상실하게 되었으며, 결국 남성들에게 '거래'되는 위치에 놓이게 된 것이다. 이 시기 구술자가 경험한 다양한 사회적 '위험들'은 이후 중요한 생애사적 과제가 될 것으로 보인다.

셋째, 구술자가 북한에서 중국, 중국에서 남한으로의 초국적 이주를 경험하는 과정에서 전형적으로 젠더 권력이 작동하고 있다. 여성인 구술자가 국가 경계를 넘어가면서 상향적 파트너관계를 형성하는 반면, 상대편 남성은 하향적 파트너 관계를 형성하고 있다. 즉 구술자와 중국 한족, 조선족 혹은 남한 국적의 남성과의 관계에서 구술자는 불법 난민의 처지인 자신과 달리 내국인의 신분인 한족 혹은 조선족 남성과 관계 맺기를 통해 사회적 보호를 얻게 되는 반면, 상대방 남성들은 국적을 갖지 못한 구술자와의 관계 맺기를 통해 성적 파트너이자 각종 돌봄 노동을 수행할 여성을 얻게 되는 것이다. 결국 초국적 이주의 과정에서 구술자는 서로 다른 남성들 사이의 '교환'을 매개하는 '성애화된 몸'으로 기능하고 있다.

넷째, 1998~2008년 사이 구술자의 삶에서 반복적인 초국적 이주가 이루어지고 있다. 이 과정에서 구술자는 탈북자에서 결혼이주여성으로, 나아가 여성 이주노동자의 위치를 반복적으로 경험하고 있다. 지금까지 한국 내 여성이주자에 대한 연구에서 여성들의 경우 결혼이주와 노동이주의 경험이 중첩되고 있다는 연구 결과는 있었지만, 탈북과 결혼이주 및 노동이주가 형성하는 교차적 관계에 대한 연구는 없었다. 구술자의 사례에 의하면 탈북의 과정이 결혼 및 노동이주의 순환과 교차하는 지점에 북한 여성에서 조선족 양녀로의 입양이라고 하는 '신분세탁'이 놓여있다. 즉 조선족 남성들이 남한으로 이주하기 위해 필요한 '열쇠'로서 북한 여성인 구술자가 조선족 여성으로 '신분을 세탁하여' 한국 남성과 결혼한 것이다. 결국 '성애화된 몸'으로서의 북한 여성이 조선족 남성들의 초국적 이주를 위한 '열쇠'가 되고 있다는 점이다.

다섯째, 긴 초국적 이주의 과정에서 반복되는 매매혼과 탈출이라고 하는 생애사적 경험을 가진 구술자의 이야기된 생애사 속에 '피해자로서의 경험'이 등장하지 않는다. 반면 구술자는 자신을 갖기 위해 돈을 지불했던 한족 남성들에 대해 감정이입과 연대의 시선을 보여준다. 또한 2001년 북한으로 돌아간 구술자의 생애사 속에서 이전 시기 중국과 한국으로의 이주과정에서 축적한 직·간접적인 경험이 중요한 자원으로 활용되고 있다. 즉 구술자는 중국으로의 이주경험에 근거하여 중국 북한을 오가며 생필품 장사를 하고, 남한 사회에서의 간접 경험을 통해 남한으로 사람들을 보내는 '사람장사'를 하기도 한다. 이런 경험을 토대로 구술자는 현재 대한민국 국민이라는 합법적인 신분으로 중국-북한-남한 사이의 무역을 계획하고 있다.

여섯째, 사례 연구 결과는 20대 초반 북한 사회주의 사회의 여성영웅으로 자신을 정체화하였던 구술자가 초국적 이주의 경험을 통해 다양한 정체성의 변위를 겪고 있음을 보여준다. 먼저 1998~2000년 중국에서 '식량난민'으로 생활하는 동안 자신과 동거관계를 형성했던 가난한 한족들의 처지에 대한 동정과 연대의 관점을 형성하고 있다. '몸'으로 거래되었던 구술자가 가장 낮은 처지에서 지켜보았던 가난하고 힘없는 한족 가족들에 대한 '미안함'은 이들의 처지에 대한 감정이입이라고 할 수 있다. 다음으로 2000~2001년 한국 남성과 결혼하여 조선족 '이주노동자'로 생활했던 경험을 통해 구술자가 자신처럼 경황없이 북한을 떠나 한국까지 오게 된 탈북자들의 처지에 대해 공감하게 된 것이다. 구술자는 스스로 경험한 탈북과 불법 이주의 경험을 통해 탈북자들을 '조국의 배신한 역적'으로 평가하는 북한 사회의 엘리트의 관점이 아니라 '살기 위해 가족과 떨어진 사람들'로 이해하게 된 것이다. 마지막으로 북한-중국-남한의 국가 간 경계를 반복적으로 이주한 경험을 가진 구술자는 과거 북한 사회의 '밀수꾼'에서 현재 대한민국 시민권을 가진 합법적인 무역가가 되기를 희망하고 있다. 이것은 초국적 이동을 통한 공간경험과 다양한 신분의 변화를 토대로 새롭게 구성된 구술자의 정체성을 표현하는 것이다.

4 생존의 여성화와 이주의 행위자-네트워크

이 연구에서는 북한 여성인 김정순 씨의 생애사 경험을 통해 북한-중국-남한 사이의 초국적 이주의 과정에서 탈북과 결혼이주, 그리고 노동이주가 교차하며 행위자-네트워크가 구성되는 과정을 고찰하였다. 구술생애사 연구방법론에 기초한 이 연구는 질적 연구의 패러다임 속에서 하나의 개별적인 사례가 그 자체로 '구체적 일반성(das konkrete Allgemeine)'을 담지하고 있다고 이해한다.[16] 즉 개별적이고 예외적인 사례가 담고 있는 복합적인 경험의 층위가 바

16) '구체적 일반성'은 양적 연구의 패러다임에서 주장하는 '일반화'와 전혀 다른 개념이다. 이 개념은 현상학적 해석학의 연구 전통에서 하나의 개별적인 사례가 전체의 '일부분'이 아니라, 그 자체로 '전체'를 시사하고 있음을 뜻한다(Fischer-Rosenthal, 1990, 31).

로 해당 '사회'를 압축적으로 시사하는 것이다. 사례 연구의 결과가 초국적 여성 이주에 관한 연구의 지평에서 갖는 함의를 정리하면 다음과 같다.

첫째, 개인의 초국적 이주의 과정은 특정한 장소에서 장소로 이동되는 점의 연결이 아니라, 끊임없이 다양한 인간과 비인간의 잡종적 행위자-네트워크가 형성되는 과정이다. 이 연구는 북한 여성에 대한 사례 분석을 통해서 북한-중국-남한 사이의 국가 간 경계가 만들어내는 정치적, 문화적, 경제적 위계를 '거슬러' 이동하고자 하는 개인들의 생애사적 노력과 잡종적 행위자-네트워크의 형성과정을 재구성하였다. 특히 북한의 식량난으로 형성된 강력한 '이주의 힘'이 북한에서 중국을 거쳐 남한으로 이어지는 과정에서, 합법적인 시민권을 얻고자 하는 비(非) 국민인 여성 이주자와 조선족, 남한 남성과 같은 인간 행위자뿐만 아니라 입양과 결혼이라고 하는 제도, 나아가 결혼중개업체라는 조직이 결합하여 동아시아 3국을 배경으로 한 행위자-네트워크가 형성되는 과정을 심층적으로 재구성하였다.

둘째, 북한 사회의 여성영웅을 꿈꾸던 북한 여성이 탈북과 함께 북한-중국-남한 사이의 반복적인 초국적 이주를 경험하는 과정에서 서로 다른 정체성의 변위가 형성되는 과정을 고찰하였다. 초국적 이주의 과정에서 이 여성은 식량난민, 입양된 조선족 양딸, 남한 남성과 결혼한 조선족 출신의 결혼이주여성, 남한 사회의 조선족 이주노동자, 북중 국경지역을 오가는 밀수 상인, '사람장사'를 하는 브로커, 탈북여성, 대한민국 대학생 등 서로 상반된 지위와 국적, (비)결혼상태, 직업, 역할들을 직·간접적으로 경험하며 다양한 차원에서 정체성의 변위를 보여준다. 구체적으로 구술자는 북한의 정치엘리트에서 조·중 밀수 상인으로의 신분 변화를 통해 북한 사회주의 체제의 규범으로부터 거리를 형성하게 되며, 나아가 '조국을 배신한 탈북자'들과 공감대를 형성하는 정치적 변위를 형성한다. 다음으로는 중국에 체류하는 동안 거듭된 매매혼의 경험을 통해 가난한 한족집단에 대한 동정과 연대의 시선을 형성하고 있다. 즉 국적의 차이를 넘어 사회 하층으로서의 계급적 연대감을 보여준다. 나아가 대한민국 국적을 가진 구술자는 북한, 중국, 남한 사이의 국경을 오가는 경제활동을 계획함으로써 지금까지 축적한 자신의 '비합법적' 이주의 경험을 전환하고자 하는 새로운 정체성을 표현하고 있다.

셋째, 이 연구는 한국 사회에 등장한 여성 이주자들에 대한 기존 연구에서 중요하게 지적하고 있는 '이주의 여성화' 현상뿐만 아니라, 남성 집단의 초국적 이주를 위해 '여성들의 몸'이 도구적 역할을 하고 있음을 고찰하였다. 경제적 어려움에 처한 농촌지역의 여성들이 도시로 이주하거나, 혹은 제3세계의 여성들이 가족과 친족집단을 대표하여 제1세계로의 이주를 선택하는 것은 위계적 젠더 권력 속에서 여성들이 생존노동을 담당하게 되는 역사적 과정이며, 이것의 결과가 곧 '이주의 여성화'이다. 이 연구에서 살펴본 북한 여성의 탈북과 남한 사회에서의 생계노동은 이러한 관점에서 이해할 수 있다. 그러나 북한 여성이 조선족 가족에게 입양되어 남한 남성과 '결혼'을 하게 되는 것은 이와 다른 성격을 갖는다. 즉 조선족 남성들의 초국적 이주를 위해 사회적 지위가 낮은 여성이 입양을 통해 신분세탁을 하고 위장결혼을 하는 등 '도구적인 역할'을 수행하고 있다. 식량난에 처한 북한 여성이 북한-중국-남한 사이의 복합적 이주의 행위자-네트워크에서 가장 낮은 사회적 위치에 놓이게 됨으로써 조선족 남성 가족의 이주를 위한 '도구' 역할을 하고 있는 것이다. 결국 '성애화된 북한 여성의 몸'이 조선족 남성들의 남한 사회로의 노동 이주를 매개하는 중요한 '열쇠'가 되고 있음을 보여준다.

넷째, 이 연구는 한국 사회에서 생활하는 여성 이주자들의 정체성이 결혼이주 또는 노동이주라는 이원화된 목적으로 환원될 수 없을 뿐만 아니라, 북한의 식량난을 배경으로 한 탈북의 흐름과 중층적으로 교차하고 있음을 보여주었다. 한국 내 여성이주자에 대한 기존의 연구는 결혼 이주여성들과 노동을 목적으로 이주한 여성들을 단순히 구분할 수 없으며, 이주의 목적이 상호결합되어 있음을 지적하였다. 이 연구의 결과는 이러한 문제의식에서 한 걸음 나아가 북한-중국-남한 사이의 동아시아 공간에서 형성되는 여성들의 이주과정에 결혼이주, 노동이주와 함께 탈북의 흐름이 복합적으로 교차하고 있음을 보여주었다. 이러한 연구 결과는 탈북 연구의 지평이 '탈북행위'라는 좁은 시야를 넘어 '초국적 이주'의 관점으로 확장되어야함을 시사한다. 나아가 결혼이주, 노동이주, 그리고 '비합법적 월경'이 복합적으로 교차하는 동아시아 이주의 행위자-네트워크에 대한 심층 연구의 필요성을 시사한다.

• 참고문헌 •

강유진, 1999, "한국 남성과 결혼한 중국 조선족 여성의 결혼생활 실태에 관한 연구", 『한국가족관계학회지』, 4(2), pp.61~80.

김성경, 2012, "경험되는 경계 지역과 이동 경로: 북한이탈주민의 경계 넘기 혹은 경계 만들기", 성공회대학교 동아시아연구소 2012년 4월 국제컨퍼런스 자료집, 『이동의 아시아: 식민, 냉전, 분단체제의 경계들과 민족의 공간들』, pp.105~126.

김인성, 2005, "탈북자 현황분석: 탈북, 중간기착, 정착까지의 전 과정의 총체적 분석", 『민족연구』, 14, pp.6~34.

김정선, 2011, "시민권 없는 복지정책으로서 '한국식' 다문화주의에 대한 비판적 고찰", 『경제와 사회』, 92, pp.205~246.

김현미, 2006, "국제결혼의 전 지구적 젠더 정치학", 『경제와 사회』, 70, pp.10~37.

김현미, 2008, "이주자와 다문화주의", 『현대사회와 문화』, 26, pp.57~78.

김혜순, 2007, "한국적 다문화주의의 이론화", 동북아위원회 최종 보고서.

김혜순, 2008, "결혼이주여성과 한국의 다문화사회 실험", 『한국사회학』, 42(2), pp.36~71.

김혜순, 2010, "이민자 사회통합정책(결혼이민자, 다문화가족)", 『이민정책연구원 토론회 자료집』.

김희정, 2007, "한국의 관주도형 다문화주의-다문화주의 이론과 한국적 적용", 『한국에서의 다문화주의』, pp.58~79.

박홍순, 2007, "다문화와 새로운 정체성, 포스트콜로니얼 시각을 중심으로", 『한국에서의 다문화주의 현실과 쟁점』, pp.111~134.

박희진, 2009, "북한시장의 형성과 체제 내 활용", 현대북한연구회 엮음, 『김정일의 북한, 어디로 가는가』, 한울아카데미, pp.237~273.

백영옥, 2002, "중국 내 탈북 여성실태와 지원방안에 관한 연구", 『북한연구학회보』, 6(1), pp. 241~264.

벡-게른스하임, 엘리자베스, 2010, "누가 누구와 결혼하는가?-이주자들은 결혼상대를 왜 본국에서 데려오나", 울리히 벡 외, 『위험에 처한 세계와 가족의 미래』, 새물결, pp.137~156

브라이도티, 로지, 2006/2011, 『트랜스포지션: 유목적 윤리학』, 김은주 외 옮김, 문화과학사.

서보혁, 2007, 『북한인권. 이론 · 실제 · 정책』, 한울아카데미.

설동훈, 2005, "외국인노동자와 인권-'국가의 주권'과 '국민의 기본권' 및 '인간의 기본권'의 상충요소 검토", 『민주주의와 인권』, 5(2), pp.39~77.

양옥경 · 송민경 · 임세와, 2009, "서울지역 결혼이주여성의 문화적응스트레스에 관한 연구", 『한국가족관계 학회지』, 14(1), pp.137~168.

오경석, 2007, "어떤 다문화주의인가? 다문화사회 논의에 관한 비판적 조망", 『한국에서의 다문회주의』, pp.22~56.
윤여상, 2002, “탈북자 적응에 관한 ‘태도변용이론’의 적용 가능성”, 『대한정치학회보』, 10(1), pp.195~223.
윤인진·박영희·윤여상·장혜경·임인숙, 2007, “북한이주민 가족의 사회적응과 가족관계의 변화”, 『한국가족복지학』, 12(2), pp.89~108.
윤인진, 2007, “북한이주민의 사회적응 실태와 정착지원방안”, 『아세아연구』, 50(2), pp.106~182.
윤인진, 2008, “한국적 다문화주의의 전개와 특성: 국가와 시민사회의 관계를 중심으로”, 『한국사회학』, 42(2).
이로미·장서영, 2010, “다문화국가 이민자 정책 및 지원서비스 분석: 미국과 캐나다 사례를 중심으로”, 『국제지역연구』, 14(1).
이미경, 2006, “탈북여성과의 심층면접을 통해서 본 경제난 이후 북한여성의 지위변화 전망”, 『가족과 문화』, 18(1), pp.33~55.
이송이 외, 2010, “한국에서 조선족이모로 살아가기: 조선족 육아·가사도우미의 삶에 대한 해석학적 현상학”, 『한국가정관리학회지』, 28(1), pp.25~36.
이율이·양성은, 2010, “한국 내 조선족 여성의 분거가족 관계에 대한 탐색적 연구”, 『한국가정관리학회지』, 28(4), pp.77~87.
이임하, 2009, “중국 및 제3국 내 탈북여성의 인권 상황”, 『탈북여성의 탈북 및 정착 과정에서의 인권침해 실태조사』, 국가인권위원회, pp.69~104.
이주영, 2005, “한국 내 조선족 여성이주자의 가사노동 경험”, 『전기사회학대회 자료집』, pp.33~38.
이해응, 2010, “다문화제도화의 포함/배제논리와 조선족이주여성의 위치성－젠더 시각으로 본 한국 다문화주의와 동포(민족)주의의 결합”, 『후기사회학대회 자료집』, pp.841~851.
이형하, 2010, “농촌지역 결혼이주여성의 지역사회 활동 참여경험에 관한 질적 연구”, 『한국사회복지학』, 62(3), pp.219~245.
이혜경 외, 2006, “이주의 여성화와 초국가적 가족: 조선족 사례를 중심으로”, 『한국사회학』, 40(5), pp.258~298.
이화진, 2011, “탈북여성의 이주경험을 통한 정체성 변화과정－북한, 중국, 한국에서의 이성관계를 중심으로”, 『여성학연구』, 21(3), pp.173~211.
이희영, 2005, “사회학 방법론으로서의 생애사 재구성”, 『한국사회학』, 39(3), pp.120~148.
이희영, 2007, “여성주의 연구에서의 구술자료 재구성”, 『한국사회학』, 41(5), pp.98~133.
이희영, 2009, “남한 내 탈북여성의 인권상황: ‘국민만들기’와 ‘여성소수자’로 살아가기”, 『탈북여성의 탈북 및 정착 과정에서의 인권침해 실태조사』, 국가인권위원회, pp.103~155.
이희영, 2010a, “새로운 시민의 참여와 인정투쟁－북한이탈주민의 정체성 구성에 대한 구술 사례 연구”, 『한국사회학』, 44(1), pp.207~241.

이희영, 2010b, “북한의 사회변동과 섹슈얼리티”, 『북한 주민의 의식과 정체성: 자아의 독립, 국가의 그늘, 욕망의 부상』, 통일연구원.
이희영, 2010c, “북한 일상생활 연구자료의 생성과 해석: 구술자료 연구방법론을 중심으로”, 『외침과 속삭임 – 북한의 일상생활세계』, 한울아카데미.
이희영, 2011, “텍스트의 ‘세계’ 해석과 비판사회과학적 함의: 구술자료의 채록에서 텍스트의 해석으로”, 『경제와 사회』, 91, pp.103~142.
임수진 · 오수성 · 한규석, 2009, “국제결혼 이주여성의 우울과 불안에 미치는 영향요인 – 광주 전남 지역을 중심으로”, 『한국심리학회지: 여성』, 14(4), pp.515~528.
임순희, 2005, “식량난과 북한 여성의 삶, 국가인권위원회 북한 인권관련 연구보고서”, 국가인권위원회, pp.419~438.
전신자, 2007, “중국 조선족 여성들의 국제결혼으로 본 조선족사회 가족변화”, 『여/성이론』, 16, pp.57~77.
정기선, 한지은, 2009, “국제결혼이민자의 적응과 정신건강”, 『한국인구학』, 32(2), pp.87~114.
정진헌, 2007, “탈분단. 다문화시대, 마이너리티 민족지, 새터민, ‘우리’를 낯설게 하다, 한국에서의 다문화주의”, 『현실과 쟁점』, 한울아카데미, pp.136~166.
정현욱, 1999, “조선족 귀화여성들에 관한 연구: 유입배경, 수용환경 및 부적응에 관한 고찰”, 『정치 · 정보연구』, 2(3), pp.103~123.
조영아 · 전우택, 2005, “탈북 여성들의 남한 사회 적응 문제: 결혼 경험자를 중심으로”, 『한국심리학회지: 여성』, 10(1), pp.17~35.
조정아 외, 2008, 『북한 주민의 일상생활』, 통일연구원.
조정아 외, 2010, 『북한 주민의 의식과 정체성: 자아의 독립, 국가의 그늘, 욕망의 부상』, 통일연구원.
조윤오, 2010, “다문화가정 여성의 가정폭력 피해경험에 대한 연구”, 『피해자학 연구』, 18(1), pp.159~183.
(사)좋은벗들, 1999, 『북한 ‘식량난민’의 실태 및 인권보고서』, 정토출판사.
차옥승, 2008, “국제혼인 이주여성 피해실태의 원인분석과 해결방안 모색”, 『담론201』, 11(2), pp.139~169.
최금해, 2006, “한국남성과 결혼한 중국 조선족 여성들의 한국생활 적응에 관한 연구”, 서울대학교 대학원 박사학위논문.
한건수, 2011, “한국의 다문화사회 이행과 이주노동자”, 『철학과 현실』, 91, pp.21~31.
황정미, 2009, “‘이주의 여성화’ 현상과 한국 내 결혼이주에 대한 이론적 고찰”, 『페미니즘연구』, 9(2), pp.1~37.
Chamberlayne, Prue, Bornat, Joanna, Wengraf, Tom(eds.), 2000, “The turn to biographical methods in social science”, *Comparative issues and examples*, London & New York: Routledge.

Fischer-Rosenthal, Wolfram, 1990, "Diesseits von Mikro und Makro. Phänomenologische Soziologie im Vorfeld einer forschungspolitischen Differenz", in *ÖZS*, 15, pp.21~34.

Mead, G. H., 1963, *Mind, self and society*, Chicago and London: The University of Chicago Press.

Honneth, Axel, 1992. *Kampf um Anerkennung*, Frankfurt am Main: Suhrkamp(문성훈·이현재 옮김, 1996, 『인정투쟁, 사회적 갈등의 도덕적 형식론』, 동녘).

Ricoeur, Paul, 1992, *Oneself as Another*, Translated by Kathleen Blamey, Chicago & London: The University of Chicago Press.

Riegel, C., 2004, *Im Kampf um Zugehörigkeit und Anerkennung, Orientierungen und Handlungsformen von jungen Migrannten. Eine sozio-biografische Untersuchung*, Ffm & London: IKO-Verlag für Interkulturelle Kommunikation.

Schütz, Alfred, 1972, "Der Fremde. Ein sozialpsychologischer Versuch", in ders, *Gesammelte Aufsätze, Bd. I.* Den Haag: Martinus Nijhoff, pp.53~69.

Simmel, Georg, 1908/1992. "Exkurs über den Fremden", in ders, *Soziologie. Untersuchung über die Formen der Versgesellschaftung. Gesammeltausgabe Band II.* Frankfurt am Main: Suhrkamp, pp.764~790.

Taylor, Charles, 1976, *Erklärung und Interpretation in den Wissenschaften vom Menschen*, Ffm: Suhrkamp.

Taylor, Charles, 1995, "The Politics of Recognition", in *Philosophical Arguments*, Cambridge: Harvard University Press, pp.225~256.

노동-유학-자녀교육의 동맹: 몽골 노동이주가정의 이주·정착·귀환 과정 분석

이민경

1 '코리안 드림'의 행위자-네트워크

한국 사회에서 이주노동자는 '코리안 드림'을 꿈꾸며 국경을 넘는 '노동력'으로 인지된다. 그동안 한국 사회에서 이주노동자가 결혼이주여성과는 달리 적극적인 사회통합정책 대상이 되지 않았던 이유도 한국 사회의 새로운 주체가 아닌 일시적으로 투입된 '노동력'으로만 인지되었던 것과 밀접한 연관이 있다(김혜순, 2007; 2010; 오경석, 2007; 이민경, 2010; 이민경·김경근, 2009; 이태주 외, 2008). 따라서 이주노동자는 한국 사회의 변화를 가져온 '이주 주체' 로서 정책적·학문적 관심대상에서도 비껴서 있었다. 무엇보다 한국 사회의 이주정책 프레임이 한국인의 가족유지를 위한 가부장적 근대 국민국가 프레임 안에서 작동되면서 이주노동자는 이중적으로 소외된 위치를 차지해 왔다. 이주노동자는 '국민'도 아니며 '가족' 결합권도 없기 때문에 '가족'이라는 범주에 의해 포섭되지 않기 때문이다.[1)]

그러나 한국 이주정책의 방향성과는 별개로 이주역사의 진전과 함께 이주노동자들의 유입과 정착과정은 매우 다변화되고 있다는 점에 주목할 필요가 있

1) '다문화'라는 용어 자체가 결혼이주여성에 대한 관심에서 비롯되었고(김혜순, 2010; 이민경, 2010), 국제결혼 가정을 '다문화 가족'으로 명명하면서 한국 다문화정책의 핵심대상이 되어 온 것은 결혼이주여성이 '한국인 가족 유지'라는 주요한 역할을 담당한다는 것에 바탕을 둔 가부장적 근대 국민국가적 프레임에 의해 한국의 이주 정책이 작동되어 왔음을 보여준다.

다. 가족결합권이 부여되지 않는 한국 이주정책에도 불구하고 한국에서 결혼이나 동거 등으로 가족을 새롭게 형성하거나 브로커의 도움이나 관광비자 등 비공식적인 방식으로 본국의 가족들을 불러들여 한국 사회에 체류하고 있는 비율이 늘어나고 있기 때문이다(이태주 외, 2008; 이민경 · 김경근, 2012). 이러한 다층적 현실은 이주노동자들의 이주를 단순히 '노동력의 유입'이라는 경제적 관점을 넘어서는 이주에 대한 새로운 관점과 이해를 필요로 한다.

특히, 몽골 이주노동자의 경우는 그 위치가 매우 독특하다. 이주동기와 정착과정에 '가족' 프레임이 매우 강력하게 작동하고 있고, 그 핵심에는 '자녀교육'이라는 이주 혹은 정착 동기가 형성되는 경우가 많다는 연구 결과들(김정원 외, 2005; 김정원, 2006; 김영옥 · 이선주, 2007; 이민경 · 김경근, 2012)이 보고되고 있기 때문이다. 이는 한국 사회 이주노동자 통계에서도 확인된다. 몽골 이주노동자는 국적별 외국인 수에서는 13번째를 차지하고 있다. 수적으로 한국 이주노동자 상위 순위에 위치한 집단이 아니라는 이야기다. 그러나 소위 말하는 '불법체류자' 비율은 중국, 타이, 베트남, 필리핀에 이어 5번째로 많은 국가로 랭크되었다. 전체 외국인 중 '불법 체류'율이 11.2%인데, 몽골은 30%가 넘는 인구가 미등록 노동자로 '불법체류자' 신분으로 한국 사회에서 살아가고 있다(법무부 출입국사무소, 2014). 한국 사회의 불법체류자 대부분이 가족을 동반한 장기 체류자임을 감안한다면 몽골 이주노동자가 자녀와 함께 한국에서 살고 있는 비율이 높다는 것을 알 수 있다. 한국에 살고 있는 이주노동자 가정 자녀에 대한 공식적 · 비공식적 통계도 이러한 가능성을 뒷받침하고 있다. 국내 일반학교에 재학 중인 이주노동자 가정 자녀의 경우, 학부모 국적은 몽골(26.2%)(법무부 출입국사무소, 2014)이 가장 많으며, 재학생 통계에 잡히지 않는 학교 밖 학령기 아동이나 청소년들도 몽골 이주노동자 가정 자녀가 대부분인 것으로 알려져 있다(이태주 외, 2008; 이혜원 외, 2010). 따라서 한국 사회에서 몽골 이주노동자 가정은 자녀들을 동반하는 최대 이주노동자 집단이라고 할 수 있다.[2]

이 장은 몽골 이주노동자의 이주동기와 과정, 한국 사회에서의 정착과 귀환 등 이주의 순환과정을 자녀교육과의 연관 속에서 행위자–네트워크이론으로 분석하고자 한다. 일반적으로 ANT는 인간의 상호작용의 특징을 다양한 인간·비인간 행위자들이 개입하는 '복잡성(complexité)'로 규명한다(Morin, 1994; Latour, 1994). 따라서 이들의 이주도 초국적 글로벌 경제체제나 개인의 단순한 공간이동으로 환원될 수 없는 다양한 행위자들이 상호교차하는 복합적인 사회현상으로 볼 수 있는 관점을 제공한다. 한국 사회의 노동이주를 정치경제학적 차원의 노동시장 구조, 혹은 사회복지정책 등의 관점으로만 분리하여 보는 것은 제한적인 시각일 가능성이 크다. 무엇보다 이주노동자들의 유입이나 정착 혹은 귀환의 문제를 세계적 자본질서와 노동흐름의 관점에서만 노동이주를 이해하게 되면 이주노동자는 이와 같은 구조 안에서 수동적으로 움직이는 존재로만 포착되는 문제가 발생할 수 있기 때문이다.

따라서 이 장은 이러한 문제의식을 바탕으로 몽골 이주노동자들의 이주를 삶의 과정에서 형성되고 변화하는 주요한 행위자–네트워크를 중심으로 분석하고자 한다. 이를 통해 한국 사회에서 '이주노동자'라는 호명이 블랙박스(black box)[3]로 작동함으로써 드러나지 못하는 자녀교육을 둘러싼 몽골 이주노동자들의 다양한 삶의 유형과 협상, 번역(translation)[4]의 경험을 다층적으로 이해하고자 한다.

2) 이러한 특성을 추동해내고 있는 가장 중요한 요인 중 하나는 서울에 개교한 재한 몽골학교다. 몽골학교는 한국 사회 이주노동자 집단 가운데 유일한 자국민 학교다. 한국 사회의 미숙련 노동자 자녀 교육을 담당하고 있는 유일한 공식적인 학교기관이라는 점에서 다른 국가 출신의 이주노동자 공동체와는 구별되는 매우 독특한 위상을 갖고 있다고 할 수 있다(이민경, 2013).

3) ANT에서 블랙박스란 잡종적 네트워크가 하나의 행위자나 대상으로 단순화되어 접혀진 상태(folding)를 지칭한다. 따라서 사람들은 블랙박스 속의 복합적 결합과 동맹의 행위자–네트워크는 보지 못하고 외부의 입·출력에만 의존하는 대상으로 취급하게 된다(제5장 참고).

4) ANT에서 번역이란 다양한 인간·비인간 행위자들 사이에서 특정 행위자의 이해와 의도가 다른 행위자의 언어로 전환되는 프레임의 형성과정을 의미한다(Latour, 2005).

2 이주노동자 연구와 행위자-네트워크이론

1) 이주노동자 연구의 배경과 현실

이주노동자는 한국의 이주민 집단 중 인구 통계학적으로 매우 높은 비율을 점유하고 있다. 그럼에도 불구하고 경제적·인권적 관점에서의 사회적 담론을 제외하면 이들은 한국 사회의 새로운 구성원에 대한 정책적 대응 차원뿐만 아니라 학문적 담론과 실천적 영역에서도 상대적으로 소외된 위치를 차지해 왔다(오경석, 2007; 이민경, 2010; 이민경·김경근, 2009, 2012; 김민환, 2010; 최충옥·조인제, 2009). 따라서 국제결혼 가정이나 북한이탈 가정과는 달리 행위자적 관점에서 고찰하거나 다양한 관점과 시각을 동반한 연구 또한 드물었다고 할 수 있다. 이러한 제한적 조건 속에서 한국 사회에서 그동안 이루어진 이주노동자 이동과 정착, 귀환과 관련한 선행연구들을 정리하면 다음과 같다.

먼저, 국내 이주노동자 실태분석과 적응에 대한 연구이다. 한국 사회에서 이주노동자의 실태와 적응문제를 파악하고 사회적·정책적 시사점을 제시하려는 연구들이 여기에 포함된다. 저숙련 이주노동자의 경제적 생활 적응을 다룬 김성숙(2011)의 연구, 이주여성노동자의 사회문화적 적응에 관한 경험을 다룬 김영란(2007)의 연구는 이주노동자들의 한국유입 실태를 고찰하고 한국생활 초기 적응문제를 다루고 있다. 이주노동자 당사자 문제를 넘어 가족과 자녀들의 실태와 적응을 다룬 연구로는 국내 몽골 출신 외국인 노동자의 자녀교육 실태를 다룬 김정원(2006)의 연구, 이주노동자 자녀들의 교육복지 실태와 주요 쟁점을 다룬 조경서(2007)의 연구, 그리고 이주노동자 가장 자녀의 교육 실태와 문제를 다루고 있는 오성배(2009)의 연구 등이 있다. 제목에서 암시하는 것처럼 이주 인구의 증가나 적응실태 혹은 이주노동자 가정 자녀들의 전반적인 교육실태를 고찰한 것들로서 인구학적 차원의 변화나 이로 인한 한국 사회의 당면 문제들을 포괄적으로 다루고 있는 연구들이라고 할 수 있다. 특히 본 연구와 관련하여 몽골 이주노동자들의 자녀교육을 다룬 김정원의 연구(2006)는 자녀교육이 몽골 이주노동자들의 주요한 이주동기임을 기술하고 있어 주목된다.

다음으로, 이주노동자들의 인권이나 사회적 권리문제 등을 다룬 연구들로써 단순히 실태조사를 넘어 좀 더 적극적으로 한국 사회에서의 권리문제 등을 다룬 연구들이다. 이주노동자 권리 보호를 위한 국제인권 규범 수용을 다룬 이경숙(2008)의 연구, 국제노동력 이동과 외국인노동자의 시민권에 대한 설동훈(2007)의 연구 등이 여기에 포함된다. 또한 이주노동자 가정 자녀들의 의료권과 교육권을 다룬 연구도 주목된다. 이주노동자 자녀의 아동인권 실태를 다룬 설동훈 외(2003)의 연구나 국내 이주민 자녀들의 학교교육에서의 교육권 실현을 위한 과제를 다룬 조금주(2011)의 연구 등이 대표적이다.

마지막으로, 이주노동자 가정이나 그 자녀들의 삶을 행위자적 관점에서 미시적으로 다룬 연구들을 들 수 있다. 이 연구들은 한국 사회의 관점에서 이주자들의 적응이나 실태 혹은 관용의 문제를 고찰하기보다는 이주자들의 목소리를 통해 그들의 삶의 문제를 다루고 있다는 점에서 상술한 연구들과 구별된다. 국내 네팔 이주노동자의 초국적 가족 유대를 다룬 김경학(2014)의 연구, 이주가정의 자녀교육 욕구를 다룬 김영임·이선주(2007), 이주가정의 양육과 교육문제를 이주노동자와 현장 전문가의 목소리를 통해 살펴본 이민경·김경근(2012; 2014)의 연구 등이 여기에 해당된다.

이처럼 그동안 이주노동자를 대상으로 하는 선행연구들은 연구관심의 확장과 연구문제의 심화를 보여주고 있다. 그러나 이주로 인한 사회변화를 단순히 기술하거나 인권적·복지적 관점이 대부분을 차지하고 있는 한계를 노출하고 있다. 또한 이들의 이주문제를 다차원적으로 고려하는 연구보다는 특정한 측면을 중심으로 단선적으로 기술하는 방식이 대부분을 차지하고 있다.

이 장의 연구는 기존의 선행연구에서 천착해온 이주노동자에 대한 단선적 연구 프레임을 넘어 이들의 이동을 추동하거나 그 과정에서 발생하는 다층적 위치들의 그물망에 주목하면서 다양한 행위자들의 다차원적인 네트워크를 다룬다는 점에서 선행연구와 구별된다.

2) 이주노동자들의 이주와 행위자-네트워크이론

이 연구는 선행연구들의 성과를 바탕으로 연구 외연의 확장으로서 몽골 이주노동자 가정의 이주와 정착의 과정을 자녀교육과의 관계 속에서 ANT에 의해 이들의 다양한 층위의 그물망을 파악하려는 목적을 지니고 있다. ANT의 핵심은 이질적 행위자들로 인식되는 인간과 비인간의 행위성 사이의 근본적 구분을 거부하고, 주체들의 상호작용에서 사물들의 상호작용의 횡단(le passage d'une intersubjectivite a une interobjectivite)으로의 전환을 주장한다(Latour, 1994). 다시 말하면, 기술과 물질 등을 포함한 사물들의 행위성을 다루지 않는 기존의 접근방식을 비판하고 사물들을 행위자로 인식해야만 지금의 세계와 사회를 제대로 이해할 수 있다는 관점을 취하고 있다. 따라서 인간 행위자뿐만 아니라 비인간 행위자들의 상호작용을 탐구해야만 비로소 사회적 현상을 이해할 수 있다고 주장한다.[5]

이처럼 ANT는 사회현실은 끊임없이 유동하며 변화하는 인간과 비인간 행위자들의 잡종적 네트워크의 형성과 소멸이라는 관점에서 이해된다(제5장 참고). ANT에서 네트워크란 특정한 형태의 관계들로 연결된 행위자의 집합이라고 할 수 있는데, 여기에서 행위자는 사람 이외에 조직, 국가 등의 집합체 또는 사물이나 사건까지도 포함한다(구양미, 2008, 38)는 점에 주목할 필요가 있다. ANT는 이주노동자들의 이동을 둘러싼 다양한 규모의 인간·비인간 행위자들을 포착할 수 있다는 점에서 세계화의 진전과 함께 새로운 삶의 전략으로 추동되고 있는 노동이주를 이해하는 데 매우 유용한 분석적 틀을 제공하고 있다. 이처럼 행

---

5) 라투르(Latour, 1994)는 이러한 사물들의 행위성을 설명하기 위해 인간행위자인 actor 대신 actant를 사용하여 주체와 객체의 이분법을 지양하고 있다. 따라서 저자는 사회를 분석하기 위해서는 상호작용에 대한 재해석이 있어야 한다고 주장한다.

위자–네트워크는 노동이주를 단순히 자신의 노동력을 제공하여 그로 인한 경제적 이득을 취하려는 목적에서뿐만 아니라 다양한 행위자들의 측면에서 바라보아야 한다는 점에 주목함으로써 양적으로 증가하고 질적으로 심화되고 있는 이주노동자들의 이주와 정착 그리고 귀환의 과정을 다양한 행위자들이 상호교차하는 과정으로서 다층적으로 이해하는 데 유용한 시사점을 주고 있다.

3 몽골 이주노동자 가족 이해를 위한 과정

1) 몽골 이주가정 면담 과정과 전개

이 연구는 자녀교육과 관련하여 몽골 이주노동자들의 이주 그물망을 이해하기 위해 2011년 1월부터 2013년 8월까지 약 3년간에 걸쳐 몽골 이주노동자들과 현장 전문가 등을 심층 인터뷰한 결과를 분석한 것이다. 연구 참여자들은 처음에는 재한 몽골학교[6]를 통해 소개받아 이루어졌고, 연구를 진행하면서 연구참여자가 주위의 지인을 소개해주는 눈덩이(Snowball) 표집방법이 병행되었다. 심층면담은 몽골 이주노동자들뿐 아니라 이들의 이주와 정착 그리고 귀환과정에 깊숙이 개입되어 있는 몽골학교 운영을 담당하고 있는 현장 전문가들과도 면담을 진행하였다. 몽골학교 설립과 운영의 주체이기도 한 현장 전문가들은 몽골학교의 설립과 운영뿐만 아니라 몽골 이주노동자들과 직접적인 접촉을

6) 서울 시내에 위치한 몽골학교는 한국에 거주하고 있는 몽골이주자 가정 자녀들의 교육문제를 해결하기 위해 한국 NGO 단체의 주도로 몽골 정부의 공식적인 인가과정을 거쳐 설립된 학교이다. 이 학교는 상층회로를 따라 움직이는 1세계 서방국가들의 여타 교육기관이나 외국인 학교와는 달리 한국 종교단체의 이주민 지원활동의 연장선상에서 설립된 외국인학교라는 점에서 매우 특징적이다. 이 학교는 몽골로부터 거의 경제적 지원을 받지 않고 국내 지원단체의 활동과 후원에 의해 학교재정이 마련되고 교육과정이 운영되고 있다. 현재 교육과정은 유치원부터 중학교 3학년까지 개설되어 있다. 학생 수는 매년 변동이 있지만 평균 90~100명의 학생들이 재학하고 있다. 주로 부부 모두 외국인 노동자인 가정이 대부분이지만 몽골과 한국인 사이의 국제결혼가정 자녀도 재학하고 있다(이민경, 2013).

하면서 오랜 기간 관계를 맺어왔다는 점에서 이들의 이주와 정착과정을 좀 더 다차원적으로 이해할 수 있는 매우 유용한 정보지이다. 또한 이들은 몽골 이주 노동자 가정 자녀들의 교육뿐만 아니라, 몽골 정부와의 관계, 학생 기숙사를 운영하면서 몽골 이주노동자들의 가족적 삶에 다양한 방식으로 연결되어 있다. 따라서 몽골 이주노동자의 이동과 관련한 핵심적인 행위자들이기도 하다.

이 연구에서 사용된 심층면담 자료수집방법은 주로 반구조화된 면접에 의한 집단 및 개별 심층면담의 병행을 통해 이루어졌다. 반구조화된 면접법이란 연구자가 개략적이고 전체 내용을 아우르는 질문리스트를 가지고 있지만 이를 면접 상황에서 직접적, 획일적으로 적용하지 않고 상황과 면접 흐름에 따라 유연하게 적용하는 것을 말한다(Kaufmann, 1996). 연구자는 연구 참여자에 대한 객관적 상황과 주관적 특성들을 파악하기 위한 질문목록을 가지고 이를 기반으로 면담을 진행하였지만 이를 순차적이나 기계적으로 적용하지는 않았다. 연구자가 가지고 있던 질문목록이 면담 도중에 자연스럽게 드러나는 방식을 택함으로써 연구 참여자가 되도록 자연스럽고 편안하게 면담에 임하도록 배려하였다.

한편, 몽골 이주노동자와의 면담에서는 이들의 한국어 구사능력에 편차가 존재하기 때문에 이를 감안하여 면담방식을 다변화하였다. 구체적으로, 한국어 구사능력이 뛰어난 경우에는 자녀교육에 대한 포괄적인 질문을 던지고 면담자들이 비교적 자유롭게 이야기를 할 수 있도록 배려하였다. 반면, 한국어 구사능력이 상대적으로 떨어지는 경우에는 세세한 질문방식을 취하여 각각에 대해 답변을 할 수 있도록 하였다. 한편 심층적인 대화를 진행하기에는 한국어 구사능력이 많이 뒤떨어지는 경우에는 통역을 대동하고 면담을 진행하였다. 연구 참여자들과의 면접시간은 평균 1~2시간 정도 진행하였고, 필요에 따라 개별과 집단 면담을 병행하면서 평균 2~3회 정도 실시하였다.

한편 면접질문은 몽골 이주노동자 가정 학부모들의 행위 이면에 자리하고 있는 복잡성(Morin, 1994)이 드러날 수 있게 되도록이면 다양하게 접근하려고 노력하였다. 〈표 8.1〉은 이러한 관점에 기초하여 심층면접에서 사용한 집단별 주

〈표 8.1〉 심층면접에서 사용한 주요 질문목록

대상	심층 질문 요소
몽골 이주노동자	– 한국으로의 이주과정 – 한국 정착 과정과 가족결합 과정 – 자녀양육과 교육 계획과 실천 – 향후 삶에 대한 계획
몽골학교 운영 실무자	– 몽골학교의 설립과정과 몽골과의 관계 – 몽골 이주노동자와의 네트워크 현황 – 몽골 교육부와의 협력관계 – 몽골학교 학부모, 학생들의 특성

요 질문목록의 범주이다.

2) 몽골 이주가정 면담자의 일반적 특성

공식적인 몽골 이주노동자의 한국행은 1998년으로 거슬러 올라간다. 한국 중소기업과 상호협약 체결로 5500여 명이 산업연수제로 한국에 들어오기 시작한 것이 계기가 되었고, 2004년에는 한국 노동부와 몽골 사회노동보장부의 양해각서에 의해 9600여 명의 이주노동자가 고용허가제에 의해 들어오기도 하였다.[7] 그 후 공식적·비공식적 통로에 의해 이주노동자가 꾸준히 유입되고 있다. 2014년 11월 기준으로 현재 한국 사회에 몽골 이주노동자는 24,056명으로 통계에 잡히고 있다. 이 중 합법 체류자는 16,604명이고, 불법체류자는 7,452명이다(법무부 출입국사무소, 2014). 앞서 언급한 것처럼 여타 다른 국가들에 비해 현저히 높은 불법체류율을 보여주고 있다. 이들은 거의 대부분 제조업으로 비

7) 한국과 몽골의 수교는 1990년이지만 양국의 관계가 급진전된 것은 1999년 김대중 대통령의 방문 이후이다. 한국과 몽골이 양국 관계를 '21세기 상호보완적 협력관계'로 합의함으로써 본격적인 교류가 시작되었다고 보고하고 있다(정명화, 2010.01.14. 몽골을 보다 자유아시아 방송, 검색일 2015.03.38: www.rfa.org/korean/weekly...mongolia/mongol-01142010122902.htm).

〈표 8.2〉 연구 참여 이주노동자 인적사항

구분	나이, 학력	직업 (체류기간)	자녀(나이)	비고(등록여부, 가족 사항 등 특이사항)
인케톨	48세 대학 졸	몽골학교 교사(7년)	2명(28세, 16세)	- 등록 이주노동자 - 남편의 공식적 신분은 유학생 - 장녀는 의학대학원에 재학 중 - 차녀는 몽골학교에 재학
뭉글진	34세 대학 졸	생산직 노동자(7년)	1명 (12세)	- 미등록이주노동자 - 남편은 현재 미등록 노동자로 이삿짐 센터 등 비정기 생산직 노동자로 일함 - 자녀는 몽골학교 재학
어용다르	45세 박사과정	유학생 (5년)	1명 (20세)	- 등록이주노동자 - 경제학석사 취득 후 한국에서 박사과정에 재학하면서 몽골학교 교사를 병행했음 –현재 몽골로 귀환
후엘룬	45세 대학 졸	생산직 노동자(11년)	3명(17세, 6세, 3세)	- 미등록 이주노동자 –장녀는 몽골학교 재학
바야르마	49세 대학원졸	생산직 노동자(11년)	2명(25세, 19세)	- 미등록 이주노동자 - 장녀는 한국에서 고등학교 졸업후 미국에서 대학 재학 - 차녀는 한국고등학교 재학
알탄체첵	42세 대학 졸	몽골교사 (6년)	2명(15살, 12살)	- 등록 이주노동자 - 몽골문화원을 통해 몽골학교 교사로 한국에 입국 - 남편은 동반비자로 한국에서 생산직 노동자로 근무
볼로르마	49세 대학 졸	몽골 교사 (5년)	2명(20살, 9살)	- 등록 이주노동자 - 가족이 함께 사업 이주 - 남편이 병사 후 혼자 사업을 꾸리다 학교 교사로 근무 –장녀는 현재 귀환

〈표 8.3〉 현장전문가 인적사항

구분	성별(국적)	몽골학교 담당영역	비고
이지혜	여(한국)	몽골학교 총괄 책임	재한 몽골학교 설립부터 현재 운영까지 총괄책임
심애경	여(한국)	학생 상담, 생활지도	몽골학교 기숙사 관리, 학부모 상담, 과외 활동 등을 기획하고 생활지도 담당

자를 받은 노동자들로 미숙련 노동자들이 대다수를 차지하고 있다.

본 연구에 참여한 7명의 몽골 이주노동자들은 대부분 한국 체류기간이 5~10년이며, 유학생 신분이거나 몽골학교 교사로 일하는 4명은 합법적 체류자이고, 나머지 3명은 생산직 노동자로 일하는 미등록 이주노동자로 불법체류자이다. 미등록 노동자의 경우 처음에는 산업연수제 혹은 고용허가제에 의해 자신들이 먼저 귀국한 후 자녀들을 나중에 한국으로 불러들여 가족을 형성하며 미등록 노동자로 살아가는 경우가 대부분이다. 면접 내용은 연구 참여자들의 동의를 얻어 모두 녹음하였으며 참여자들의 이름은 가명으로 처리하였고 이를 당사자들에게도 미리 알려 최대한 자유롭고 편한 분위기에서 이야기를 할 수 있도록 배려하였다. 〈표 8.2〉와 〈표8.3〉은 연구 참여자인 이주노동자들과 현장전문가들의 일반적인 인적 사항이다.

4 재한 몽골 이주노동자들의 이동과 자녀교육 네트워크 분석

1) 자녀동반이주의 매개: 인터넷과 몽골학교

이주의 역사가 축적되면 초국적 관계망 역시 확장되기 시작한다. 어느 사회이건 이주자들이 일정한 수를 넘어서면 이주 연결망, 즉 이주자, 선이주자, 비이주자를 연결하는 친족, 친구, 동향인 등의 대인관계가 형성될 수밖에 없다(설동훈, 2000; 전형권, 2008; 최병두 외, 2011). 이 가운데 동일한 국가 출신들로 구성된 네트워크인 민족커뮤니티는 비공식적이면서도 다른 집단과의 연계는 폐쇄적인 근원적 네트워크의 형태라고 할 수 있다(Gragher & Powel, 2005; 구양미, 2008, 41에서 재인용). 특히 가족 단위로 이주하는 경우 자녀교육 등 고려해야 할 요소가 많은 상황에서 위험성을 최소화하기 위해 자신들의 관계망을 최대한 동원하게 되는데, 몽골 이주노동자들에게 몽골학교의 존재는 자녀들을 교육시킬 수 있는 대안으로 인지되면서 이주 자체와 이주지 선택의 동인이 되는 강력한 매개체 역할을 수행할 가능성이 많다. 다음 인용은 몽골 이주노동자들이 한국으로의 이주계획을 세울 때, 자녀교육기관도 함께 기획하고 온다는 것을 암시한다. 또한 몽골 이주노동자들이 한국에서의 초기정착 후 자녀를 포함한 가족 이주를 결정하는데 강력한 영향을 미친다는 것을 보여주고 있다.

> 몽골에서 바로 전화가 올 때도 있고요. 여기에서 일하는 노동자 몽골 분들이, 어른들이 먼저 전화를 하던가 찾아와 가지고 '우리 아이가 몽골에 있는데 9월 달에 올 꺼다 그러면은 미리 학교가 받아줄 수 있냐, 올 때 뭐 가지고 와야 되냐'. … 재한 몽골인들한테 국한되어 있는 거 같지는 않은데 몽골 사람들이 주로 들어가는 사이트가 있어요. 그런 사이트 자기 정보를 공유해 올리는 거고… '몽골학교가 있다' 이런… 여기 한국인 몽골인들 거의 서로서로 연락들을 할 거예요. 그래서 우리가 몽골인들만 모이는 행사를 매년 하고 있거든요. 나담축제라고. 올해 삼천 명이 모였어요. 몽골사람들만. 다들 네트워크가 되어있는 거죠. 우리가 굳이 하지 않아도…. (이지혜)

위의 내러티브는 몽골 이주노동자들의 한국으로의 이주과정에 자녀교육문제가 매우 중요한 변수로 이미 전제되어 있는 경우가 많음을 암시하고 있다. 몽골학교가 설립되면서 이주를 실행하기 전부터 정보를 입수한 뒤에 이주계획을 구체적으로 실천하는 경우가 많다는 것이다. 특히, 최근에는 한국에 들어오기 전에 먼저 자녀교육에 필요한 서류들을 미리 챙기고 허락을 받아 한국으로 이동하는 경우가 점점 증가하고 있다고 한다. 이러한 새로운 흐름은 이주노동자들이 먼저 '한국 입국 후 2~3년이 지난 다음에 가족을 브로커 등을 통해서 불러들이는 이전의 이동형태(이태주 외, 2008)'와는 매우 달라졌음을 보여주고 있다.

주목할 것은 이러한 이주의 새로운 흐름을 견인해내는데 인터넷이 결정적인 역할을 한다는 것이다. 2004년 이후 몽골은 한국과의 IT 협정 등으로 인터넷이 보급되기 시작하였고, 이러한 IT기술의 발전이 한국의 정보를 본국에서 쉽게 접할 수 있는 길을 열어주었던 것이다. 이전의 이주자들이 친인척 등에 의한 인적인 네트워크 등 개인적인 접촉에 의한 정보에 의존하는 등 그 연결망이 폐쇄적이었다고 한다면, 2006년 이후 인터넷이 확대 보급되면서 새로운 이주연결망으로 확대되기 시작했다고 할 수 있다. 따라서 몽골 이주자들의 가족 동반 이주패턴에도 변화를 가져오게 된다.

초기 몽골 이주노동자 가정의 경우, 자녀들을 한국에 입국시킨 후 학교를 알아보고 입학하기 전까지 집에서 1~2년씩 방치되는 것이 일반적이었다(이태주 외, 2008). 현재도 몽골을 제외한 이주노동자 가정 자녀들의 경우는 이러한 사례가 자주 발견되는 것으로 보고되고 있다(이혜원 외, 2010). 그러나 몽골 이주노동자의 경우, 몽골학교의 존재가 인터넷으로 인해 본국에서 기본적인 정보를 얻는 것이 가능해짐으로써 이주해 오기 전 자녀교육 관련한 한국 상황을 미리 파악하고 자녀동반 여부 등 계획을 미리 세우고 온다는 것을 알 수 있다. 이처럼 사물행위자(actant)(Latour, 1994)인 인터넷의 보급으로 인해 자녀교육에 대한 정보가 공유되면서 몽골 이주노동자에게 한국은 자녀를 동반해서 입국할 수 있는 국가로 인지된다. 통신망의 발달이라는 비인간적 행위자(actant)가 어떻게 초국적 이주를 촉진시키는 매개체 역할을 하는지를 보여주고 있다.[8]

8) 물론 인터넷 보급 이전에 이미 들어온 10 내외의 장기체류자인 이 연구 참여자의 경우, 인터넷이 몽골에서 한국으로 이주를 촉진한 직접적인 이주 경로는 아니다. 인터넷에 의한 정보를 통해 몽골학교의 존재를 인지하고 2005년 이후 입국한 일부 연구 참여자에게만 해당된다고 할 수 있다. 그럼에도 불구

한편, 이러한 새로운 흐름은 몽골학교로의 학생유입뿐만 아니라 몽골학교의 틀을 갖추기 위한 교사모집에서도 영향을 미치고 있다. 몽골학교 설립초기에는 주로 한국에 유학 온 학생들과 한국 자원봉사들을 중심으로 학교가 운영되었다. 그러던 것이 학교가 어느 정도 자리를 잡아가고 몽골에도 인터넷을 통해 알려지면서 직접 몽골에서 직접 교사를 충원하는 방식으로 전환하게 된다. 이러한 변화는 인터넷에 의한 초국적 네트워크가 급속하게 그 영역을 넓혀가고 있는 것과 맥락을 같이한다.

> 몽골 교육부 홈페이지에 교사모집을 한다는 것을 알게 되었어요. 우연히 아는 사람한테서 듣고 제가 거기(교육부 홈페이지) 가서 확인했는데, 거기 가서 교사하면 좋을 것 같았어요. … 이전에는 (한국에 오는 것에 대한) 별 마음이 없었어요. 아이들 학교 보내는 것도 문제가 없고. … 남편은 여기에서 그냥 일(생산직 노동자로)해요. 내가 여기 오니까 함께 왔어요. 일하고 아이들 공부도 시킬 수 있으니까…. (어용다르)

몽골에서 화학교사로 일했던 어용다르의 경우는 지인이 우연히 알려준 사이트 접속으로 한국행을 결심하게 된 경우이다. 한국대학에서 공부하고 싶은 생각은 가지고 있었으나 아이들 교육문제 등 현실적인 문제가 많아 실행할 생각을 못하고 있었다고 한다. 그런데 우연히 접한 인터넷의 정보로 인해 일을 하면서 한국대학에 유학을 할 수 있는 가능성을 발견하게 되었다고 한다.

몽골은 2004년부터 자국어 인터넷 주소가 시범적으로 서비스되고 있는 것으로 알려졌다. 호주 시장 조사 기관인 BuddeComm에서는 2007년 북아시아 지역의 브로드밴드 및 인터넷 시장 보고서(North Asian Broadband and Internet Market Report)(McNamara, 2007)에 의하면 당시 인터넷 보급률이 2006

하고, 인터넷의 보급은 최근 자녀를 동반하는 몽골 이주노동자들의 이주패턴 변화를 이끌고 있다는 점에서 매우 주목할 만한 비인간행위자다.

년 말 기준으로 300만 정도의 인구 가운데 38만 명으로 추정되고 있다. 인터넷 보급률은 10퍼센트를 조금 넘는 수준에 불과하여 다른 북아시아 국가들에 비해 상대적으로 저조하지만 이 시기는 본격적으로 몽골이 인터넷 시장을 한국 등의 국가들과의 협조 아래 적극적으로 개방·확대하기 시작한 시점이라는 점에 주목할 필요가 있다.

한편, 인터넷에 의해 형성되는 커뮤니티는 한국에서의 관계망 형성으로 확장되기도 한다. 물론 이러한 커뮤니티는 비단 몽골인들만의 특성은 아니다. 이주노동자들이 한국에서의 정착과정에서 서로를 이어주는 커뮤니티는 상당부분 존재하는 것으로 알려졌다. 그럼에도 불구하고, 가정을 이루고 있는 몽골 이주노동자들의 주요한 커뮤니티의 역할을 해 온 것이 바로 자녀양육과 학교정보 공유다. 몽골에서 이주하기 전 몽골학교의 존재를 몰랐던 경우에도 한국에 입국하여 새로운 관계망을 형성하면서 학교의 존재가 새로운 이주 네트워크의 시발점이 되고 있음을 짐작케 한다. 따라서 이러한 과정을 이해하지 않으면 몽골 이주노동자들의 이주를 흡입배출 이론에 의한 경제적 결과로만 보거나 가족과 자녀를 동반하는 이주를 가족주의적 전통에 기인한 문화적 특성 등으로만 추측하는 결과를 낳을 수 있다. 복합적인 인간·비인간 행위자의 이질적인 잡종들은 드러나지 않은 채 문화적 본질로 '정화(purification)'(Latour, 2005)[9]될 가능성이 높기 때문이다. 이처럼 몽골학교를 매개로 하는 몽골 이주노동자 가정의 이동의 과정에 IT의 발전과 이를 가능하게 했던 몽골과 한국의 양국협력 관계의 진전, 인터넷의 보급이라는 비인간 행위자가 어떻게 다양한 층위의 이주를 촉진시키는 매개체 역할을 하는지를 잘 드러내주고 있다.

9) ANT에서 정화는 언제나 잡종적인 특성을 갖는 현실을 인위적으로 인간들의 영역인 사회와 비인간들의 순수한 영역인 자연으로 구분하고 이를 끊임없이 (재)생산하는 행위를 지칭한다. 다시 말하면 정화는 자연과 사회의 행위자들이 잡종적인 연결망 구축을 통해 전혀 새로운 유형의 존재를 창출하는 행위를 지칭하는 번역(translation) 혹은 매개(mediation)와 반대로 작용하는 행위를 뜻한다(Latour, 2005).

2) 코리안 드림의 재구성: 경제적 목적과 자녀교육의 동맹

'코리안 드림'은 1980년대 후반 이후 한국 사회 이주노동자의 급증을 설명하는 키워드다. 따라서 일반적으로 이주노동자들이 한국 사회에서 꿈꾸는 것 혹은 기대하는 것은 '경제적'으로 풍요로운 삶으로 인지된다. 그러나 경제적 풍요는 이주노동자들의 '코리안 드림'을 구성하는 핵심적인 요소이지만 유일한 목적이라고 말하기는 어렵다. 물론 노동력의 가치가 상대적으로 낮은 저개발국가에서 개발국가로의 이동은 경제적 목적이 매우 중요한 이유임을 부인하기 어렵다. 그럼에도 불구하고, 가족적 이주는 다양한 부가적(혹은 전도된) 욕구를 수반하기 마련이다. 자녀를 포함한 가족 단위 이주가 많은 몽골출신 이주노동자들의 체류를 단순히 '노동'만을 위한 것이 아니라 '교육'을 위한 선택으로 보아야 한다는 새로운 관점을 제시한 선행연구들(김정원 외, 2005; 김영임·이선주, 2007)은 이러한 이주노동자들의 이주 동기의 한 축을 포착해 낸 경우라고 할 수 있다. 무엇보다 상대적으로 근대화가 덜된 국가에서 보다 근대화된 국가로의 이동인 경우 이주지의 학교교육을 통해 좀 더 나은 교육환경을 자녀들에게 제공하는 것을 원할 개연성이 크다. 좀 더 선진화된 이주국가에서의 교육적 커리어는 향후 이들이 본국으로 돌아갔을 때 학력자본의 역할을 할 가능성이 높기 때문이다.

특히, 미등록 노동자의 경우 불안정한 조건 속에서도 자녀들과 함께 이주하여 생활하고 있는 몽골 이주노동자 가정은 체류가 장기화되면서 가족이 함께 살기 위해서 자녀들을 이주시키기도 하는데, 이러한 결정의 이면에는 더 나은 환경에서 자녀를 교육시키고자 하는 동기가 있다는 보고들(김영임·이선옥, 2007; 김정원 외, 2005; 이태주 외; 2008; 이민경·김경근, 2012)은 이러한 부분을 잘 설명해주고 있다. 다음 사례는 이를 잘 보여주고 있다.

> 남편은 1999년에 왔어요. 나는 2003년에. 몽골에 할머니랑 있다가 그냥 한국

에 와서 남편하고 있다가 같이 갈라 그랬는데…. 애(둘째 아들) 낳아서. 그래서 아이 낳으면 그 이후에 몽골 갈라 그랬는데 애 좀 아팠어요. 그래서 애가 건강해질 때까지 계속 있게 되었어요. 근데 살다보니까 여기가 좋아서, 좋은 나라에서 애 키울라고 (아이를) 데리고 왔어요. 여기서 아이를 학교에 보내면 좋을 것 같았어요. 원래 몽골 가서 살라고 했었어요. … 몇 년 전에 나라(한국) 에서 새로운 법 나왔어요. 근데 법은 아니고 조금 봐주는 거. 만약에 여기 불법으로 있는 사람들이 자발적으로 나가면 다시 언제든지 들어올 수 있게 해준다고 하는 거요. 그래서 자진출국 할라고 생각도 했다가…. … 그런데 … 다시 못 들어올까봐 겁나서, 아이들 교육문제 때문에. (후엘룬)

후엘룬의 이야기는 일시적으로 한국에 들어왔다가 자녀양육과 교육이 한국에서의 정착을 결정하는 원인이 되었음을 보여주고 있다. 몽골보다 좋은 교육적 환경에서 아이를 교육시킬 수 있다는 가능성이 미등록 신분을 감수하고서라도 한국에서의 정착을 결정하게 하는 계기가 되었고, 이후 한국 정부의 미등록 이주노동자 귀환 유도정책에 응하지 않았던 이유도 자녀교육문제가 핵심으로 자리하고 있음을 보여주고 있다. 자녀를 동반한 몽골 이주노동자의 이동의 과정에 자녀의 교육을 중심으로 한국 사회에의 정착 혹은 귀환이 결정된다는 것을 보여주고 있다. 후엘룬의 이야기는 이주의 동기나 선택이 구조적 요인에 의한 수동적인 행위의 결과라기보다 제도나 환경이 개인의 의지가 상호교차하는 장에서 전략적으로 결정되는 다층적 과정임을 드러내주고 있다. 또한 한국으로의 이주와 정착이 실행단계에서부터 이미 결정되는 것이 아니라 이동과 정착의 과정에서 임신과 출산, 자녀교육에 좋은 한국의 교육환경과 같은 사회제도적 환경, 아이의 질병 등과 같은 다양한 요인들이 개입되면서 선택되고 있음을 드러내주고 있다.

한편, 몽골 이주노동자들이 자녀를 동반하게 되는 동기에는 몽골의 사회경제적 변화도 매우 깊게 연관되어 있다. 1990년 양국의 국교정상화로 국가 간 관계가 변화해 왔고, 1998년 이후에는 양국의 정상회담으로 한국과 몽골의 관계가 급진전된다(정명화, 2010). 따라서 2000년 이후, 몽골에서는 이른바 '한국붐'이 일게 된다. 특히, 한국기업에 취직하는 것에 대한 몽골인들의 선호도가 높아지면서 한국행을 추동한 원인이 되었던 것이다. 다음은 이러한 사례를 잘 보여주고 있다.

> 우리 딸이 몽골에 있을 때부터 몽골에서 사람들이 한국어를 많이 배우기 시작했어요. 그래서 우리 아이도 한국어를 배우게 하면 좋겠다는 생각을 했어요. 여기서. 그래서 한국에 와서는 (한국 일반) 초등학교에 아이를 가게 했어요. 한국어 배우려고 보냈어요. 그러면 나중에 몽골에 돌아가서도 계속 잘할 수 있을 것 같아서. … (뭉글진)
>
> 큰 애는 20살이 되어서 비자 때문에 몽골로 갔어요. 여기서 대학 다니려고… 둘째는 특수학교에 보내고 있어요. 그래서 계속 여기 있어요. … 아들이랑 살면서 너무 어렵고, 너무 외로웠어요. 그런데, 그때 여기(몽골학교)에 아는 선생님이 있는데, 그분이 여기(한국)에 살면서 학교에서 일을 하면 어떻겠냐고 했어요. 그래서 여기에 오고, 일을 시작하게 되었어요. 아들도 특수학교 보낼 수 있고. (볼로르마)

뭉글진은 한국에 오면, 아이들이 한국어를 배울 수 있다는 것만으로도 큰 의미가 있다고 생각해서 가족이주를 결심했다고 한다. 일을 하러 오면서 아이가 한국학교에 다니면서 한국어를 할 수 있다는 것만으로도 충분히 의미 있다고 판단해서 아이를 데리고 이주한 경우다. 한국과 몽골의 국교정상화로 인한 몽골에서의 한국붐이 자녀교육을 동반하여 한국으로 노동자로 오게 된 계기가 되었다고 할 수 있다. 한편, 처음에 한국에서 사업을 하기 위해 함께 왔던 남편이 병으로 사망하면서 혼자서 몽골학교 교사를 하며 자녀들을 키우고 있는 볼로르마는 자녀들 교육문제로 몽골로 돌아가는 것을 유예한 경우다. 혼자서 아이들을 책임져야 하는 한국생활이 쉽지 않지만 볼로르마는 자폐아인 9살 아들을 한국의 특수학교에 보낼 수 있다는 사실이 무엇보다도 중요한 이유였다. 또한 한국에서 고등학교까지 졸업한 딸이 한국에서 대학 다닐 계획을 가지고 있어서 아이들을 위해 한국에 가능한 오래 머무를 생각이다. 한국 특수학교에서 아들이 매우 적응을 잘하고 있고, 몽골보다 한국이 특수학교 환경이 우수한 것도 한국 정착을 결정한 이유다.

위의 내러티브는 가족을 이루고 살아가고 있는 이주노동자들에게 코리안 드림이 경제적 목적뿐만 아니라 자녀교육이라는 새로운 목적과 동맹하면서 재구성되고 있음을 암시하고 있다. 또한 그 과정에는 몽골과 한국의 외교관계의 진전, 경제적 협력관계의 발전 등으로 한국기업이 몽골에 진출하게 되면서 일게 되는 한국과 한국어 붐 또한 한국으로의 이주를 촉진시키는 중요한 동기가 되었음을 보여주고 있다. 경제적 목적과 자녀교육의 동맹의 과정에 수많은 인간·비인간 행위자들의 개입이 다차원적으로 이루어짐으로써 이주와 정착·귀환의 과정이 재구성되고 있음을 보여주고 있다.

3) 유학, 노동 그리고 자녀교육의 동맹과 이주의 재구성

유학과 노동은 이주목적이 분명하게 구별되지만 실제적으로 매우 혼용되어 있는 경우가 많다. 특히 유학이 저개발 국가의 학생들이 선진국으로의 유학을 통해 선진 학문과 문화를 배우려는 욕구가 그 기조에 있다는 것을 고려한다면 이주노동자의 이동회로와도 일치하는 경우가 많다. 또한 대부분 저개발 국가의 유학생들은 유학지에서 노동을 병행하면서 학업을 지속하는 경우는 매우 일반적이다. 주목할 것은 일반적으로 유학생들의 노동이 학업을 위한 부수적인 활동이라고 한다면, 최근에는 이러한 주종의 관계를 명시적으로 구별하기 어려운 경우가 많다는 것이다. 이러한 현상은 한국의 유학생 정책과도 밀접한 연관이 있다. 국내 외국인 유학생의 급증은 세계화의 진전에 따른 국제적 이동의 대중화 현상, 고등교육의 시장개방화와 국제화 등으로 인한 글로벌 경쟁 구도에 의한 국제적 차원의 고등교육의 재편을 꼽을 수 있지만(Ishikawa, 2009; Margison, 2008), 국내 고등교육 환경의 변화와 이에 따른 국내대학들의 외국인 유학생 유치 노력도 매우 중요한 요인으로 꼽을 수 있다. 교육과학기술부는 2008년, '스터디 코리아 프로젝트(Study Korea Project)'를 발표하면서 외국인 유학생 유치를 위한 정부의 적극적인 의지를 천명한 것은 그 대표적인 예이다(교육과학기술부, 2008).[10] 이러한 한국적 상황으로 인해 2014년 12월 기준으로 우리나라에 유학 비자를 갖고 체류 중인 외국인은 8만 6410명으로 이전 년도와 비교해서 5.6퍼센트 늘었다(법무부 출입국사무소, 2014). 현재 국내 체류 외국인 유학생을 국적별로 보면, '한국계 중국인'으로 분류되는 조선족 동포를 포함한 중국인이 5만 5008명으로 가장 많았고 베트남(5177명), 몽골(3735명), 일본(2147명)인이 뒤를 잇고 있다. 몽골이 한국 유학생 순위 3위에 이름을 올리고 있는데, 몽골 전체 인구가 300만 명 정도에 불과하다는 것을 감안하면 인구대비 유학생수를 보면 몽골유학생 숫자는 단연 두드러진다. 2005년까지 200~300명에 불과했던 몽골 유학생은 2006년부터 수직 상승하기 시작하였던 것이다. 2006년은 양국 간의 협력관계가 급증하고 있던 시기와도 맞물린다. 몽골인들이 가장 많이 유학을 떠난 나라가 한국이라는 사실은 몽골 내 한국의 위상을 짐작하게 해주고 있다. 이러한 변화는 몽골 출신 이주자들이 유학생 신분

10) 외국인 유학생 확대 종합방안을 확대 보완한 이 프로젝트는 2012년까지 외국인 유학생을 연간 10만 명으로 확대한다는 취지를 담고 있다. 외국인 유학생들 유치 전략에서부터 사후관리까지 사회적, 교육적 인프라 조성에 관한 포괄적인 전략과 계획이 광범위하게 포함되어 있다. 특히, 향후 능력 있는 외국인 유학생을 유치하기 위해 IT 등 우리나라의 강점을 살려 특화된 유학프로그램을 개발·홍보해 외국 정부가 파견하는 국비유학생을 2012년까지 1천200명으로 확대한다는 계획을 담고 있다(교육과학기술부, 2008). 최근에는 교육과학기술부와 한국 대학교육협의회가 공동으로 국내 대학의 국제적 인지도 제고와 우수 유학생 유치 확대를 위한 특별지원정책에 대한 의지와 계획을 밝히기도 하였다(교과부, 2011). 이러한 한국의 대학환경 변화가 외국인 유학생 정책을 견인하게 되었고, 몽골인들이 유학생으로 한국으로 대거 들어오게 된다. 이 과정에서 유학과 노동이 동맹하면서 신분은 유학생이지만 이주노동자로 한국 사회에서 정착하게 되는 계기가 되기도 하였음을 알 수 있다.

인 동시에 한국에서 미숙련 노동자로 살아가는 새로운 이주 유형을 확산시키고 있음을 보여주고 있어 주목할 만하다. 아래에 인용하는 인게톨과 알탄체첵도 이런 사례에 해당된다.

한국대학에 유학 온 남편과 함께 한국에 오게 되었어요. (몽골에 있는) 남편 학교의 교장선생님이 지금 다니고 있는 학교 정보를 줬어요. '(한국에) 이런 학교가 있다' 이러면서…. 그래서 학교를 소개받고 오게 되었어요. … 첨엔 그냥 남편 따라왔어요. 그래서 그냥 집에 (주부로) 있다가. 몽골 축제 있잖아요, 7월 20일에. 그 축제에 참여했다가 몽골학교라는 게 있다는 걸 알고, 제가 어차피 초등학교 선생님이예요. 그래서 초등학교에서 일할 수 있다는 걸 알고 이 학교로 찾아왔어요. (인게톨)

95년부터 몽골사람들은 외국으로 많이 나가고, 돈 많이 벌기 위해서 그런 관심이 너무 많이 생겼죠. 그때부터는 저도 다른 사람들처럼 한국에 가서 좀 일해보고 싶은 마음이 있었어요. 처음에는 한국에 몽골학교 있다는 그런 상상도 없었죠. 그냥 한국에 가서 일 좀 하고 돈 좀 벌고 싶은 마음이 있었어요. 그런데 여러 가지 해보고 계속 안 됐어요. 그래서 뭐가 안 되가지고, 문제생기고 계속 안 됐어요. 그러다가 갑자기 오게 되었어요. 우리 언니가 몽골 Technical University에서 근무하세요. 언니 친구가 또 저기서(몽골 교육부) 근무해요. 그냥 우연히 얘기하다가 한국에 몽골학교 있다고, 수학교사 필요하다고 이야기를 해주었어요. 그 얘기 듣고 우리 친언니가 저한테 얘기해서 그렇게 알게 됐죠. […] IT나 경제 쪽이나. 몽골에 돌아가서도 몽골도 많이 바뀌고 그럴 거 아닙니까. 한국에서 살다가 가면 무슨 몽골에 있는 사람보다 좀 차이가… 그런 거 있어야 하잖아요. 그러니깐 한국에서 가능하면 IT로 좀 석사 공부까지 좀 하고 대학교에서 교수도 되고 싶은 마음에….(알탄체첵)

한국에서 박사학위 과정을 이수하는 남편을 따라 한국으로 이주한 인게톨은 현재 몽골학교 교사로 근무하고 있다. 남편이 몽골에 있는 한국학교에서 시간강사로 일하다가 그곳의 교장이 한국에 유학을 가서 박사과정을 밟으면 좋겠다는 제안을 하게 되어 한국 유학을 결심했다. 남편이 유학생 생활을 새로 시작하기에는 나이가 많았지만 한국으로 가게 되면 남편이 학위뿐만 아니라 아이들을 한국에서 좋은 교육을 시킬 수 있다는 기대도 있어서 결심을 하게 되었다. 남편은 현재 박사과정에 등록하여 학업을 하면서 가족의 생계를 위해서 노동도 함께 병행하고 있다. 유학과 노동, 자녀교육이 어떻게 동맹하면서 한국으로의 이주로 연결되었는지를 암시하고 있다.

반면, 노동자로 왔다가 한국에서 유학으로 연결되는 경우도 있다. 알탄체첵은 이러한 사례에 속한다. 유학과 노동의 동맹은 동일한 시공간에서 일어나기도 하고, 순차적으로 일어나기도 한다. 또한 유학이 먼저이고 노동으로 연결되기도 한다. 초등과 중등생 자녀 둘을 두고 있는 알탄체첵은 현재 몽골학교 교사로 있다. 몽골에서 교사로 지원하여 입국 당시부터 교사로 한국에 발령받았다. 이 과정에서 남편 역시 가족 동반 비자를 받을 수 있어서 한국에 자녀들과 함께 이주했다. 남편 역시 한국에서 돈도 벌고, 몽골학교가 있으니 아이들 교육도 걱정이 없어서 한국행에 적극적으로 동의했다. 알탄체첵의 남편은 현재 이주노동자로 일하고 있다. 알탄체첵의 내러티브 역시 한국으로의 이주를 결심하게 된 동기에 유학과 노동 자녀교육이 다층적으로 개입하고 있음을 드러내주고 있다. 한국에서 일을 하면서 대학에서 IT나 경제 관련 학위과정을 할 수 있으리라는 기대 역시 알탄체첵의 한국행을 결심하게 되는 요인으로 작용했음을 알 수 있다. 다른 사례들과 마찬가지로 알탄체첵의 이주과정에도 한국과 몽골의 IT 협정으로 인해 몽골 내 한국붐과 양국의 경제협력관계 등이 복합적으로 작동하고 있음을 보여주고 있다.

무엇보다 위의 내러티브는 한국의 외국인 유학생 유치 정책과 몽골의 사회경제적 변화가 어떻게 몽골 이주노동자들의 이주 유형을 다변화시키고 있는지를 잘 보여주고 있다. 다시 말하면, 양국의 협정과 대학입학 환경의 변화 등 비인간적 행위자들(Actant)이 몽골 이주노동자들의 이동을 촉진시키는 주요한 요인으로 개입되었다는 것을 보여주고 있다. 유학과 노동의 동맹, 그 과정에서 자녀동반 결정이 이루어지는 이주 과정은 단순히 경제적 목적으로만 설명하기 어려운 이들의 삶의 동기와 기획 등이 다층적으로 재구성되면서 진행되고 있음을 보여주고 있다.

5 나가는 글

이 연구는 '이주노동자'를 단순히 돈을 벌기 위한 경제적 목적에 의해 국경을 넘는 사람들이 아닌 초국적 이주시대를 구성하는 역동적 행위자들 중의 하나로 이해하고자 하였다. 또한 이주의 선택과 정착 그리고 귀환의 과정에 개입하는 인간과 비인간들 사이의 잡종적 행위과정을 고찰하여 이들의 다차원적인 특성을 드러내고자 하였다. 이 과정에서 어떤 선택과 결정을 하고 어떤 것들이 동원되거나 재번역되는지를 기술하고자 하였다.

1980년대 후반부터 국내 비숙련 노동력의 공백을 메우기 위해 외국인 산업연수제에 의해 본격적으로 진행된 이주노동자의 국내 유입은 한국의 사회적, 문화적 지형에 급격한 변화를 초래했다(설동훈·이란주, 2003; 이민경·김경근, 2009; 이혜원 외, 2010). 그러나 일반적으로 이주노동자는 한국에서의 체류조건이 단기적 이주이고, 노동계약 기간이 끝나면 본국으로 돌아갈 것을 기대하는 일시적인 '노동력'으로만 인지되어 왔다. 또한, 이주노동자들은 전문 인력이나 투자자에 한해서는 가족 동반을 허락하고 있으나 단순 노동력은 가족결합권을 인정하지 않고 있는 실정이다. 따라서 비공식적인 방법을 통해 가족들이 한국 사회에 이주하여 살고 있는 것이 현실이지만 이들에 대한 이해는 불법적으로 한국에 살고 있는 사람들이거나 소외되고 방치된 우리 사회의 타자에 불과했다. 그러나 이들은 초국적 이주시대의 적극적인 행위자인 동시에 다양한 내·

외부적 접속을 통해 삶을 끊임없이 재구성하고 있다는 점에 주목할 필요가 있다. 따라서 이들에 대한 이해도 다차원적인 접근을 필요로 한다. 따라서 이주노동자의 이주와 정착 그리고 귀환 과정을 초국적 이동과 관계의 확장 속에서 주체적 행위자로서 선택할 수 있는 하나의 삶의 양식이자 전략으로 이해할 필요가 있다. 또한 이주노동자들의 이주와 정착·귀환 과정은 세계 경제적 구조 혹은 개인적 삶의 전략과 더불어 작동하는 국가 및 제도의 역할 역시 매우 강력한 영향을 미쳤을 가능성이 크다.

ANT는 이주노동자를 세계화의 흐름에 의한 수동적인 행위자로 이해했던 기존의 연구들을 벗어나 이들의 이주와 정착 혹은 귀환의 과정을 송출국과 정착국의 관계, 관련 정책과 제도와 상호교차하면서 자신들의 삶을 기획하는 적극적인 행위자로 바라봄으로써 연구의 외연을 확장하고 깊이를 심화시킬 수 있는 가능성을 제시한다. 따라서 자녀와 함께 살아가고 있는 몽골 이주노동자들의 이주와 정착·귀환 과정을 다양한 인간·비인간 행위자들이 복합적으로 상호교차하는 장으로 해석함으로써 이주노동자에 대한 새로운 이해의 지평을 제시하고자 시도하였다. 즉, 자녀교육의 행위자–네트워크가 형성되는 과정에서 결합되는 인간·비인간 행위자들은 무엇이며, 이것은 어떤 특징을 드러내는지를 탐색하여 본국과 한국 사회 등을 횡단하며 형성되는 이주노동자들의 자녀교육의 행위자–네트워크를 분석하고자 하였다. 연구 결과를 정리하면 다음과 같다.

첫째, 이 연구는 연구방법론의 관점에서 이주노동자의 이주와 정착 귀환의 과정을 행위자–네트워크로 재구성함으로써 이주노동자를 다차원적으로 이해하고자 하였다. 다시 말하면, 인간행위자뿐 아니라 한국과 몽골의 관계, 각국의 사회문화적 환경, 경제적 구조 등 비인간 행위자들의 영향을 함께 고찰함으로써 이들의 이주를 단순히 좀 더 높은 임금을 위해 저개발국가의 인력이 개발국가로 이동하는 흡입–배출이론이라는 구조적 관점에서만 바라보았던 기존의 관점을 넘어서고자 하였다. 연구 결과 몽골 이주노동자들의 이주 과정에는 한국과 몽골의 국가 간 협력 관계, IT 기술의 발전으로 인한 인터넷의 보급, 한국의 외국유학생 정책 등이 자녀교육이라는 이주목적과 다차원적으로 교차하는 복합적이고 잡종적 관계의 결과임을 시사하고 있다.

다음으로, 이 연구는 몽골 이주노동자들의 이주에는 변화하는 세계적 질서 속의 적극적인 행위자들인 이주노동자들의 삶의 전략이 매우 복합적으로 연결되어 있음을 보여주고 있다. 유학과 노동, 자녀교육의 동맹도 같은 맥락에서 이해가 가능하다. 따라서 이들의 이주를 '노동력'의 유입으로만 바라보는 기존의 시각에서 벗어나 다층적 행위자가 개입하는 복합적 현상으로 이해해야 함을 시사하고 있다. 이들은 때로는 한국대학의 유학생 정책과 연동하여 노동과 유학의 동맹으로 한국 이주를 선택하기도 하고, 이 과정에서 국가적 경계를 넘어 자신들의 삶을 초국적으로 기획하는 적극적인 주체들이기도 하다는 점을 드러내주고 있다.

마지막으로, 이 연구는 자녀를 동반하는 몽골 이주노동자 가정의 이주와 정착 그리고 귀환을 결정하는 핵심변수로 자녀교육이 개입함에 따라 이주의 목적과 정착 그리고 귀환이 재구성되고 있음을 보여주고 있다. 이주 초기에는 중요하게 고려되지 않았던 자녀양육과 교육이 정착을 선택하는 새로운 요인이 되기도 하고, 자녀교육문제로 인해 귀환이 유예되기도 함을 보여주고 있다. 삶의 과정에서 자녀교육 문제가 재번역(Translation)되기도 하면서 이주목적뿐 아니라 귀환에도 매우 중요한 요인임을 드러내주고 있다.

이처럼 행위자-네트워크를 통해 고찰한 몽골 이주노동자들의 이주는 '코리안 드림'을 좇아 이주하는 '노동력'이라는 경제적 관점을 넘어 양국 간 관계의 변화, '한국붐'으로 상징되는 몽골의 변화, 한국대학생 유치 정책과 한국의 이주노동자 선교사업으로 인한 몽골학교의 설립 등이 상호교차하는 매우 복합적인 과정이라는 것을 보여주고 있다. 이러한 관점은 '이주노동자'로 호명되면서 경제적 노동력의 관점에 갇혀있던 블랙박스를 해체하고 변화하는 환경과의 관계 속에서 자신들의 삶을 적극적으로 재구성해나가는 주체적 행위자로서 이들을 이해하기 위한 토대를 제공해주고 있다고 할 수 있다.

• 참고문헌 •

교육과학기술부, 2008, 외국인 유학생 정책 관련 보도자료(2008.8.14).

교육과학기술부, 2011, 외국인 유학생 정책 관련 보도자료(2011.10.17).

구양미, 2008, "경제지리학 네트워크 연구의 이론적 고찰: SNA와 ANT를 중심으로", 『공간과 사회』, 30, pp.36~66.

김경학, 2014, "국내 네팔 이주노동자의 초국적 가족 유대", 『남아시아연구』, 20(2), pp.25~57.

김민환, 2010, "다문화 교육에 관한 연구 경향과 과제", 『학습자중심교과교육학회지』, 10(1), pp.61~86.

김성숙, 2011, "저숙련 이주노동자의 경제적 생활 적응에 관한 연구", 『한국시민윤리학회보』, 24(2), pp.69~95.

김영란, 2007, "이주여성노동자의 사회문화적 적응에 관한 경험적 연구", 『아시아여성연구』, 46(1), pp.43~95.

김영임·이선주, 2007, 『이주 아동 교육지원 욕구조사: 안산, 시화지역』, 경기도 교육청.

김정원, 2006, "국내 몽골 출신 외국인 노동자 자녀 학교 교육 실태분석", 『교육사회학연구』, 16(3), pp.95~129.

김정원·이혜영·배은주·최창수, 2005, 『외국인 노동자 자녀 교육복지 실태 분석연구』, 한국교육개발원.

김혜순, 2007, 『한국적 다문화주의의 이론화』, 동북아위원회 최종 보고서.

김혜순, 2010, 『이민자 사회통합정책(결혼이민자, 다문화가족)』, 이민정책연구원 토론회 자료집.

법무부 출입국 사무소, 2014, 『외국인 통계월보』, 법무부 출입국 사무소

설동훈, 2000, 『노동력의 국제이동』, 서울대학교 출판부.

설동훈, 2007, "국제노동력이동과 외국인노동자의 시민권에 대한 연구: 한국·독일·일본의 사례를 중심으로", 『민주주의와 인권』, 7(2), pp.369~419.

설동훈·이란주·한건수, 2003, 『국내 거주 외국인노동자 아동인권실태조사』, 국가인권위원회 인권상황실태조사 연구용역사업보고서.

오경석, 2007, "다문화와 민족국가: 상대화인가, 재동원인가", 『공간과 사회』, 28, pp.98~121.

오성배, 2009, "외국인 이주노동자 가정 자녀의 교육 실태와 문제 탐색", 『한국교육사상연구회 학술논문집』, 44, pp.1~22.

이경숙, 2008, "이주노동자 권리 보호를 위한 국제인권규범 수용에 관한 연구: 유엔 국제인권조약 및 이주노동자권리협약을 중심으로", 『법학연구』, 11(2), pp.189~221.

이민경, 2010, "한국 다문화교육정책 전개과정과 담론분석: 교과부의 다문화가정 자녀교육 지원정책(2006~2009)을 중심으로", 『한국교육』, 37(2), pp.155~176.

이민경, 2013, “접촉 지대에서의 갈등과 협상: 이주교육기관에서의 교사들의 상호작용을 중심으로(2013)”, 『한국교육학연구』, 19(2), pp.219~247.

이민경·김경근, 2009, “이주노동자 가정 청소년들의 적응전략”, 『교육사회학연구』, 19(2), pp.107~132.

이민경·김경근, 2010, “이주가정 학부모들의 자녀교육욕구: 자녀교육표출양상과 의미화”, 『교육사회학연구』, 20(2), pp.129~156.

이민경·김경근, 2012, “이주노동자 가정의 사회적 관계망과 자녀교육 기획: 몽골학교 학부모들의 학교선택과 그 의미화를 중심으로”, 『한국교육학연구』, 18(1), pp.253~281.

이민경·김경근, 2014, “미등록 이주노동자 가정의 탈영토화.재영토화 과정 분석, 자녀양육과 교육을 중심으로”, 『한국교육학연구』, 20(2), pp.101~133.

조경서, 2007, “외국인 노동자 가정의 자녀양육과 교육실태”, 『유아교육학논집』, 11(3), pp.5~25.

조금주, 2011, “국내 이주민 자녀들의 학교교육에서의 교육권 실현을 위한 과제”, 『청소년학연구』, 18(2), pp.73~96.

전형권, 2008, “국제이주에 대한 이론적 검토: 디아스포라 현상의 통합모형접근”, 『한국동북아논총』, 49, pp.259~284.

이태주·이민경·백혜정·문경희, 2008, 『이주배경을 지닌 아동·청소년 종합 지원정책 보고서』, 보건복지가족부·무지개청소년센터.

이혜원·김미선·석원정·이은하, 2010, 『이주아동의 교육 실태조사』, 국가인권위원회 보고서.

최병두·임석회·안영진·박배균, 2011, 『지구. 지방화와 다문화 공간: 다문화사회로의 원활한 전환을 위한 ‘공간적’ 접근』, 푸른길.

최충옥·조인제, 2010, “다문화교육 연구의 동향과 향후 과제”, 『다문화교육』, 1(1), pp.1~20.

Ishikawa, M., 2009, “University Ranking, Global model and emerging hegemony: critical analysis form Japan”, *Journal of studies in international education*, 13(2), pp.159~173.

Kaufmann, J.-C., 1996, *L'Entretien Compréhensif*, Paris: éd. Nathan.

Latour, B., 1994, “Une sociologie sans objet? Remarques sur l'interobjectivite”, *Sociologie du travail*, pp.587~607.

Latour, B., 2005, *Reassembling the Social. An Introduction to Actor-Network-Theory*, NewYork: Oxford University Press.

Law, J. & J. Hassard., 1999, *Actor Network Theory and After*, Oxford: Blackwell Publishers.

Marginson, S., 2008, “Global field and global imagining: Bourdieu and worldwide higher education”, *British Journal of Sociology of Education*, 29(3), pp.303~315.

McNamara. S., 2007, *North Asian Broadband and Internet Market Report*, BuddeComm; Australia.

Morin, E., 1994, *La complexité humaine*, Paris: Flammarion.

전자매체
정명화, 2010.01.14, 〈몽골을 보다〉, 자유아시아 방송, 검색일 2015.03.38
(www.rfa.org/korean/weekly...mongolia/mongol-01142010122902.htm.)

제5부

ANT와 초국적 이주 조직의 제도적 변화

다문화가족지원센터 서비스 조직의 안정화: 혹은 서비스 이용자는 어떻게 주변화되는가?

김연희

1 서비스 이용자의 주변화 현상

사회복지서비스는 사회에서 어려움을 겪는 사람들의 필요를 충족시키고 이들을 소외와 배제에서 벗어나게 하기 위한 사회적 장치이다. 그러나 사회복지서비스를 제공하는 기관과 제도가 자리 잡는 과정에 주요행위자들이 제도의 안정화에 초점을 맞추면서 사회복지 이해당사자들은 수동적인 대상자가 되거나, 제도의 필요에 부응하는 사람들로 주변화되는 상황들이 종종 발생한다. 이러한 문제는 특정 행위자의 의도나 정책의 실패라기보다 복지서비스 전달과정에 다양한 행위자들의 역동이 서비스 제공자와 수혜자들 간의 관계에 어떻게 영향을 미치는가라는 근원적 질문에 닿아 있다고 할 수 있을 것이다. 사회복지서비스가 본래의 의도대로 사회적으로 사회적 약자들의 존엄성을 회복시키고, 삶의 주체가 되도록 역량강화하기보다는 의도되지 않았지만 오히려 주변화에 기여한다는 이러한 모순적 상황이 어떻게 발생하는지 그 과정과 기제를 이해할 필요가 있다.

이러한 문제의식을 갖고 다문화가족지원센터를 들여다보고자 한다. 다문화가족지원 제도가 시작된 지 이제 거의 10년이 가까워오는 시점에서 다문화가족지원센터는 다문화가정의 정착에 필요한 서비스를 제공하는 기관으로 자리 잡았을 뿐 아니라 한국 정부의 다문화정책 중 하나의 상징으로 자리 잡았다고 할 수 있다. 그러나 제도의 정착과정에서 다문화가정의 결혼이주여성과 그들의 가족들은 서비스를 제공받는 대상으로서 주변화되는 현상이 관찰되고 있다.

정책이 특정한 담론과 논리에 의해 채택되지만 사회복지정책과 프로그램이 개인과 집단에게 미치는 영향을 이해하기 위해서는 현실적으로 정책시행 과정에 특정한 사회, 경제, 지리, 물리적 공간이란 지역사회의 토양의 영향을 받으며 재구성된다는 점에서 지역사회 차원에서 다문화가족정책이 집행과정을 분석하는 것은 중요하다. 또한 사회복지 대상 집단에게 미치는 정책의 효과는 서비스전달체계를 거치면서 시행의 말단에서 정책내용이 어떻게 번역되는가에 따라서 상당히 달라질 수 있다는 점에서 지역차원에서 서비스가 집행되는 과정을 살펴볼 필요가 있다(Lipsky, 1980). 따라서 한 다문화가족지원센터를 사례로 해서 기관의 설립부터 서비스가 시행되는 과정에 참여하는 다양한 행위자들을 파악하고, 이들이 서로 어떻게 상호작용하는가를 이해함으로써 새로운 사회서비스가 제도화하고 이 과정에서 서비스 제공자와 이용자 간의 관계가 어떻게 설정되는가, 서비스 대상자가 어떻게 주변화되는가를 이해하고자 한다.

제도화된 조직의 형성과정과 그 틀거리 안에서 활동하는 행위자의 상호작용에 주목한다는 점에서 행위자-네트워크이론(이하 ANT라고 표기함)이 유용할 것으로 판단되었고, ANT를 이러한 현상을 보는 렌즈로 적용하였다. 한 지역에서 미시적인 행위자나 대상 정책의 집행과정은 다양한 이해당사자의 이해와 상황적 변수들에 의해 영향을 받는 다층적이고 굴곡진 과정이며, 시간의 흐름에 따라 진화한다는 점에서 사회복지 정책의 집행과정을 연구하는데 ANT의 철학적, 방법론적 유용성이 잘 활용될 수 있는 주제라고 하겠다. ANT에 따르면, 다문화가족지원센터는 중앙정부가 만든 정책집행 구조에 따라 구축되고, 정책이 규정하는 서비스를 시행하는 단일개체 조직 체계처럼 보이지만 실제 거시적 수준부터 미시적 수준까지 다양한 인간, 비인간의 이종적(hybrid) 행위자들의 연결망이 외형적으로 단순화된 블랙박스(black box)라고 본다(Latour, 1999). 이러한 점에서 이 연구는 사회복지정책시행이란 블랙박스 안을 들여다보고자 하는 셈이다.

이 장에서 답하고자 하는 연구 질문은 첫째, 다문화가족지원센터의 서비스가 시행되는 과정에 행위자–네트워크에 참여하고 있는 주요 행위자들은 누구(무엇)인가? 둘째, 정책 시행과정에 영향력을 미치는 다양한 행위자들 간의 관계(특히 누가 누구에게 권한을 행사하는가)는 어떠한가? 어떠한 상호작용의 역학 속에서 다문화가족지원센터가 다문화가족지원의 대표성을 얻게 되었는가? 셋째, 다문화가족지원센터가 안정화되고 제도화되는 과정에 결혼이주여성과 그 가족들의 네트워크상의 위치는 어떠한가? 이들에게 참여의 공간이 제한되고, 목소리가 잘 들리지 않게 될 때, 결혼이주여성들이 취하는 대안적 전략은 무엇인가? 이다.

2 다문화 집단 연구의 추세

우리 사회의 다문화 관련 담론과 정책의 중심에는 결혼이주여성이 존재한다. 이러한 맥락에서 결혼이주여성에 관한 연구에 많은 관심이 집중되어 왔다. 초기 연구들은 주로 결혼이주여성 출신국의 사회문화적 배경, 이주여성과 가족의 인구사회학적 특성들을 다루거나 결혼이주의 동기, 정착, 적응 과정 등을 기술하였다. 곧 이들 여성들이 가족관계에서 경험하는 다양한 어려움에 관한 연구들로 이어졌고(윤형숙, 2003; 윤정숙·임유경, 2004; 김이선, 2006), 이들 여성들을 피해자로 만드는 가부장적 문화의 억압과 가족 내 폭력의 현실을 폭로하고, 이에 따른 정책적 대책과 사회적 개입의 필요성에 대한 논의들이 많았다(김오남, 2006; 신경희·양성은, 2006; 한건수, 2006; 이혜경, 2005; 김현미, 2006). 이 시기에 결혼이주여성들은 피해자로서의 정체성이 부각되었고, 이러한 연구들은 위기지원체계의 필요성을 노정하였고, 우리 사회에서의 적응과 통합을 지원하는 방안들을 제언하였다. 결혼이주여성들에 대한 연구들이 증가하면서 점차 개인적 특성, 동기, 가족과 지역사회의 지원 수준 등에 따른 적응의 차이를 조사하는 연구들이 많아졌고 이들은 다양한 보호와 위험요인들의 분석에 기반을 둔 사회적 개입전략들을 제안하였다(김이선·마경희·선보영 외, 2010; 민무숙·김이선·이춘아 외, 2009; 김정선, 2009). 2000년대 후반 이후부터는 동화의 대상, 상황의 희생자, 수동적 존재로서가 아니라 적극적 행위자로 보는 연구들이 점차 늘어나면서 결혼이주여성들의 다양한 조건과 상황에서 자신들의 삶을 개척해가기 위해 동원하는 대처방식들을 조사하고 역량강화적 관점의 연구들이 늘어나기 시작했다(민가영, 2011; 설진배·김소희·송은희, 2013; 김영순·임지혜·정경희·박봉수, 2014). 그러나 이러한 연구들도 여전히 결혼이주여성들의 삶을 그들의 가족 관계 속에서의 역할 수행에 초점을 두었고, 우리 사회가 제공하는 다양한 지원체계와의 관계 안에서의 협상과 행위로 제한하고 있음을 볼 수 있다.

다문화복지정책에 관한 연구들은 많으나 주로 거시적 차원에서 운영상의 문제점과 개선방안을 제시하는 관념적 수준에서 논의되어지고 있다(김이선 외, 2010; 김승권 외 2010; 이종두·백미연, 2012; 박상원, 2016). 다문화정책서비스 전달체계로서 지역에서 다문화가족지원센터가 구축되고 정책이 집행되는 과정에 관한 연구는 별달리 없고, 서비스의 효과적 운영, 지역사회의 다문화가족 지원협력 네트워크에 참여하는 다양한 기관들의 네트워크의 구조적 특성을 보는 연구(김근세·허아랑·김예린, 2013; 정상기, 2009; 장임숙, 2013)가 눈에 띌 뿐이다. 이는 다문화가족의 지원을 위한 중심적인 서비스 전달체계로서 다문화가족지원센터의 존재 이유와 그 기능, 영향력의 기제에 대한 의문이 제기됨이 없이 상식으로 수용되고 있다는 증거이다.

그런가 하면 사회정책과 집행에 관한 연구들에 의하면 사회복지서비스의 특성과 질은 서비스 수행과정에 참여하는 행위자들 간 관계의 특성을 분석하여야 한다는 지적이다. 사회복지서비스는 공급자와 소비자 간의 신뢰와 권력의 관계를 수반하고, 서비스가 수행되는 맥락의 규칙에 의해 영향을 받기 때문이다(양난주, 2010). 서비스 전달과정에서 서비스의 질과 특성을 결정하는 다양한 주체들로는 서비스 제공자, 서비스 이용자, 정부, 지역 특성(임정현, 2009), 서비스 재원 조달방식과 환경(남찬섭, 2008; 양난주, 2009; 노연희, 2012), 평가방식(조준배 · 정지웅, 2014) 등이 지적되고 있다.

이 연구는 다문화가족지원센터를 건물과 인력으로 구성되고, 중앙정부 정책을 시행하는 단일 행위자가 아니라 다양한 행위자들이 참여하면서 구축되고, 이들 간의 상호작용 속에서 지속적으로 변화하는 네트워크의 결과물로 본다. 이 네트워크 안에 참여하고 있는 다양한 행위자들 간의 권력적 관계 속에서 정책이 실제 어떻게 구현되어지는지, 이들 행위자-네트워크는 정책 대상과 어떻게 관계를 맺는지를 살펴볼 필요가 있다. 휴먼서비스 분야는 일선에서 실천가의 재량에 의해 서비스의 목표, 방식과 성과에 지대한 영향을 받는다는 점에서(Lipsky, 1980) 중앙정부의 정책이 지역의 고유한 맥락에서 어떻게 번역되는지, 어떤 행위자들이 참여하고, 네트워크 안에서 이들 참여자들 간의 상호작용이 서비스의 내용과 형식에 어떻게 영향을 주는지를 이해하는 것은 중요하겠다.

3 연구의 개념적 틀로서 행위자-네트워크이론

정책집행 과정을 분석하는 연구들은 일반적으로 정책 결정과 집행 과정에 참여하는 주요이해당사자를 파악하고(정책입안자, 정책시행자, 정책의 대상자 등), 이들 이해당사자들 간의 정보 교환과 이해관계의 타협과 같은 역동적 관계에 초점을 둔다(이승윤 · 김민혜 · 이주용, 2013). 이에 비해, ANT는 서비스 전달과정과 같은 사회적 현상을 이해하는데 인간뿐만 아니라 비인간(non-human)도 주요 행위자로 간주하며, 서비스 전달체계와 같은 네트워크는 인간과 비인간이 서로 얽혀 구성되어 있으면서 지속적으로 변화하는 혼종적인 인간-비인간의 집합체로 본다(홍성욱, 2010, 20). ANT는 사건, 인간, 비인간 행위자들 모두가 변화의 중개자이며 대등한 존재로 분석되어야 된다는 입장을 취한다는 점에서 다른 정책과정 분석이나 일반 네트워크 분석과 차별화된다. 비인간 행위자로는 담론, 발간물, 법령, 건물, 제도, 행정지침, 텍스트 등이 포함된다.

ANT에 따르면 한 행위자의 행위 능력은 네트워크로 연결되어 있는 숱한 행위자들과의 상호작용에서 비롯된 '관계적 효과'로 본다(홍성욱, 2010, 21). 사회란 인간과 비인간의 이질적 결합을 통해 구성되는 네트워크의 세계이며, 이들 간의 상호작용을 통해서 행위성을 갖게 된다. 네트워크상의 행위자들은 서로 상호작용을 하면서 상호 행위와 목표를 변화시키면서 새로운 행위성을 만들어낸다(Latour, 1999, 176).

행위자-네트워크에서 네트워크를 건설하는 과정을 번역(translation)이라고 한다. 번역은 한 행위자의 이해나 의도를 다른 행위자의 이해나 의도에 맞게 치환하기 위한 프레임을 만드는 행위이다. 번역의 목적은 한 행위자가 다른 행위자들이 이미 참여하고 있던 네트워크를 떠나, 자신의 네트워크로 들어오게 하고, 이들이 다시 떨어져 나가려는 것을 예방하여 행위자 연결망을 안정화하여 행위자-네트워크를 공고하게 하려는 것이다. 그래서 번역의 과정은 질서를 만드는 과정이다. 이 과정이 성공적으로 이루어지면 이를 주도한 소수의 행위자는 네트워크에 동원된 다수의 행위자를 대변하는 권리를 갖게 되며, 이전에 비해서 더 큰 권력을 획득하게 된다. 그래서 성공적인 번역 과정은 행위자-네트워크 안에서 대변인으로서의 권력을 획득하는 과정이다. 그래서 행위자-네트워크 분석의 목표는 행위자-네트워크 속에서 인간 행위자와 비인간행위자(도구, 기관, 조직 등)들이 사회적 규칙 설정과 저항, 협상과 타협의 과정을 통해 질서를 생성하는 과정, 즉 번역의 과정을 설명하는 것이다(라투르, 2010, 49).

인간과 비인간 행위자의 결합을 통해 안정적인 네트워크로 구축되어 하나의 평범한 상식이나 단일체로 일상세계에서 인식되는 것, 하나의 행위자나 대상으로 축약된 네트워크를 블랙박스라고 부른다. ANT는 단순화된 네트워크, 즉 블랙박스화된 네트워크 안의 인간 행위자와 비인간 행위자를 판별해내고 이들이 어떻게 네트워크를 만들었고 어떻게 안정화되었는지를 연구하는 것이다(홍성욱, 2010, 28). 이 과정에서 행위자-네트워크 안에서 행위자들이 다양한 이해 관계를 협상할 수 있는 번역의 능력, 즉 권력의 획득과 소재에 대해 통찰을 얻는 과정이다(라투르, 2010, 30). 행위자-네트워크 연구자는 이미 블랙박스화된 네트워크에서 다양한 인간·비인간 행위자를 판별해내는 것에 초점을 둔다. 따라서 ANT 연구자들은 행위자들을 추적하며 그들의 흔적을 찾아 있는 그대로 묘사하고 기술하는 것을 통해 그들의 존재와 연결망을 발견한다. 그것은 단순한 사실 관계의 발견 이상으로 그들 행위자들이 갖는 의미를 찾는 것으로, 이러한 발견, 묘사, 기술을 통해 얻어진 것을 일관된 전체로 변형시키는 것이 '사회적인 것을 재조립(reassembling the social)'하는 것이다(Latour, 2005, 4).

이 연구에서는 여러 ANT 이론가 중 미셸 칼롱의 '번역의 단계'를 분석 방법으로 적용하고자 한다. 미셸 칼롱은 네트워크를 건설하는 번역 과정이 네 개의 단계로 이루어진다고 본다(2010). 이는 한 행위자가 다른 행위자들을 정의하고 이들의 문제를 떠맡으며 기존의 네트워크를 교란시키는 '문제제기(problematization)', 다른 행위자들을 기존의 네트워크에서 분리하고 이들의 관심을 끌면서 새로운 협상을 진행하는 '관심끌기(interessement)', 다른 행위자들로 하여금 새롭게 주어진 역할을 맡게 하는 '등록하기(enrollment)', 그리고 이들을 대변하면서 자신의 네트워크로 포함시키는 '동원하기(mobilization)' 등의 과정이다(칼롱, 2010). 다문화가족지원 행위자-네트워크가 구축되고 안정화되는 과정을 이런 번역의 과정으로 분석하고자 한다.

4 행위자-네트워크이론의 다문화가족지원센터 시행과정에의 적용

이 연구에서는 다문화가족지원센터가 구축되고 서비스를 시행하는 과정은 다양한 거시, 미시적 차원의 행위자들—인간, 비인간 행위자들—이 참여하면서 각자의 목적과 의도를 실현하고자 상호작용하는 역동적인 과정이라고 보았다. 이러한 과정을 통해서 다문화가족지원센터가 지역에서 다문화가족정책 집행의 중심적 제도로서 확고한 위치를 얻게 되기까지 서비스 전달과정의 네트워크에 어떤 행위자들이 참여하였는지, 어떠한 상호작용을 통해서 다문화가족지원센터가 다문화서비스전달체계의 중심적인 지위를 공고하게 하였는지, 어떻게 주요행위자인 결혼이주여성의 역할이 만들어졌는지를 살펴보고자 하였다.

질적 연구방법 중 참여관찰과 심층면접 방법을 통해 행위자-네트워크에 참여하는 인간, 비인간 행위자들의 상호작용과 인식, 각 행위자의 목적과 활용하는 전략을 파악하고, 관계의 권력적 위치를 기술하고자 하였다(Cresswell, 2005). 이 연구에서는 행위자의 행위성에 초점을 두고, 행위자들의 주체적 실천과 네트워크상에서 이러한 실천행위가 다른 행위자들과의 관계를 어떻게 변화시키는지, 목적을 얻기 위해 어떻게 다른 행위자들을 동원하고, 정체성을 협상하는지를 파악하고 상세히 기술하고자 하였다.

연구 대상: 이 연구는 A시의 다문화가족지원센터를 연구 대상으로 하였다. A시는 총 인구 27만 명 정도의 도농 복합형 도시로 도 내에서 세 번째로 외국인 인구가 많은 기초지자체이다. 2015년 현재, 다문화 인구는 외국인 근로자가 41.7%, 결혼이주자가 17.2%, 다문화가정 자녀가 17.9%로 이주노동자가 가장 큰 이주민 집단이다. 외국인 근로자는 남성이 83.6%인데 비해 결혼이주자는 여성이 93%이다. 그러나 이런 이주민의 구성비와 상관없이 다문화가족지원센터의 주요 표적대상은 결혼이주여성과 그들의 가족이다. A시는 대부분의 기초지자체가 다문화가족지원센터를 민간위탁으로 운영하는 것과 달리 시에서 6년간 직영하다가 2012년에 대기업의 사회공헌단이 설립한 사회복지법인에 위탁하여 지금까지 운영하고 있다.

이 연구는 A시가 다문화가족지원센터를 설립하기 직전의 시점부터 현재에 이르기까지 다문화가족지원 서비스에 관여하였던 다양한 인간, 비인간 행위자들의 관계와 역동을 살펴보았다. A시의 다문화가족지원센터를 이 연구의 대상으로 선택한 이유는 몇 가지가 있다. 첫째, A시는 도 내에서 세 번째로 외국인 인구수가 높은 기초지자체로서 다문화가족에 대한 관심이 비교적 높고 센터 운영에 적극적이라는 점, 둘째, 여성가족부 다문화가족지원센터 평가에서 전국의 10개 우수기관 중 하나로 선정되었다는 점에서 센터 운영과 프로그램의 질이 충분히 관할 부처의 기준에 부합하였을 것이라는 점, 셋째로는 연구자가 지난 수년간 서비스의 협력기관으로서, 프로그램 자문으로서 관계를 맺어 오면서 관찰할 기회를 가졌다는 점이다.

자료수집: 자료수집은 참여관찰과 심층면접으로 수행되었다. 추가적으로 문헌자료 검토와 법령, 조례, 보도자료, 보고서, 책자 등의 비인간 행위자들을 수집하였다. 이 연구의 중심현상인 다문화가족센터 시행과정의 행위자–네트워크를 분석하기 위하여, 다문화가족지원서비스 초기 과정부터 현재까지 중심적인 역할을 하였던 두 명을 '뒤쫓기'하고 이들의 네트워크 참여자들을 심층면접하였다. A시의 다문화행위자–네트워크에 대하여 심층적이고 풍부한 정보 제공자를 찾기 위해 의도적 표집방법과 눈덩이 표집방법을 사용하였는데, 이들 두 명의 관계자 이외에도 A시의 시의회 의원, 센터 초기에 서비스 이용자로 시작하여 직원으로 역할이 이행된 1명과 현재 또는 과거의 서비스 이용자(5인)를 면접하였다. 추가적인 관점을 듣기 위해 도청의 관련 부서 계장, 인접 지자체의 민간 위탁 다문화가족지원센터 센터장과 팀장을 면접하여 행위자–네트워크상의 다양한 행위자들과 이들 간의 협상과정을 파악하기 위한 충분한 자료수집이 가능하도록 하였다(Cresswell, 2005). 위의 인간행위자들뿐만 아니라 지역 미디어가 보도한 센터 관련 기사, 센터 프로그램 소개 자료, 중앙 정부의 다문화가족지원 관련 법령, 행정지침, 다문화가족 관련 학술자료, 센터가 발간한 책 등도 분석의 기초자료로 사용하였다. 연구 참여자들의 인적특성은 〈표 9.1〉과 같다.

〈표 9.1〉 연구 참여자의 인적 특성

사례	가명	연령	출신국	직업
1	김순희	58	한국	A시 과장
2	오로라	48	한국	A시 다문화가족지원센터 센터장
3	강인구	62	한국	A시 시의원
4	박철호	48	한국	도청 담당 계장
5	김영희	59	한국	B시 다문화가족지원센터 센터장
6	최문식	41	한국	B시 다문화가족지원센터 팀장
7	김미옥	42	중국(조선족)	대학원 재학/이중언어강사
8	박순영	38	베트남	이중언어통역사/센터 직원
9	송미화	47	중국(조선족)	이중언어강사/중국어 과외
10	박혜지	39	중국(한족)	주부
11	진지혜	32	베트남	베트남어 강사
12	박은지	42	중국(한족)	중국어 학원/다문화이해교육

분석의 결과: A시의 다문화가족지원센터의 설립과 시행과정을 행위자-네트워크 구축의 네 가지 단계의 개념을 활용해서(칼롱, 2010), 어떻게 서비스 지원 조직의 네트워크가 시작되고 센터가 중심적 행위자로 자리 잡게 되는가를 분석한 결과는 다음과 같다.

1) 문제제기(problematization): 다문화가족지원센터가 어떻게 필수불가결한 요소가 되는가?

칼롱의 행위자-네트워크의 번역의 4단계 중 첫 번째 단계인 '문제제기'는 어떤 행위자가 다른 행위자들의 문제를 진단하면서 그 문제를 협상 테이블로 끌고 나오는 것이다(칼롱, 2010). 이것은 네트워크상의 한 행위자가 문제 상황을 규정하고, 문제의 해결에 참여해야 할 행위자들을 파악하고, 자신을 관계의 연결망에서 '의무통과점', 즉 네트워크에서 중심적 위치를 차지하기 위해 전략적 행위를 하는 것이다.

회의나 프로그램에 연구자가 직접 참여해서 관찰하고, 관련된 행위자들을 심층면접한 결과, 지역의 다문화가족지원 네트워크에 참여하는 주요행위자들은 중앙정부의 다문화담론과 다문화정책, 지자체의 인구의 정치학, 선거에서 재선을 원하는 지방자치단체 정치인, 부권적 가족을 보존하려는 가족, 집 밖에서 코리안 드림을 찾고자 하는 결혼이주여성 등으로 나타났다. 지역의 다문화가족지원센터가 이러한 행위자들과 어떻게 상호작용하면서 행위자-네트워크의 중심적 위치를 만들어 가는지(의무통과점)를 도해하면 〈그림 9.1〉과 같이 나타낼 수 있다.

(1) 다문화담론과 다문화정책

중앙정부의 다문화담론과 이에 기반을 둔 다문화정책들이 다문화가족지원의 거시적 맥락을 제공한 첫 행위자라고 하겠다. 2006년 제정된 '재한외국인처

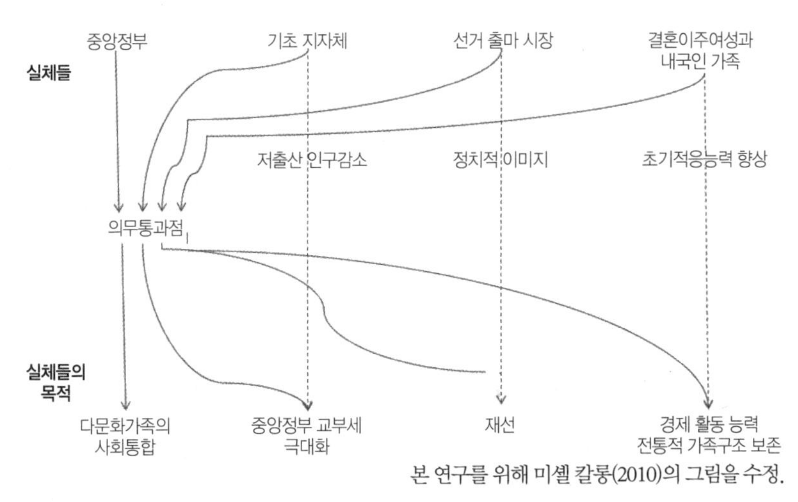

본 연구를 위해 미셸 칼롱(2010)의 그림을 수정.

〈그림 9.1〉 문제제기에 연루된 행위자들과 그들의 목표

우기본법'은 부처별로 해당 외국인 정책을 마련하도록 하였는데, 범부처 차원에서 가장 먼저 마련된 '여성결혼이민자가족의 사회통합 지원방안'은 중앙정부가 '다문화정책'은 여성결혼이민자와 그들 가족을 정책의 대상으로 규정하고, 정책목표는 결혼이주여성의 안정적인 정착과 가족생활을 지원하는 것으로 명시하였다. 그러한 정책목표를 구현하기 위해 한국어 교육, 가족관계 향상, 자녀교육이 주요 우선순위사업으로 추진되었다. 이 시기에 "결혼이주여성 관련 프로젝트가 있으면 없던 예산 항목도 만들어 준다는…"(김혜순, 2008, 50) 말이 있을 정도로 결혼이주여성 가족 지원 사업은 각 부처에서 정책과 예산 경쟁의 초점이 되었다. 중앙정부의 정책들과 예산의 집행주체인 지방정부와 기초지자체의 다문화관련 부서는 "결혼이주여성에 쏟아지는 관심과 늘어나는 예산을 소화하기 위해 크고 작은 사업과 행사로 가장 바쁘고 일이 많은 부서"가 되었다(도청 담당 박 계장). 이처럼 관련 법률이 제정되고 정책시행을 위한 예산을 확보한 것이 다문화가족지원센터의 기초를 놓은 것이라 할 수 있다.

(2) 지자체의 '인구의 정치학'

A시가 다문화가족지원의 협상 테이블에 관심하게 된 직접적 이유는 행자부의 2006년 행정지침이다. 행자부의 보통교부세 산정 기준에 "누가 주민인가?"에 대한 새로운 해석을 제시하는 행정지침을 내려 보냈기 때문이다(행자부, 2007). 2006년도에 행자부는 지자체에 '거주 외국인을 지역주민의 일원으로 인정'하고 '실질적인 지원업무'를 수행하도록 하는 업무 추진지침을 전달했다.[1] 동시에 표준조례안도 시달하여 기초지자체들의 다문화조례 제정도 독려하였다.[2] 행자부(2007)의 지침에서 특히 지자체의 관심을 끄는 내용은 2007년부터

1) ANT에서 이러한 법령도 행위자로 보기 때문에 이 법령이 다른 행위자들과 어떻게 상호작용하는가에 주목할 필요가 있다.

2) 김 과장은 A시의회도 다문화가족지원에 대한 관심과 결의를 반영하는 조례를 통과시켰다고 회상하였는데, 그 시기에 시의원이었던 현직 시의원(강인구)은 면담과정에 A시가 다문화가족지원 조례를 통과시켰다거나 특별히 다문화에 대한 적극적인 정책을 표방하였다는 것을 기억하지 못한다고 하였

지자체의 보통교부세 및 총액인건비 산정수요에 등록외국인 수를 새롭게 반영한다는 것이었다. 관내 거주민 숫자가 중앙 정부로부터 받는 예산과 인력(인건비 총액)을 산정하는 기초자료가 될 뿐만 아니라, 인구의 절대 수 자체도 일정 규모의 지방정부 조직이 유지되기 위한 최소 조건이 되기에 지속적인 인구유출을 경험하는 지방에서 관내 거주민의 발굴은 많은 지자체의 시급한 현안이다. 다문화가족에 대한 급격한 관심은 "이 사람들의 숫자 파악이 당장 보통교부세와 관계가 있기 때문"이라고 김 과장은 회고한다. 결혼이주여성은 지역에 주민으로 정착할 뿐 아니라 자녀 출산을 통해 지역의 장기적인 인구 증가, 경제활동인구 증가를 가져온다는 점에서 지방정부가 갖는 관심의 초점이 되었는데, 중앙정부로부터의 보통교부세를 극대화하고자 하는 지자체의 인구 정치학에 의해 추동된 관심은 결혼이주여성이 주체가 되기보다는 도구적으로 인식되는 데 기여했다고 본다.

(3) 차기 선거에서 재선을 원하는 시장

이 시기에 A시의 다문화에 대한 고조된 관심은 정치적 이해와도 관련이 있다. "시장님의 재선 출마와도 관련이 있지요. 한참 다문화가족에 대한 관심이 불기 시작하는데 이 사람들 가정을 방문하거나 다문화 사업에 나타나셔서 사진 한 번 찍으면 보기 좋잖아요"(A시 김과장). 2008년에 시장직 연임을 위한 지방선거를 앞두고 있던 A시의 시장에게 사회적 약자의 옹호자로서의 자신의 이미지를 만드는데 다문화가족은 매력적인 동맹으로 생각되었다.[3] A시뿐만 아니라 2008년 총선과 지방선거 전반에 걸쳐 다문화가족에 대한 관심은 매우 높았다. "빈곤층, 장애인들 가지고는 더 이상 신선함이 없잖아요. 다문화하면 다들 관심

다. 기초지자체는 행자부가 시달한 표준조례를 큰 의미를 부여하지 않고 의례적으로 통과시켰던 것으로 추측된다.

3) 김혜순(2014)은 "다문화정책 관련 예산과 우선순위를 결정하는 입법·행정부의 정책결정권자들이 정권, 정당과 무관하게 피해자–가부장적 온정주의와 시혜적 관심"을 보였다고 관찰하였다.

가지니까…"(B시 센터 최 팀장). 다문화사회의 도래에 대한 성급한 사회적 논의 속에서 선거를 위해서 각 정당이 앞을 다투어 다문화가정의 옹호자로 자처하는 정치가들의 동기에 대한 냉소적 인식이다. 보수정당에서 결혼이주여성을 비례대표 국회의원 후보로 추천하기도 할 정도로 이 시기에 다문화가족들에 대한 사회적 관심은 매우 고조되었다. 다문화가족을 지원함으로써 사회적 약자를 보호하는 정치인이라는 상징적 의미를 활용했고, 이러한 단체장의 필요성이 센터의 위상을 높이는 효과를 가져온 셈이 되었다.

(4) 부권적 가족구조를 보존하려는 가족

한국 가족들은 갑자기 늘어나는 결혼이주여성들에 대한 외부의 관심에 대해 매우 경계하였다. 국제결혼에 대한 사회의 따가운 시선과 불필요한 관심을 원치 않는 것도 한 이유가 되고, 외국인 며느리가 한국 사회와 접촉이 많으면 많을수록 외부의 유혹에 노출될 것을 두려워하는 것도 이유였다. 외부와의 접촉을 차단하여 가족보존에 위협적 요소를 원천봉쇄하고자 하지만 또 한편으로는 외국인 며느리가 "말도 통하고 아침이면 일어나 일 나가는 남편 밥도 좀 차려 주고, 집안 구석도 말끔하니 하는…"(B시 김 센터장) 것을 배워서 며느리, 아내로서 역할을 잘 수행할 것을 기대하고 있었다. 결혼이주여성을 위해서가 아니라, 가족의 부권 중심의 기대치가 역설적으로 이주여성들이 다문화센터 프로그램에 참여할 수 있는 기회를 제공한 셈이다. 이들 가족은 며느리만 보내는 것이 아니라 남편이나 시어머니가 동반하는 경우도 종종 관찰되었다. 이렇게 해서 센터의 엄격한 출결관리와 한국 문화, 예절, 요리 교실 등 전통적 여성의 역할 수행능력을 키우는 교육프로그램은 가족의 신뢰와 지지를 얻는데 큰 효과를 발휘하는 결과를 낳게 되었다.

이 지점에서 다문화가족지원센터의 성공이 부권적 가족주의에 의해 지지되고 있다는 역설이 발생하고, 동시에 다문화센터의 프로그램들이 다문화가정의 간문화역량(cross-cultural competence)을 키우기보다 한국의 예의범절, 시부모와 남편을 잘 모시는 며느리라는 가부장성을 지지하는 역설도 발생시킨 셈이 되었다. 이런 역설은 뒤에 보게 되겠지만, 결혼이주여성이 주체가 아니라 주변화되는 현상과 연관되게 된다.

(5) 가정 밖에서 코리안 드림을 찾고 싶어 하는 결혼이주여성들

결혼이주여성들도 한국어와 한국문화를 배우고, 한국 음식도 만들기를 원했다. 가족 간의 의사소통 문제와 식습관의 차이를 해결하기를 원하는 것도 있지만, 많은 여성들이 집 밖에서 일을 할 수 있고, 돈을 벌기를 원했다. 본국에 있는 가족들에게 송금을 할 수 있고, 동경하던 한국의 소비문화에 참여하고 싶어 하였다.

> 한국말을 빨리 배워 돈 벌고 싶었어요. 신랑 벌이가 좋지 않아 내가 벌어 사고 싶은 것도 사고, 엄마 초청하는 비용도 마련해야 했어요.(송미화)
>
> 우리나라에서 저 너무 가난해서 학교에 갈 수 없었어요. 그래서 중학교 마치고 공장 나갔는데 얼마 못 벌었어요. 여기서 한국말도 배우지만 전 컴퓨터 할 줄 아는 게 (능력이) 일 찾는데 중요한 것 같아요. 우리 애들은 꼭 대학 보내고 싶어요.(진지혜)

가족 밖의 삶을 탐색하고 경제적 독립의 기회를 찾고 싶은 결혼이주여성들은 다문화가족지원 행위자-네트워크에 기대를 갖고 한국어 능력이나 컴퓨터 기술이 취업을 위해 중요한 요건이 된다고 인식하고 센터 교육이 그들의 취업과 경제적 자립으로 이어줄 수 있기를 바랐다. 그러나 경제적 자립에 대한 결혼이주여성들의 표현된 욕구에도 불구하고, 결혼이주여성의 문화적응과 이들의 가족기능강화가 정책 집행과정에서 우선적 목표임이 분명하였다.

> 한국에 온 이유가 가족을 만들기 위한 것이잖아요. 그런데 가족 관계가 제대

로 안정되기도 전에 직장에 나가고, 수입 생각해서 잔업까지 욕심내어 받고 하면 좋지 않으니까, 일단 첫해는 한국어 배우고, 한국 실정 익히는데 집중하라고 조언하지요.(오 센터장)

이러한 다양한 차원의 행위자들이 갖는 고유한 관심들 가운데 A시는 2006년에 외국인 복지지원과를 신설하였고 그 첫 활동으로 이 연구에 참여한 A시의 김 과장은 다른 한 명의 직원과 함께 시가 신설한 외국인 복지지원과 업무에 배치되었다. 두 직원이 업무에 배치된 이유는 "나는 일어일문학을 전공하였고, 다른 사람은 부서에서 영어를 제일 잘할 수 있기에 외국인 업무를 담당하기에 가장 준비된 직원들"로 여겨졌기 때문이라고 김 과장은 설명하였다.[4] 그러나 김 과장은 초기 시작단계를 "맨땅에 헤딩하는 심정으로 막막한"이라고 했다. 외국인 복지지원과 관련 경험이나 선례가 주변에 없기에 일단 외국인 인구가 가장 많은 안산시 원곡동에 벤치마킹을 위한 출장을 계획하였다. "진눈깨비 내리는 2월에… 안산시에서 중국인 남자가 한국인 여자를 토막 살인한지 1주일 되는 시점에… 인적은 드물고, 외국어 간판이 즐비한 거리"에 도착하였다. 안산시의 외국인지원과 담당자와 만나고 돌아오는 길에 김 계장은 "머리가 혼란스러워 정리가 안 되는 느낌"이었다고 회고하였다.

위와 같이 다양한 행위자들은 결혼이주여성과 그 가족의 지원은 주요 정책의제라는 입장을 공유하였고 다문화 협상 테이블로 기꺼이 나오게 된다. 중앙정부 부처들은 주요 정책의제를 선점하고 예산과 영향력 확보의 경쟁에서 우위를 점하기 위해서는 결혼이주여성을 위한 정책과 프로그램을 개발하여야 했다. 기초지자체는 결혼이주여성들을 포섭하는 것이 중앙정부의 예산지원을 극대화하고 지역의 인구감소와 저출산 문제를 완화하는 방법이라고 생각하였다. 지역

4) 당시 중앙정부 차원에서는 '다문화주의' 정책 담론을 채택하고 이를 여러 정책으로 추진하려고 했으나, 지역 현장에서는 결혼이주여성의 주요 출신국가가 중국, 베트남, 필리핀임에도 '외국인'과 '외국어'는 영어, 일어를 떠올리는 단순화된 사고를 엿볼 수 있다.

정치가는 '뜨는' 사회적 문제의 적극적 옹호자로서 이미지를 만드는데 결혼이주여성과 그 가족이 중요한 자원이 될 것이라는 점에서 다른 행위자들과 관심이 일치하였다. 결혼이주여성들의 문제와 정부의 지원 필요성을 지적하는 연구물[5]들과 '문제와 미담'[6]이 혼합된 미디어 담론은 중요한 매개자의 역할을 수행하면서 주요행위자들을 다문화가족 지원의 장으로 나오게 하였다. 이 과정에서 A시의 외국인 지원과(이후 다문화가족지원센터)는 위와 같은 다양한 행위자들의 관심과 욕구를 다루기 위해서는 통과해야 하는 중심적 위치(의무 통과점)를 차지하기 시작하였다.[7]

2) 관심끌기: 어떻게 다문화가족지원 과정에 필수적인 동맹들을 적당한 자리에 고정시킬 것인가?

두 번째 단계로 '관심끌기'는 한 행위자가 문제제기 과정을 통해 정의된 다른 행위자들의 정체성을 강제하고, 안정화시키려는 행동들이다(칼롱, 2010). 자신의 행위자-네트워크로 다른 행위자들을 유혹하고 끌어와 적당한 곳에 위치시키기 위하여 자신의 이해나 의도를 상대방 행위자의 이해나 의도에 부합하게 번역하는 '치환(displacement)' 작업을 한다. 관심끌기 단계에서 '갑'이라는 행

5) 김오남(2006), 김이선·김민정·한건수(2006), 김현미(2006) 등은 문화적 차이로 인한 가족갈등, 학대 등의 문제를 지적하고 이를 해결하기 위한 정부정책을 제안하였다.

6) 언어, 문화적 차이와 경제적 어려움으로 결혼이주여성의 낮은 결혼만족도와 높은 이혼의사를 보도한다거나(www.yeongnam.com, 2006.9.27) 집에 감금되어 탈출을 시도하다 추락사한 여성, 남편의 폭력으로 사망한 여성들에 대한 보도(www.donga.com/2009.9.26)가 있는가 하면 러브인 아시아라는 TV 프로그램은 어려움 중에도 헌신적인 아내, 어머니, 며느리, 생활인의 1인 다역에 충실한 모습을 자주 소개한다(www.kbs.co.kr/1tv/sisa/loveasia).

7) 문제제기 단계가 성공적으로 작동하면 모든 행위자들은 자신의 행위지점을 다른 행위자들이 의무적으로 통과하게 하려고 노력하는데, 이것을 '의무통과점(obligatory passage point)'이라고 한다(김환석, 2009, 882). 다문화가족지원센터는 결혼이주여성, 그들의 가족, 시장, 도청, 중앙정부 등의 행위자들이 각자의 목적을 달성할 수 있기 위해서는 센터를 통해야 하게 자신이 의무통과점의 역할을 하려는 전략적 노력을 하였다.

위자가 '을'이라는 행위자의 관심을 끌고 행위자-네트워크에 머물게 하기 위해서, '을'이 '병' 또는 '정'이라는 제3의 행위자들과 맺고 있는 관계를 끊거나 약화시키기도 하는 다양한 행위자들 간의 상호작용이 활발하다. 〈그림 9.2〉는 관심끌기 과정에서 다문화가족지원센터가 다문화가족지원 행위자-네트워크의 중심이 되기 위한 유인과 배제의 과정과 권한행사 방식을 보여준다.

(1) 적대적 행위자의 배제

많은 지자체가 센터 운영을 기존의 사회복지시설이나 대학에 위탁하는데 A시는 직영을 선택하였다. 시의 이와 같은 결정의 가장 큰 이유는 외부의 관심에 대해 불신하고 배타적인 다문화 가정으로부터 신뢰를 얻는 데 시 정부가 직접 운영하는 것이 유리하기 때문이라는 것이다. 보수적인 지역의 특성상 정부기관의 권위와 신뢰가 이들 가족들의 협조를 얻는데 중요하였다고 판단하였다. 또 다른 이유로는 지역에 센터를 위탁할만한 사회복지기관이 없는 반면, 시에 소

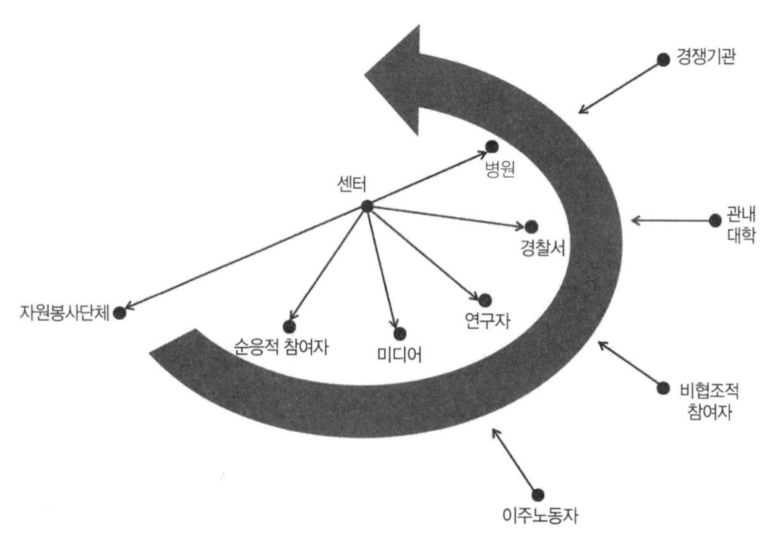

본 연구를 위해 미셸 칼롱(2010)의 그림을 수정.

〈그림 9.2〉 관심끌기의 삼각형

재하는 3~4개의 주요 대학들이 센터 유치를 경쟁적으로 하게 되면 시 정부와 탈락한 대학과의 불편한 관계가 생길 가능성도 배제하려는 정치적 고려도 있었다고 한다(A시 김 과장). 다문화가족을 위한 지원 사업에 안정적인 동맹관계의 행위자들을 네트워크에 등록시키고 유지시키는 것이 중요한 만큼, 네트워크를 교란시킬 수 있는 적대적 관계를 선제적으로 배제하는 것이 바람직하다는 판단의 결과로 보인다.

(2) 결혼이주여성보다 가족과의 우선적 동맹 맺기

외국인 복지지원과에 배치된 후 첫 번째로 김 과장은 관내의 모든 다문화가족을 가가호호 개별 가정방문을 하였다. 개별가정방문을 통해 김 과장은 결혼이주여성과 그 가족들을 다문화서비스 네트워크에 포섭하는데 성공하였다. "시 공무원이니까 가족들이 불편한 마음이 있더라도 응대는 해 주지요. 아무래도 연세 있는 분들은 정부가 하는 일에 협조를 해야 한다고 생각하니까요." (A시 김 과장).

A시가 '외국인 며느리'들에게 필요한 한국말과 예절, 음식 풍습에 대해 배울 기회를 제공할 것이라는 점과, 교육 참여자 관리를 철저히 할 것을 약속하여 가족들의 협조를 얻어 내었다. 즉, 사회경제적 취약계층 남성들이 부권적 가족관계를 유지할 수 있도록 시 정부가 돕겠다는 '치환' 작업이 설득력 있었다. A시는 우선적으로 한국어 교실을 제시하였는데 이는 다문화가족지원 서비스의 수혜자가 되는 결혼이주여성과 그 가족들의 이해가 교차되는 지점이기에 이들을 행위자-네트워크에 연결시키는데 효과적이었다.[8] 한국어 교실에 이어 요리교실, 한국 예절 교실 등과 같은 초기 정착프로그램은 결혼이주여성들의 욕구를 반영

8) 한국어 교실은 다문화가족지원센터 서비스 메뉴에 들어 있기도 하지만 결혼이주여성과 가족들이 가장 쉽게 필요성을 인식하고 받아들일 수 있는 서비스이다. 그러나 점차 한국어와 한국문화교육은 여러 부처, 여러 기관에서 경쟁적으로 제공되어 중복지원과 결혼이주여성의 다양한 욕구를 충족시키지 못한다는 문제가 되었다. 김혜순(2008)은 이러한 이유 중 하나는 한국어, 한국 문화는 누구나 가르칠 수 있다는 생각에 "사업에 대한 진입장벽이 낮은 지점"이기 때문이라고 지적하였다.

한 부분도 있지만 다문화가족지원센터는 결혼이주여성들을 도우려면 시댁식구와 남편들과의 동맹 맺기가 우선되어야 한다고 인식하였기에 다문화가족지원센터 교육활동에 참여가 가족 내 역할을 수행하는데 도움이 됨을 부각시켰다.[9] 가족들과의 동맹을 공고하게 하기 위해서 가부장적 가족규범에 호소하는 것을 관심끌기의 전략으로 적극 활용하였던 것이다.

센터에 온다는 핑계로 나왔다가 같은 나라 사람들 만나러 다른 데로 가는 경우가 있어요. 수업에 제시간에 도착하지 않는 경우 바로 집에 전화를 해서 출석을 안 했다고 가족들에게 알려드려요. 가족들이 우리 센터에 보내면 관리를 잘한다는 것을 아시게요. 오다가다 가정불화든 어떤 이유로 가출을 하는 경우도 있는데 우리가 결혼이주여성들에게 이리 저리 탐문해서 찾아주고, 나간 이유가 뭔지도 파악해서 상담하고 해서 가정문제도 해결하고 하지요.(오 센터장)

인용에서 보듯이 센터는 프로그램 참여를 높이기 위해 남편이나 시부모들의 '환심'과 신뢰를 얻기 위해 (이를 네트워크상의 동맹이라 할 수 있다), 며느리가 출석을 했는지, 가출한 경우 찾아주는 일까지 도맡아 하고자 하고, 또 이런 정성어린 활동에 대해 자부심을 가지고 있었고, 이 전략은 가족들의 관심을 끄는 데 상당히 효과적이었다. 그러나 결혼이주여성들의 입장에서 보면 '관리' 당하는 상황이 되고, 가족과의 화합이 개인의 평안과 독립된 의사결정보다 늘상 우선시되는 상황이 만들어지고 있었다. 서비스 제도와 정책시행에서 정당성을 확보하고, 참여를 높인다는 목표와, 서비스를 받는 당사자들의 필요와 희망이 충돌하는 지점이 여기에서 확연하게 나타난 것이다. 조금 일반적인 수준에서 보면 이러한 상황은 복지서비스 기관이 의도한 것은 아니지만, 그 구성원들이 업무

9) 다문화가족정책 초기에 지방정부와 관련기관의 결혼이주여성 지원서비스는 한국생활적응 및 문화이해(한국어, 요리, 예절, 가족관계 등), 여성복지(건강, 의료, 상담, 폭력 쉼터), 취미 및 취업관련 교육, 문화행사, 모범 사례 여성의 친정 보내주기 등이었다(김이선, 2006)는 보고와 부합하는 접근이다.

를 수행하면서 (열심히 하면 할수록) 자신의 행위가 전체 네트워크 실천과정에서 어떤 역할과 결과를 낳는지에 대해 세밀하고 비판적으로 성찰해야 함을 보여준다. 동시에 서비스 수혜자가 오히려 대상화되는 결과를 낳을 수 있고 또 실제 현장에서 결혼이주여성들의 필요와 요구가 도구화되고 있음을 확인할 수 있었다.

(3) 순응과 협력에 대한 보상

결혼이주여성의 대다수가 다문화가족지원센터가 이주 초기에 가족이 용인하는 유일한 외부와의 접촉 기회로 생각하였고, 한국 사회를 알아가는 첫 걸음을 떼는 장소로서 다문화 가족센터의 중요성을 인식하였다. 다문화가족지원센터 서비스 참여자들은 그들의 참여도에 따라 보상이 주어졌다.

> 이 사람들이 시간이나 약속에 대한 개념이 부족해요. 프로그램에서 가르치는 내용을 배우는 것도 중요하지만 무엇엔가 성실하고 꾸준하게 하는 것이 중요하다는 것을 알려주어야 한다고 생각해요. 그래서 여성분들이 좋아하는 외부 활동은 성실한 참여자들에게 우선순위를 줍니다. 한국 생활하는데 필요한 태도를 배우는 거지요.(오 센터장).

한 결혼이주여성은 '협조적인' 참여자들에게만 문화탐방 기회, 물적 지원, 직업 훈련이나 취업 알선과 같은 '실속 있는 프로그램'들에 대한 정보가 주어졌다고 인식하였다(김미옥). 한국어를 잘 구사하는 조선족 결혼이주여성들은 한국어 교육이 필요하지 않았기 때문에 직업 훈련이나 취업알선 등의 서비스를 받기 위해 센터와 접촉하였을 때, 구체적인 요청과 무관하게 "일단 프로그램에 열심히 참여하면서 차차 알아볼 것"을 권유받았다고 한다(송미화).

결혼이주여성들의 '성실한 참여'가 중요한 이유는 다문화가족지원센터 예산 지원 기준이 참여자의 실인원과 연인원이란 사업실적과, 관할지역 결혼이민자 및 자녀수라는 두 지표에 따라 결정되었는데 특히 사업실적이 더 큰 비중을 차지하기 때문이다. 이러한 예산배정 기제하에서 센터의 프로그램에 일관되게 성실히 참여하는 협조적인 참여자들이 많아야 센터는 예산 확보가 용이하고, 다문화 가족지원센터라는 제도의 안정화를 이룰 수 있기에 결혼이주여성들은 다문화가족지원센터의 공적기구로서 생존에 협력자로서의 역할을 성실히 할 것이 기대되었다.

상당수의 결혼이주여성들의 관심사는 경제적 자립이었다. 그래서 한국어를 하지 못해도 일할 수 있는 공장에 취업을 하고자 하는 결혼이주여성들이 많았는데 "외국인 이주노동자들이 많지 않거나, 여성만을 위한 별도의 작업장이 있는 곳에 가능하면 소개하려고 하지요. 아무래도 본국 사람들과 접촉하게 되면 가정에 문제가 될 소지가 많으니까요."(B센터 최 팀장)라고 센터 관계자는 말하여 다문화가족들이 자주 직면하는 문제에 대한 염려와 현실적인 대처임에 틀림없지만 이러한 가부장적이고 온정주의적인 실천 담론이 여과 없이 표현되는 것을 볼 수 있었다. 결혼이주여성과 그 가족의 보호라는 좋은 의도를 갖고 실천하는 과정에서 여성들이 삶의 주체가 되기보다는 서비스 제공자가 대신 판단하고 결정하는 온정주의와 대상화가 일어나는 것을 볼 수 있다. 결혼이주여성은 중요한 행위자임에 틀림이 없지만 이들은 다문화가족지원센터가 구축하는 행위자-네트워크의 협상테이블에 있는 다양한 행위자들과의 관계에서 대등한 입장은 아니었다. 결혼이주여성들은 가족주의를 활용하여 네트워크에 참여하게 되었을 뿐만 아니라 그들의 욕구는 가족의 보존이란 목표의 맥락 안에서 주로 다루어졌다.

(4) 조사자료/연구물들의 설득력

가가호호 가정방문을 통해 수집된 관내 다문화가족 실태조사 자료는 A시 최초의 다문화가족실태조사로서 조사결과는 지자체의 집행부, 시의회에 행정보고서 형태로 제출되었고, 지역신문에 보도 자료로, 보고회 형태로 여러 차례 발표되면서 다양한 경로로 배포되었다. 실태조사는 몇 가지 중요한 의미가 있었다. 첫째, 다문화가족들이 갖고 있는 문제와 욕구, 이에 대한 서비스의 필요성과 시급성의 '문서화된 첫 증거'를 마련하였다는 점이다. 다문화가족실태조사 결과는 다양한 행위자들—시 정부, 시의회, 지역 내 교육과 복지 관련 기관, 언론매체, 자발적 주민 조직 등—을 다문화가족지원을 위한 행위자-네트워크에 끌어드리는 관심끌기의 효과적인 도구로 사용되었다. 구체적으로, 2007년도에 A시의 시의회가 다문화조례를 제정하고 우선적인 사회적 지원의 대상으로 규정하는데 근거자료로 활용되었고, 시 행정부가 다문화가족 지원 프로그램 예산배정과 행정부서 조정의 기초자료로도 활용되었다.

다문화담론의 열풍에 따라 다문화가족에 대한 많은 연구물, 보고서, 기사들이 쏟아져 나왔다. 예를 들면, 결혼이주여성들의 사회, 경제, 정서적 부적응 문제, 이들의 자녀들의 학업, 사회, 정서적 적응에 대한 연구, 가족 내의 갈등과 폭력과 같은 위험요인들을 파악하고(김오남, 2006; 신경희 외, 2006; 한건수, 2006) 문제의 심각성과 시급성을 논하면서 기존 서비스의 불충분성을 지적하며 지원의 확대를 제안하였다(민무숙 외, 2009; 김이선 외, 2010; 김정선, 2009). 이러한 연구물과 보고서 등에서 나타나는 학술담론들은 다문화가족지원센터가 중요한 의무통과점으로서의 역할을 강화하는데 중요한 역할을 하였다. A시의 다문화가족지원센터는 다문화가정 방문교사들의 수기를 엮은 『아름다운 동행』이란 책을 출간하였는데 이 책은 다문화가정 방문교사들의 시선에서 본 다문화가족 여성들의 애환, 역경, 용기, 변화 등의 스토리를 엮은 책이다. 이 출판물은 다문화가정의 빈곤, 소외, 문화적 부적응의 경험을 기술할 뿐만 아니라 여러 역경에도 불구하고 가족과 육아에 헌신적인 여성상과 사회가 내민 도움의 손길의 중요성에 대한 담론을 다시 재강화하는데 영향을 미쳤다.

(5) 가부장적 온정주의의 동원

가부장적 온정주의가 강한 지역사회의 다양한 단체들도 다문화가족지원의 행위자-네트워크에 쉽게 결합하였다. 저변에 깔려있는 '가난한 나라에서 팔려와' '어렵게 사는 나이 많은 남자들'에게 시집 와서 아이 낳고 살며, '친정까지 걱정해야 하는' 여성들에 대한 온정적이고 시혜적인 관점과 한국 가정의 새로운 성원들의 한국인 만들기란 동화주의적 관점이 잘 교차하는 지점에서 행위자-네트워크가 형성되었기에 지역의 여성단체가 '친정어머니' 되어 주기로, 지역의 봉사단체들이 명절 후원 행사, 다문화행사 지원 등으로 행위자-네트워크에 참여하였고, 지역 언론매체들도 이들의 활동을 '뉴스가치'로 높이 사서 보도에 호의적이었다.

〈그림 9.2〉는 관심끌기 과정에서 다문화가족지원서비스를 부각시키는 행위자들과의 네트워크는 유지 또는 강화시키고, 그렇지 않은 행위자들은 배제하는 것을 보여준다.

3) 등록하기: 네트워크상의 행위자들의 역할을 어떻게 정의하고 조정할 것인가?

세 번째 '등록하기' 단계는 다른 행위자들로 하여금 새롭게 주어지는 역할을 받아들이도록 하여 구축된 네트워크를 강화하고 행위자-네트워크의 대변인으로서 센터의 중심적인 역할을 강화하는 것이다. 이 단계에서 어떤 행위자 자신의 이해를 적극적으로 관철하기 위해 네트워크를 교란하거나 이탈하는 경우도 생겨난다.

다문화가족지원 행위자-네트워크에서 결혼이주여성과 그 가족들은 서비스 수혜자로서 역할이 부여되었고, 대부분은 이 역할 수행에 충실하였다. 행위자-네트워크상의 여러 서비스 기관들과도 보완적 관계의 파트너십이 설정되었다. 수동적 수혜자 역할에 만족하지 않는 여성들은 대안적 경로를 찾아서 자신들의 경제사회적 욕구를 충족시키려 하였다. 경쟁적 관계의 기관들은 행위자-네트워크에서 배제되었다.

(1) 주요행위자의 포섭과 동맹 맺기

센터가 결혼이주여성과 그들의 가족들을 먼저 포섭하였고 동맹을 맺게 된 것이 센터가 다문화가족지원 행위자-네트워크의 대변인으로서 권력적 관계를 가질 수 있게 하였다. 우선 결혼이주여성들이 다문화가족지원센터가 한국에 정착하는데 필수불가결한 지지체계로 인식하였다. 한국어를 배우고, 한국 사회를 배워가는 첫 사회화의 장이고, 같은 국가에서 온 여성들과 지지체계를 만들어 가는 곳이다. 또 자녀 양육, 가족관계 문제가 있을 때 믿고 도움을 청할 수 있는 곳이기도 하다.

> 처음 와서 아무것도 모를 때, 한국말 배워주고, 어려울 때마다 힘주셨지요. 어떻게 살지 막막할 때, 꾸준히만 하면 할 수 있다고…이젠 내가 처음 온 사람들한테 도움 줄 수 있다는 게 보람 있지요.(박순영)
>
> 제 아이가 문제가 있어요. 그런데 어딜 가서 어떤 도움을 받아야 할지 모를 때, 센터 선생님들이 다 연결해주시고, 동행해 주시고 하니 감사하지요.(박혜지)

다문화가족지원센터가 결혼이주여성들과의 동맹 관계는 행위자-네트워크 내의 다른 서비스 기관들과 관계설정을 하는 과정에 권력으로 활용되었다. 다문화프로그램 지원이 과도하게 확대되면서 기관들에게 대상자 확보가 성공적인 사업 시행의 관건이 되었다. 그래서 이미 기관들은 결혼이주여성과 그 가족들을 행위자-네트워크 안에 품고 있는 다문화가족지원센터와 협력 속에서 프로그램을 진행하고자 접근하였다. 그 결과 점차 다른 기관들이 신규 사업을 다문화 가족지원센터와 공동주관의 형태로 수행하거나, 센터 공간을 이용하고 센터의 기존 프로그램 일정 틈새에 서비스를 진행하였다. 그래서 나중에는 다른 기관들이 다문화가정을 위한 프로그램 공모에 제안서를 제출하고자 하는 경우에 아예 다문화 가족지원센터와 사업의 내용과 규모, 시기 등을 사전 조율을 하고 제출하는 체계로 가게 되었다.

> 제안서를 내기 전에 우리와 상의하고 제출하시라고 하지요. 이런 저런 프로그램을 제안했다가 덜컥 선정이 됐는데 우리 일정이나 계획과 맞지 않으면 협조하기가 어렵거든요.(오 센터장)

행위자-네트워크에서 보완적 성격의 서비스기관들에게는 협력자 역할을 부여하는가 하면, 경쟁적 사업자나 상충되는 서비스 목표를 갖는 기관들은 네트워크에서 배제하였다. 예를 들어 지역의 주요 기관들—경찰서, 지역 병의원, 중소기업, 지역신문과 방송, 사회서비스 기관 등—과의 네트워크를 긴밀히 결성하여 포괄적인 다문화서비스 전달체계를 구축하였다. 센터가 네트워크 내의 행위자들의 역할을 배분하고 강제적으로 할당할 수도 있는 중심적 행위자, 대변인으로서의 안정적인 지위를 굳히게 된다.[10)]

(2) 교란과 이탈

위와 같이 '등록하기' 단계에서 여러 서비스 제공자들의 위치와 역할이 다문화 가족지원 행위자-네트워크 안에서 안정화되는 과정을 살펴보았다. 그러나 안정화 과정이 일사불란하게 이루어지는 것만은 아니었다. 다문화가족지원 행위자-네트워크에서 이해관계가 부합되지 않는 경우 행위자가 네트워크를 교란하거나 이탈하는 경우가 발생하였다.

협상의 테이블에서 다문화가족지원센터의 주요이해당사자라고 할 수 있는 결혼이주여성들은 다문화가족지원센터에 권력을 부여했지만, 그들 자신은 개입 대상으로서의 역할이 지배적이었기에 행위자-네트워크에서 수동적 위치로 주변화되었다. 그러나 자신의 목소리를 낼 수 있는 여성들은 다문화가족지원센

---

10) 장임숙(2013)의 네트워크 분석 연구에서 다문화가족지원 협력네트워크에서 다문화가족지원센터를 중심으로 관련 기관 및 단체들이 개별적으로 연결되는 스타형의 상호작용 관계가 나타났다.

터의 행위자-네트워크보다는 좀 더 참여의 공간이 넓은 곳으로 이동하였다. 센터 프로그램과 행사에 성실히 참여하고, 협조를 보여야 '실속 있는' 프로그램에 참여할 기회가 주어지고 취업이나, 양질의 교육 프로그램에 대한 정보와 기회를 우선적으로 제공받을 수 있었고, 참여에 소극적인 결혼이주여성들은 배제되었다. 센터와의 권력적 관계에 저항하는 결혼이주여성들은 다른 행위자(다문화 여성들만의 사이버 커뮤니티, 대학, 지역 여성정책연구소, 노동부 교육 또는 취업 프로그램 등)들과 새로운 동맹의 형성을 시도하면서 조용한 이탈을 시도하는 경우도 생겨났다.

우연한 기회에 컴퓨터를 배우게 되었어요. 컴퓨터를 할 수 있게 되니까, 다문화 카페를 통해 다른 여성들을 만나고, 우리 같은 사람들에게 주어지는 교육이나 훈련에 관한 많은 정보를 찾는 방법을 배우게 되었어요.(김미옥).

대학에서 훈련을 받으면서 나도 장차 대학을 다닐 수도 있겠다는 꿈을 꾸었는데, 드디어 여기까지 왔네요. 대학교육은 제게 또 다른 기회의 문을 열어 주고 있고요.(박은지).

다문화가족지원센터의 대안적 네트워크를 찾아 다른 서비스지원체계로 이동하는 여성들은 한국의 문화와 언어에 적응수준이 높아 스스로 새로운 관계 네트워크를 찾을 수 있고 주요 외국어인 영어, 중국어, 일본어 등 모국어를 자산으로 활용하여 경제적 자립을 이루어 갈 수 있는 여성들이었다. 이들은 센터의 행위자-네트워크에 오래 머물지 않고 다른 행위자-네트워크와의 새로운 동맹의 기회를 찾아 바깥으로 나갔다.

다문화가족들을 위한 정부의 지원이 짧은 기간에 폭증하면서 다문화가족을 대상으로 하는 서비스 프로그램이 우후죽순으로 늘어나면서 기관들 간의 예산 확보 경쟁과 신입 기관들의 견제가 일어났다. 서비스 기관들은 정부지원을 확보한 뒤에도 프로그램 참여자 확보를 위한 경쟁이 점차 심해졌다. 이러한 과정에 제한된 결혼이주여성들을 유인하기 위한 물질 공세, 단발성 행사, 중복수혜, 서비스 쇼핑 행태가 지적되곤 하였다. 이러한 상황에서 다문화가족지원센터는 다문화가족지원센터 사업과 중복되는 사업을 제공하거나 이주자 인권옹호 단체들에게는 네트워크에서 역할을 부여하지 않았다.

이상에서 보듯 다문화가족지원센터는 결혼이주여성들이 가족과 더불어 살아가는데 필요한 정보와 지식, 생활양식과 문화를 전수해주고, 독립된 개인으로 한국 사회 공동체의 일원이 되는 과정에서 초기 지원을 맡은 기관이다. 그 목적과 역할은 역설적이지만, 결혼이주여성들이 새로운 사회에 잘 적응해서 혹은 한 단계 자신의 욕구를 실현하기 위해 다문화가족지원센터를 떠날 때 그 책무를 다했다고 할 수 있다. 그러나 기관을 운영하고 유지하는 입장에서 볼 때 예산과 평가의 중요한 기준이 수혜자들의 참여율이기 때문에, 이들의 이탈은 기관에게는 손실 혹은 위기로 받아들여지고 있었다. 서비스 수혜자가 좀 더 나은 적응단계, 혹은 자아실현을 위해 다른 교육기관으로 옮겨갈 경우, 센터는 이들을 지지해 줘야하는 것이지만, 조직의 목표와는 충돌하는 역설을 마주하게 되는 것이다.

4) 동맹군 동원하기: 다문화가족지원센터가 대변인으로서 대표성을 갖는가?

번역의 마지막 단계인 '동원하기'는 네트워크 안의 행위자들에게 이전과는 다른 차원의 역할을 부여하고 수행하도록 동원하여 네트워크를 더욱 공고하게 하는 것이다. 이 '동원하기'는 지속적인 조정과 좀 더 정교한 이해관계 및 역할부여를 통해 이전과는 다른 수준의 활동을 할 수 있도록 움직이게 하는 것이다.

A시의 다문화가족지원센터가 다문화가족지원 행위자-네트워크에서 대변인으로 자리매김하게 된 후 더 높은 단계의 대표성과 행위자-네트워크에 영향력을 행사하게 된 계기는 적어도 두 가지를 지적할 수 있다. 첫째는 2011년 A시 다

문화가족지원센터는 전국에 200개 이상의 센터 중 10대 우수프로그램 중 하나로 선정된 것이다. 수상경력이란 주무부처로부터의 공식적인 인정은 센터에 다문화 행위자–네트워크의 대변인으로서 더 많은 정당성과 위상을 부여하였다.

두 번째 계기는 2012년에 대기업 사회공헌단이 A시의 다문화가족지원센터를 위탁운영하게 된 것이다. A시는 6년 동안의 시의 직영체제를 통해 다문화가족지원센터가 다문화가족들 사이에서 신뢰를 얻게 되었고, 서비스 전달체계도 안정적으로 구축되었기에 위탁하여도 안정된 서비스집행에 문제가 없을 것이라는 판단에 위탁운영을 결정하였다고 한다(김 과장, 오 센터장). 대기업의 사회공헌단은 여가부에 기초지자체 직영 센터 중 최우수 기관 추천을 의뢰하였는데, A시 센터가 추천된 2개의 기관 중 하나였고 A시 센터가 선택되었다고 한다. 대기업은 센터에 물적, 사회적, 문화적 자본 수준을 크게 강화시켜주었다. 예산의 규모가 이전 년도 대비 60% 증가하였고, 센터의 개소식에 다문화여성 국회의원, 지역구 국회의원 외에도 여러 지역유지의 참여를 동원할 수 있는 사회적 자본을 가졌고, 대기업 수준의 세련된 인쇄물과 동영상 홍보자료로 기관을 소개하면서 센터는 지역 다문화가족 지원 행위자–네트워크의 대변인으로서 위상이 더욱 강화되었다. 그 결과, A시에서 다문화가족지원 네트워크는 이 다문화가족지원센터 단일체로 즉각적으로 인식되는, 단순화된 네트워크로 블랙박스화하게 되었다.

한 지역의 다문화가족지원네트워크를 해체하는 작업은 센터의 설립 과정부터 대변인적 지위를 획득하고 공적 기구로서 안정화되기까지 과정에 참여한 행위자들과 이들 간의 상호작용과 권력적 관계의 형성을 보여 주었다. 다문화가족지원센터가 다문화정책 구현의 공적기구로서 공고한 지위를 갖게 된 것은 다문화가족지원네트워크 내의 여러 행위자들과의 일련의 협상이 매듭지어지면서 네트워크가 확고하게 만들어졌기 때문이다. 이 과정에서 결혼이주여성이 이주자/문화적 소수자로서 갖는 위치와 서비스 수혜자로서의 역할이 결합되고, 우리 사회의 부권적 가족주의와 온정주의적 정책담론과 결합되면서 정책의 목표나 서비스 제공자의 의도와 달리 결혼이주여성과 그 가족들이 주변화, 대상화가 되는 것을 볼 수 있었다. 행위자-네트워크를 선택하고 협상할 수 있는 역량이 있는 여성들은 대안적 네트워크로 이동하고 기회의 장을 확장하는 것을 볼 수 있지만, 상당수의 여성들은 부여된 정체성과 역할에 순응하는 것으로 보인다.

5 결론

이 연구는 ANT를 분석의 개념적 틀로 사용하여 한 기초지자체에서 다문화가족지원센터가 다문화정책의 공식적 집행기구로서 안정화되어온 과정을 이해하고자 하였다. 다문화가족지원센터로 블랙박스화된 다문화가족지원 네트워크를 해체함으로써, 이 과정에 참여해 온 다양한 인간과 비인간 행위자들은 누구인지, 이들이 어떻게 네트워크를 형성되고 안정화되었는지, 행위자들 간의 어떤 상호작용 과정을 통해 다문화가족지원센터가 네트워크의 대변인적 지위를 획득하게 되었는지에 대한 통찰을 얻고자 하였다.

다문화가족지원센터 행위자-네트워크는 다양한 인간 행위자들(중앙정부, 지자체, 기초지자체의 인간행위자들)과 비인간행위자들(법령, 거시적 담론, 지자체의 조례, 평가와 예산 배정 공식, 정치 일정, 연구물, 발행물, 수상 경력, 개인과 지역사회의 가치와 규범 등)의 혼종적 집합체들 간의 역동적 상호작용의 결과임을 볼 수 있었다. ANT를 적용함으로써, 인간행위자들 간의 상호작용과정에 비인간 행위자들이 특정 행위자들의 포섭과 배제를 결정하고, 협상과 타협의 규칙을 설정하는 매개자로서 중요한 역할을 하는 것을 볼 수 있었다.

이 연구는 다문화가족지원센터가 다양한 행위자들과 연대하고, 이들로부터 긴밀한 협력과 지원을 확보하는 과정을 통해 다문화정책의 대표 기구로 확고한 위치를 얻게 되는 과정에 서비스의 주요이해당사자인 결혼이주여성들은 행위자들 간의 역동 속에서 주변화, 도구화되는 과정을 드러냈다. 우선 한국 사회에서 주변화된 남성들의 가족구조의 보존이라는 부권주의와 온정주의적 관점은 우리나라 다문화정책의 중심에 결혼이주여성과 그들의 가족을 위치하게 하였고, 정책대상인 결혼이주여성들의 사회적 위치와 역할을 구성하는 데 큰 영향을 미쳤다. 사회적 약자, 취약계층으로 주변화된 이미지는 곧 정치인, 지역의 미디어, 자원봉사 단체 등의 관심을 끌게 되었고, 이러한 이미지는 다시 연구물, 출판물 등에 의해 재강화되는 것을 볼 수 있었다. 일종의 약자에 대한 온정주의 정서에 호소하는 전략이 다문화가족지원 행위자-네트워크의 초기 형성과정에 작동하면서 본래 결혼이주여성과 그 가족의 역량강화라는 목표와 상충되는 결과를 가져오는 역설을 볼 수 있었다.

지역사회의 가부장적 가치규범과 자문화중심적 관점도 결혼이주여성들의 주변화와 수동적 역할에 기여하였다. 결혼이주여성들이 다문화가족지원 서비스에 참여할 수 있게 하기 위해서 다문화가족지원센터는 결혼이주여성의 시가족들이 갖고 있는 가부장적 가족 규범과 적극적으로 연대하였고, 결혼이주여성의 빠른 적응과 동화를 돕고자 하는 지역의 자원봉사 단체와 주민들의 자문화 중심적 관점과도 동맹하였다.

다양한 행정지침도 결혼이주여성과 그들의 가족을 대상화, 도구화하는 데 기여하였다. 다문화가족지원센터가 안정적으로 예산을 확보하고, 좋은 기관평가를 받으며 서비스 제공 네트워크의 구심점으로서의 위치를 선점하기 위해서는 이들의 일관된 참여와 협조가 중요하였다. 그래서 서비스를 제공하기 용이한 순응적인 클라이언트를 취사선택하는(creaming) 행위와, 협력에 대한 보상 전략도 활용되었다. 위와 같이 행위자-네트워크상에서 다문화가족지원 행위자-네트워크를 공고하게 하고 안정화시키려는 행위전략들은 의도치 않게 결혼이주여성과 그들의 가족을 대상화, 주변화, 도구화시키는 결과를 초래하였다. 그런가 하면 다문화가족지원센터 행위자-네트워크에서 수동적 역할과 대상화되는 것을 거부하는 여성들은 다른 대안적 행위자-네트워크의 탐색하고 자율적이고 주체적인 역할을 시도하는 것을 볼 수 있었다. 자신들이 갖고 있는 언어, 문화적 배경을 자산으로 활용하여 경제적 자립을 도모하고, 고등교육을 좀 더 나은 직업기회와 자아실현의 장을 확장하는 기회로 만드는 것을 볼 수 있었다.

이 연구는 한 기초지자체의 다문화가족지원센터의 행위자–네트워크라는 한 작은 사례의 분석이기는 하지만 이 연구가 사회복지 연구와 실천에 갖는 몇 가지 함의를 도출해 볼 수 있겠다.

첫째, ANT의 고유한 특성이 어떤 사회복지서비스 전달체계의 형성과 변화과정을 설명하는데 유용한 개념적 틀이 될 수 있다는 연구함의를 갖는다. 최근 들어 사회복지정책 결정과 집행 과정에 중앙정부, 지방자치단체와 같은 기존의 공식적 행위자들뿐만 아니라 주요이해당사자로서 서비스 수혜자, 정책매개자로서 시민단체, 민간분야 등이 참여하는 거버넌스가 강조되고 있고, 이러한 다양한 정책 행위자 간에 복합적인 상호작용이 정책형성과 집행과정의 효과성에 미치는 영향에 대한 관심이 증가하고 있다. ANT는 한 단계 더 나아가 다양한 인간행위자뿐만 아니라 비인간 행위자들의 행위성(agency)을 부각시킴으로 써 정책형성과 집행과정의 역동을 좀 더 심도 있게 이해할 수 있는 새로운 접근방법을 제시하고 있다.

둘째, 이 연구의 실천적 함의로는, 사회복지서비스 전달과정에서 서비스 제공자와 서비스 이용자 사이의 권력적 관계가 대상자의 역량강화라는 일반적 사회복지 정책목표에 반하는 결과, 즉 이들의 대상화, 주변화 시키는 기제를 밝힐 수 있었다. 서비스의 주요이해당사자인 이용자와 제공자 간에는 자원에의 접근성으로 인한 권력적 관계가 설정되는데, 그 이외의 여러 요인들이 위계적 권력관계에 기여하고 있음을 볼 수 있다. 그러한 요인들로는 사회의 지배적인 담론들, 개인과 집단의 가치, 규범, 신념체계들이 있고, 프로그램의 평가기준과 예산배정 방식과 같은 행정적 기제 등도 서비스 이용자의 대상화와 주변화에 기여하는 것을 알 수 있다. 행위자–네트워크에 참여하는 행위자들의 다양한 동기와 동원할 수 있는 자원의 수준 등도 권력적 관계에 기여하고 있음을 보여 준다. 연구 결과는 주변화의 기제와 이에 기여하는 행위자들을 드러내 보임으로써 서비스 제공자와 서비스 이용자 간의 권력의 차이를 조정하기 위한 다양한 전략, 개입의 위치와 시점을 찾을 수 있게 하였다.

셋째, 이 연구의 정책적 함의로는, 서비스 프로그램의 평가기준과 예산지원 방식 등과 같은 행정지침의 영향력에 관한 것으로 프로그램의 평가와 재정지원 방식이 정책목표를 실현하는데 부합하는 서비스 제공자의 행동을 유도하는지 세밀한 분석이 필요함을 시사한다. 기관 평가 방식이나 예산책정 방식이 사회복지서비스전달과정에서 일회성, 이벤트성 사업의 원인으로 작용하고, 정책의 우선적 표적집단보다는 서비스 제공이 용이한 대상자들을 선택하는 행위(creaming)에 기여하는 것을 사례 분석을 통해 보여주고 있다.

ANT는 정책형성과 집행과정의 분석을 위한 좋은 이론적, 철학적 틀을 제시하지만 이 이론이 갖고 있는 한계점도 있다. 첫째는 ANT는 네트워크 안의 행위자들을 찾아내고, 추적하며, 개별 행위자들의 행위를 묘사하는데 행위자-네트워크의 역동을 변화시키는 전략에 대한 이론적 근거는 제안 하지 못한다. 또 다른 한계는 비인간행위자도 인간행위자와 같은 행위성을 갖는다는 개념의 모호함이다. 제도, 담론, 연구물, 통계치와 같은 비인간행위자들이 인간행위자들의 인식, 판단, 행위 등에 영향을 미치는 것은 사실이지만 이들 자체의 행위인지 인간의 선택적 행위의 도구로 볼 것인지가 분명하지 않다. 비인간 행위자의 행위성의 의미의 모호함으로 인해 사회과학 연구에 적용하려 할 때 한계가 될 수 있겠다.

• 참고문헌 •

김상배, 2011, "한국의 네트워크 외교전략: 행위자-네트워크이론의 원용", 『국가전략』, 17(3), pp.5~40.

김승권·김유경·조애정 외, 2010, 『2009년 전국 다문화가족 실태조사 연구』, 한국보건사회연구원.

김근세·허아랑·김예린, 2013, "다문화가족지원센터의 운영과 서비스 통합에 관한 경험적 연구", 『한국행정학회』, 26(3), pp.521~553.

김연희, 2007, "한국 사회의 다문화화와 사회복지분야의 문화적 역량", 『사회복지연구』, 35, pp.117~144.

김영순·임지혜·정경희·박봉수, 2014, "결혼이주여성의 초국적 유대관계에 나타난 정체성 협상의 커뮤니케이션", 『커뮤니케이션 이론』, 10(3), pp.36~96.

김오남, 2006, "여성 결혼이민자의 부부갈등 및 학대에 관한 연구-사회문화적 요인을 중심으로", 『한국가족복지학』, 18, pp.33~76.

김이선·김민정·한건수, 2006, 『여성결혼이민자의 문화적 갈등 경험과 소통 증진을 위한 정책과제』, 한국여성개발원.

김이선·마경희·선보영 외, 2010, 『다문화가족의 해체 문제와 정책과제』, 여성가족부.

김정선, 2009, "필리핀 결혼이주여성의 귀속의 정치학", 이화여자대학교 박사학위논문.

김진택, 2012, "행위자-네트워크이론(ANT)을 통한 문화콘텐츠의 이해와 적용: 공간의 복원과 재생에 대한 ANT의 해석", 『인문 콘텐츠』, 24호, pp.9~37.

김현미, 2006. "국제결혼의 전 지구적 젠더 정치학: 한국 남성과 베트남 여성의 사례를 중심으로", 『경제와 사회』, 70, pp.10~37.

김혜순, 2008, "결혼이주여성과 한국의 다문화사회 실험-최근 다문화 담론의 사회학", 『한국 사회학』, 42(2), pp.36~71.

김혜순, 2009, "'정부주도 다문화'의 명암: 시혜적 다문화, 요원한 다문화사회", 『한국 사회학회 사회학대회 논문집』, 2009 국제사회학대회, pp.611~625.

김혜순, 2014, "결혼이민여성의 이혼과 '다문화정책': 관료적 확장에 따른 가족정책과 여성 정책의 몰이민적·몰성적 결합", 『한국 사회학』, 48(1), pp.299~344.

김환석, 2010, "두 문화와 ANT의 관계적 존재론", 홍성욱 엮음, 2010, 『인간·사물·동맹: 행위자 네크워크 이론과 테크노사이언스』, 서울: 도서출판 이음.

남찬섭, 2008, "한국 사회복지서비스에서 바우처의 의미와 평가: 바우처 사업의 사회적 맥락을 중심으로", 『상황과 복지』, 26, pp.7~45.

노연희, 2012, "사회서비스 공급자간 경쟁사황에 대한 사회복지사의 경험과 인식", 『사회복지정책』, 39(1), pp.133~161.

민가영, 2011, “결혼이주여성의 다문화정책 수용과정과 그 효과에 관한 연구”, 『사회과학연구』, 22(1), pp.83~104.
민무숙 · 김이선 · 이춘아 외, 2009, 『다민족 다문화 사회로의 이행을 위한 정책 패러다임 구축』, 한국여성개발원.
라투르, 브루노 외, 2010, 홍성욱 엮음, 『인간 · 사물 · 동맹: 행위자 네크워크 이론과 테크노사이언스』, 서울: 도서출판 이음.
박상원, 2016, “다문화 가족복지 정책도구의 선택과 조합에 관한 분석: 노무현 및 이명박 정부간 비교를 중심으로”, 『공공정책과 국정관리』, 10(1), pp.112~146.
배영자, 2011, “기술표준의 정치: 행위자-네트워크이론과 중국 AVS(Audio and Video Coding Standard) 사례”, 『대한정치학회보』, 19(2), pp.281~304.
손병돈, 2014, “다문화가족 외국인 배우자의 다문화가족지원센터 인지 및 이용 결정요인”, 『보건사회연구』, 34(4), pp.354~384.
설진배 · 김소희 · 송은희, 2013, “결혼이주여성의 사회적 연결망과 초국가적 정체성: 한국생활적응과정을 중심으로”. 『아태연구』, 20(3), pp.229~260.
신경희 · 양성은, 2006, “국제결혼가족의 부부갈등에 관한 연구”, 『대한가정학』, 44(5), pp.1~8.
양난주, 2010, “한국 사회서비스의 변화: 행위자간 관계의 분석”, 『한국 사회복지학』, 62(4), pp.79~102.
양난주, 2009, “노인돌보미 바우처 정책집행분석: 선택과 경쟁은 실현되는가?”, 『한국 사회복지학』, 61(3), pp.77~101.
오경석 외 저, 2007, “한국에서의 다문화주의: 현실과 쟁점”, 김희정 편, 『한국의 관주도형 다문화주의』, 한울아카데미, pp.57~79.
윤인진, 2008, “한국적 다문화주의의 전개와 특성: 국가와 시민사회의 관계를 중심으로”, 『한국사회학』, 42(2), pp.72~103.
윤정숙 · 임유경, 2004, 『성별화된 이주방식으로서의 국제결혼과 여성에 대한 폭력: 필리핀 여성과 한국 남성의 결혼을 중심으로』, 한국여성학회 창립 20주년 추계학술대회 자료집.
윤형숙, 2003, 『국제결혼 배우자의 갈등과 적응』, 한국문화인류학회 주최 공동 심포지움 자료집.
이승윤 · 김민혜 · 이주용, 2013, “한국 양육수당의 확대는 어떠한 정책형성과정을 거쳤는가?: 정책네트워크 분석을 활용하여”, 『한국 사회정책』, 20(2), pp.195~232.
이종두 · 백미연, 2012, “한국의 특수성과 다문화정책”, 『국제관계연구』, 17(1), pp.335~361.
이혜경, 2005, “혼인이주와 혼인이주 가정의 문제와 대응”, 『한국인구학』, 28(1), pp.73~106.
이혜경, 2007, “이민정책과 다문화주의: 정부의 다문화정책 평가”, 한국 사회학회 기타간행물, pp.219~250.
임정현, 2014, “서비스 이용자와 사회복지사의 관계경험 연구-장애인 활동보조 서비스를 중심으로”, 『한국장애인 복지학』, 23, pp.69~92.

장임숙, 2013, "지역의 다문화가족 지원을 위한 협력 네트워크의 사회네트워크 분석", 『한국행정논집』, 25(3), pp.693~716.
정상기, 2009, "다문화가족지원사업의 효과적 운영방안: 다문화가족지원센터를 중심으로", 『한국행정학회 학술발표 논문집』, pp.1606~1623.
조유진 · 김수영, 2016, "뇌병변 장애자녀 어머니들의 사회복지제도 속에서 생존하기: 수동적 행위자에서 능동적 행위자로 거듭나기", 『사회복지연구』, 47(1), pp.93~121.
조준배 · 정지웅, 2014, "사회복지서비스 품질 피드백체계에 대한 비판적 고찰 및 대안 탐색", 『한국정책연구』, 14(3), pp.131~153.
조지영 · 서정민, 2013, "누가 다문화 사회를 노래하는가?: 신자유주의적 통치술로써의 한국 다문화 담론과 그 효과", 『한국 사회학』, 47(5), pp.101~137.
칼롱, 미셸, 2010, "번역의 사회학의 몇 가지 요소들: 가리비와 생브리외 만의 어부들 길들이기", 홍성욱 엮음, 2010, 『인간 · 사물 · 동맹: 행위자 네크워크 이론과 테크노사이언스』, 서울: 도서출판 이음.
한건수, 2006, "농촌지역 결혼 이민자 여성의 가족생활과 갈등 및 적응", 『한국문화인류학』, 39(1), pp.195~243.
행정자치부, 2006, "지자체 '거주외국인 지원' 본격화", 2006.08.24.
행정자치부, 2007, "지자체 외국인주민 실태조사 결과" 2007.08.02.
홍성욱, 2010, 『인간 · 사물 · 동맹: 행위자-네트워크이론과 테크노 사이언스』, 서울: 도서출판 이음.
Cresswell, J., 2005, *Qualitative Inquiry and Research Design: Choosing among Five Traditions*, Thousand Oaks: Sage Publication.
Latour, B., 1999, "On recalling ANT", *Sociological Review*, 46, pp.15~25.
Latour, B., 2005, *Reassembling the Social. An Introduction to Actor-Network-Theory*, New York: Oxford University Press.
Lipsky, M., 1980, *Street-level Bureaucracy: Dilemmas of the Individual in Public Services*, New York: Sage Publication.
여성가족부(www.mogef.go.kr).

10장

미등록 이주노동자 공동체의 특성과 역할: B시의 이주민 선교센터의 사회공간 분석

이민경

1 행위자-네트워크, 소외에서 포섭으로

한국 사회에서 이주노동자는 임시적으로 투입된 '노동력'일 뿐, 한국 사회의 구성원으로 포섭되지 않는다. 결혼이주자가 한국 사회의 '(잠재적) 국민'으로 인지되고 수용되면서 적극적인 통합대상이었던 것과는 대조적이라고 할 수 있다. 이러한 현실은 한국 이주정책의 특수성—즉, 한국인의 가족유지를 위한 가부장적 근대 국민국가 프레임에 의해 국민의 배우자인 국제결혼 이주여성중심 정책—에 의해 작동된 것에 기인한다(이민경, 2013). 결혼 이주자들의 성공적인 정착을 지원하기 위한 '다문화가족'센터[1]가 전국적으로 설립된 반면, 이주노동자들을 위한 공적 지원기관은 상대적으로 열악한 것도 이러한 배경과 연관이 깊다. 물론 이주노동자 지원기관인 '외국인 근로자들의 민원처리와 일자리 서비스'를 표방하고 있는 고용노동부 산하 '외국인 근로자 센터'[2]가 있지만 다문

---

1) 다문화가족센터는 명시적으로 다양한 이주배경을 지닌 가족을 위한 지원기관이지만 실질적으로 국제결혼이주여성과 그 가족을 위한 서비스를 담당하는 기관이라고 할 수 있다. 이는 여성가족부가 '다문화가족지원법'을 제정하면서 그 지원정책기관으로 설립한 것이 '다문화가족센터'인데, 이 법안에서 '다문화가족'의 범위를 한국인과 외국인의 결합으로 이루어진 가족으로 정의함으로써 실질적인 공적 지원대상은 결혼이주가정이라고 할 수 있다.

2) 이주노동자를 위한 공식적인 지원기관은 고용노동부와 한국 산업인력 공단으로부터 위탁받아 한국노총과 각 지역의 경영자총협회에서 운영하는 '외국인력센터'가 존재한다. 이곳은 주로 이주노동자들에 대한 노동 관련 상담 서비스를 제공하고 있다. 이 연구대상인 B시에도 외국인력 센터가 존재하지만 등록 이주노동자들의 구직과 임금 체불 등 노동현장과 관련된 서비스를 주로 담당하고 있다.

화가족센터처럼 전면적인 생활기반 서비스를 제공하는 곳이라고 보기는 어렵다. 이마저도 등록 이주노동자에게만 한정되어 있어 한국 사회에서 적지 않은 인구를 차지하고 있는 미등록 이주노동자들은 여기에서도 제외된다.[3] 정책적 관점에서 보면, 미등록 노동자들은 우리의 영토적 공간에 실제로 살아가고 있지만 없는 존재들이거나 없어져야(혹은 추방되어야) 할 존재들로 사회적 표상(Social representation)(Moscovici, 199, 304)이 이루어져 왔다고 할 수 있다.

이처럼 한국 사회에서 공적 지원이나 정책 담론에서 소외되었던 이주노동자를 주목한 곳은 NGO단체들이었다. 특히, 종교단체는 1980년대 이주민 유입 초기부터 정책적 사각지대에 위치한 미등록 이주노동자들에 대한 돌봄과 지원에 매우 적극적인 역할을 담당해 왔다. 이주역사의 진전과 함께 다양한 지원기관들이 생겨나고, 이주노동자들이 자생적으로 꾸리는 다양한 종교적, 민족적 공동체도 형성되면서 그 비중이 초기에 비해 약화되었다고 할 수 있지만, 이주노동자의 이주–정착–귀환과정에 깊숙이 개입하면서 자신들의 입지를 끊임없이 재구성해왔다. 특히 종교단체 특성상 정서적 연대에 토대를 둔 긴밀한 네트워크를 형성하면서 한국 사회에서 개인적·사회적 관계가 전무한 이주노동자들의 삶에 막강한 영향력을 발휘해 왔다.

이 장에서는 미등록 이주노동자를 주요한 구성원으로 하는 B시의 이주민 선교 기관인 S센터 사례를 중심으로 이주노동자 공동체의 공간적 특성과 역할을 행위자–네트워크로 분석하고자 한다. 최근 이주자들의 급증과 함께 생겨나기 시작한 다양한 다문화 공간들에 주목하면서 초국적 이주자들의 지역사회 적응과정 등 이주자들의 삶을 공간과 연결시킨 연구들이 활발하게 이루어져 왔다(김영목 2010; 최병두, 2009; 최병두 외, 2011). 이러한 현상은 초국적 이주자들의 삶이 국지적인 공간을 중심으로 재편될 가능성이 크다는 것에 주목하였기

3) 법무부 2015년 12월 기준, 출입국 외국인정책 통계연보에 따르면, 한국 사회 미등록 이주민은 약 21만 4000명으로, 전체 외국인 가운데 11.4%가 미등록이라고 발표하고 있다. 그러나 미등록 이주노동자는 통계가 잡히지 않는 경우가 많아 실제로는 공식적 통계보다 더 많을 것이라는 추측이 우세하다.

때문이다. 무엇보다 자신의 근거지를 떠나 낯선 곳에서 새롭게 삶을 구성해야 하는 이주자들에게 유입지에서 접속하는 공간에서의 상호작용이 미치는 영향을 가늠하기란 어렵지 않다.

ANT는 기술과 물질 등을 포함한 사물들의 행위성을 다루지 않는 기존의 접근방식을 비판하고 사회현상을 제대로 이해하기 위해서는 인간 행위자뿐만 아니라 다양한 사물들의 행위성을 인식할 필요가 있음을 주장한다(Latour, 2005, 301). 모든 사회적·역사적 과정에는 인간의 행위성뿐만 아니라 자연환경적 조건과 기술 통신수단, 각종 행정규범과 법, 제도 등의 사물행위자들이 개입하여 잡종적 네트워크를 형성한다고 보는 관점에 기초해 있다고 보기 때문이다(Latour, 2005). 또한 개별인간 또는 비인간 행위자의 행위 능력은 고립된 채로 스스로 만들어지는 것이 아니라 항상 그 행위자와 연결되어 있는 많은 다른 행위자들과의 상호작용의 결과, 즉 '관계적 효과'로 해석된다(최병두, 2015, 130). 이러한 행위자–네트워크 관점에서 보면, 이주공동체 공간 안에서 이루어지는 주체들의 행위들은 다양한 인간·비인간 행위자들의 네트워크를 통해 형성된 것이라고 할 수 있다. 이 점에서 이주공동체 공간은 행위자들을 연결시키는 매개자이면서 행위자들의 상호작용의 결과에 의해 재구성되어진 '관계적 효과'로 해석할 수 있다.

이 연구는 이러한 행위자–네트워크 관점에 토대를 두고 종교단체 주도로 형성된 이주민 공동체에서 어떻게 다양한 인간, 비인간 행위자들이 개입되면서 공간이 재구성되는지 그리고 이 재구성된 공간은 이주노동자들의 이주와 정착, 귀환의 과정에 어떻게 개입하는지를 분석하고자 한다. 이는 단순히 "이주노동자를 지원하는 물리적 공간"이나 "이주노동자 선교를 위한 종교적 결사체" 등으로 정화(purification)'[4] 되면서 드러나지 않았던 이주노동자 공동체의 블랙박

4) ANT에서 정화(purification)는 언제나 잡종적인 특성을 갖는 현실을 인위적으로 인간들의 영역인 사회와 비인간들의 순수한 영역인 자연으로 구분하고 이를 끊임없이 재생산하는 행위를 지칭한다(이희영, 2012).

스(Black Box)[5]를 열어 이주순환의 네트워크 속에서 그 역할과 의미를 탐구하기 위한 것이기도 하다.

2 이주공동체 연구와 행위자-네트워크

이주공동체에 대한 국내 선행연구는 주로 국제결혼 이주자들을 위한 다문화가족 센터의 역할이나 국제결혼 여성들의 자생적 공간 등에 대한 연구들이 주류를 차지해 왔고, 이주노동자 공동체를 다룬 연구들은 상대적으로 빈약하다. 이러한 현상은 앞서 기술한 대로 국내 다문화 혹은 이주 관련 연구들이 주로 국제결혼 이주자에게 집중되어 있는 연구관심의 편향성에 기초하고 있다. 이처럼 매우 제한적이긴 하지만 이주노동자 공동체에 대한 연구로는 크게 두 가지로 분류할 수 있다. 하나는 이주 당사자들이 주체가 되어 이루어진 자생적 공동체에 대한 연구이고, 다른 하나는 한국인이 주체가 되어 주로 이주자에 대한 지원의 성격을 띠는 공동체에 대한 연구다. 전자가 주로 민족 혹은 종족 공동체를 중심으로 연대의 성격을 지닌 공간에 대한 것이면, 후자는 이주노동자에 대한 사회서비스 공간을 대상으로 한 연구다. 이를 세부적으로 정리하면 다음과 같다.

먼저, 이주당사자 중심의 자생적 공동체에 대한 연구로는 종교적 결속체에 의한 공동체를 다룬 연구가 주류를 차지하고 있다. 이슬람 이주노동자들의 종교적 연대에 기반을 둔 공동체의 특성과 역할을 탐구한 김영숙(2011)의 연구, 안산지역의 필리핀 이주노동자들의 가톨릭 종교공동체를 통해 한국 정착과정에 영향을 미치는 종교의 의미를 탐색한 최영균(2012)의 연구 등을 들 수 있다. 이 연구들은 종교가 초국적 이주자들의 삶에 어떻게 개입하는지, 정착지인 한

5) ANT에서 블랙박스란 그 안의 잡종적 네트워크가 하나의 행위자나 대상으로 단순화되어 접혀진 상태를 지칭한다. 따라서 일반적으로 블랙박스속의 복합적 결합과 동맹의 행위자-네트워크는 보이지 않게 된다(제5장 참조).

국에서의 삶에 어떻게 영향을 미치는지를 탐색하고 있다는 점에서 종교의 의미와 역할에 그 초점이 맞추어져 있는 연구라고 할 수 있다. 한편, 종교적 색체를 띠지 않는 이주노동자 자생 집단에 대한 연구는 울산 동구지역 노동주거 공동체의 형성과 해체과정을 탐색한 김준(2005)의 연구가 있다. 이 연구는 울산지역 노동자들이 정착지인 한국에서 자립적으로 자신들의 삶을 기획한 시도를 고찰한 것으로 이주노동자들의 주체성을 다루고 있다는 점에서 주목된다. 대구·경북지역의 이주민 자생적 집단 공동체를 탐구한 이은정·이용승(2015)의 연구, 이주노동자의 사이버 공동체의 현황과 역할을 분석한 이정향·김영경(2013)의 연구 역시 이주노동자들의 관점에서 공동체의 의미를 다루고 있다. 특히, 이주노동자들의 삶에서 컴퓨터와 인터넷이라는 사물 행위자들의 의미를 간접적으로 시사하고 있어 본 연구와 관련해 주목할 만하다.

다음으로 한국인 주도로 형성된 이주공동체에 대한 연구들도 크게 종교적 입장에서 다룬 연구와 비종교적인 색채를 띤 연구로 나누어 볼 수 있다. 종교적 관점에서 다룬 연구는 이주노동자를 사회적 소외자로 위치시키면서 선교 과제에 대한 탐구가 주를 이루고 있다. 이주노동자들의 빈곤문제에 대처하고 이를 지원하기 위한 방식으로서 선교의 방향성을 다룬 전석재(2015), 박흥순(2013; 2014)의 연구 등이 그 대표적이다. 한편, 종교적인 색채가 없는 연구로는 김진영(2010)과 임선진·김경학(2014)의 연구가 있다. 김진영(2010)의 연구는 '국경 없는 마을'과 차이나타운 사례를 통해 다문화 수용방식을 고찰하고 있고, 임선진·김경학(2014)의 연구는 '광주 외국인노동자건강센터'에 관한 민족지적 연구를 통해 의료진의 시각에서 공간의 역할 변화를 탐구하고 있다. 특히 후자는 이주자 공간의 특성과 역할에 초점을 맞추고 있다는 점에서 본 연구와 연결점을 갖지만 이주자 공간으로서의 다양한 행위자들의 관점과 맥락을 드러내는 연구라고 보기는 어렵다는 점에서 본 연구와는 다른 지점에 위치한다.

한편, 위의 연구들은 연구대상이 등록이주노동자인지 미등록이주노동자인지가 명확하게 드러나 있지 않은 경우가 많다. 연구에 따라 미등록 이주노동자가 포함되기도 하고, 등록과 미등록 구분 없이 연구를 진행한 경우도 있다. 그러나 미등록 이주노동자 공동체의 특성에 주목하면서 이를 집중적으로 다룬 연구는 전무하다.

이 연구는 이처럼 연구소외 대상이었던 미등록 이주노동자 공동체의 공간적 특성과 기능을 행위자-네트워크에 의해 분석함으로써 이주공동체 공간을 둘러싼 다양한 인간 행위자들의 관점을 반영하고 이들의 행위에 영향을 미치는 네트워크를 복합적으로 탐색한다는 점에서 선행연구들과 구별된다. 또한 한국 사회에서 사회적 권리와 사회자본(social capital)이 전무한 미등록 이주노동자에게 이들을 위한 공간의 의미는 각별할 수밖에 없다는 점에서 그 의의가 있다고 할 수 있다.

ANT 관점에서 보면 사회현실은 끊임없이 유동하며 변화하는 인간과 비인간 행위자들의 잡종적 네트워크의 형성과 소멸이다(제5장 참조). 모든 실재는 행위자들 사이의 관계적 실천들로부터 구성된다고 보는 것도 이 때문이다(Latour, 1994).

공간에 대한 관점도 마찬가지다. 행위자-네트워크에 의하면 특정한 공간은 단일하게 규정된 목적에 의해서 단선적으로 형성되거나 움직이지 않으며 절대적이지도 않다(최병두, 2015). 또한 행위자-네트워크 관점에서 보면 이주공동체라는 공간은 그 자체로 이주자들을 연결시키는 네트워크이자 매개자이기도 하다. 공간을 사람들과 사물들의 관계로 파악한 르페브르(Lefebvre, 1990)의 관점도 이와 연결된다. 이 점에서 이주노동자들과 정주자인 한국인들의 결합에 의한 이주공동체의 형성과 전개는 다양한 잡종적 행위자들의 관계적 실천에 의한 효과라고 할 수 있다. 이 연구는 이러한 행위자-네트워크 관점에서 미등록 이주노동자 공동체 공간을 다양한 인간·비인간 행위자들의 네트워크에 의해 재구성되는 공간으로 이해하면서 그 특성과 기능을 분석하고자 한다.

3 이주공동체 공간의 탐구

1) 탐구방법과 과정

ANT는 복합적이며 유동하는 현실의 행위자–네트워크를 특정한 관점과 연구방법으로 재단하지 않고 그 역동적인 관계를 포착하기 위해 '행위자를 추적'할 것을 요청한다(제5장 참조). 따라서 ANT 관점에서 인간과 사회를 이해하려는 학자들은 기존의 연구방법이 내포하는 방법론적 헤게모니와 규범적인 관행들을 비판하고 반–방법의 관점을 강조한다(Law, 2010; 제5장 참조). 이 연구는 2011년 10월부터 2015년 6월까지 B시의 이주민 선교 기관인 S센터에 대한 참여관찰과 주요한 구성원인 현장 활동가들, 미등록 이주노동자들과의 면담에 기반을 두어 이 공동체의 특성을 탐구한 것이다. 연구자는 위 기간 이전에도 이주민 선교센터의 이주노동자를 대상으로 연구 작업을 진행했었고, 이 과정에서 S센터와 지속적인 접촉이 있었음을 밝힌다. 따라서 이주공동체를 형성하는 현장 활동가뿐만 아니라 미등록 이주노동자들과도 오랜 기간 밀접한 래포(Rapport)를 형성해 왔다. 또한, 연구자는 오랜 기간 이 기관의 다양한 공식적·비공식적 행사에 참여하면서 지속적으로 참여관찰을 진행해 왔기 때문에 이러한 경험이 이 연구에 직간접적으로 녹아 있다는 것을 밝힌다.

이 연구에서 사용된 심층면담 자료수집방법은 반구조화된 면접이며, 연구 참여자의 상황에 따라 집단과 개별 심층면담을 병행하며 진행하였다. 반구조화된 면접법이란 연구자가 개략적인 전체 연구질문 리스트를 가지고 있지만 이를 면담과정에서 획일적으로 적용하는 대신 상황과 면담 진행과정에 따라 유연하게 적용하는 것을 말한다(Kaufmann, 1996). 연구 참여자들과의 공식적인 면담시간은 평균 30분~1시간 정도 진행하였고, 때로는 참여관찰 과정에서 비공식적으로 짧은 대화도 실행하였다. 공식적인 면담 내용은 연구 참여자들의 동의를 얻어 녹음하였다. 〈표 10.1〉은 연구 참여자 면담 시 사용되었던 주요한 질문목

〈표 10.1〉 연구 참여자 면담 주요 질문 목록

대상	심층 질문 요소
미등록 이주노동자	– 한국입국과정 – 한국에서의 일과 일상생활 – 한국에서의 사회적 관계 – 이주공동체와 관계를 맺은 과정 – 현재의 삶과 이주공동체와의 관계 – 이주공동체의 의미 – 한국생활의 어려움과 즐거움 – 이주공동체에 대한 개인의 기대 – 향후 삶의 계획
이주공동체 운영/실무자	– 이주공동체 설립과정 – 이주공동체 구성과 역할 – 이주공동체의 목적과 사업 – 이주민과의 관계 – 다른 이주공동체, 이주지원기관과의 관계 – 이주 공동체 역사와 변화 – 최근의 변화와 향후 계획

록을 집단별로 범주화한 것이다.

2) 노동이주 면담자들의 특성

이 연구대상인 B시에 위치한 이주민 선교기관이 S센터[6]는 미등록 이주노동자들이 주요한 구성원이다. 2003년 '외국인 근로자 선교 센터'로 출발하였고, 설립 당시에는 명칭에서 알 수 있는 것처럼 외국인 노동자를 위한 선교센터로서의 정체성이 강하였다. 2012년부터 지역사회 결혼이주자들에게도 그 대상을 넓히면서 '이주민 선교센터'로 명칭을 변경했지만 여전히 미등록 이주노동자가 대부분을 차지하고 있다. 다문화가족센터의 지원을 받는 결혼이주자나 고용노

6) 이 연구는 미등록 이주노동자를 주요한 구성원으로 하는 기관을 대상으로 하기 때문에 신분적 불안정성이 매우 높은 집단이라는 것을 고려하여 지역과 공동체 이름을 익명으로 표기하였다.

동부 등 국가의 공식적인 지원을 받을 수 있는 등록 이주노동자와는 달리 한국 사회에서 공적지원이 전무한 미등록 이주노동자들이 비공식적인 서비스와 관계를 맺는 통로로 S센터가 그 역할을 적극적으로 담당했기 때문인 것으로 해석된다.

이 연구는 참여관찰과 공식·비공식적 면담으로 이루어졌고, 면담대상은 한국인 운영진과 이주노동자들이다. 여기서 운영진이란 센터를 주도적으로 설립하고 이끈 종교단체의 활동가들을 의미한다. 또 다른 주요한 면담대상인 이주노동자들은 상대적으로 규칙적으로 센터와 관계를 맺고 있는 구성원으로 한국인 운영진들의 소개에 의해 접촉이 이루어졌다. 연구 참여자들의 이름은 이들의 개인정보 보호를 위해 가명으로 처리하였다. 특히 미등록 이주노동자들의 경우는 신분상의 문제로 인해 최대한 이들의 구체적인 인적사항이 드러나지 않도록 기술하였다. 다음은 연구 참여자들의 일반적인 인적사항이다.

한편, 이 연구에 참여한 이주노동자들은 심층적인 면담을 진행하기에는 한국어 구사 능력에 한계가 있는 사례가 많았음을 밝힌다. 따라서 경우에 따라 통역자의 도움을 받아 면담을 진행하였다. 통역에 의해 면담이 진행된 경우에는 의사소통방식이 요약적으로 전개되어 면담과정에서의 섬세한 표현이나 어조 등을 반영하기 어려운 한계가 있었다. 또한 한국어로 면담이 진행된 경우라 하더라도 한국어 구사 능력에 따라 면담방식은 차별적인 특성을 띨 수밖에 없다. 전사과정에서도 부정확한 한국어 발음으로 인해 그 뜻을 제대로 파악하기 어려운 경우도 있었다. 따라서 이 장에 포함된 이주당사자들의 인용 내용은 내국인과의 면담내용과는 질적인 측면에서 차이가 있을 수밖에 없다. 또한 가독성을 위해 한국어 문법 등을 고려해 전체적인 맥락을 헤치지 않은 범위에서 연구자가 일부 문장을 수정하여 기술하였음을 밝힌다.

〈표 10.2〉 한국인 운영진 인적사항

구분	성별(나이)	역할	비고
박경호	남(57)	B시의 교회 목사 / S센터 총괄운영	S센터 설립자이며, 현재 중국이주노동자 센터를 이끌고 있음
윤일국	남(36)	B시의 교회 전도사 / S센터 운영보조	2013년 S센터 부임한 후 이주노동자 사역 담당

〈표 10.3〉 이주노동자 인적사항

이름	국적, 성, 나이	학력/체류기간/직	가족 관계와 특이사항
티엔	베트남, 여, 44세	고졸, 15년, 미숙련 공장 노동자	베트남에서 결혼 후 산업연수제로 입국, 베트남에 큰 아들을 보내고 현재 남편, 둘째 아이와 한국에 체류 중
시이	중국, 여, 36세	중졸, 10년, 미숙련 공장 노동자	스리랑카 노동자인 모한과 부부, 현재 남편, 두 명의 자녀와 함께 스리랑카로 귀환
모한	스리랑카, 남, 39세	전문대졸, 11년, 미숙련 공장노동자	한국에서 중국인 이주노동자인 아내와 결혼, 2015년 귀환 후 S센터의 스리랑카 아동복지사업 책임자로 있음
뤄샤오이	중국, 여, 44세,	고졸, 12년, 미숙련 공장노동자	중국에서 초혼 후 아들이 있고, 이혼 후 홀로 한국에 입국하여 재혼. 현재는 두 번째 남편과 이혼 후, 여덟 살인 딸과 한국 체류 중
후이	베트남, 여, 41세	중졸, 13년, 미숙련 공장 노동자	한국에서 2009년 결혼, 현재 미등록 이주노동자인 남편, 일곱 살 아들과 생활
항	베트남, 여, 41세	고졸, 20년, 미숙련 공장 노동자	산업연수생으로 1995년 입국하여 첫째는 한 살 반이던 2004년에 베트남으로 보내고, 현재는 미등록 노동자인 남편, 둘째 아들과 한국 거주

4 이주공동체 공간의 특성과 역할

1) 목적성과 도구성의 교차적 공간

앞서 기술한 것처럼 B시의 이주민 선교 센터에 오는 이주노동자들은 절대 다수가 미등록이다. 따라서 '불법체류자'라는 신분상의 이유로 한국 사회에서 아무런 공적 지원도 받을 수 없고, 인권의 사각지대에서 노동과 일상생활을 영위하는 경우가 대부분이다. 따라서 한국인 주도로 형성된 이주노동자 공동체는 이러한 현실에 주목하면서 '지원'과 '연대'를 표방하는 경우가 많다. 종교 단체들의 이주자 공동체의 방향성이 선행연구(전석재, 2015)가 제시한 것처럼 주로 복지적 관점에 기대고 있는 것도 이러한 현실과 연관이 있다. S센터도 한국 사회의 열악한 미등록 이주노동자들의 현실에 주목했고, 인권 차원의 지원과 연대를 종교적 목적성과 연결시키면서 시작되었다. 즉, 사회적 소외자에 대한 지원이라는 종교 단체의 실천과 이주민 선교라는 포교의 목적성이 맞물리면서 S센터가 형성되었다고 할 수 있다. S센터가 공식적으로 표방하고 있는 '외국인 근로자들의 인권보호와 선교'는 이를 단적으로 드러내준다.

제가 2001년 ○○노숙자 생활시설에서 남성 노숙인들과 함께 상담지원도 하고 생활 숙소를 지원하면서 자활을 돕는 기관에서 지원 업무를 했는데, … 1년 6개월을 같이 생활하는 가운데 이주노동자를 만났습니다. 노숙하는 이주노동자를 만나기 시작했어요. 일을 위한 노동비자를, 그때만 해도 산업연수생 비자를 받아서 왔는데 기간이 만료되어서 그 회사를 나오고 돈을 한 푼도 못 받고…. 왜냐면 만기가 됐을 때 한번에 돈을 주고 출국시키는 건데, 그 친구가 무작정 이탈을 하고 나와서 돈을 한 푼도 못 받고 나중에 상담하면서 들으니까 일하면서 폭행도 당하고, 이런 사실을 알게 되어서 그때부터 우리 한국 사회에 노숙자보다도 더 사회복지적 사각지대에 있는 사람이 있다는 것을 발견하게 됐어요. 한 사람 두 사람 만나다보니까 이주노동자들의 생활현장도 너무도 열악하고 법 제도 자체도 문제도 있고 또 목사로써 선교적인 비전도 찾을 수 있을 것 같고….(박경호)

위의 내러티브는 이주노동자들의 사회적 소외에 대한 종교적인 실천활동과 선교라는 목적성의 동맹[7]에 의한 S센터의 시작을 잘 드러내주고 있다. 종교적 실천과정에서 새로운 대상과 접속하게 되고, 이 과정에서 이주민 선교라는 새로운 목적성과 동맹하면서 S센터가 탄생하게 된 것이다. 즉, 목적과 수단이 상호교섭하면서 새로운 접점으로서 이주 공동체가 시작되었음을 알 수 있다. 처음 센터를 개소했을 때는 이주노동자들에게 센터의 존재를 알리기 위해 공장 근처를 찾아다니면서 명함을 돌렸지만 지금은 노동자들 사이에서 S센터가 입소문을 타면서 자발적으로 센터로 찾아 올 정도로 성장했다. 이는 이주노동자들의 임금체불이나 의료 문제 등 실질적인 문제들을 해결해주는 서비스를 수단으로 하는 S센터의 전략이 효과를 발휘했다는 것을 보여주고 있다.[8] 즉, "이주노동자들을 만나 복음을 전하는 것은 해외선교사를 파송하는 것보다 쉬운"[9] 것으로 인지되면서 국내 이주노동자 공동체 운영을 해외 선교를 위한 발판으로 연결시키고자 했던 전략이 효과를 발휘한 것이다. 일반적으로 해외 선교를 위해서는 현지인들에게 한국어와 한국교회를 알리고 가르쳐야 하는데, 국내 이주노동자들은 "외국에 나가 한국어와 한국교회를 가르치지 않아도 한국 사회에서 적응하는 과정에서 자연스럽게 한국말과 한국문화를 배우고 교회를 배우려고 노력"(윤일구)하기 때문에 이주노동자를 대상으로 하는 선교는 현실적으로 매

7) ANT에서 동맹이란 특정한 행위성에 단일한 목적이나 내용이 아니라 다양한 요인들이 복합적으로 결합하는 것을 의미한다(Latour, 2005).

8) 현재, 이 단체에 등록된 이주노동자는 운영진이 제공한 정보에 의하면, 약 1000여 명에 이른다. 이 가운데 중국 출신 노동자가 500명, 베트남은 350여 명이고, 나머지는 스리랑카, 네팔 등이 차지하고 있다. 이 가운데 매주 일요일 공식 모임에 나오는 인원수는 100여 명 안팎이다.

9) 이 구절은 S센터가 표방하고 있는 설립 비전의 일부를 인용한 것이다.

우 효율적인 전략이 되기 때문이다. 여기에서 이주노동자들을 위한 사회적 서비스는 '선교'라는 새로운 목적을 위한 효율적인 도구적 역할을 하게 된다. 이러한 S센터의 공간적 특성은 목적성과 도구성이 결합하여 어떻게 이주공동체 공간이 (재)구성되는지를 암시하고 있다.

한편, S센터는 명시적으로 '이주민 선교'라는 종교적 목적을 띤 공동체이기 때문에 일요일에 진행되는 종교적 모임을 중심으로 움직인다. 그러나 일요일 종교모임은 이 단체의 가장 핵심적인 활동이라기보다 S센터의 다양한 관계와 활동의 매개자적 성격을 지닌다는 것에 주목할 필요가 있다.[10] 아래의 인용은 이를 잘 드러내고 있다.

> 어쩔 수 없이 이주노동자를 대상으로 하는 일 자체가 그들의 생활전반을 함께 다 케어 해야 하는 상황이고 노동문제, 의료문제, 또 복지문제, 외국인이기에 오는 문화적 간격이 크다 보니까 발생하는 문화적 욕구 이런 것들이 한데 다 복합적으로 어우러져야하고 저희 센터에서는 이런 인권 복지 여러 가지 측면에서 이들을 함께 돌봐야 한다는 생각 때문에 그걸 전체적으로 다 하다보니까 … 여기 오는 대부분의 노동자들이 무슬림이면서 불교지만 그냥 그 공동체로 신앙생활은 각자의 신앙은 따로 있고 그냥 생활공동체로 이렇게 하죠.(박경호)
>
> 일요일에는 너무 정신없이 바빠요. 그냥 예배만 보고 끝나는 게 아니니까… 다양한 일들을 처리해야 하니까요. 한국어 교육도 해야 하고. 오늘은 노동교육을 하는 날이에요. 저희가 관련기관이 협조를 받아서 노동교육 담당자를 섭외해서 이 분들이 자원봉사로 여기에 오세요. … 여기 나오는 분들은 대부분 이런 저런 일들로 어려움을 겪고 있는데… 일요일이 아니면 얘기할 시간도 없고….

---

10) S센터가 공식적으로 표방하고 있는 주요한 활동은 국가별 예배공동체 구성과 이주민 현지 교회설립 등 이주민 선교사업, 임금체불·산재·출입국 문제 상담 등 이주민 인권보호 사업, 한국어와 한국문화 교육, 인터넷을 통한 본국 가족과의 연락지원 등 이주민 교육문화사업, 의료, 법률상담 등 이주민 복지 사업으로 구성되어 있다.

(윤일구)

위의 내러티브에서 알 수 있는 것처럼 S센터는 종교적 공동체를 넘어 '생활공동체'다. 또한 사적인 일상생활뿐만 아니라 미등록 이주노동자들의 '일자리'에도 개입하는 등 다양한 기능을 수행한다. 임금체불, 산재, 부당대우, 인권 침해 등을 해결해주는 역할뿐만 아니라 고용허가제 등 이주민 관련 법제 변경을 위한 대외적 활동을 지속적으로 추진하고 있다. 따라서 일요일은 종교적인 결속을 다지는 시간의 의미를 넘어 이주노동자들의 다양한 일상생활에 대한 고충을 상담하고, 노동교육, 한국어교육을 실시하는 시간으로 구성된다. 이 점에서 일요일은 '주일'이기 때문에 종교적 의식을 함께하는 시간이기도 하지만 공동체 구성원들인 이주노동자들이 직접적으로 한 공간에 가장 많이 모일 수 있는 물리적인 시간을 의미하기도 한다. 따라서 윤일구 씨가 언급한 것처럼, 일요일은 종교행사 때문이 아니라 이주노동자들을 위한 집약적인 한국 적응교육과 사회적 서비스가 집중되어 '정신없이' 바쁘다. 한편, S센터는 일요일 모임이 그 중심이긴 하지만 실질적인 활동은 시간의 개념에 구속되지는 않는다. 때로는 개인적인 상황에 따라 주말 근무를 하는 노동자들을 위해 평일에도 상시 대기한다.

이러한 S센터가 갖는 복합적인 기능은 S센터가 B시 인근의 이주노동자들을 위한 국지적 공간의 한계를 넘어 전국적인 네트워크로의 확장으로 이어진다. S센터의 활동들이 입소문을 타기 시작하면서 B시 인근지역에서 뿐만 아니라 전국적으로 찾아오기 때문이다. 이처럼 복합적인 서비스 기관이자 이주노동자들의 권익보호를 위한 헌신적인 노력으로 인해 S센터는 일상적 삶을 공유하는 공간이자 지역사회를 넘어서는 광역공간의 거점으로 자리를 잡게 되었다. 이러한 S센터의 공간적 특성과 역할은 인간관계의 확대 및 질적 변화와 병행하는 것과도 밀접한 연관이 있다. 앞서 기술한 대로 행위자-네트워크의 관점에서 보면 특정한 공간은 특정한 목적에 의해서 단선적으로 형성되거나 움직이지 않으며 절대적이지도 않다. 아래 인용하는 이주노동자들의 내러티브는 S센터가 이주노동자들에게 어떤 공간으로 작동하고 있는지를 잘 보여주고 있다.

여기(한국)와서 힘든 거 많았는데… 교회에서 많이 도와주었어요. 처음 교회에 나올 때 월급도 제대로 못 받았을 때였어요. 목사님께 여기서 말씀드렸고… 그래서 많이 도와줬어요. 저뿐만 아니라 주위에 있는 친구들도 도와주었어요. … 아이 학교가 북부정류장에서 먼 데 있는데… 어린이 집을 보낼려고 했는데 어떻게 해도 안받아줬어요. 처음에는 너무 어리다고 안받아주고… 나중에는 나이가 너무 많아서 늦었다고 안 받아주고… 불법 때문에 안받아줬어요. … 애는(둘째 아들) 목사님 통화하고 받아달라고 부탁해서 다닐 수 있었어요.(티엔)

아이를 어린이집에 보내고 있어요. 그런데 얼마 전에 불법으로 일하는 사람들 단속에 붙잡혔어요. 내가 붙잡혀 있으니까 아이를 어린이집에서 데려올 사람이 없었는데… 우리 교회 직접 목사님이 아이를 어린이집에서 데려왔어요. 아이 데려와서 출입국으로 함께 오니까 아이가 있는 보호자라고 단속반에서 풀어주었어요. 목사님이 중간에서 보증을 해주어서요.(항)

외국 사람들은 여기 다 알아요. 외국 사람을 많이 도와줘서 소문이 많이 났어요. 여기 얘기 들어서 일요일에 시간 있으면 다 여기 와요. 여기서는 친구들도 많아서 외롭지 않게 지낼 수도 있어요. … 처음에 우리가 한국에 올 때는 모두 한국말을 모르니까 한국에서 사는 것이… 모든 것이 어려워요. 그런데 여기 오면 친구도 있고, 시간이 지나면 하나님도 조금 알게 되고….(시이)

위의 내러티브는 S센터가 종교적인 결속체라기보다는 자녀양육, 체류증 미비로 인한 출입국 문제 등 개인적·가족적 문제를 해결해주는 전 방위적 역할을 담당하면서 매우 긴밀한 관계 안에 있음을 보여주고 있다. 이 점에서 S센터는 이주노동자들에게는 일종의 관계망(network)으로서 사회적 자본의 역할을 담당하고 있음을 알 수 있다.[11] 한국 사회에 미등록 노동자는 대부분 장기 체류자들이다. 따라서 많은 경우 한국에서 결혼 혹은 동거를 하거나 외국에서 가족을 비공식적인 방법으로 불러와 함께 생활하는 경우가 많다. S센터에도 가족을 구성하고 있는 미등록이주노동자들이 매우 중심적인 구성원이기도 하다. 따라서 S센터는 이들이 한국 사회에서 필요한 정보나 도움은 임금체불이나 기본적인 인권 보호 등 '노동문제'를 넘어 부부문제와 자녀양육, 교육의 문제를 공유하고 유형, 무형의 도움을 받는 곳이기도 하다. 지금은 재정적 문제로 없어졌지만 S센터는 이주노동자 유아방을 운영하기도 했다. 한편, 시이의 내러티브에서 드러난 것처럼 S센터는 한국 사회에서 어려운 일들을 부탁할 수 있고, 때로는 타지에서 외로움을 함께 위로할 친구들을 만나기 위한 관계적 공간이기도 하다. 이 과정에서 S센터는 이주노동자들에게 물리적 공간에서 정서적 공간으로 재구성되기도 한다.

이처럼 이주노동자들의 내러티브는 센터 운영진의 목적성과 도구성이 뒤집히면서 공간적 속성이 상호 교차하고 있음을 암시하고 있어 주목할 만하다. 다시 말하면, 운영진의 입장에서 센터는 종교적 목적성과 사회적 서비스라는 수단성의 결합이지만, 이주민들에게는 사회적 서비스가 목적성이 되고 종교는 수단성으로 자리바꿈하게 된다. 즉 이주노동자들은 관계맺기와 한국 사회 정착을 위한 도움받기가 그 중요한 목적이라면 일요일 종교적 의식의 참여는 이를 위한 수단의 역할을 한다고 할 수 있다. 스리랑카 출신인 모한은 이러한 사례를 극단적으로 보여주고 있다. 독실한 이슬람교도인 모한은 한국에 노동자로 와서 중국인 아내와 결혼하면서 한국에서의 삶은 많은 변동을 겪어 왔다. 여전히 자신의 종교적 준거집단은 이슬람이지만 교회에 정기적으로 출석하고 있는 성실

11) 이주노동자 사이버 공동체 참여 특성에 관한 이정향·김영경의 연구(2013)에 의하면 민족 단위의 사이버 공동체와 비민족 공동체 간에는 응집의 강도(强度), 공간 제한성, 외부사회와의 연결성 등에서 차이가 있다. 민족 단위의 공동체는 '국지화된 공동체' 유형의 특징을 보이고 있으며 주된 참여 동기는 협업과 공유보다는 구성원 간의 '소통과 친목, 교류' 등이다. 반면, 비민족 단위의 공동체는 '통합형' 유형의 특징을 지니고 있으며 '필요한 정보를 획득하기 위해서' 참여하는 비율이 비교적 높은 것으로 드러나고 있다. 이러한 특성은 오프라인 공간에서 이루어지는 공동체도 마찬가지다. 이 연구대상인 S센터의 경우도 다양한 민족적 배경을 지닌 사람들이 한국 사회의 정착과정에서 필요한 지원이나 도움을 받기 위한 공간으로 노동자들에게 인지되고 있음을 알 수 있다.

한 S센터 구성원이기도 하다. 이는 동일한 공간에서도 행위자의 위치에 따라 목적성과 수단성이 다르게 구성된다는 것을 암시하고 있다. 이처럼 이주민 공동체는 목적성과 수단성이 행위자에 따라 역으로 교차하면서 공간이 구성되고 있음을 보여주고 있다.

2) 갈등과 협상의 접촉지대적 공간

공간의 형성과 전개는 시간과의 역동성 속에서 다양한 모습을 드러낸다. 왜냐하면 행위자들의 관계성에 의해 공간은 다양한 방식으로 번역(translation)[12] 될 수 있기 때문이다. 무엇보다 최근 지구화의 진전과 함께 형성되고 있는 다양한 다문화적 공간은 지구적 차원의 권력과 자원의 불균형이 그 원인이다. 국가간 임금의 차이에 의해 이동하는 초국적 이주노동자들의 경우는 더욱 그러하다. 다시 말하면 다문화 공간은 균등하지 않게 발전한 지구공간에서 촉진한 자본과 노동의 이동에 따른 결과라고 할 수 있다(김영옥, 2010; 최병두 외, 2011). 따라서 이주자들이 유입국의 특정한 공간에서 경험하는 상호작용 역시 이러한 불균형을 반영할 수밖에 없다. 이 점에서 이주민 공동체는 그 성격을 막론하고 다양한 사회문화적 배경과 불균형한 권력, 서로 다른 자원을 지닌 다양한 구성원들이 만나고 충돌하는 일종의 사회적 공간(social space)이라는 점에서 접촉지대(contact zone)에 해당된다.[13]

---

12) ANT에서 번역이란 수없이 다양한 인간과 비인간 행위자들 사이에서 특정 행위자의 이해와 의도가 다른 행위자의 언어로 치환되는 프레임의 형성과정을 뜻하는 것으로 매개(mediation) 등과 더불어 행위자-네트워크가 형성되는 과정 그 자체를 의미한다(제5장 참조).

13) 주목할 것은, 프레뜨(Pratt)는 동질성을 전제로 하는 공동체(Community)를 접촉지대(contact zone)와 대립되는 개념으로 설명하고 있다는 것이다. 일반적으로 공동체는 문화, 언어, 역사에서의 동질성을 전제로 하는 개념이기 때문에 이질성이 본질이라고 할 수 있는 접촉지대와 개념적으로 대립된다고 보기 때문이다. 그런데 이주민 공동체인 S센터는 한국이라는 물리적 영토안의 '이방인'이라는 공통점을 지니지만 구성원들의 속성은 이질성에 기반한다는 점에서 공동체가 아니라 '접촉지대'다. 엄밀하게 말하면 이주민 공동체는 다양한 배경을 지닌 사람들이 동일한 목적이나 지향을 지니기 때

공간은 그 안에 함께 있는 사람들의 사회적 관계가 형상화되는 동시에 상호작용의 결과에 따라 재구조화하는 기능을 수행하게 된다. 따라서 '접촉지대'의 관점을 갖는다는 것은 이질적인 주체들이 동일한 공간에 참여하면서 끊임없이 서로를 어떻게 재구성하는지에 관심을 갖는다는 것을 의미한다(Pratt, 1991; 이민경, 2013; 이수정, 2012). 무엇보다 S센터는 한국인 주도로 설립되고 이주노동자에게 사회적 서비스를 제공하는 시혜적 공간이라는 특성을 갖기 때문에 권력과 자원에서 매우 불균형할 수밖에 없다. 그러나 주도권의 유무에 따른 권력의 차이에도 불구하고 이주민들의 행위성은 S센터라는 공간 구성에 적지 않은 영향력을 행사한다. 특히 S센터는 단순히 이주민 지원기관이라는 성격을 넘어서 이주민들을 종교적 울타리 안으로 포섭하여 해외 선교라는 궁극적인 목적성을 담보한다는 점에서 이주민들의 행위성이 지니는 의미는 적지 않기 때문이다. 따라서 이주노동자들의 요구와 필요에 따른 행위성의 적합성 여부가 공간의 의미와 지속성에 미치는 영향이 적지 않으리라는 것을 짐작하기는 어렵지 않다.

이러한 상호호혜성은 특정한 사안에서 갈등의 모습으로 연출되기도 한다. 이러한 현상은 시간의 흐름과 함께 공동체가 다양한 변화를 겪는 과정에서 종종 다양한 방식으로 드러난다. 초기에 다양한 민족적 배경을 지닌 이주노동자들이 한 공간에서 생활했던 S센터는 이질성을 가장 중요한 특성으로 하는 '다문화적 공간'[14]이었다. 그러나 구성원들이 증가하면서 변화의 필요성이 운영진 측에서 제기되기 시작하였다. 이주자들의 본국의 특성에 맞는 해외 선교를 본격적으로 준비하기 위해 민족별로 분리하여 공간과 조직을 재조직화하게 된 것이다. 즉, 선교적인 부분을 강화하면서 개별국가의 특수성에 토대를 두고 선교의 발판을 마련하기 위해 베트남, 중국, 네팔과 기타 국가로 나누는 방식을 택한 것이다.

문에 일종의 상상의 공동체라고 할 수 있다(Pratt, 1991).

14) 여기서 다문화적 공간은 공간 안의 구성원들이 다양한 인종, 민족적 배경을 지니고 있다는 협소한 의미에서 사용되었다.

그러나 이 과정에서 S센터의 주요한 구성원인 이주노동자들의 의견이 반영되지 않은 채로 진행되었고, 이는 공동체 안의 갈등을 유발시키게 된다.

> 같이 있다가 다양성이 없어지니까 베트남 공동체 안에서 불만을 해요. 왜 우리는 다른 나라 사람들하고 같이했으면 좋겠는데 목사님들 편한 대로 하느냐고. 다 같이 어울렸을 때가 더 좋았다 그런 얘기를 하긴 해요. 그런데 그런 거는 이제 체육대회나 축제, 추석축제나 행사를 하니까 그럴 때 같이 연합해서 행사를 같이 갖고 그런 식으로 하고 있죠.(박경호)
>
> 우리는 뭐… 목사님이 좋을 대로 하니까…. 마음에 안 맞을 때도 있죠. 그런데 그런 얘기를 한다고 되는 것도 아니고… 내가 여기에 뭔가를 해줄 수 있는 것도 아니니까, … 여기 있는 사람들도 다 어떤 생각을 가지고 있는지는 아무도 몰라요… 한국생활 좋은데 힘든 것도 많아요. … 회사 사람들은 그렇지 않지만 교회 사람 다 좋은 사람인데….(모한)

위의 내러티브는 S센터가 민주주의적 자율성에 의해 구성되는 다문화적 공간이라고 보기는 어렵다는 것을 보여주고 있다는 점에서 주목된다. 물론 이러한 공간적 특성은 S센터의 태생적 한계에 기인한다. 모한의 언설에서처럼 이주노동자들이 시혜를 받는 입장에서 자신들의 의견을 직접적으로 표출하기 어려운 상황과도 연결된다는 것을 암시하고 있다. 다시 말하면 이러한 관계적 특성은 이주노동자들의 인권보호와 사회적 서비스를 총괄하는 운영진과 그 대상인 이주노동자들, 즉 권력과 자원이 불균등한 관계에서의 상호작용이 갖는 한계에 기인한다고 할 수 있다. 이러한 한계는 자원이 없는 행위자들이 적극적으로 의사표현을 하지 않거나 침묵하는 방식으로 드러나기도 한다. 모한의 내러티브에 드러난 것처럼 이주노동자들이 때로는 S센터의 운영방식에 불만을 갖기도 하지만, 자신들의 다양한 어려움을 해결해주는 교회와 궁극적으로 반목하는 것은 어려운 일이기 때문이다. 한국인 주도의 이주공동체에서의 상호작용에서 대부분의 이주자들이 '반응적(responsive)'(Pratt, 1991)인 태도를 갖는 경우가 많은 것도 이 때문이다. 이러한 행동적 특성은 '유의미한 타자(significant others)'와 인정을 호혜적으로 주고받기 위해 이주민들이 스스로를 타자화하기 위해 감행하는 실천이자 전략으로 이해가 가능하다(Camiller, 1990; 이민경, 2013). 아래 인용에서 드러나는 이주민의 반응도 마찬가지 맥락에서 읽을 수 있다.

(민족별로 따로 모임을 갖는 것은) 좋은 것도 있고, 그렇지 않은 것도 있고… 그런데 목사님도, 여기 있는 사람들도 다 좋은 사람들이어서 다 괜찮아요. 정말 마음들이 모두 다 좋다고 생각해요.(뤄샤오이)

프레뜨(Pratt)에 의하면, 접촉지대는 역사, 지역, 문화, 사회적으로 다른 주체들이 서로 만나서 소통하고 타협하며, 때로는 충돌하고 대립하는'사회적 공간들(social spaces)'이다(Pratt, 1991). 접촉지대는 역사적, 지리적으로 이질적인 두 주체가 만나는 공간이기 때문에 자원과 권력의 차이가 있을 수밖에 없다(이민경, 2013). 따라서 접촉지대에서의 갈등과 대립은 매우 자연스러운 현상이다. 이 점에서 접촉지대는 배제와 포섭, 충돌과 소통, 갈등과 공존의 '역동성'이 교차하는 공간이다(Pratt, 1990). 그러나 이러한 역동성은 위의 인용에서처럼 전면적으로 드러나지 않거나 때로는 봉합되기도 한다. 이는 불균형한 자원에 대한 행위자들의 인식이 한 공간에서의 상호작용에서 매우 불균형한 방식으로 드러나게 하는 요인이 되고 있음을 짐작하게 해준다.

한편, 다음 내러티브는 공간을 구성하는 행위자들의 각기 다른 이해관계에 기반을 둔 번역(Tranalation) 과정의 단면을 드러낸다는 점에서 주목된다.

저는 이제 우리 친구들한테 늘 제가 얘기하는 거는 어 '국가 공동체를 자발적으로 만들어라 그러면 센터가 각국 공동체를 지원하는 방식으로 하겠다'… 그러죠. 나라마다 성격도 다르고 본인들이 원하는 게 있을 거 아니에요? 우리가 원하는 방식으로 이 사람들 미션하고 이끌어 가는 게 아니라 각 나라별로 공동체를 만들면 그 공동체 안에 또 자기들의 어떤 커뮤니티를 만들어서 조직도 만들어서 자발적으로 본인들이 원하는 것을 우리한테 요청하거나 했을 때 서로 협력하는. 이런 식의 형태를 만들고 싶은데….(박경호)

ANT에서 행위자와 네트워크는 고정된 또는 불변적인 존재가 아니라 기능과 역할 등에 따라 끊임없이 치환되고 자신을 변형시키는데, 바로 이 과정을 ANT에서는 '번역(translation)'으로 지칭한다. 이와 같은 번역 과정은 행위자들의 행위능력과 역할에 따라 인간 및 비인간 행위자들이 네트워크를 통해 자신의 이해관계에 따라 어떻게 행동하는가를 보여준다(최병두, 2015). 이주노동자들은 S센터에서 '타자'다. 한국이라는 낯선 타지이고, S센터 서비스의 수요자라는 측면에서도 그렇다. 따라서 정주민과 이주민 행위자들 간의 권력 차이가 발생할 수밖에 없다. ANT의 관점에서 보면 이러한 불균형한 행위성은 행위자의 이해관계에 따라 동원 가능한 네트워크의 규모와 수의 차이에 의한 것이다. 다시 말하면 이주민들의 경우는 동원 가능한 네트워크의 규모와 수에서 열악할 수밖에 없기 때문에 네트워크 동원력이 뛰어난 행위자들인 한국인 운영진의 영향력이 더 클 수밖에 없다. 그럼에도 불구하고 이주노동자들은 이 센터의 목적을 위한 중요한 행위자로서 위상을 갖는다. 센터 관리를 위한 편의성에 의해 민족별로 분리했다가 이주자들의 반발에 부딪히면서 대안적인 연합 모임을 만드는 것도 이러한 상호호혜성에 토대를 둔 것이라고 할 수 있다. 이처럼 S센터의 관계적 양상은 이주공동체라는 접촉지대에서의 불균형적인 행위자들이 어떻게 갈등하고 타협하면서 공간을 재구성해가고 있는지를 보여주고 있다.

3) 이주순환 네트워크의 허브적 공간

S센터는 초기 국내 이주노동자 지원에서 시작되어 이주정책의 변화와 유입

된 이주노동자들의 다양성 속에서 그 역할과 기능이 확대 혹은 새로운 방식으로 재구성되어 왔다. 이주민 중심의 자생적 공동체들을 지원하거나 연대하는 방식으로 그 역할을 확장해 온 것은 그 대표적인 예다. 특히 시간의 흐름과 함께 S센터 구성원들이 귀환을 하게 되면서 송출국인 현지에 선교센터를 설립하거나 귀환 이주노동자들을 통해 해외의 선교 교두보를 마련하면서 이주공동체를 초국적으로 확장시키고 있는 것은 그 대표적인 변화다. 주목할 것은 현지 조직이나 기관이 한국으로의 이주를 연결하는 등 새로운 기능을 하면서 S센터가 이주노동자들의 이주-정착-귀환의 순환과정에서 허브로서 공간적 진화를 하게 된다는 것이다.

자기 꿈을 본국에 가서 펼칠 수 있을 만큼의 돈을 모은 친구들은 본국에 돌아가서도 잘 적응을 하는데 대부분의 친구들은 돌아오고 싶은 마음이 많죠. 돈을 많이 벌고 간 친구들조차도 우리 슈몬 같은 경우도 전화 딱 하면 아 한국에 가고 싶어요. 첫 마디가 목사님 한국에 가고 싶어요. 그게 첫마디에요. … 저희가 베트남하고 중국에 센터를 이렇게 상설적인 센터는 아니지만 그 거기에 회장이나 실무자들을 공동체를 이끌어 가는 사람들을 뽑아가지고 우정회 모임 이런 식으로 해서 중국하고 베트남은 저희들이 한 번씩 가서 일 년에 한두 번 씩 가서 모임을 하고 또 전화통화도 하고 그렇게 하죠. … 자발적인 모임은 아니고 저희 센터 이름을 따서 하노이 선교센터, 중국 청도 칭따오 우정회 모임 이런 식으로 해서… 그래서 어 우리가 이제는 센터를 만들기는 했지만 어 자기들끼리 계속 교류를 하니까 귀국한 친구들과 한국에 다시 나온 친구들 이런 사람들이 다 연결되어 있어요. 그래서 지속적으로 되고 어쩔 수 없이 한국에서 어려움을 겪고 또 본인들이 나름대로 또 이렇게 성공했다 열심히 살아서 본국에 돌아가서 한국에 있는 좋은 것들을 다른 친구들한테 전수하는 그런 일들도 하고 또 한국에 있는 우리 노동자들의 가족들이 그 나라에 본국에 있을 거 아니에요. 그 본국에 있는 가족들과 한국에 있는 또 우리 노동자와 연결시켜주고 소식을 전

해주고 이런 역할들을 하기 위해서 현지 센터를 만들게 되고 그렇게 하고 있어요.(박경호)

이주 관련 연구들은 이주노동자들은 귀환 후에도 한국과의 지속적인 연결고리를 갖는 경우가 많고, 본국과 한국을 잇는 이주 연결망에서 적극적인 역할을 하는 경우도 많다는 것을 지적하고 있다(채수홍, 2007). 위의 내러티브는 S센터가 이러한 연결고리의 역할을 담당함으로써 일종의 이주-귀환의 교차적 공간의 역할을 담당한다는 것을 보여주고 있다. S센터는 본국에서 한국으로 들어온 이주노동자들의 현지적응과 지원에서 시작되었지만, 성공적 귀환을 돕는 역할을 수행하거나 현지에서 한국으로 이주하는 사람들을 연결하는 초국적 공간으로 진화하고 있음을 보여주고 있다.

일반적으로 귀환 이주노동자들은 본국에서 어려운 정치경제적 상황의 돌파구로 한국으로의 재입국을 시도하거나, 한국 체류기간 중에 형성한 사회적 관계와 경험을 활용하고자 하나, 양국 모두 이들의 초국가적 경험을 일과 삶에 활용할 수 있는 여건을 만들어주지 못함으로써 귀환 후 재적응에 어려움이 많음을 보고하는 연구들이 많다(김나경, 2011; 채수홍, 2007). 앞서 제시한 인용에서 알 수 있는 것처럼, S센터를 거쳐 간 이주노동자들도 한국으로의 재입국을 희망하는 경우가 적지 않다. S센터는 이러한 현실에 주목하면서 이주노동자들의 귀환 후 현지적응을 위한 교육과 정보제공을 하게 된다. 주목할 것은 이 과정에서 귀환자들의 네트워크 활성화와 현지 선교센터와의 연결고리로서 인터넷이라는 사물 행위자의 기능이다. S센터 초기 시절부터 인터넷은 한국에 와 있는 이주노동자와 현지의 가족들과의 접촉을 지원하는 기능을 담당해 왔는데, 최근 귀환노동자들을 중심으로 현지 조직이 만들어지면서 S센터의 인적 네트워크 확장에 핵심적인 역할을 하고 있다.

한편, 아래의 이주노동자들의 내러티브는 S센터가 한국에서의 정착이나 귀환 후 재적응 등 사후 서비스뿐만 아니라 본국과의 연결, 귀환과정에도 깊숙이 개입하고 있음을 보여주고 있어 주목된다.

> 목사님이 우리 집에 방문해서 가족과 아이를 만나고 왔어요. 저는 한 번도 가지를 못했어요. … 제 대신 그렇게 해주니까 좋아요. 우리 부모님도 좋아하시고.. 아이도 보고 와서 얘기도 해주고….(티엔)
>
> 베트남에 보낸 딸은 처음에는 할아버지, 할머니가 키웠는데… 그 다음은 고모네가… 지금은 큰집 형님이 돌보고 있는데… 상황이 너무 힘들어요… 아이는 공부하기 싫어하고 잘 논 친구들 노는 것만 좋아한다고 하고… 목사님이 큰 딸을 보고 와서 이야기도 해주는데. 베트남에는 가고 싶은데 상황이 힘들어요 … 못 데려와요 지금 아이 데려와 못해요 그동안 많은 사람 베트남 보냈어요. 지금 아이 넘 보고 싶고 한번 데려오고 싶지만 목사님도 많이 도와주지만 힘들어요.(항)
>
> 지금 이제 여기(한국)에 있기 때문에 베트남에 돌아가서 어떻게 살아야 하는지에 대해서는 전혀 준비를 못했어요. … 장사하든지 아니면 공장에 들어가 일하든지 그런 생각을 하고 있어요. 목사님이 이번에 베트남 갔다가 베트남에 한국공장 많이 생겼기 때문에 거기 가도 일할 때 있을 거라고 했어요. 그런데 아직 돌아갈 생각이 없기 때문에 아직 계획은 못 잡았어요.(수원)

미등록 이주노동자 가족의 경우 신분상의 불안정성으로 인해 자녀들만 본국에 보내는 초국적 가족을 형성하고 있는 경우가 많다. S센터는 현지에 있는 가족을 방문하거나 귀환 후의 일자리에 대한 정보도 제공함으로써 매우 긴밀한 초국적 네트워크의 핵심적인 역할을 담당하고 있다. 위의 내러티브는 S센터가 한국이라는 국지적 장소에 국한된 관계망이 아니라 현지의 가족, 일자리 등을 연계하면서 이주–정착–귀환의 과정에 어떻게 개입하는지를 암시하고 있다. 한편, S센터의 해외 선교사업과 연결하여 이주노동자들의 구체적인 귀환시기와 방법에 개입하기도 한다. 앞서 인용한 스리랑카 출신 노동자인 모한과 시이는 스리랑카의 어린이집을 운영하는 현지 책임을 맡기로 S센터와 협약 후 귀환한 경우다. 모한은 오랫동안 미등록 이주노동자로 한국에서 살면서 귀환을 계획했으나 한국에서 충분한 경제적 능력을 확보하지 못해 귀환을 망설이고 있었다. 그러나 아이들이 성장하면서 교육문제가 대두되면서 귀환을 미루기가 어려워졌다. S센터는 이런 모한에게 스리랑카 현지 아동복지기관 운영을 제안하면서 귀환을 결정하게 되었다. 중국인 출신인 아내 시이는 중국으로 귀환하기를 원했지만, S센터의 제안으로 스리랑카로 귀환하는 것으로 최종 결정되었다. 물론 이 과정에는 스리랑카 출신인 모한이 중국 입국허가를 받기 어려운 조건도 작동했지만 S센터의 개입이 결정적이었다는 것은 부인하기 어렵다.[15]

공간을 사람들과 사물들의 관계로 파악한 르페브르(Lefebvre, 1990)는 공간이란 사회적 생산의 결과라는 관점을 취한다. 다시 말하면 공간이란 사람과 사물의 관계 속에서 형성되고 소멸하는 것으로 이해한다. 이 점에서 공간(space)은 국지적이고 구체적인 장소(Place)와 구별되는 관계적인 동시에 사회적인 장소다. S센터는 장소적 성격을 지니면서도 국지적 장소를 넘어 초국적 공간의 특성을 지니고 있음을 보여주고 있다.

5 나오는 글

이 연구는 이주노동자와 한국인이 만나는 접촉지대인 미등록 이주노동자 공동체의 특성과 역할을 행위자-네트워크로 재구성함으로써 이주민 지원기관을 단순히 복지서비스를 제공하는 사회복지적 공간이라는 관점을 넘어서 다양한 인간·비인간 행위자들이 개입하는 다중적 공간으로 이해하고자 하였다. 즉, 행

15) 현재 모한은 스리랑카 현지에서 아동복지센터 책임자로 있는데, 이 센터는 한국에 있는 S센터의 전폭적인 지원하에 운영된다. 2015년 스리랑카 현지 아동지원 기관을 돕기 위한 자선 음악회도 개최하였고, 후원자들을 모으는 운동도 지속적으로 추진하면서 허브로서의 역할을 담당하고 있다.

위자-네트워크 관점에 입각하여 어떻게 다양한 인간, 비인간 행위자들이 개입되면서 이주공동체라는 공간이 재구성되는지 그리고 이 재구성된 공간은 이주노동자들의 이주와 정착, 귀환의 과정에 어떻게 개입하면서 상호작용하는지를 분석하고자 하였다.

이 논문의 사례 연구 대상인 B시의 이주민 선교기관인 S센터는 '외국인 근로자' 지원과 '선교'를 위한 복합적 공간을 표방하고 있는 곳이다. 기본적으로 종교적 사명감에 의해 센터가 운영되고 있지만 이주노동자들의 한국정착과 성공적인 귀환을 돕는 복합적인 역할을 수행하고 있다. 또한 노동현장에서의 부당대우 및 사고(산재)에 대해 회사와의 협상, 지역 노동청 등과의 협의 등 이주노동자들의 삶에 깊숙이 개입하고 있다. 따라서 이주노동자들에게 이 선교센터는 단순히 종교적 결속의 의미를 넘어서게 된다. 이 점에서 S센터는 이주노동자들이 모이는 특정한 국지적 장소인 동시에 인정투쟁과 관계의 심리적 공간이며 이들의 삶을 재구성하는 사회적 공간의 성격을 지니고 있다.

이러한 특성을 지닌 S센터 이주노동자 공동체에 대한 사례 연구 결과를 정리하면 다음과 같다.

먼저, 미등록 이주노동자 공동체인 S센터는 행위자들의 목적성과 수단성이 상호교차하면서 공간이 재구성되고 있음을 보여주고 있다. 이주노동자 선교라는 한국인 운영진의 목적이 이주노동자들에 대한 사회적 서비스라는 도구성과의 결합이라면, 한국 사회에서의 사회적 자본의 획득이라는 목적성이 종교라는 도구성을 수용한 것은 이주노동자들의 행위성이라고 할 수 있다. 이처럼 서로 다른 기대와 행위가 서로 교차하면서 공간이 재구성되고 있다.

다음으로, S센터는 다양한 배경을 지닌 사람들이 만나는 사회-공간이자 접촉지대임을 보여주고 있다. S센터는 이주노동자들에 대한 시혜적 공간이라는 점에서 상호작용에서 불균형을 드러내주지만 공간의 운영과정에서 이질성들이 충돌하는 접촉지대임을 드러내주고 있다. 이러한 접촉지대적 공간인 이주공동체는 불균등한 행위자들이 서로 갈등하고 협상하면서 끊임없이 재구성되는 공간임을 보여주고 있다.

마지막으로 S센터는 이주순환의 허브적 공간으로 자리매김하면서 국내 이주노동자들에 한정된 국지적 공간을 넘어 본국과의 가족과 연결시키는 매개자이자 귀환이주노동자들의 새로운 공동체 형성을 위한 허브역할을 담당하는 초국적 공간으로 진화하고 있음을 보여주고 있다.

이러한 이주공동체의 특성과 역할은 한국 사회에서 사회적 권리와 관계망이 없는 미등록 이주노동자에게는 한국 사회에서의 삶을 결정하는 중요한 의미를 지니고 있음을 암시하고 있다. 또한 이주공동체는 미등록 이주자들과 한국 사회를 연결하는 마디의 역할을 수행하고 있다는 점에서 그 의미가 적지 않다. 이주공동체에서의 일상적 관계와 경험은 공식적 노동의 공간인 공장이나 회사의 작업적 공간에서의 관계망과는 구별될 수밖에 없기 때문이다. 이러한 현실은 공식적인 지원의 장에서 소외된 미등록 이주노동자의 일상적인 삶이 이주공동체를 통해 새롭게 재편되고 있다는 점에서 주목할 만하다. 이는 미등록 이주정책에도 시사하는 바가 적지 않다. 무엇보다 미등록 이주노동자라 할지라도 한국 사회에서 현재 살아가고 있는 구성원이라는 사실이 정책적으로 전혀 반영되지 못했다는 한국 사회의 현실을 역설적으로 증명해주고 있기도 하다. '불법'이라는 신분상의 문제로 인해 공식적인 지원이 어렵다면 인권과 사회복지적 차원에서 이들을 위한 한국 사회의 기본적인 포용의 정책이 필요함을 시사해주고 있다. 특히 이 연구의 사례에서 암시하고 있는 것처럼 가정을 이루고 있는 미등록 노동자 가정의 육아와 교육문제는 한국 사회가 새로운 이주 정책 패러다임으로 접근할 필요가 있다.

이처럼 S센터 사례를 통해 탐색한 이주노동자 공동체의 형성과 전개는 '이주노동자 지원 기관'이라는 단선적인 이해를 넘어 다양한 목적과 기능이 상호교차하는 매우 복합적인 과정이자 효과로서 이주공동체를 이해할 필요성을 시사해주고 있다. ANT에서 개별인간 또는 비인간 행위자의 행위 능력은 고립된 채로 스스로 만들어지는 것이 아니라 항상 그 행위자와 연결되어 있는 많은 다른 행위자들과의 상호작용의 결과, 즉 '관계적 효과'로 해석된다(최병두, 2015). 이 점에서 이주공동체 공간은 행위자들을 연결시키는 매개자 이면서 행위자들의 상호작용의 결과에 의해 재구성되어진 관계적 효과라고 할 수 있다. 인간·비인간 행위자들의 상호작용에 의해 공간이 구성될 뿐만 아니라 이 과정에서 행위자들의 삶도 구성되는 공간이기 때문이다. 따라서 이러한 공간은 관련되어 있는 사람들의 생활과 의식에 영향을 미치는 '초국적 네트워크의 공간'이기도 하다(김영옥, 2010). 이러한 관점은 '이주노동자에 대한 시혜적 서비스를 제공하는 기관'이라는 온정주의적 관점에 갇혀 드러나지 않았던 블랙박스(Black box)를 열어 변화하는 환경과의 관계 속에서 인간·비인간행위자들의 다양한 욕망과 목적이 개입하여 끊임없이 재구성하는 동시에 재구성되는 복합적인 공간이라는 것을 시사해주고 있다.

• 참고문헌 •

김나경, 2011년 12월, "초국가시대 이주노동자 귀환에 관한 연구: '자발적 귀환 및 재통합 지원 컨소시엄' 사례 분석", 전남대학교 세계한상문화연구단 국내학술회의, pp.103~134.

김영숙, 2011, "회교공동체 이주노동자들에 대한 신문화기술지 연구", 『한국 사회복지학』 63(2), 한국 사회복지학회, pp.109~132.

김영옥, 2010, "인정투쟁의 공간/장소로서의 결혼이주여성 다문화공동체: 아이다 마을을 중심으로", 『여성철학』, 14, 한국여성철학회, pp.31~64.

김 준, 2005, "잃어버린 공동체: 울산 동구지역 노동자 주거공동체의 형성과 해체", 『경제와 사회』, 68, pp.71~106.

김진영, 2010, "이주 공동체의 수용과 발전 방향", 『글로벌 문화콘텐츠』, 4, 글로벌문화컨텐츠학회, pp.7~40.

박흥순, 2013, "호남지역의 다문화선교의 현황과 과제", 『선교와 신학』, 32, 장로회신학대학교 세계선교연구원, pp.179~212.

박흥순, 2014, "광주광역시와 전라남도 지역의 이주민자녀 현황과 지역교회 역할연구", 『선교와 신학』, 장로회신학대학교 세계선교연구원, 34, pp.207~238.

이민경, 2013, "다문화교육 연구동향과 쟁점: 교육사회학연구에의 시사점을 중심으로", 『교육사회학연구』, 23(4), 한국교육사회학회, pp.177~205.

이민경, 2015, "노동-유학-자녀교육의 동맹: 몽골 이주노동자 가정의 이주·정착·귀환의 행위자-네트워크(ANT)", 『교육문제연구』, 55, 고려대학교 교육문제연구소, pp.1~25.

이수정, 2012.12.14, "접촉지대, 민족지, 경계의 재구성: 작은 북한이야기", 『북한이탈주민학회 학술대회 자료집』, pp.25~41.

이은정·이용승, 2015, "이주민 사회자본에 관한 연구: 대구·경북이주민과의 인터뷰를 중심으로", 『Oughtopia』, 30(1), 경희대학교 인류사회재건연구원, pp.93~134.

이정향·김영경, 2013, "한국 이주노동자의 '사이버 공동체'에 관한 연구", 『한국지역지리학회지』, 19(2), 한국지역지리학회, pp.324~339.

이희영, 2012, "아날로그의 반란과 분단의 번역자들", 『경제와 사회』, 94, 비판사회학회, pp.39~798.

임선진·김경학, 2014, "'광주외국인노동자건강센터'에 관한 민족지적 연구", 『디아스포라연구』, 8(2), 전남대학교 세계한상문화연구단, pp.257~282.

전석재, 2015, "이주근로자의 빈곤과 복지선교", 『한국기독교신학논총』, 98, 한국기독교학회, pp.251~274.

채수홍, 2007, "귀환 베트남 이주노동자의 삶과 동아시아 인적교류", 『비교문화연구』 13(2), 서울대학교 비교문화연구소, pp.5~39.

최병두, 2009, "다문화공간과 지구–지방적 윤리: 초국적 자본주의의 문화공간에서 인정투쟁의 공간으로", 『한국지역지리학회지』, 15(5), 한국지리지역학회, pp.635~654.

최병두, 2015, "행위자–네트워크이론과 위상학적 공간개념", 『공간과 사회』, 25(3), 한국공간환경학회, pp.125~172.

최병두·임석회·안영진·박배균, 2011, 『지구·지방화와 다문화 공간: 다문화사회로의 원활한 전환을 위한 '공간적' 접근』, 푸른길, p.447.

최영균, 2012, "이주공동체내 종교문화의 수용과 변형: 안산필리핀 이주공동체를 중심으로", 『사회와 역사』, 94, 한국 사회사학회, pp.375~408.

Camiller, C. & Kastersztein, J., 1990, *Stratégies Identitaires*, Paris: PUF, p.232.

Kaufmann, J.-C., 1996, *L'Entretien Compréhensif*, Paris: éd. Nathan, p.127.

Latour, B., 1994, "Une sociologie sans objet? Remarques sur l'interobjectivité", *Sociologie du travail*, pp.587~607.

Latour, B., 2005, *Reassembling the Social. An Introduction to Actor-Network-Theory*, NewYork: Oxford University Press, p.301.

Law, J., 2010, *After Method. Mess in Social Science Research*, London & New York: Routledge, p.188

Lefebvre, H., 1990, *The production of space*, Oxford: Blackwell, p.454.

Moscovici, S., 1994, *Psychologie sociale des relations à autrui*, Paris: Nathan. p.304.

Pratt, M. L., 1991, *Art of the contact zone. Profession*, pp.33~40.

행위자-네트워크이론(ANT)은 이를 처음 접한 사람들에게 이에 관한 개략적 이해만으로도 무언가 참신한 느낌을 가지도록 한다. 아마도 이 책의 다른 저자들 역시 이러한 다소 막연한 느낌에서 이 이론에 바탕을 두고 초국적 이주를 연구하고자 하는 과제에 임했을 것이다. 공동연구가 진행되는 과정에서 몇 번에 걸친 내부 워크숍을 개최하고 조금씩 이 이론에 대한 깊이와 응용가능성을 탐색하면서, 이 이론이 다른 사회이론들처럼 현실세계를 논리적으로 분석하고 재현하는 내용을 담고 있지 않으며, 또한 다른 포스트모던 이론들처럼 강렬한 철학적(특히 존재론적) 관심을 불러오지도 않는 것처럼 느껴졌다. 그러나 이러한 느낌에도 불구하고 ANT는 사람과 사물들 간의 사회공간적 관계를 이해하는 새로운 방법론으로 분명 유의하며, 특히 초국적 이주와 관련된 세부 주제들을 설정하고, 고찰하는 데 많은 도움을 줄 것이라는 점을 확인할 수 있었다.

특히 ANT에 바탕을 두고 초국적 이주를 이해하고자 한 이번 연구는 이 이론이 가지는 한계로 인해 오히려 경험적 질적 연구를 촉진할 수 있었던 것처럼 보인다. 만약 이 이론이 현실세계에 관한 구체적 내용을 추상화한 이론이었다면, 이 연구는 이 이론에서 제시된 설명을 명시적 또는 암묵적으로 반영했을 것이다. 국내뿐만 아니라 해외 관련 학계에서도 이 이론에 근거를 둔 초국적 이주에 관한 연구를 거의 찾아 볼 수 없었다는 점도 한편으로 연구자들을 당혹스럽게 했지만 또 다른 한편으로 새로운 관점에서 초국적 이주에 관한 경험적·질적 연구를 수행할 수 있도록 했다.

제4장으로 게재된 논문을 학술지에 투고·게재하면서 발생한, 사소하지만 당

황스러운 실수는 여기서 언급할 만큼 흥미롭다. 논문의 제목이 편집과정에서 재교를 볼 때까지 분명 "초국적 결혼이주가정의 음식–네트워크와 경계 넘기"로 되어 있었는데, 인쇄를 넘기기 직전에 누군가가 제목을 "초국적 결혼이주가정의 음식: 네트워크와 경계 넘기"로 바꾸어버린 것이다. 이로 인해 논문의 제목은 '초국적 결혼이주가정의 음식'이 되었고, '네트워크와 경계 넘기'는 부제목이 되었다. ANT에서는 기본적으로 '행위자–네트워크'를 '–'로 연결한다는 점에서 '음식–네트워크'로 서술했는데, 최종 편집과정에서 '–'가 부제목을 표시한 것으로 간주되어 ':'로 바뀐 것이다. 이런 황당한 실수는 한글 문장에서 서구식 기호 표기의 문제 때문에 생겼다고 할 수 있지만, 또한 ANT에 대한 이해의 부족 때문에 생겼다고 할 수 있을 것이다.

행위자–네트워크의 개념은 '사람들 사이에 맺어지는 관계'와 '어떤 사물과 관계되는 연줄'을 의미할 뿐 아니라 이를 통해 어떤 결과(즉 관계적 효과)를 만드는 직·간접적 힘(또는 권력)을 의미한다는 점에서 바로 '인연'의 서구적, 학술적 번역어인 것처럼 보인다. 물론 동양의 불교철학에서 '인연'의 개념은 ANT에서 '행위자–네트워크'의 개념보다 훨씬 심오하겠지만, 오늘날 이 용어는 일상생활에서 일반화된 단어가 되었다. 나는 이 책의 공동연구자들과 함께 ANT를 원용하여 '초국적 이주과정의 행위자–네트워크와 사회공간적 전환'을 연구하게 된 것을 매우 소중한 인연이라고 생각한다(최병두).

*****

질적 연구에서 연구자와 연구주제 혹은 대상과의 연관관계(implication)를 밝히는 프롤로그를 쓰는 경우가 많다. 연구대상이나 탐구하고자 하는 연구과제가 연구자와 상관없는 객관적인 존재가 아니라 가시적, 비가시적으로 끊임없이 상호작용하는 관계라는 전제가 깔려 있기 때문이다. ANT 식으로 말한다면 연구자는 연구결과물이라는 블랙박스 안에서 잘 드러나지 않는 중요한 인간행위자다. 따라서 연구자의 위치성을 성찰하는 일은 그 자체로 중요한 연구과정일 수 있다. 이 점에서 이 글은 이러한 연구자의 성찰적 내러티브이기도 하다. 내가 주로 만나는 이주 노동자들은 대부분 한국에서의 삶이 열악한 경우가 많아 이들과의 관계설정도, 연구자의 위치를 설정하는 것도 쉽지 않았다. 현실적 상황이 매우 어려운 연구 참여자를 만난 날은 돌아오는 무거운 발걸음에 더하여 이후 며칠간은 안타까운 삶의 사연들에 우울해지기도 하고, 결코 약자에게 호의적이지 않는 사회구조에 마음이 복잡할 때가 많다.

한편, 이들을 만나는 일 자체도 너무 힘겨운 여정이다. 평일에는 거의 밤늦게까지 일하거나 주말에도 불규칙적으로 일하는 일용직에 종사하고 있는 경우가 많아 면담 허락을 받아내는 것도, 시간약속을 정하는 것도 매우 어려운 경우가 대부분이다. '불법'이라는 신분상의 불안정성으로 인해 한국인과의 접촉을 꺼리는 경우도 많았다. 그동안 현장연구를 하면서 쌓아온 연구자의 인맥과 지인들의 도움을 얻어 면담 허락을 받아낸 경우라 하더라도 약속한 시간과 장소에 연구 참여자가 나오지 않아 면담이 성사되지 않는 경우도 다반사였다. 면담 도중 일을 하러 가야 하는 상황 때문에 면담이 중단되는 상황도 늘 있는 일이다. 이러한 연구과정을 관통하면서 이주자로서 이들의 삶을 행위자-네트워크라는 프레임으로 엮어내는 작업은 이들의 삶의 결을 제대로 드러내지 못하는 경우도 적지 않았다. ANT가 이들의 삶에 작동하는 인간 비인간 행위자들을 구체적으로 추적하는 작업이었음에도 결과적으로 보면 이들의 삶을 입체적으로 제대로 드러내지 못하고 연구자의 관점과 시선의 틀 속에 묻힌 채로 단순하게 정리되고 있어 마음이 불편할 때도 있었다.

이러한 '객관적'이며 '주관적인' 어려움에도 불구하고 이들과의 만남이 연구자의 삶의 시각에 변화를 가져다주는 계기가 되기도 하고, 삶 자체를 성장시키기도 한다는 점에서 연구 참여자 혹은 연구현장은 '연구의 목적 혹은 대상'을 넘어서는 관계다. 나에게도 연구과정에서 만났던 많은 이주자들은 끊임없이 익숙한 삶의 방식과 관점에 질문을 제기하게 만들고 함께 성장할 수 있는 길을 열어

준 삶의 동반자였음을 고백해야 할 것 같다. 내가 발 딛고 있는 '익숙한' 사회를 '낯설게' 바라보고, 그 안의 섬세한 결을 읽어내며, 끊임없이 변화하고 있는 사람과 사물, 삶의 모습을 보여주는 매개자로서의 연구자의 위치와 그 무게감도 이 연구과정이 내게 새롭게 일깨워준 것들이기도 하다(이민경).

*****

경북 경산의 주소지를 들고 레 씨를 만나러 간 것은 2013년 여름이었다. 산중턱에 위치한 버스 종점에 만난 레 씨는 나를 집으로 안내한 후 방안에 걸린 딸과 아들의 사진을 소개하고, 자신의 이야기를 들려주었다. 2007년 캄보디아를 방문한 남편과 결혼한 후 한국 생활을 하면서 겪은 우여곡절과 앞으로 더 하고 싶은 것들에 대해서 들으며 나는 레 씨의 삶에 대한 열망을 느꼈던 것 같다. 레 씨가 사는 곳에서 멀지 않은 한 아파트에서 만난 전 씨는 차분한 표정으로 캄보디아에 두고 온 가족들에 대한 그리움을 토로했다. 2002년과 2004년 한국에 정착하여 활발히 살고 있는 황 씨와 오 씨로부터 중국 사회의 변화를 간접적으로 느낄 수 있었다. 자유로운 외국 생활을 꿈꾸며 미국과 호주 등에서 유학했던 일본인 사 씨가 한국 남성을 만나 '하필' 경북지역에서 생활하게 된 것에 대해 들으며 함께 웃기도 했다. 내가 이 여성들을 만날 수 있었던 것은 공동연구의 덕분이다. 이주 여성들에 대한 지원과 연계사업을 해오던 연구소의 활동이 '만남의 길'이 되어주었다. 나에게 자신의 경험을 들려준 이들은 다양한 경로로 이방인의 삶을 선택한 '용감한' 여성들이었다. 낯선 타자들과의 만남에서 수시로 직면하는 '위험'을 껴안으며 새로운 삶을 살고 있다는 점에서 그랬다.

사회학적 글쓰기는 차갑다. 현장에서 만난 개인의 생생하고 열려있는 경험을 특정 시기에 발행되는 학술논문의 틀 속에서 표현하고 구성해야 한다는 제약을 안고 있다. 이 과정에서 고민했던 것은 직접 만났던 여성들의 말과 생활세계가 하나의 '텍스트로서 제시하는 세계'를 이해하고, 글로 표현하는 것이었다. 적지 않은 시간을 보내며 한편으로 내밀하게 육화된 여성들의 경험을 '신체-공간'이라는 개념으로, 다른 한편으로 여성들이 이주를 선택하고 국경을 넘어 정착하게 되는 과정과 연관된 다양한 형태와 차원의 비인간 행위자들을 ANT의 문제의식을 통해 드러내고자 했다. 아쉽게도 '이것저것'을 담아내는 글이 된 셈이기도 했다.

2000년 전후로 북한, 중국, 남한의 국경을 수차례 오갔던 김정순 씨의 놀라운 경험은 상대적으로 자유로운 조건에서 글로 쓰게 되었다. 2010년 첫 만남 이후 가슴에 담아두고 있었던 김정순 씨를 2년 뒤 다시 만나 인터뷰를 하고, 이 삶의 경험만으로 하나의 논문을 쓰기로 결정했다. 당시에는 한국연구재단 등재지가 아니었기 때문에 가능했던 일이다. 김정순 씨의 삶을 천천히 두껍게 기술함으로써 학술적 범주인 이주노동, 결혼이주, 탈북행위가 한 사람의 생애 과정에서 중층적으로 결합하게 되는 과정이 드러나기를 바랐다. 이것은 바로 21세기 북한과 중국, 남한의 초국적 이주의 행위자-네트워크가 '여성의 몸'을 매개로 위계화되는 현실을 이해할 수 있는 길이었다. 지금은 이웃이 된 김정순 씨 덕분이다. 이 책에 실린 글은 나에게 마음을 열고 그동안의 역동적인 삶을 전해준 이 여성들의 지원이 없이는 불가능했다. 이들과의 공동 작업을 생각하면 지금도 가슴이 뭉클해진다(이희영).

*****

기존의 사회복지 연구들은 대부분 사람들에 초점을 맞추었다. 정책결정과정에서 영향력을 행사하는 사람들, 서비스 전달과정의 다양한 역할을 수행하는 전달자들, 서비스의 대상이 되는 개인과 집단, 공동체들에 관심을 가져왔다. 그러나 사실 우리가 사람들과 관계하는 양식이나, 세상을 보는 방식, 우리 스스로에 대한 생각은 우리가 다양한 미디어를 통해 접하는 사회적 담론, 읽는 서적, 통계치와 연구물, 매일 사용하는 업무보고 양식, 업무 중 사용하는 테크놀로지,

물리적 구조물 등에 의해 지속적으로 영향을 받는다. ANT는 이들 비인간 행위자들을 우리 연구자와 실천가들의 인식 안으로 불러들이고 이들의 행위성에 관심 갖게 하는 새로운 분석적 도구를 제시한다. 그런데 사회현상을 설명하는 데 비인간 행위자의 행위성의 역할을 찾는 작업은 생소하고 어색한 연구 작업이었기에 어둠 속을 허우적거리는 느낌과 과연 제대로 하고 있나 하는 자신 없음을 넘어서는 데 상당한 시간이 필요했다.

그러나 그런 작업의 결과는 쉽게 수용해 왔던 사회현상들에 대한 좀 더 심도 있는, 또 흥미로운 이해를 갖게 하였다. 다문화가족지원센터, 결혼이주여성들의 미디어 테크놀로지 활용을 새로이 조명함으로써 그 안에 관계하는 다양한 행위자들 간의 관계를 해체하고, 흥미로운 관계의 영향력을 볼 수 있게 되었다. 결혼이주여성과 그 가족들의 정착과 통합이라는 목적을 가지고 설립된 전국적인 서비스 전달체계인 다문화가족지원센터가 한 지역사회에서 자리 잡아 가는 과정에 관계하였던 여러 행위자들을 발견할 수 있었고, 이 서비스전달체계가 다양한 행위자들과의 상호작용 속에서 안정화를 꾀하는 과정에 전달체계가 존재한 이유를 제공한 서비스의 대상들이 '대상화'·'주변화'되는 과정을 드러낼 수 있었다.

결혼이주여성들의 이주에 한류가 미친 영향에 대하여 많은 사람들이 언급해 왔다. 한국에 정착한 결혼이주여성들을 위한 서비스 중에서 테크놀로지 교육은 절대 빠지지 않는 교육프로그램이다. 그래서 이주와 한국살이에 이 두 가지 미디어 테크놀로지의 역할에 대한 논의가 많았지만 행위자-네트워크 분석을 통해서 이러한 테크놀로지가 도구로서의 기능 이상의 큰 역할을 하는 것을 발견할 수 있었다. 미디어 테크놀로지는 이들의 삶의 사회적, 시간적 공간의 전환을 가져오고, 과거와 현재에 가족과 사회가 규정해 온 정체성으로부터 벗어나 새로운 자아를 형성하고 삶의 주체로 전환하는 데 중요한 역할을 하고 있음을 볼 수 있었다. ANT는 사회현상이란 퍼즐에 빠진 조각을 채워 넣음으로 그림을 완성하는 작업과 같았다(김연희).

· 출처 ·

이 책에 수록된 각 장은 다음과 같은 논문으로 발표된 글을 부분적으로 수정·보완한 것이다.

제1장. 관계이론에서 행위자-네트워크이론으로 / 최병두

최병두, 2017, "관계이론에서 행위자-네트워크이론으로: 초국적 이주 분석을 위한 대안적 방법론", 『현대사회와 다문화』, 7(1), pp.1~47.

제2장. 행위자-네트워크이론과 사회공간 개념의 재구성 / 최병두

최병두, 2015, "행위자-네트워크이론과 위상학적 공간 개념", 『공간과 사회』, 53, pp.125~172.

제3장. 초국적 노동이주의 행위자-네트워크와 아상블라주 / 최병두

최병두, 2017, "초국적 노동이주의 행위자-네트워크와 아상블라주", 『공간과 사회』, 59, pp.156~204.

제4장. 초국적 결혼이주가정의 음식-네트워크와 경계 넘기 / 최병두

최병두, 2017, "결혼이주가정의 음식-네트워크와 경계 넘기", 『한국지역지리학회지』, 23(1), pp.1~22.

제5장. 결혼-관광-유학의 동맹과 신체-공간의 재구성: 아시아 여성 이주자들의 사례 / 이희영

이희영, 2014, "결혼-관광-유학의 동맹과 신체-공간의 재구성: 아시아 여성 이주자들이 사례 분석을 중심으로", 『경제와 사회』, 102, pp.110~148.

제6장. 결혼이주여성의 미디어 행위자-네트워크와 삶의 전환 / 김연희·이교일

김연희 · 이교일, 2017, "초국적 삶의 주체로서 결혼이주여성의 전환경험과 미디어 행위자네트워크의 역할: 중국출신여성을 중심으로", 『아시아여성연구』, 56(1), pp.107~153.

제7장. 탈북-결혼이주-이주노동의 행위자-네트워크와 정체성의 변위: 북한 여성의 생애사 분석 / 이희영

이희영, 2012, "탈북-결혼이주-이주노동의 교차적 경험과 정체성 변위", 『현대사회와 다문화』, 2(1), pp.1~45.

제8장. 노동-유학-자녀교육의 동맹: 몽골 노동이주 가정의 이주·정착·귀환 과정 분석 / 이민경

이민경, 2015, "노동-유학-자녀교육의 동맹: 몽골 이주노동자 가정의 이주,정착,귀환의 행위자네트워크(ANT)", 『교육문제연구』, 55, pp.1~25.

제9장. 다문화가족지원센터 서비스 조직의 안정화: 혹은 서비스 이용자는 어떻게 주변화되는가? / 김연희

김연희, 2017, "서비스 조직의 안정화와 서비스 이용자의 주변화 - 다문화가족지원센터 사례를 중심으로", 『한국사회복지행정학』, 19(1), pp.1~28.

제10장. 미등록 이주노동자 공동체의 특성과 역할: B시의 이주민 선교센터의 사회공간 분석 / 이민경

이민경, 2016, "미등록 이주노동자 공동체의 특성과 역할: B시의 이주민 선교센터 사례에 대한 ANT의 적용", 『인문사회과학연구』, 17(3), pp.63~101.

· 저자 소개 ·

최병두

서울대학교 지리학과에서 학사 및 석사 과정을 마치고 영국 리즈대학교에서 박사학위를 받았다. 현재 대구대학교 지리교육과 교수로, 자본주의의 불균등발전과 도시의 공간환경 문제에 관심을 가지고 연구하고 있다. 한국공간환경학회 회장을 역임했으며, 한국도시연구소 이사장, 대구대학교 다문화사회정책연구소 편집위원장을 맡고 있다. 관련 저서로, 『다문화 공생』, 『지구·지방화와 다문화 공간』(공저), 『희망의 공간』(공저) 등이 있고, 최근 역서로 『공간적 사유』, 『데이비드 하비의 세계를 보는 눈』, 『세계시민주의와 자유와 해방의 지리학』(근간) 등이 있다.

김연희

이화여자대학교에서 학사, 미국 UCLA에서 사회복지학 석사 과정을 마치고 서울대학교에서 사회복지학 박사학위를 받았다. 현재 대구대학교 사회복지학과 교수로, 결혼이주자, 북한이탈주민 등과 같은 사회적 소수자의 정신보건, 사회경제적 적응 연구에 대한 연구를 수행해 왔다. 북한이탈주민학회 회장, 통일부 정책자문위원, 한국사회복지학회, 정신보건학회에 이사로 있으며, 대구대학교 다문화 사회정책연구소 소장을 역임하였다. 주요 저서로 『통일실험, 그 7년: 북한이탈주민의 남한살이 패널연구』(공저), 『다문화 가족복지론』(공저), 『북한이탈주민을 위한 심리사회적 상담 매뉴얼』(공저) 등이 있다.

이희영

독일 베를린공대(TUB) 사회학과에서 학사 및 석사 과정을 마치고 독일 카셀대학교에서 박사학위를 받았다. 현재 대구대학교 사회학과 교수로, 질적연구방법론에 기초한 문제의식으로 현대 사회의 소수자, 젠더/섹슈얼리티를 연구하고 있다. 한국비판사회학회, 한국문화사회학회 및 세계사회학회(ISA) RC 38 이사로 활동하고 있다. 주요 저서로는 『판도라 사진 프로젝트』(공저), 『분단의 행위자-네트워크와 수행성』(공저), 『탈북청소년의 경계경험과 정체성 재구성』(공저), 『Unbekannte Vielfalt: Einblicke in die koreanische Migrationsgeschichte in Deutschland』(공저) 등이 있다.

이민경

고려대학교에서 학사 과정을 마치고, 프랑스 파리 제8대학교에서 석사학위를, 프랑스 파리 제10대학교에서 박사학위를 받았다. 현재 대구대학교 교직부 교수로, 다문화교육, 이주가정의 삶과 교육문제, 한국사회문화와 교육 등을 주로 연구하고 있다. 한국교육사회학회, 학부모학회 이사로 활동하면서, 현재 대구대학교 다문화사회정책연구소 소장을 맡고 있다. 주요 저서로는 『한국 이민정책의 이해』(공저), 『프랑스 이주정책과 다문화교육』, 『Korean education in changing economic and demographic Contexts』(공저) 등이 있다.